中 国 国 家 标 准 汇 编

2013 年修订-4

中国标准出版社　编

中国标准出版社

北　京

图书在版编目(CIP)数据

中国国家标准汇编:2013年修订.4/中国标准出版社编.—北京:中国标准出版社,2014.9
ISBN 978-7-5066-7623-6

Ⅰ.①中… Ⅱ.①中… Ⅲ.①国家标准-汇编-中国-2013 Ⅳ.①T-652.1

中国版本图书馆CIP数据核字(2014)第186702号

中国标准出版社出版发行
北京市朝阳区和平里西街甲2号(100029)
北京市西城区三里河北街16号(100045)

网址 www.spc.net.cn
总编室:(010)64275323 发行中心:(010)51780235
读者服务部:(010)68523946
中国标准出版社秦皇岛印刷厂印刷
各地新华书店经销

*

开本 880×1230 1/16 印张 40.75 字数 1262 千字
2014年9月第一版 2014年9月第一次印刷

*

定价 220.00 元

出 版 说 明

1.《中国国家标准汇编》是一部大型综合性国家标准全集。自1983年起,按国家标准顺序号以精装本、平装本两种装帧形式陆续分册汇编出版。它在一定程度上反映了我国建国以来标准化事业发展的基本情况和主要成就,是各级标准化管理机构,工矿企事业单位,农林牧副渔系统,科研、设计、教学等部门必不可少的工具书。

2.《中国国家标准汇编》收入我国每年正式发布的全部国家标准,分为"制定"卷和"修订"卷两种编辑版本。

"制定"卷收入上一年度我国发布的、新制定的国家标准,顺延前年度标准编号分成若干分册,封面和书脊上注明"20××年制定"字样及分册号,分册号一直连续。各分册中的标准是按照标准编号顺序连续排列的,如有标准顺序号缺号的,除特殊情况注明外,暂为空号。

"修订"卷收入上一年度我国发布的、被修订的国家标准,视篇幅分设若干分册,但与"制定"卷分册号无关联,仅在封面和书脊上注明"20××年修订-1,-2,-3,……"字样。"修订"卷各分册中的标准,仍按标准编号顺序排列(但不连续);如有遗漏的,均在当年最后一分册中补齐。需提请读者注意的是,个别非顺延前年度标准编号的新制定的国家标准没有收入在"制定"卷中,而是收入在"修订"卷中。

读者配套购买《中国国家标准汇编》"制定"卷和"修订"卷则可收齐由我社出版的上一年度我国制定和修订的全部国家标准。

3.由于读者需求的变化,自1996年起,《中国国家标准汇编》仅出版精装本。

4.2013年我国制修订国家标准共1 979项。本分册为"2013年修订-4",收入新制修订的国家标准52项。

中国标准出版社

2014年8月

目　　录

ICS 77.120.99
H 63

中华人民共和国国家标准

GB/T 4325.1—2013
代替 GB/T 4325.1—1984

钼化学分析方法 第1部分:铅量的测定 石墨炉原子吸收光谱法

**Methods for chemical analysis of molybdenum—
Part 1: Determination of lead content—
Graphite furnace atomic absorption spectrometry**

2013-05-09 发布 2014-02-01 实施

中华人民共和国国家质量监督检验检疫总局
中国国家标准化管理委员会 发布

前　言

GB/T 4325《钼化学分析方法》分为26部分：

——第1部分：铅量的测定　石墨炉原子吸收光谱法；

——第2部分：镉量的测定　火焰原子吸收光谱法；

——第3部分：铋量的测定　原子荧光光谱法；

——第4部分：锡量的测定　原子荧光光谱法；

——第5部分：锑量的测定　原子荧光光谱法；

——第6部分：砷量的测定　原子荧光光谱法；

——第7部分：铁量的测定　邻二氮杂菲分光光度法和电感耦合等离子体原子发射光谱法；

——第8部分：钴量的测定　钴试剂分光光度法和火焰原子吸收光谱法；

——第9部分：镍量的测定　丁二酮肟分光光度法和火焰原子吸收光谱法；

——第10部分：铜量的测定　火焰原子吸收光谱法；

——第11部分：铝量的测定　铬天青S分光光度法和电感耦合等离子体原子发射光谱法；

——第12部分：硅量的测定　电感耦合等离子体原子发射光谱法；

——第13部分：钙量的测定　火焰原子吸收光谱法；

——第14部分：镁量的测定　火焰原子吸收光谱法；

——第15部分：钠量的测定　火焰原子吸收光谱法；

——第16部分：钾量的测定　火焰原子吸收光谱法；

——第17部分：钛量的测定　二安替比林甲烷分光光度法和电感耦合等离子体原子发射光谱法；

——第18部分：钒量的测定　钽试剂分光光度法和电感耦合等离子体原子发射光谱法；

——第19部分：铬量的测定　二苯基碳酰二肼分光光度法；

——第20部分：锰量的测定　火焰原子吸收光谱法；

——第21部分：碳量和硫量的测定　高频燃烧红外吸收法；

——第22部分：磷量的测定　钼蓝分光光度法；

——第23部分：氧量和氮量的测定　惰气熔融红外吸收法-热导法；

——第24部分：钨量的测定　电感耦合等离子体原子发射光谱法；

——第25部分：氢量的测定　惰气熔融红外吸收法/热导法；

——第26部分：铝、镁、钙、钒、铬、锰、铁、钴、镍、铜、锌、砷、镉、锡、锑、钨、铅和铋量的测定　电感耦合等离子体质谱法。

本部分为GB/T 4325的第1部分。

本部分按照GB/T 1.1—2009给出的规则起草。

本部分代替GB/T 4325.1—1984《钼化学分析方法　方波极谱法连续测定铅、镉量》中的铅量的测定。本部分与GB/T 4325.1—1984相比，主要技术变化如下：

——将方波极谱法改为石墨炉-原子吸收光谱法；

——测定范围调整为0.000 1%～0.010 0%；

——增加了重复性条款；

——增加了试验报告条款。

本部分由全国有色金属标准化技术委员会(SAC/TC 243)归口。

本部分起草单位：金堆城钼业股份有限公司、西北有色金属研究院。

本部分主要起草人：谢明明、王郭亮、李巧红、贺鑫、杨平平、孙宝莲、张江峰。

本部分所代替标准的历次版本发布情况为：

——GB/T 4325.1—1984。

钼化学分析方法 第1部分：铅量的测定 石墨炉原子吸收光谱法

1 范围

GB/T 4325 的本部分规定了钼中铅量的测定方法。

本部分适用于三氧化钼、钼酸铵、钼粉、钼条中铅量的测定。测定范围：0.000 1%～0.010 0%。

2 方法提要

试料用过氧化氢溶解。在硝酸介质中，用氩气作保护气，于石墨炉原子吸收光谱仪波长 283.3 nm 处测量铅的吸光度。

3 试剂

除非另有说明，本部分所用水为二级水或者二级以上水。所用试剂均为优级纯。

3.1 钼酸铵：质量分数≥99.99%。

3.2 钼基体：(w_{Pb}≤0.000 005%)。

3.3 硝酸(ρ=1.42 g/mL)。

3.4 过氧化氢(ρ=1.10 g/mL)。

3.5 硝酸(1+1)。

3.6 铅标准贮存溶液：称取 0.100 0 g 金属铅(w_{Pb}≥99.99%)于 250 mL 烧杯中，盖上表皿，加入 30 mL 硝酸(3.5)，加热溶解，冷却，移入 1 000 mL 容量瓶中，以水稀释至刻度，混匀。此溶液 1 mL 含 100 μg 铅。

3.7 铅标准溶液：移取 1.00 mL 铅标准贮存溶液(3.6)于 100 mL 容量瓶中，以水稀释至刻度，混匀。此溶液 1 mL 含 1 μg 铅。

3.8 氩气：体积分数大于 99.99%。

4 仪器

石墨炉原子吸收光谱仪，附铅空心阴极灯。

在仪器最佳工作条件下，凡能达到下列指标者均可使用：

——特征浓度：在与测定试液的基体相一致的溶液中，铅的特征浓度应不大于 1.6 ng/mL；

——精密度：测量最高标准溶液 10 次，其吸光度的标准偏差应不超过平均吸光度的 0.8%；用最低浓度的标准溶液(不是“零”浓度标准溶液)测量 10 次吸光度，其标准偏差应不超过最高浓度标准溶液平均吸光度的 0.4%；

——工作曲线线性：将工作曲线按浓度等分成 5 段，最高段的吸光度差值与最低段的吸光度差值之比，应不小于 0.7。

5 试样

钼条应粉碎并通过 0.75 mm 标准筛网。

6 分析步骤

6.1 试料

按表 1 称取试样，精确到 0.000 1 g。

表 1

铅的质量分数/%	试料质量/g
0.000 1～0.001 0	1.00
>0.001 0～0.002 0	0.50
>0.002 0～0.010 0	0.10

6.2 测定次数

独立地进行两次测定，取其平均值。

6.3 空白试验

随同试料做空白试验。

6.4 测定

6.4.1 将试料(6.1)置于 150 mL 烧杯中，用水润湿，加 5 mL 过氧化氢(3.4)，低温加热完全溶解，加 3 mL 硝酸(3.3)，煮沸 1 min～2 min，取下，用水冲洗杯壁，移入 100 mL 容量瓶中，用水稀释至刻度，摇匀。

6.4.2 在石墨炉原子吸收光谱仪上测定空白溶液(6.3)及分析溶液(6.5.1)。在预先输入称样量、定容体积和稀释倍数下，仪器根据标准工作曲线，自动进行数据处理，计算并输出试料(6.1)的含量。

6.5 工作曲线绘制

6.5.1 按表 1 称取相同量钼基体(3.2)，置于 150 mL 烧杯中，用水润湿，加 5 mL 过氧化氢(3.4)，加热溶解，煮沸 1 min～2 min，冷却后转移至 100 mL 容量瓶中，分别加 0 mL、1.00 mL、2.00 mL、4.00 mL、8.00 mL、10.00 mL 铅标准溶液(3.7)，加 3 mL 硝酸(3.3)，用水稀释至刻度，混匀。

6.5.2 于石墨炉原子吸收光谱仪上，在选定的仪器工作条件下，在波长 283.3 nm 处，用氩气作保护气，设定所需标准溶液的浓度，仪器自动绘出工作曲线，线性系数应在 0.995 以上，否则重新测定或重新配制系列标准溶液进行测定。

7 分析结果的计算

铅含量以铅的质量分数 w_{Pb} 计，数值以%表示，按式(1)计算：

$$w_{Pb}=\frac{(\rho_1-\rho_2)\cdot V\times10^{-9}}{m}\times100 \qquad \cdots\cdots(1)$$

式中：

ρ_1——自工作曲线上查得的测定溶液中铅的浓度，单位为纳克每毫升(ng/mL)；

ρ_2——自工作曲线上查得的空白溶液中铅的浓度，单位为纳克每毫升(ng/mL)；

V——试液总体积，单位为毫升(mL)；

m——试料的质量，单位为克(g)。

计算结果表示到小数点后 4 位。

8 精密度

8.1 重复性

在重复性条件下获得的两次独立测试结果的测定值，在以下给出的平均值范围内，这两个测试结果的绝对值不超过重复性限(r)，超过重复性限(r)的情况不超过 5%，重复性限(r)按表 2 数据采用线性内插法获得。

表 2

铅的质量分数/%	0.000 1	0.001 0	0.010 0
重复性限/%	0.000 02	0.000 12	0.000 3

8.2 允许差

实验室之间分析结果的差值不应大于表 3 所列允许差。

表 3

铅的质量分数/%	允许差/%
0.000 1～0.001 0	0.000 1
>0.001 0～0.002 0	0.000 3
>0.002 0～0.005 0	0.000 9
>0.005 0～0.010 0	0.001 5

9 试验报告

试验报告应包括下列内容：

——试样；

——使用的标准(包括发布或出版年号)；

——使用的方法(如果标准中包括几个方法)；

——分析结果及其表示；

——与基本分析步骤的差异；

——测定中观察到的异常现象；

——试验日期。

ICS 77.120.99
H 63

中华人民共和国国家标准

GB/T 4325.2—2013
代替 GB/T 4325.1—1984

钼化学分析方法 第2部分:镉量的测定 火焰原子吸收光谱法

Methods for chemical analysis of molybdenum—Part 2:Determination of cadmium content—Flame atomic absorption spectrometry

2013-05-09 发布 2014-02-01 实施

中华人民共和国国家质量监督检验检疫总局
中国国家标准化管理委员会 发布

前　言

GB/T 4325《钼化学分析方法》分为 26 部分：

——第 1 部分：铅量的测定　石墨炉原子吸收光谱法；
——第 2 部分：镉量的测定　火焰原子吸收光谱法；
——第 3 部分：铋量的测定　原子荧光光谱法；
——第 4 部分：锡量的测定　原子荧光光谱法；
——第 5 部分：锑量的测定　原子荧光光谱法；
——第 6 部分：砷量的测定　原子荧光光谱法；
——第 7 部分：铁量的测定　邻二氮杂菲分光光度法和电感耦合等离子体原子发射光谱法；
——第 8 部分：钴量的测定　钴试剂分光光度法和火焰原子吸收光谱法；
——第 9 部分：镍量的测定　丁二酮肟分光光度法和火焰原子吸收光谱法；
——第 10 部分：铜量的测定　火焰原子吸收光谱法；
——第 11 部分：铝量的测定　铬天青 S 分光光度法和电感耦合等离子体原子发射光谱法；
——第 12 部分：硅量的测定　电感耦合等离子体原子发射光谱法；
——第 13 部分：钙量的测定　火焰原子吸收光谱法；
——第 14 部分：镁量的测定　火焰原子吸收光谱法；
——第 15 部分：钠量的测定　火焰原子吸收光谱法；
——第 16 部分：钾量的测定　火焰原子吸收光谱法；
——第 17 部分：钛量的测定　二安替比林甲烷分光光度法和电感耦合等离子体原子发射光谱法；
——第 18 部分：钒量的测定　钽试剂分光光度法和电感耦合等离子体原子发射光谱法；
——第 19 部分：铬量的测定　二苯基碳酰二肼分光光度法；
——第 20 部分：锰量的测定　火焰原子吸收光谱法；
——第 21 部分：碳量和硫量的测定　高频燃烧红外吸收法；
——第 22 部分：磷量的测定　钼蓝分光光度法；
——第 23 部分：氧量和氮量的测定　惰气熔融红外吸收法-热导法；
——第 24 部分：钨量的测定　电感耦合等离子体原子发射光谱法；
——第 25 部分：氢量的测定　惰气熔融红外吸收法/热导法；
——第 26 部分：铝、镁、钙、钒、铬、锰、铁、钴、镍、铜、锌、砷、镉、锡、锑、钨、铅和铋量的测定　电感耦合等离子体质谱法。

本部分为 GB/T 4325 的第 2 部分。

本部分按照 GB/T 1.1—2009 给出的规则起草。

本部分代替 GB/T 4325.1—1984《钼化学分析方法　方波极谱法连续测定铅、镉量》中的镉量的测定。本部分与 GB/T 4325.1—1984 相比，主要技术变化如下：

——用火焰原子吸收光谱法替代了方波极谱法连续测定镉量；
——测定范围调整为 0.000 2%～0.100%；
——增加了重复性条款；
——增加了试验报告。

本部分由全国有色金属标准化技术委员会(SAC/TC 243)归口。

本部分起草单位：金堆城钼业股份有限公司、北京矿冶研究总院、广州有色金属研究院。

本部分主要起草人：赵昱、陈秋芳、张江峰、王郭亮、贺鑫、于力、王津。

本部分所代替标准的历次版本发布情况为：

——GB/T 4325.1—1984。

钼化学分析方法 第2部分:镉量的测定 火焰原子吸收光谱法

1 范围

GB/T 4325的本部分规定了钼中镉的测定方法。

本部分适用于钼粉、钼条、三氧化钼、钼酸铵中镉量的测定。测定范围:0.000 2%~0.100%。

2 方法提要

试料用过氧化氢溶解。在硝酸介质中,用火焰原子吸收光谱仪在波长228.8 nm处测定镉吸光度,计算元素含量。加入钼基体抵消钼的影响。

3 试剂

除非另有说明,在分析中仅使用确认为分析纯的试剂和蒸馏水或去离子水或相当纯度的水。

3.1 过氧化氢(ρ=1.10 g/mL)。

3.2 硝酸(ρ=1.42 g/mL),优级纯。

3.3 三氧化钼,光谱纯。

3.4 钼酸铵,光谱纯。

3.5 镉标准贮存溶液:称取0.100 0 g金属镉($w_{Cd}\geqslant$99.9%),置于250 mL烧杯中,加入20 mL硝酸(1+1)溶解后,移入1 000 mL容量瓶中,用水稀释至刻度,混匀。此溶液1 mL含100 μg镉。

3.6 镉标准溶液:移取10.00 mL镉标准贮存溶液(3.5)于100 mL容量瓶中,加1 mL硝酸(3.2),用水稀释至刻度,混匀。此溶液1 mL含10 μg镉。

4 仪器

仪器原子吸收光谱仪,附镉空心阴极灯。

在仪器最佳工作条件下,凡能达到下列指标者均可使用:

——特征浓度:在与测定试液的基体相一致的溶液中,镉的特征浓度应不大于0.020 mg/L;

——精密度:测量最高标准溶液10次,其吸光度的标准偏差应不超过平均吸光度的1.5%;用最低浓度的标准溶液(不是“零”浓度标准溶液)测量10次吸光度,其标准偏差应不超过最高浓度标准溶液平均吸光度的0.5%;

——工作曲线线性:将工作曲线按浓度分成3段,高段吸光度与低段吸光度差值之比,不应小于0.7。

5 试样

钼条应粉碎并通过0.75 mm标准筛网。

6 分析步骤

6.1 试料

按表1称取试样,精确至0.000 1 g。

表1

镉的质量分数/%	试料质量/g	定容体积/mL	移液体积/mL
0.000 2~0.002 0	1.000 0	100	—
>0.002 0~0.010 0	0.500 0	100	—
>0.010 0~0.100 0	0.200 0	100	20

6.2 测定次数

独立地进行两次测定,取其平均值。

6.3 空白试验

随同试料做空白试验。

6.4 测定

6.4.1 将试料(6.1)置于200 mL烧杯中,加入少量水润湿,加5 mL过氧化氢(3.1)加热溶解完全后,稀释体积约50 mL,加入2 mL硝酸(3.2),煮沸2 min,取下冷却,移入100 mL容量瓶,用水稀释至刻度,混匀。

注:如果在溶样过程中,加入5 mL过氧化氢(3.1)溶解不完全,可补加过氧化氢(3.1)直至溶解完全。

6.4.2 在选定工作条件调好原子吸收光谱仪,在波长228.8 nm处,用空气-乙炔火焰,以水调零,测定试液及随同试料空白的吸光度。在工作曲线上查出相应的镉的浓度。

6.5 工作曲线的绘制

6.5.1 根据试料量称取光谱纯钼酸铵或三氧化钼基体于5个200 mL烧杯中,加入少量水润湿,加入5 mL过氧化氢(3.1),低温加热完全溶解,加入少量水,加入2 mL硝酸(3.2),煮沸1 min~2 min,取下,移至100 mL容量瓶中,依次加入0 mL、1.00 mL、2.00 mL、4.00 mL、6.00 mL镉标准溶液(3.6)于各容量瓶中,用水稀释至刻度,混匀。

6.5.2 在选定工作条件调好原子吸收光谱仪,在波长228.8 nm处,用空气-乙炔火焰,以水调零,测量系列标准溶液的吸光度,减去系列标准溶液中"零"浓度溶液的吸光度,以镉的浓度为横坐标、吸光度为纵坐标绘制工作曲线。

7 分析结果的表述

镉含量以镉的质量分数 w_{Cd} 计,数值以%表示,按式(1)计算:

$$w_{Cd} = \frac{(\rho_1 - \rho_0)V_2 \times V_0 \times 10^{-6}}{m_0 \times V_1} \times 100 \qquad \cdots\cdots(1)$$

式中:

ρ_1 ——试料溶液中镉的质量浓度,单位为微克每毫升(μg/mL);

ρ_0 ——空白试验溶液中镉的质量浓度，单位为微克每毫升(μg/mL)；
V_0 ——溶液试总体积，单位为毫升(mL)；
V_1 ——被测溶液总体积，单位为毫升(mL)；
V_2 ——移取溶液总体积，单位为毫升(mL)；
m_0 ——试料的质量，单位为克(g)。

8 精密度

8.1 重复性

在重复性条件下获得的两次独立测试结果的测定值，在以下给出的平均值范围内，这两个测试结果的绝对差值不超过重复性限(r)，超过重复性限(r)的情况不超过5%。重复性限(r)按表2数据采用线性内插法求得。

表 2

镉的质量分数/%	0.000 2	0.010 0	0.050 0	0.100 0
重复性限/%	0.000 1	0.000 5	0.000 8	0.001 0

8.2 允许差

实验室之间分析结果的差值不应大于表3所列允许差。

表 3

镉的质量分数/%	允许差/%
0.000 2～0.002 0	0.000 2
>0.002 0～0.010	0.001 0
>0.010～0.100	0.002 0

9 试验报告

试验报告应包括下列内容：
——试样；
——使用的标准(包括发布或出版年号)；
——使用的方法(如果标准中包括数个方法)；
——分析结果及其表示；
——与基本分析步骤的差异；
——测定中观察到的异常现象；
——试验日期。

ICS 77.120.99
H 63

中华人民共和国国家标准

GB/T 4325.3—2013
代替 GB/T 4325.2—1984

钼化学分析方法 第3部分:铋量的测定 原子荧光光谱法

Methods for chemical analysis of molybdenum—Part 3:Determination of bismuth content—Atomic fluorescence spectrometry

2013-05-09 发布　　2014-02-01 实施

中华人民共和国国家质量监督检验检疫总局
中国国家标准化管理委员会　发布

前　　言

GB/T 4325《钼化学分析方法》分为26部分：

——第1部分：铅量的测定　石墨炉原子吸收光谱法；
——第2部分：镉量的测定　火焰原子吸收光谱法；
——第3部分：铋量的测定　原子荧光光谱法；
——第4部分：锡量的测定　原子荧光光谱法；
——第5部分：锑量的测定　原子荧光光谱法；
——第6部分：砷量的测定　原子荧光光谱法；
——第7部分：铁量的测定　邻二氮杂菲分光光度法和电感耦合等离子体原子发射光谱法；
——第8部分：钴量的测定　钴试剂分光光度法和火焰原子吸收光谱法；
——第9部分：镍量的测定　丁二酮肟分光光度法和火焰原子吸收光谱法；
——第10部分：铜量的测定　火焰原子吸收光谱法；
——第11部分：铝量的测定　铬天青S分光光度法和电感耦合等离子体原子发射光谱法；
——第12部分：硅量的测定　电感耦合等离子体原子发射光谱法；
——第13部分：钙量的测定　火焰原子吸收光谱法；
——第14部分：镁量的测定　火焰原子吸收光谱法；
——第15部分：钠量的测定　火焰原子吸收光谱法；
——第16部分：钾量的测定　火焰原子吸收光谱法；
——第17部分：钛量的测定　二安替比林甲烷分光光度法和电感耦合等离子体原子发射光谱法；
——第18部分：钒量的测定　钽试剂分光光度法和电感耦合等离子体原子发射光谱法；
——第19部分：铬量的测定　二苯基碳酰二肼分光光度法；
——第20部分：锰量的测定　火焰原子吸收光谱法；
——第21部分：碳量和硫量的测定　高频燃烧红外吸收法；
——第22部分：磷量的测定　钼蓝分光光度法；
——第23部分：氧量和氮量的测定　惰气熔融红外吸收法-热导法；
——第24部分：钨量的测定　电感耦合等离子体原子发射光谱法；
——第25部分：氢量的测定　惰气熔融红外吸收法/热导法；
——第26部分：铝、镁、钙、钒、铬、锰、铁、钴、镍、铜、锌、砷、镉、锡、锑、钨、铅和铋量的测定　电感耦合等离子体质谱法。

本部分为GB/T 4325的第3部分。

本部分按照GB/T 1.1—2009给出的规则起草。

本部分代替GB/T 4325.2—1984《钼化学分析方法　碘化钾-马钱子碱光度法测定铋量》。本部分与GB/T 4325.2—1984相比，主要技术变化如下：

——将碘化钾-马钱子碱光度法改为原子荧光光谱法；
——测定范围调整为0.000 1%～0.005 0%；
——增加了重复性条款；
——增加了试验报告条款。

本部分由全国有色金属标准化技术委员会(SAC/TC 243)归口。

本部分起草单位：金堆城钼业股份有限公司、北京矿冶研究总院、北京有色金属研究总院。

本部分主要起草人：谢明明、王锋、王郭亮、张江峰、陈殿耿、张殿凯、王皓莹。

本部分所代替标准的历次版本发布情况为：

——GB/T 4325.2—1984。

钼化学分析方法 第3部分：铋量的测定 原子荧光光谱法

1 范围

GB/T 4325的本部分规定了钼中铋量的测定方法。

本部分适用于钼粉、钼条、三氧化钼、钼酸铵中铋量的测定。测定范围：0.000 1%～0.005 0%。

2 方法提要

试料以硝酸、盐酸分解。在盐酸介质中，用硼氢化钠与铋作用生成氢化物，将氢化物导入原子化器，以空心阴极灯为光源，在原子荧光光谱仪上测定铋的荧光强度，在一定范围内，荧光强度与被测元素的含量成正比。加入钼基体可消除干扰。

3 试剂

除非另有说明，本部分所用试剂均为优级纯，所用水为二级水或者二级以上水。

3.1 硼氢化钠。

3.2 氢氧化钠。

3.3 硝酸(ρ=1.42 g/mL)。

3.4 盐酸(ρ=1.19 g/mL)。

3.5 盐酸(1+9)。

3.6 硝酸(1+1)。

3.7 氨水(1+99)。

3.8 氨水(2 mol/L)。

3.9 铋标准贮存溶液：称取0.100 0 g金属铋($w_{Bi}\geqslant$99.99%)于250 mL烧杯中，加100 mL硝酸(3.6)，加热溶解，煮沸驱除氮的氧化物后，冷却，移入1 000 mL容量瓶，用水稀释至刻线。此溶液1 mL含100 μg铋。

3.10 铋标准溶液：移取1.00 mL铋标准贮存溶液(3.9)于100 mL容量瓶中，加入10 mL盐酸(3.4)，用水稀释至刻度，混匀。此溶液1 mL含1 μg铋。

3.11 硼氢化钠溶液(15 g/L)：称取1.5 g硼氢化钠，加入预先溶有0.5 g氢氧化钠的100 mL水中，完全溶解后摇匀备用，用时现配。

3.12 钼基体溶液：称取7.497 7 g纯氧化钼，于100 mL的烧杯中，加入100 mL氨水(3.8)，低温加热溶解，然后用氨水(3.7)稀释到100 mL，摇匀待用。此溶液1 mL含有50 mg钼。

3.13 氩气，体积分数不小于99.99%。

4 仪器

原子荧光光谱仪，附铋特种空心阴极灯。

在仪器最佳工作条件下，凡能达到下列指标者均可使用：

——检出限：不大于 1 ng/mL；

——精密度：用 0.02 μg/mL 的铋标准溶液测量荧光强度 10 次，其标准偏差不超过荧光强度的 5.0%；

——工作曲线线性：将工作曲线按浓度等分成五段，最高段的荧光强度差值与最低段的荧光强度差值之比，应不小于 0.80。

5 试样

钼条应粉碎并通过 0.75 mm 标准筛网。

6 分析步骤

6.1 试料

按表 1 称取试样，精确至 0.000 1 g。

表 1

铋的质量分数/%	试料质量/g
0.000 1～0.001 0	0.50
>0.001 0～0.005 0	0.10

6.2 测定次数

独立地进行两次测定，取其平均值。

6.3 空白试验

在相同的钼基体存在下，随同试料做空白试验。

6.4 测定

6.4.1 将试料(6.1)置于 150 mL 烧杯中，加少量水润湿，加 15 mL 盐酸(3.4)、5 mL 硝酸(3.3)，盖上表面皿，低温加热溶解完全，煮沸驱除氮的氧化物，取下冷却。移入 100 mL 容量瓶中，用水稀释至刻线，混匀。

6.4.2 在原子荧光光谱仪上，以盐酸(3.5)作载流，硼氢化钠溶液(3.11)作为还原剂，以铋特种空心阴极灯为激发光源，测量试料溶液的荧光强度，减去随同试料空白溶液的荧光强度，从工作曲线上查得相应的铋的浓度。

6.5 工作曲线绘制

6.5.1 移取与试料量相当的钼基体溶液(3.12)，置于一系列 100 mL 容量瓶中，分别加入 0 mL、0.10 mL、0.50 mL、1.00 mL、2.00 mL、5.00 mL 铋标准溶液(3.10)，加入 10 mL 盐酸(3.4)，用水稀释至刻度，混匀。

6.5.2 在与测量试料溶液相同条件下，测量系列标准溶液的荧光强度，减去系列标准溶液中“零”浓度溶液的荧光强度。以铋浓度为横坐标、荧光强度为纵坐标，绘制工作曲线。

7 分析结果的计算

铋含量以铋的质量分数 w_{Bi} 计，数值以%表示，按式(1)计算：

$$w_{Bi}=\frac{(\rho_1-\rho_2)\cdot V\times10^{-9}}{m}\times100 \qquad \cdots\cdots(1)$$

式中：

ρ_1——自工作曲线上查得的测定溶液中铋的浓度，单位为纳克每毫升(ng/mL)；

ρ_2——自工作曲线上查得的空白溶液中铋的浓度，单位为纳克每毫升(ng/mL)；

V——测定试液的体积，单位为毫升(mL)；

m——试料的质量，单位为克(g)。

8 精密度

8.1 重复性

在重复性条件下获得的两次独立测试结果的测定值，在以下给出的平均值范围内，这两个测试结果的绝对差值不超过重复性限(r)，超过重复性限(r)的情况不超过5%。重复性限(r)按表2数据采用线性内插法求得。

表 2

铋的质量分数/%	0.000 1	0.001 0	0.002 0	0.003 0
重复性限/%	0.000 04	0.000 15	0.000 3	0.000 5

8.2 允许差

实验室之间分析结果的差值不应大于表3所列允许差。

表 3

铋的质量分数/%	允许差/%
0.000 1～0.000 5	0.000 1
>0.000 5～0.001 0	0.000 3
>0.001 0～0.002 0	0.000 6
>0.002 0～0.005 0	0.001 0

9 试验报告

试验报告应包括下列内容：

——试样；

——使用的标准(包括发布或出版年号)；

——使用的方法(如果标准中包括几个方法)；

——分析结果及其表示；

——与基本分析步骤的差异；

——测定中观察到的异常现象；

——试验日期。

ICS 77.120.99
H 63

中华人民共和国国家标准

GB/T 4325.4—2013
代替 GB/T 4325.3—1984

钼化学分析方法 第4部分：锡量的测定 原子荧光光谱法

Methods for chemical analysis of molybdenum—
Part 4: Determination of tin content—
Atomic fluorescence spectrometry

2013-05-09 发布　　2014-02-01 实施

中华人民共和国国家质量监督检验检疫总局
中国国家标准化管理委员会　发布

前言

GB/T 4325《钼化学分析方法》分为26部分：

——第1部分：铅量的测定 石墨炉原子吸收光谱法；
——第2部分：镉量的测定 火焰原子吸收光谱法；
——第3部分：铋量的测定 原子荧光光谱法；
——第4部分：锡量的测定 原子荧光光谱法；
——第5部分：锑量的测定 原子荧光光谱法；
——第6部分：砷量的测定 原子荧光光谱法；
——第7部分：铁量的测定 邻二氮杂菲分光光度法和电感耦合等离子体原子发射光谱法；
——第8部分：钴量的测定 钴试剂分光光度法和火焰原子吸收光谱法；
——第9部分：镍量的测定 丁二酮肟分光光度法和火焰原子吸收光谱法；
——第10部分：铜量的测定 火焰原子吸收光谱法；
——第11部分：铝量的测定 铬天青S分光光度法和电感耦合等离子体原子发射光谱法；
——第12部分：硅量的测定 电感耦合等离子体原子发射光谱法；
——第13部分：钙量的测定 火焰原子吸收光谱法；
——第14部分：镁量的测定 火焰原子吸收光谱法；
——第15部分：钠量的测定 火焰原子吸收光谱法；
——第16部分：钾量的测定 火焰原子吸收光谱法；
——第17部分：钛量的测定 二安替比林甲烷分光光度法和电感耦合等离子体原子发射光谱法；
——第18部分：钒量的测定 钽试剂分光光度法和电感耦合等离子体原子发射光谱法；
——第19部分：铬量的测定 二苯基碳酰二肼分光光度法；
——第20部分：锰量的测定 火焰原子吸收光谱法；
——第21部分：碳量和硫量的测定 高频燃烧红外吸收法；
——第22部分：磷量的测定 钼蓝分光光度法；
——第23部分：氧量和氮量的测定 惰气熔融红外吸收法-热导法；
——第24部分：钨量的测定 电感耦合等离子体原子发射光谱法；
——第25部分：氢量的测定 惰气熔融红外吸收法/热导法；
——第26部分：铝、镁、钙、钒、铬、锰、铁、钴、镍、铜、锌、砷、镉、锡、锑、钨、铅和铋量的测定 电感耦合等离子体质谱法。

本部分为GB/T 4325的第4部分。

本部分按照GB/T 1.1—2009给出的规则起草。

本部分代替GB/T 4325.3—1984《钼化学分析方法 聚乙二醇辛基苯基醚-苯荧光酮光度法测定锡量》。本部分与GB/T 4325.3—1984相比，主要技术变化如下：

——将聚乙二醇辛基苯基醚-苯荧光酮光度法改为原子荧光光谱法；
——测定范围调整为0.000 3%～0.005 0%；
——增加了重复性条款；
——增加了试验报告条款。

本标准由全国有色金属标准化技术委员会(SAC/TC 243)归口。

本部分起草单位:金堆城钼业股份有限公司、广州有色金属研究院、北京矿冶研究总院。

本部分主要起草人:李巧红、谢明明、张江峰、王郭亮、贺鑫、王津、于力。

本部分所代替标准的历次版本发布情况为:

——GB/T 4325.3—1984。

钼化学分析方法 第4部分:锡量的测定 原子荧光光谱法

1 范围

GB/T 4325的本部分规定了钼中锡量的测定方法。

本部分适用于钼粉、钼条、三氧化钼、钼酸铵中锡量的测定。测定范围:0.000 3%～0.005 0%。

2 方法提要

试料以过氧化氢分解,在L-半胱氨酸存在下于酒石酸介质中,使用氢化物发生-原子荧光光谱法测定锡的含量。在一定范围内,荧光强度与被测元素的含量成正比。加入钼基体可消除干扰。

3 试剂

除非另有说明,本部分所用试剂均为优级纯,所用水为二级水或者二级以上水。

3.1 硼氢化钠。

3.2 氢氧化钠。

3.3 钼基体(w_{Sn}≤0.000 02%)。

3.4 硝酸(ρ=1.42 g/mL)。

3.5 盐酸(ρ=1.19 g/mL)。

3.6 硫酸(ρ=1.84 g/mL)。

3.7 过氧化氢。

3.8 硫酸(1+1)。

3.9 氢氧化钠溶液(200 g/L)。

3.10 L-半胱氨酸(5 g/L):称取L-半胱氨酸0.5 g溶于水中,加入1 mL盐酸(3.5),用水定容至100 mL。

3.11 酒石酸溶液:400 g/L,现配现用。

3.12 锡标准贮存溶液:称取0.100 0 g金属铋(w_{Sn}≥99.99%)于250 mL烧杯中,加50 mL盐酸(3.5),加盖表面皿,放置过夜,待锡溶解完全后再加入50 mL盐酸(3.5),再移入1 000 mL容量瓶,用水稀释至刻线。此溶液1 mL含100 μg锡。

3.13 锡标准溶液:移取1.00 mL锡标准贮存溶液于100 mL容量瓶中,加入10 mL盐酸(3.5),用水稀释至刻度,混匀。此溶液1 mL含1 μg锡。

3.14 硼氢化钠溶液(15 g/L):称取1.5 g硼氢化钠(3.1),加入预先溶有0.5 g氢氧化钠(3.2)的100 mL水中,完全溶解后摇匀备用,现配现用。

3.15 盐酸(1+9)。

3.16 氩气,体积分数不小于99.99%。

4 仪器

原子荧光光谱仪，附锡特种空心阴极灯。

在仪器最佳工作条件下，凡能达到下列指标者均可使用：

——检出限：不大于 2×10^{-9} g/mL；

——精密度：用 0.02 μg/mL 的锡标准溶液测量荧光强度 10 次，其标准偏差不超过荧光强度的 5.0%；

——工作曲线线性：将工作曲线按浓度等分成 5 段，最高段的荧光强度差值与最低段的荧光强度差值之比，应不小于 0.80。

5 试样

钼制品应粉碎并通过 0.75 mm 标准筛网。

6 分析步骤

6.1 试料

按表 1 称取试样，精确到 0.000 1 g。

表 1

锡的质量分数/%	试料质量/g
0.000 3～0.001 0	0.50
>0.001 0～0.005 0	0.10

6.2 测定次数

独立地进行两次测定，取其平均值。

6.3 空白试验

在相同的钼基体存在下，随同试料做空白试验。

6.4 测定

6.4.1 将试料(6.1)置于 150 mL 烧杯中，加少量水润湿，加 5 mL～8 mL 过氧化氢(3.7)，盖上表面皿，低温加热溶解完全并蒸至尽干。加 10 mL 氢氧化钠溶液(3.9)，低温微沸约 1 min，取下冷却。用水冲洗表面皿及杯壁，加 3 mL 硫酸(3.8)，转移至 100 mL 容量瓶，加 1 mL L-半胱氨酸(3.10)，加入 20 mL酒石酸(3.11)，用水稀释至刻线，混匀。

6.4.2 在原子荧光光谱仪上，以盐酸(3.15)作载流，硼氢化钠溶液(3.14)作为还原剂，以锡特种空心阴极灯为激发光源，测量试料溶液的荧光强度，减去随同试料空白溶液的荧光强度，从工作曲线上查得相应的锡的浓度。

6.5 工作曲线绘制

6.5.1 称取与试料量相当的钼基体(3.3)，置于一系列 150 mL 烧杯中，加少量水润湿，加 5 mL 过氧化氢(3.7),盖上表面皿,低温加热溶解完全并蒸至尽干。加 10 mL 氢氧化钠溶液(3.9),低温微沸 1 min,取下冷却。用水冲洗表面皿及杯壁,加 3 mL 硫酸(3.8),转移至一组 100 mL 容量瓶,分别移取 0 mL、0.10 mL、0.50 mL、1.00 mL、2.00 mL、5.00 mL 锡标准溶液(3.13)于容量瓶中,加 1mL L-半胱氨酸(3.10),加入 20 mL 酒石酸(3.11),用水稀释至刻线,混匀。

6.5.2 在与测量试料溶液相同条件下,测量系列标准溶液的荧光强度,减去系列标准溶液中"零"浓度的荧光强度。以锡浓度为横坐标、荧光强度为纵坐标绘制工作曲线。

7 分析结果的计算

锡含量以锡的质量分数 w_{Sn} 计,数值以%表示,按式(1)计算:

$$w_{Sn}=\frac{(\rho_1-\rho_2)\cdot V\times 10^{-9}}{m}\times 100 \qquad (1)$$

式中:

ρ_1——自工作曲线上查得的测定溶液中锡的浓度,单位为纳克每毫升(ng/mL);

ρ_2——自工作曲线上查得的空白溶液中锡的浓度,单位为纳克每毫升(ng/mL);

V——测定试液的体积,单位为毫升(mL);

m——试料的质量,单位为克(g)。

8 精密度

8.1 重复性

在重复性条件下获得的两次独立测试结果的测定值,在以下给出的平均值范围内,这两个测试结果的绝对差值不超过重复性限(r),超过重复性限(r)的情况不超过 5%。重复性限(r)按表 2 数据采用线性内插法求得。

表 2

锡的质量分数/%	0.000 3	0.001 0	0.002 0	0.003 0
重复性限/%	0.000 1	0.000 2	0.000 5	0.000 6

8.2 允许差

实验室之间分析结果的差值不应大于表 3 所列允许差。

表 3

锡的质量分数/%	允许差/%
0.000 3~0.001 0	0.000 3
>0.001 0~0.002 0	0.000 6
>0.002 0~0.005 0	0.001 0

9 试验报告

试验报告应包括下列内容:

——试样；
——使用的标准（包括发布或出版年号）；
——使用的方法（如果标准中包括几个方法）；
——分析结果及其表示；
——与基本分析步骤的差异；
——测定中观察到的异常现象；
——试验日期。

ICS 77.120.99
H 63

中华人民共和国国家标准

GB/T 4325.5—2013
代替 GB/T 4325.4—1984

钼化学分析方法
第5部分：锑量的测定
原子荧光光谱法

**Methods for chemical analysis of molybdenum—
Part 5:Determination of antimony content—
Atomic fluorescence spectrometry**

2013-05-09 发布　　2014-02-01 实施

中华人民共和国国家质量监督检验检疫总局
中国国家标准化管理委员会　发布

前　言

GB/T 4325《钼化学分析方法》分为26部分：

——第1部分：铅量的测定　石墨炉原子吸收光谱法；
——第2部分：镉量的测定　火焰原子吸收光谱法；
——第3部分：铋量的测定　原子荧光光谱法；
——第4部分：锡量的测定　原子荧光光谱法；
——第5部分：锑量的测定　原子荧光光谱法；
——第6部分：砷量的测定　原子荧光光谱法；
——第7部分：铁量的测定　邻二氮杂菲分光光度法和电感耦合等离子体原子发射光谱法；
——第8部分：钴量的测定　钴试剂分光光度法和火焰原子吸收光谱法；
——第9部分：镍量的测定　丁二酮肟分光光度法和火焰原子吸收光谱法；
——第10部分：铜量的测定　火焰原子吸收光谱法；
——第11部分：铝量的测定　铬天青S分光光度法和电感耦合等离子体原子发射光谱法；
——第12部分：硅量的测定　电感耦合等离子体原子发射光谱法；
——第13部分：钙量的测定　火焰原子吸收光谱法；
——第14部分：镁量的测定　火焰原子吸收光谱法；
——第15部分：钠量的测定　火焰原子吸收光谱法；
——第16部分：钾量的测定　火焰原子吸收光谱法；
——第17部分：钛量的测定　二安替比林甲烷分光光度法和电感耦合等离子体原子发射光谱法；
——第18部分：钒量的测定　钽试剂分光光度法和电感耦合等离子体原子发射光谱法；
——第19部分：铬量的测定　二苯基碳酰二肼分光光度法；
——第20部分：锰量的测定　火焰原子吸收光谱法；
——第21部分：碳量和硫量的测定　高频燃烧红外吸收法；
——第22部分：磷量的测定　钼蓝分光光度法；
——第23部分：氧量和氮量的测定　惰气熔融红外吸收法-热导法；
——第24部分：钨量的测定　电感耦合等离子体原子发射光谱法；
——第25部分：氢量的测定　惰气熔融红外吸收法/热导法；
——第26部分：铝、镁、钙、钒、铬、锰、铁、钴、镍、铜、锌、砷、镉、锡、锑、钨、铅和铋量的测定　电感耦合等离子体质谱法。

本部分为GB/T 4325的第5部分。

本部分按照GB/T 1.1—2009给出的规则起草。

本部分代替GB/T 4325.4—1984《钼化学分析方法　孔雀绿光度法测定锑量》。本部分与GB/T 4325.4—1984相比，主要技术变化如下：

——将孔雀绿光度法改为原子荧光光谱法；
——测定范围调整为0.000 1%～0.005 0%；
——增加了重复性条款；
——增加了试验报告条款。

本部分由全国有色金属标准化技术委员会(SAC/TC 243)归口。

本部分起草单位:金堆城钼业股份有限公司、广州有色金属研究院、北京矿冶研究总院。

本部分主要起草人:谢明明、王锋、王郭亮、张江峰、贺鑫、王津、于力。

本部分所代替标准的历次版本发布情况为:

——GB/T 4325.4—1984。

钼化学分析方法 第5部分:锑量的测定 原子荧光光谱法

1 范围

GB/T 4325的本部分规定了钼中锑量的测定方法。

本部分适用于钼粉、钼条、三氧化钼、钼酸铵中锑量的测定。测定范围:0.000 1%～0.005 0%。

2 方法提要

试料以硝酸、盐酸分解,在盐酸介质中,使用氢化物发生-原子荧光光谱法测定锑的含量。在一定范围内,荧光强度与被测元素的含量成正比。加入钼基体可消除干扰。

3 试剂

除非另有说明,本部分所用试剂均为优级纯,所用水为二级水或者二级以上水。

3.1 硼氢化钠。

3.2 氢氧化钠。

3.3 硝酸(ρ=1.42 g/mL)。

3.4 盐酸(ρ=1.19 g/mL)。

3.5 硫酸(ρ=1.84 g/mL)。

3.6 盐酸(1+9)。

3.7 氨水(1+99)。

3.8 氨水(2 mol/L)。

3.9 锑标准贮存溶液:称取0.100 0 g金属锑($w_{Sb}\geqslant$99.99%)于250 mL烧杯中,加68 mL硫酸(3.5),加热溶解,冷却,移入1 000 mL容量瓶,用水稀释至刻线。此溶液1 mL含100 μg锑。

3.10 锑标准溶液:移取1.00 mL锑标准贮存溶液于100 mL容量瓶中,加入10 mL盐酸(3.4),用水稀释至刻度,混匀。此溶液1 mL含1 μg锑。

3.11 钼基体溶液:称取7.497 7 g高纯氧化钼,于100 mL的烧杯中,加入100 mL氨水(3.8),低温加热溶解,用氨水(3.7)稀释到100 mL,摇匀待用。此溶液1 mL含有50 mg钼。

3.12 硼氢化钠溶液:称取1.5 g硼氢化钠(3.1),加入预先溶有1 g氢氧化钠(3.2)的100 mL水中,完全溶解后摇匀备用,用时现配。

3.13 氩气,体积分数不小于99.99%。

4 仪器

原子荧光光谱仪,附锑空心阴极灯。

在仪器最佳工作条件下,凡能达到下列指标者均可使用。

——检出限:不大于 1 ng/mL;

——精密度:用 0.02 μg/mL 的锑标准溶液测量荧光强度 10 次,其标准偏差不超过荧光强度的 5.0%;

——工作曲线线性:将工作曲线按浓度等分成 5 段,最高段的荧光强度差值与最低段的荧光强度差值之比,应不小于 0.80。

5 试样

钼条应粉碎并通过 0.75 mm 标准筛网。

6 分析步骤

6.1 试料

按表 1 称取试样,精确到 0.000 1 g。

表 1

锑的质量分数/%	试料质量/g
0.000 1~0.001 0	0.50
>0.001 0~0.005 0	0.10

6.2 测定次数

独立地进行两次测定,取其平均值。

6.3 空白试验

在相同的钼基体存在下,随同试料做空白试验。

6.4 测定

6.4.1 将试料(6.1)置于 150 mL 烧杯中,加少量水润湿,加 15 mL 盐酸(3.4)、5 mL 硝酸(3.3),盖上表面皿,低温加热溶解完全,煮沸驱除氮的氧化物,取下冷却。移入 100 mL 容量瓶中,用水稀释至刻线,混匀。

6.4.2 在原子荧光光谱仪上,以盐酸(3.6)作载流,硼氢化钠溶液(3.12)作为还原剂,以锑特种空心阴极灯为激发光源,测量试料溶液的荧光强度,减去随同试料空白溶液的荧光强度,从工作曲线上查得相应的锑的浓度。

6.5 工作曲线绘制

6.5.1 移取与试料量相当的钼基体溶液(3.11),置于一系列 100 mL 容量瓶中,分别加入 0 mL、0.10 mL、0.50 mL、1.00 mL、2.00 mL、5.00 mL 锑标准溶液(3.10),加入 10 mL 盐酸(3.4),用水稀释至刻度,混匀。

6.5.2 在与测量试料溶液相同条件下,测量系列标准溶液的荧光强度,减去系列标准溶液中“零”浓度的荧光强度。以锑浓度为横坐标、荧光强度为纵坐标,绘制工作曲线。

7 分析结果的计算

锑含量以锑的质量分数 w_{Sb} 计，数值以%表示，按式(1)计算：

$$w_{Sb}=\frac{(\rho_1-\rho_2)\cdot V\times 10^{-9}}{m}\times 100 \qquad \cdots\cdots(1)$$

式中：

ρ_1——自工作曲线上查得的测定溶液中锑的浓度，单位为纳克每毫升(ng/mL)；

ρ_2——自工作曲线上查得的空白溶液中锑的浓度，单位为纳克每毫升(ng/mL)；

V——测定试液的体积，单位为毫升(mL)；

m——试料的质量，单位为克(g)。

8 精密度

8.1 重复性

在重复性条件下获得的两次独立测试结果的测定值，在以下给出的平均值范围内，这两个测试结果的绝对差值不超过重复性限(r)，超过重复性限(r)的情况不超过5%。重复性限(r)按表2数据采用线性内插法求得。

表 2

锑的质量分数/%	0.000 1	0.001 0	0.002 0	0.003 0
重复性限/%	0.000 09	0.000 15	0.000 3	0.000 5

8.2 允许差

实验室之间分析结果的差值不应大于表3所列允许差。

表 3

锑的质量分数/%	允许差/%
0.000 1～0.001 0	0.000 2
>0.001 0～0.002 0	0.000 6
>0.002 0～0.005 0	0.001 0

9 试验报告

试验报告应包括下列内容：

——试样；

——使用的标准(包括发布或出版年号)；
——使用的方法(如果标准中包括几个方法)；
——分析结果及其表示；
——与基本分析步骤的差异；
——测定中观察到的异常现象；
——试验日期。

ICS 77.120.99
H 63

中华人民共和国国家标准

GB/T 4325.6—2013
代替 GB/T 4325.5—1984

钼化学分析方法 第6部分:砷量的测定 原子荧光光谱法

Methods for chemical analysis of molybdenum—
Part 6: Determination of arsenic content—
Atomic fluorescence spectrometry

2013-05-09 发布　　2014-02-01 实施

中华人民共和国国家质量监督检验检疫总局
中国国家标准化管理委员会　发布

前　　言

GB/T 4325《钼化学分析方法》分为26部分：

——第1部分：铅量的测定　石墨炉原子吸收光谱法；

——第2部分：镉量的测定　火焰原子吸收光谱法；

——第3部分：铋量的测定　原子荧光光谱法；

——第4部分：锡量的测定　原子荧光光谱法；

——第5部分：锑量的测定　原子荧光光谱法；

——第6部分：砷量的测定　原子荧光光谱法；

——第7部分：铁量的测定　邻二氮杂菲分光光度法和电感耦合等离子体原子发射光谱法；

——第8部分：钴量的测定　钴试剂分光光度法和火焰原子吸收光谱法；

——第9部分：镍量的测定　丁二酮肟分光光度法和火焰原子吸收光谱法；

——第10部分：铜量的测定　火焰原子吸收光谱法；

——第11部分：铝量的测定　铬天青S分光光度法和电感耦合等离子体原子发射光谱法；

——第12部分：硅量的测定　电感耦合等离子体原子发射光谱法；

——第13部分：钙量的测定　火焰原子吸收光谱法；

——第14部分：镁量的测定　火焰原子吸收光谱法；

——第15部分：钠量的测定　火焰原子吸收光谱法；

——第16部分：钾量的测定　火焰原子吸收光谱法；

——第17部分：钛量的测定　二安替比林甲烷分光光度法和电感耦合等离子体原子发射光谱法；

——第18部分：钒量的测定　钽试剂分光光度法和电感耦合等离子体原子发射光谱法；

——第19部分：铬量的测定　二苯基碳酰二肼分光光度法；

——第20部分：锰量的测定　火焰原子吸收光谱法；

——第21部分：碳量和硫量的测定　高频燃烧红外吸收法；

——第22部分：磷量的测定　钼蓝分光光度法；

——第23部分：氧量和氮量的测定　惰气熔融红外吸收法-热导法；

——第24部分：钨量的测定　电感耦合等离子体原子发射光谱法；

——第25部分：氢量的测定　惰气熔融红外吸收法/热导法；

——第26部分：铝、镁、钙、钒、铬、锰、铁、钴、镍、铜、锌、砷、镉、锡、锑、钨、铅和铋量的测定　电感耦合等离子体质谱法。

本部分为GB/T 4325的第6部分。

本部分按照GB/T 1.1—2009给出的规则起草。

本部分代替GB/T 4325.5—1984《钼化学分析方法　钼蓝光度法测定砷量》。本部分与GB/T 4325.5—1984相比，主要技术变化如下：

——将钼蓝光度法改为原子荧光光谱法；

——测定范围调整为0.000 2%～0.050%；

——增加了重复性条款；

——增加了试验报告条款。

本部分由全国有色金属标准化技术委员会(SAC/TC 243)归口。

本部分起草单位：金堆城钼业股份有限公司、广州有色金属研究院、北京矿冶研究总院。

本部分主要起草人：谢明明、王锋、李巧红、张江峰、王郭亮、王津、于力。

本部分所代替标准的历次版本发布情况为：

——GB/T 4325.5—1984。

钼化学分析方法
第6部分：砷量的测定
原子荧光光谱法

1 范围

GB/T 4325的本部分规定了钼中砷量的测定方法。

本部分适用于钼粉、钼条、三氧化钼、钼酸铵中砷量的测定。测定范围：0.000 2%～0.005 0%。

2 方法提要

试料以过氧化氢分解，在硫脲-抗坏血酸-盐酸介质中，使用氢化物发生-原子荧光光谱法测定砷的含量。在一定范围内，荧光强度与被测元素的含量成正比。加入钼基体可消除干扰。

3 试剂

除非另有说明，本部分所用试剂均为优级纯，所用水为二级水或者二级以上水。

3.1 硼氢化钠。

3.2 氢氧化钠。

3.3 钼基体(w_{As}≤0.000 02%)。

3.4 三氧化二砷($w_{As_2O_3}$≥99.99%)。

3.5 硝酸(ρ=1.42 g/mL)。

3.6 盐酸(ρ=1.19 g/mL)。

3.7 硫酸(ρ=1.84 g/mL)。

3.8 过氧化氢。

3.9 硫酸(1+1)。

3.10 硫酸(1+4)。

3.11 氢氧化钠溶液(200 g/L)。

3.12 硫脲-抗坏血酸溶液：分别称取10 g硫脲，10 g抗坏血酸，溶于200 mL水中，混匀，用时现配。

3.13 砷标准贮存溶液：称取0.132 0 g三氧化二砷(3.4)，加20 mL水，0.2 g氢氧化钠(3.2)，加热溶解，用硫酸(3.10)中和至微酸性，移入1 000 mL容量瓶，用水稀释至刻线。此溶液1 mL含100 μg砷。

3.14 砷标准溶液：移取1.00 mL砷标准贮存溶液(3.13)于100 mL容量瓶中，加入10 mL盐酸(3.6)，用水稀释至刻度，混匀。此溶液1 mL含1 μg砷。

3.15 硼氢化钠溶液：称取1.5 g硼氢化钠(3.1)，加入预先溶有1 g氢氧化钠(3.2)的100 mL水中，完全溶解后摇匀备用，现配现用。

3.16 盐酸(1+9)。

3.17 氩气，体积分数不小于99.99%。

4 仪器

原子荧光光谱仪，附砷特种空心阴极灯。

在仪器最佳工作条件下，凡能达到下列指标者均可使用。

——检出限：不大于1×10^{-9} g/mL；

——精密度：用 0.02 μg/mL 的砷标准溶液测量荧光强度 10 次，其标准偏差不超过荧光强度的 5.0%；

——工作曲线线性：将工作曲线按浓度等分成五段，最高段的荧光强度差值与最低段的荧光强度差值之比，应不小于 0.80。

5 试样

钼条应粉碎并通过 0.75 mm 标准筛网。

6 分析步骤

6.1 试料

按表 1 称取试样(精确到 0.000 1 g)。

表 1

砷的质量分数/%	试料质量/g
0.000 2～0.001 0	0.50
>0.001 0～0.005 0	0.10

6.2 测定次数

独立地进行两次测定，取其平均值。

6.3 空白试验

在相同的钼基体存在下，随同试料做空白试验。

6.4 测定

6.4.1 将试料(6.1)置于 150 mL 烧杯中，加入少量水润湿，加 5 mL～8 mL 过氧化氢(3.8)，盖上表面皿，低温加热溶解完全并蒸至尽干。加 10 mL 氢氧化钠溶液(3.11)，盖表面皿，低温微沸 1 min，冷却，用水冲洗表面皿及杯壁，加 3 mL 硫酸(3.7)，转移至 100 mL 容量瓶，加 10 mL 盐酸(3.6)，加 10 mL 硫脲-抗坏血酸溶液(3.12)，摇匀，静置 30 min，用水稀释至刻线，混匀。

6.4.2 在原子荧光光谱仪上，以盐酸(3.16)作载流，硼氢化钠溶液(3.15)作为还原剂，以砷特种空心阴极灯为激发光源，测量试料溶液的荧光强度，减去随同试料空白溶液的荧光强度，从工作曲线上查得相应的砷的浓度。

6.5 工作曲线绘制

6.5.1 称取与试料量相当的钼基体(3.3)，置于一系列 150 mL 烧杯中，加 5 mL 过氧化氢(3.8)，完全溶解后低温蒸干，加 10 mL 氢氧化钠溶液(3.11)，盖表面皿，低温微沸 1 min，冷却，用水冲洗表面皿及杯壁，加入 3 mL 硫酸(3.7)，转移至 100 mL 容量瓶，分别移取 0 mL、0.10 mL、0.50 mL、1.00 mL、

2.00 mL、5.00 mL 砷标准溶液(3.14)于容量瓶中，加 10 mL 盐酸(3.6)，加 10 mL 硫脲-抗坏血酸(3.12)，摇匀，静置 30 min，用水稀释至刻线，混匀。

6.5.2 在与测量试料溶液相同条件下，测量系列标准溶液的荧光强度，减去系列标准溶液中“零”浓度的荧光强度。以砷浓度为横坐标、荧光强度为纵坐标，绘制工作曲线。

7 分析结果的计算

砷含量以砷的质量分数 w_{As} 计，数值以%表示，按式(1)计算：

$$w_{As} = \frac{(\rho_1 - \rho_2) \cdot V \times 10^{-9}}{m} \times 100 \qquad \cdots\cdots(1)$$

式中：

ρ_1——自工作曲线上查得的测定溶液中砷的浓度，单位为纳克每毫升(ng/mL)；

ρ_2——自工作曲线上查得的空白溶液中砷的浓度，单位为纳克每毫升(ng/mL)；

V——测定试液的体积，单位为毫升(mL)；

m——试料的质量，单位为克(g)。

8 精密度

8.1 重复性

在重复性条件下获得的两次独立测试结果的测定值，在以下给出的平均值范围内，这两个测试结果的绝对差值不超过重复性限(r)，超过重复性限(r)的情况不超过 5%。重复性限(r)按表 2 数据采用线性内插法求得。

表 2

砷的质量分数/%	0.000 2	0.001 0	0.002 0	0.003 0
重复性限/%	0.000 08	0.000 1	0.000 2	0.000 5

8.2 允许差

实验室之间分析结果的差值不应大于表 3 所列允许差。

表 3

砷的质量分数/%	允许差/%
0.000 2～0.001 0	0.000 2
>0.001 0～0.002 0	0.000 6
>0.002 0～0.005 0	0.001 0

9 试验报告

试验报告应包括下列内容：

——试样；

——使用的标准(包括发布或出版年号);
——使用的方法(如果标准中包括几个方法);
——分析结果及其表示;
——与基本分析步骤的差异;
——测定中观察到的异常现象;
——试验日期。

ICS 77.120.99
H 63

中华人民共和国国家标准

GB/T 4325.7—2013
代替 GB/T 4325.6—1984

钼化学分析方法 第7部分:铁量的测定 邻二氮杂菲分光光度法和电感耦合等离子体原子发射光谱法

Methods for chemical analysis of molybdenum—Part 7:Determination of iron content—1,10-phenanthroline spectrophotometry and inductively coupled plasma atomic emission spectrometry

2013-05-09 发布　　　　2014-02-01 实施

中华人民共和国国家质量监督检验检疫总局
中国国家标准化管理委员会　发布

前　言

GB/T 4325《钼化学分析方法》分为26部分：

——第1部分：铅量的测定　石墨炉原子吸收光谱法；

——第2部分：镉量的测定　火焰原子吸收光谱法；

——第3部分：铋量的测定　原子荧光光谱法；

——第4部分：锡量的测定　原子荧光光谱法；

——第5部分：锑量的测定　原子荧光光谱法；

——第6部分：砷量的测定　原子荧光光谱法；

——第7部分：铁量的测定　邻二氮杂菲分光光度法和电感耦合等离子体原子发射光谱法；

——第8部分：钴量的测定　钴试剂分光光度法和火焰原子吸收光谱法；

——第9部分：镍量的测定　丁二酮肟分光光度法和火焰原子吸收光谱法；

——第10部分：铜量的测定　火焰原子吸收光谱法；

——第11部分：铝量的测定　铬天青S分光光度法和电感耦合等离子体原子发射光谱法；

——第12部分：硅量的测定　电感耦合等离子体原子发射光谱法；

——第13部分：钙量的测定　火焰原子吸收光谱法；

——第14部分：镁量的测定　火焰原子吸收光谱法；

——第15部分：钠量的测定　火焰原子吸收光谱法；

——第16部分：钾量的测定　火焰原子吸收光谱法；

——第17部分：钛量的测定　二安替比林甲烷分光光度法和电感耦合等离子体原子发射光谱法；

——第18部分：钒量的测定　钽试剂分光光度法和电感耦合等离子体原子发射光谱法；

——第19部分：铬量的测定　二苯基碳酰二肼分光光度法；

——第20部分：锰量的测定　火焰原子吸收光谱法；

——第21部分：碳量和硫量的测定　高频燃烧红外吸收法；

——第22部分：磷量的测定　钼蓝分光光度法；

——第23部分：氧量和氮量的测定　惰气熔融红外吸收法-热导法；

——第24部分：钨量的测定　电感耦合等离子体原子发射光谱法；

——第25部分：氢量的测定　惰气熔融红外吸收法/热导法；

——第26部分：铝、镁、钙、钒、铬、锰、铁、钴、镍、铜、锌、砷、镉、锡、锑、钨、铅和铋量的测定　电感耦合等离子体质谱法。

本部分为GB/T 4325的第7部分。

本部分按照GB/T 1.1—2009给出的规则起草。

本部分代替GB/T 4325.6—1984《钼化学分析方法　邻二氮杂菲光度法测定铁量》。本部分与GB/T 4325.6—1984相比，主要技术变化如下：

——增加了电感耦合等离子体原子发射光谱法；

——增加了重复性条款；

——增加了试验报告。

本部分的方法一为仲裁分析方法。

本部分由全国有色金属标准化技术委员会(SAC/TC 243)归口。

本部分起草单位：金堆城钼业股份有限公司、西部金属材料股份有限公司、赣州有色冶金研究所、本溪市钨钼制品厂、株洲硬质合金集团有限公司。

本部分主要起草人：赵昱、王郭亮、陈秋芳、张江峰、马志军、曹海华、李智勇、李秀云、邢晓明、蔺佰朝、陈道范、谭爱云。

本部分所代替标准的历次版本发布情况为：

——GB/T 4325.6—1984。

钼化学分析方法
第7部分：铁量的测定
邻二氮杂菲分光光度法和电感耦合等离子体原子发射光谱法

1 范围

GB/T 4325的本部分规定了钼中铁量的测定方法。

本部分适用钼粉、钼条、三氧化钼、钼酸铵中铁量的测定。方法一测定范围：0.000 5%～0.060%；方法二测定范围：0.000 2%～0.100%。

2 规范性引用文件

下列文件对于本文件的应用是必不可少的。凡是注日期的引用文件，仅注日期的版本适用于本文件。凡是不注日期的引用文件，其最新版本(包括所有的修改单)适用于本部分。

GB/T 6682 分析实验室用水规格和试验方法(ISO 3696)

GB/T 12806 实验室玻璃仪器 单标线容量瓶(ISO 1042)

GB/T 12808 实验室玻璃仪器 单标线吸量管(ISO 648)

GB/T 12809 实验室玻璃仪器 玻璃量器的设计和结构原则(ISO 384)

GB/T 12810 实验室玻璃仪器 玻璃量器的容量校准和使用方法(ISO 4787)

3 总则

3.1 除非另有说明，在分析中仅使用确认的分析纯试剂；所用水为蒸馏水或去离子水或相当纯度的水，应符合GB/T 6682的规定。

3.2 所用仪器均应在检定周期内，其性能应达到检定要求的技术参数指标；玻璃容器使用GB/T 12808、GB/T 12809、GB/T 12806中规定的A级，具体使用方法参照GB/T 12810的要求。

4 方法一 邻二氮杂菲分光光度法

4.1 方法提要

试样用硫酸-硫酸铵分解，以柠檬酸络合主体钼，加盐酸羟胺还原三价铁成二价铁，用三氯甲烷萃取邻二氮杂菲-碘化钾三元络合物，测量其吸光度。

4.2 试剂

4.2.1 无水硫酸钠。

4.2.2 硫酸(ρ=1.84 g/mL)。

4.2.3 硝酸(ρ=1.42 g/mL)。

4.2.4 氨水(ρ=0.90 g/mL)。

4.2.5　三氯甲烷。

4.2.6　乙酸乙酯。

4.2.7　盐酸(1+1),优级纯。

4.2.8　高氯酸钠溶液:移取200 mL高氯酸(1+1),用氢氧化钠溶液(4.2.9)调节至pH7(用pH试纸检查)。

4.2.9　氢氧化钠溶液(400 g/L)。

4.2.10　邻二氮杂菲溶液(3 g/L):称取0.6 g邻二氮杂菲,加20 mL乙醇溶解后,用水稀释至200 mL,混匀。

4.2.11　硫酸铵溶液(500 g/L)。提纯步骤如下:称取250 g硫酸铵溶于400 mL水中,用氨水(4.2.4)调至pH7(用pH试纸检查),加入2.5 mL高氯酸钠溶液(4.2.8)、2 mL盐酸羟胺溶液(4.2.15)、3 mL邻二氮杂菲溶液(4.2.10),加热煮沸,加入3 g碘化钾,溶解后,用快速定量滤纸过滤于分液漏斗中,并用水稀释至500 mL,加20 mL～30 mL三氯甲烷(4.2.5),振荡2 min,静置分层后,弃去有机相,水相反复用三氯甲烷(4.2.5)萃取至有机相无色为止,水相放入试剂瓶中,备用。

4.2.12　柠檬酸溶液(500 g/L)。提纯步骤如下:称取250 g柠檬酸,置于1 000 mL烧杯中,加200 mL水溶解,用氨水(4.2.4)调至pH7(用pH试纸检查),依次加入2.5 mL高氯酸钠溶液(4.2.8)、2 g盐酸羟胺、20 mL邻二氮杂菲溶液(4.2.10),加热煮沸,冷却,加3 g碘化钾,溶解后,用快速定量滤纸过滤于分液漏斗中,并用水稀释至500 mL,用三氯甲烷(4.2.5)萃取数次(每次20 mL,振荡2 min),直至有机相无色为止,弃去有机相,水相放入试剂瓶中,备用。

4.2.13　柠檬酸-氨水混合溶液:移取150 mL柠檬酸溶液(4.2.12)、80 mL氨水(4.2.4)、70 mL水,混匀,备用。

4.2.14　碘化钾溶液(300 g/L):称取150 g碘化钾(优级纯),置于1 000 mL烧杯中,加400 mL水溶解,用氨水(4.2.4)调至pH7(用pH试纸检查),加15 mL盐酸羟胺溶液(4.2.15),用水稀释至500 mL,混匀,备用。

4.2.15　盐酸羟胺溶液(200 g/L)。提纯步骤如下:称取50 g盐酸羟胺,置于500 mL烧杯中,加入150 mL水溶解,用氨水(4.2.4)调至pH7(用pH试纸检查),加20 mL邻二氮杂菲溶液(4.2.10),加热至沸,冷却,加3 g碘化钾,溶解后,用水移入分液漏斗中并稀释至体积250 mL,用三氯甲烷(4.2.5)萃取数次(每次20 mL,振荡2 min),直至有机相无色为止,弃去有机相,水相放入试剂瓶中,备用。

4.2.16　乙二胺四乙酸二钠(EDTA)溶液(100 g/L):称取10 g EDTA(优级纯),置250 mL烧杯中,加90 mL水并加热(50 ℃～60 ℃)溶解后,用氨水(4.2.4)调至pH7(用pH试纸检查),并用水稀释至100 mL,混匀,备用。

4.2.17　缓冲溶液:移取100 mL乙酸(1 mol/L)和100 mL氨水(1 mol/L),混匀,备用。

4.2.18　铁标准贮存溶液:称取0.142 9 g三氧化二铁(质量分数≥99.9%),置于250 mL烧杯中,加10 mL盐酸(1+1),于低温处加热溶解后,移入1 000 mL容量瓶中,用水稀释至刻度,混匀。此溶液1 mL含100 μg铁。

4.2.19　铁标准溶液:移取50.00 mL铁标准贮存溶液(4.2.18),置于500 mL容量瓶中,用水稀释至刻度,混匀。此溶液1 mL含10 μg铁。

4.3　仪器

分光光度计。

4.4　试样

钼条应粉碎并通过0.75 mm标准筛网。

4.5 分析步骤

4.5.1 试料

称取 0.10 g～0.50 g 试样，精确至 0.000 1 g。

4.5.2 测定次数

独立地进行两次测定，取其平均值。

4.5.3 空白试验

随同试样做空白试验。

4.5.4 测定

4.5.4.1 镍量小于 0.01%的试样

4.5.4.1.1 将试料(4.5.1)置于 150 mL 烧杯中，加入 8 mL 硫酸铵溶液(4.2.11)、4 mL 硫酸(4.2.2)，加热溶解后，取下冷却，加入 30 mL 柠檬酸-氨水混合溶液(4.3.13)。

4.5.4.1.2 加入 2 mL EDTA 溶液(4.2.16)，用氨水(4.2.4)调至 pH7(用 pH 试纸检查)，加入 3 mL 盐酸羟胺溶液(4.2.15)、2 mL 邻二氮杂菲溶液(4.2.10)，混匀，在 60 ℃～70 ℃水浴中保温 15 min，取出，冷却，加 5 mL 缓冲溶液(4.2.17)、5 mL 碘化钾溶液(4.2.14)，混匀，再放置约 1 h。

4.5.4.1.3 用水移入 125 mL 分液漏斗中并稀释至约 70 mL，加入 10 mL 三氯甲烷(4.2.5)，振荡 1 min，静置分层后，有机相放入干燥的 25 mL 比色管中，再用 5 mL 三氯甲烷(4.2.5)振荡 1 min，合并有机相于比色管中，加入少量无水硫酸钠(4.2.1)，混匀。

4.5.4.1.4 将部分溶液移入 1 cm 比色皿中，以三氯甲烷(4.2.5)为参比，于分光光度计波长 510 nm 测量其吸光度。

4.5.4.1.5 减去随同试样所做空白的吸光度。从工作曲线上查出相应的铁量。

4.5.4.2 镍量大于 0.01%的试样

4.5.4.2.1 将试料(4.5.1)置于 150 mL 烧杯中，以 5 mL 水润湿，加入 5 mL 硝酸(4.2.3)、4 mL 硫酸(4.2.2)，加热溶解并蒸发至冒硫酸白烟，取下冷却，用水冲洗表皿及杯壁，再重复冒硫酸白烟一次，取下冷却。

4.5.4.2.2 用盐酸(4.2.7)冲洗表皿及杯壁(约 20 mL)，将烧杯置于低温处加热至溶液清亮，取下，冷却至室温，用盐酸(4.2.7)移入 125 mL 分液漏斗中并控制体积约为 40 mL。

4.5.4.2.3 加 20 mL 乙酸乙酯(4.2.6)，振荡 2 min，静置分层后，弃去水相，再加 10 mL 盐酸(4.2.7)，轻轻振荡 30 s，静置分层后，弃去水相。加入 20 mL 柠檬酸-氨水混合溶液(4.2.13)于有机相中，振荡 1 min。静置分层后，将水相放入 150 mL 烧杯中，再加 10 mL 柠檬酸-氨水混合溶液(4.2.13)重复反萃取一次，将水相合并于 150 mL 烧杯中，弃去有机相。将烧杯置于电炉上加热煮沸 1 min～2 min，取下冷却，以下按 4.5.4.1.2～4.5.4.1.5 进行。

4.6 工作曲线的绘制

移取 0 mL、0.50 mL、1.00 mL、2.00 mL、3.00 mL、4.00 mL、5.00 mL、6.00 mL 铁标准溶液(4.2.19)，分别置于 8 个 150 mL 烧杯中，加入 30 mL 柠檬酸-氨水混合溶液(4.2.13)，用硫酸(4.2.2)调至 pH7，以下按 4.5.4.1.2～4.5.4.1.4 进行，测量其吸光度。减去试剂空白的吸光度。以铁量为横

坐标、吸光度为纵坐标，绘制工作曲线。

4.7 分析结果的计算

铁含量以铁的质量分数 w_{Fe} 计，数值以%表示，按式(1)计算：

$$w_{Fe}=\frac{m_1}{m}\times 100 \qquad (1)$$

式中：

m_1——从工作曲线上查得的铁量，单位为克(g)；

m——试样量，单位为克(g)。

4.8 精密度

4.8.1 重复性

在重复性条件下获得的两次独立测试结果的测定值，在以下给出的平均值范围内，这两个测试结果的绝对差值不超过重复性限(r)，超过重复性限(r)的情况不超过5%。重复性限(r)按表1数据采用线性内插法求得。

表 1

铁的质量分数/%	0.000 5	0.010 0	0.060
重复性限/%	0.000 3	0.001 0	0.005 0

4.8.2 允许差

实验室之间分析结果的差值应不大于表2所列允许差。

表 2

%

铁的质量分数	允许差
0.000 5～0.001 0	0.000 4
0.001 0～0.008 0	0.000 8
>0.008 0～0.020	0.003 0
>0.020～0.060	0.006

5 方法二 电感耦合等离子体原子发射光谱法

5.1 方法提要

试料用硝酸和过氧化氢溶解，在选定的条件下，用ICP-AES仪器在波长238.2 nm处测定发射强度，计算元素含量。加入钼基体抵消钼的影响。

5.2 试剂

5.2.1 过氧化氢(ρ=1.10 g/mL)。

5.2.2 硝酸(ρ=1.42 g/mL)，优级纯。

5.2.3 盐酸(1+1),优级纯。

5.2.4 三氧化钼,光谱纯。

5.2.5 钼酸铵,光谱纯。

5.2.6 铁标准贮存溶液:称取 0.142 9 g 三氧化二铁(质量分数≥99.9%),置于 250 mL 烧杯中,加 10 mL 盐酸(5.2.3),于低温处加热溶解后,用水移入 1 000 mL 容量瓶中并稀释至刻度,混匀。此溶液 1 mL 含 100 μg 铁。

5.2.7 铁标准溶液:移取 10.00 mL 铁标准贮存溶液(5.2.6),置于 100 mL 容量瓶中,用水稀释至刻度,混匀。此溶液 1 mL 含 10 μg 铁。

5.3 仪器

等离子体发射光谱仪:分辨率<0.006 nm(200 nm 处)。

5.4 分析步骤

5.4.1 试料

按表 3 称取试样,精确至 0.000 1 g。

表 3

铁的质量分数/%	试料质量/g	移取体积/mL
0.000 2~0.002 0	1.000 0	全量
>0.002 0~0.010 0	0.500 0	全量
>0.010 0~0.100 0	0.200 0	20.00

5.4.2 测定次数

独立地进行两次测定,取其平均值。

5.4.3 空白试验

随同试料做空白试验。

5.4.4 测定

5.4.4.1 将试料(5.4.1)置于 200 mL 烧杯中,加入少量水润湿,加 5 mL 过氧化氢(5.2.1),加热溶解完全后,稀释至体积约 50 mL,加入 2 mL 硝酸(5.2.2),煮沸 2 min,取下冷却。移入 100 mL 容量瓶,用水稀释至刻度,混匀。

注:如果在溶样过程中溶解不彻底,可补加过氧化氢(5.2.1)直至完全溶解。

5.4.4.2 在仪器运行稳定后,于电感耦合等离子体原子发射光谱仪上,在选定的仪器工作条件下,于等离子体发射光谱仪波长 238.2 nm 处测量试液及随同试料空白的发射强度,减去试料空白的发射强度,从相应的工作曲线上查得铁的浓度。

5.4.5 工作曲线的绘制

5.4.5.1 按试料量(5.4.1)称取光谱纯钼酸铵或三氧化钼于 7 个 250 mL 烧杯中,加入少量水润湿,加入 5 mL 过氧化氢(5.2.1),低温加热溶解完全,稀释体积约 50 mL,加入硝酸(5.2.2)2 mL,煮沸 1 min~2 min,移至 100 mL 容量瓶中,分别加入 0 mL、0.40 mL、2.00 mL、4.00 mL、6.00 mL、8.00 mL、

10.00 mL 铁标准溶液(5.2.7),用水稀释至刻度,混匀。

5.4.5.2 将系列标准溶液在电感耦合等离子体原子发射光谱仪上,于 238.2 nm 处进行测量,工作曲线的相关系数应在 0.999 以上,否则应重新进行测量或重新配制系列标准溶液进行测量。

5.5 分析结果的表述

铁含量以铁的质量分数 w_{Fe} 计,以%表示,按式(2)计算:

$$w_{Fe}=\frac{\rho\times V_1\times V_0\times 10^{-6}}{m_0\times V_2}\times 100 \quad \cdots\cdots(2)$$

式中:

ρ ——仪器测出试液中铁的浓度,单位为微克每毫升(μg/mL);

V_0——试液总体积,单位为毫升(mL);

V_1——被测溶液体积,单位为毫升(mL);

V_2——移取溶液体积,单位为毫升(mL);

m_0——试料质量,单位为克(g)。

5.6 精密度

5.6.1 重复性

在重复性条件下获得的两次独立测试结果的测定值,在以下给出的平均值范围内,这两个测试结果的绝对差值不超过重复性限(r),超过重复性限(r)的情况不超过 5%。重复性限(r)按表 4 数据采用线性内插法求得。

表 4

铁的质量分数/%	0.000 2	0.010 0	0.100 0
重复性限/%	0.000 08	0.000 6	0.002 0

5.6.2 允许差

实验室之间分析结果的差值不应大于表 5 所列允许差。

表 5

铁的质量分数/%	允许差/%
0.000 2~0.002 0	0.000 3
>0.002 0~0.010 0	0.001 5
>0.010 0~0.100	0.006 0

6 试验报告

试验报告应包括下列内容:

—试样;

——使用的标准(包括发布或出版年号);

——使用的方法(如果标准中包括数个方法);

——分析结果及其表示；
——与基本分析步骤的差异；
——测定中观察到的异常现象；
——试验日期。

ICS 77.120.99
H 63

中华人民共和国国家标准

GB/T 4325.8—2013
代替 GB/T 4325.7—1984

钼化学分析方法 第8部分：钴量的测定 钴试剂分光光度法和火焰原子吸收光谱法

Methods for chemical analysis of molybdenum—
Part 8: Determination of cobalt content—
5-Cl-PADAB spectrophotometry and flame atomic absorption spectrometry

2013-05-09 发布　　2014-02-01 实施

中华人民共和国国家质量监督检验检疫总局
中国国家标准化管理委员会　发布

前　言

GB/T 4325《钼化学分析方法》分为 26 部分：

——第 1 部分：铅量的测定　石墨炉原子吸收光谱法；

——第 2 部分：镉量的测定　火焰原子吸收光谱法；

——第 3 部分：铋量的测定　原子荧光光谱法；

——第 4 部分：锡量的测定　原子荧光光谱法；

——第 5 部分：锑量的测定　原子荧光光谱法；

——第 6 部分：砷量的测定　原子荧光光谱法；

——第 7 部分：铁量的测定　邻二氮杂菲分光光度法和电感耦合等离子体原子发射光谱法；

——第 8 部分：钴量的测定　钴试剂分光光度法和火焰原子吸收光谱法；

——第 9 部分：镍量的测定　丁二酮肟分光光度法和火焰原子吸收光谱法；

——第 10 部分：铜量的测定　火焰原子吸收光谱法；

——第 11 部分：铝量的测定　铬天青 S 分光光度法和电感耦合等离子体原子发射光谱法；

——第 12 部分：硅量的测定　电感耦合等离子体原子发射光谱法；

——第 13 部分：钙量的测定　火焰原子吸收光谱法；

——第 14 部分：镁量的测定　火焰原子吸收光谱法；

——第 15 部分：钠量的测定　火焰原子吸收光谱法；

——第 16 部分：钾量的测定　火焰原子吸收光谱法；

——第 17 部分：钛量的测定　二安替比林甲烷分光光度法和电感耦合等离子体原子发射光谱法；

——第 18 部分：钒量的测定　钽试剂分光光度法和电感耦合等离子体原子发射光谱法；

——第 19 部分：铬量的测定　二苯基碳酰二肼分光光度法；

——第 20 部分：锰量的测定　火焰原子吸收光谱法；

——第 21 部分：碳量和硫量的测定　高频燃烧红外吸收法；

——第 22 部分：磷量的测定　钼蓝分光光度法；

——第 23 部分：氧量和氮量的测定　惰气熔融红外吸收法-热导法；

——第 24 部分：钨量的测定　电感耦合等离子体原子发射光谱法；

——第 25 部分：氢量的测定　惰气熔融红外吸收法/热导法；

——第 26 部分：铝、镁、钙、钒、铬、锰、铁、钴、镍、铜、锌、砷、镉、锡、锑、钨、铅和铋量的测定　电感耦合等离子体质谱法。

本部分为 GB/T 4325 的第 8 部分。

本部分按照 GB/T 1.1—2009 给出的规则起草。

本部分代替 GB/T 4325.7—1984《钼化学分析方法　钴试剂光度法测定钴量》。本部分与 GB/T 4325.7—1984 相比，主要技术变化如下：

——测定范围调整为 0.000 6%～0.010%；

——增加了“火焰原子吸收光谱法”；

——将“钴试剂分光光度法”中表 1 进行了修改；

——补充了精密度和试验报告要求。

本部分的方法一为仲裁分析方法。

本部分由全国有色金属标准化技术委员会(SAC/TC 243)归口。

本部分起草单位：广州有色金属研究院、广州粤有研光电材料有限公司、赣州有色冶金研究所、北京矿冶研究总院、株洲硬质合金集团有限公司。

本部分主要起草人：王津、熊晓燕、唐维学、庄艾春、王长基、刘鸿、姜求韬、高颖剑、刘廷柱、杨静娥。

本部分所代替标准的历次版本发布情况为：

——GB/T 4325.7—1984。

钼化学分析方法
第8部分：钴量的测定
钴试剂分光光度法和火焰原子吸收光谱法

1 范围

GB/T 4325的本部分规定了钼中钴量的测定方法。

本部分适用于钼粉、钼条、三氧化钼及钼酸铵中钴量的测定。方法一测定范围：0.000 6%～0.010%；方法二测定范围：0.001 0%～0.010%。

2 规范性引用文件

下列文件对于本文件的应用是必不可少的。凡是注日期的引用文件，仅注日期的版本适用于本文件。凡是不注日期的引用文件，其最新版本(包括所有的修改单)适用于本部分。

GB/T 6682 分析实验室用水规格和试验方法(ISO 3696)

GB/T 12806 实验室玻璃仪器 单标线容量瓶(ISO 1042)

GB/T 12808 实验室玻璃仪器 单标线吸量管(ISO 648)

GB/T 12809 实验室玻璃仪器 玻璃量器的设计和结构原则(ISO 384)

GB/T 12810 实验室玻璃仪器 玻璃量器的容量校准和使用方法(ISO 4787)

3 总则

3.1 除非另有说明，在分析中仅使用确认的分析纯试剂；所用水为蒸馏水或去离子水或相当纯度的水，应符合GB/T 6682的规定。

3.2 所用仪器均应在检定周期内，其性能应达到检定要求的技术参数指标；玻璃容器使用GB/T 12808、GB/T 12809、GB/T 12806中规定的A级，具体使用方法参照GB/T 12810的要求。

4 方法一 钴试剂分光光度法

4.1 方法提要

试料以过氧化氢或氢氧化钠溶液分解，用酒石酸钾钠络合主体钼，钴试剂在pH6～7的磷酸盐缓冲溶液中与钴形成橙红色络合物，在磷酸介质中，测量其吸光度。

4.2 试剂

4.2.1 过氧化氢(ρ=1.10 g/mL)，优级纯。

4.2.2 硝酸(1+1)。

4.2.3 硫酸(1+1)。

4.2.4 磷酸(ρ=1.70 g/mL)，优级纯。

4.2.5 氢氧化钠溶液(200 g/L)，优级纯。

4.2.6 酒石酸钾钠溶液(400 g/L),优级纯。

4.2.7 4-[(5-氯-2-吡啶)偶氮]-1,3-二氨基苯(钴试剂)乙醇溶液(0.025%),贮存于棕色瓶中。

4.2.8 缓冲溶液(pH6～7):称取35.5 g磷酸氢二钠溶于500 mL水中;称取34 g磷酸二氢钾溶于500 mL水中,二者混合,备用。

4.2.9 酚酞乙醇溶液(1 g/L)。

4.2.10 pH试纸(pH1～14)。

4.2.11 钴标准贮存溶液:称取0.100 0 g金属钴(质量分数≥99.99%)于250 mL烧杯中,加入10 mL硝酸(4.2.2)溶解后,加入10 mL硫酸(4.2.3),加热至冒硫酸白烟,取下冷却,用水冲洗表皿及杯壁,加入30 mL水,煮沸,冷却,用水移入1 000 mL容量瓶中并稀释至刻度,混匀。此溶液1 mL含100 μg钴。

4.2.12 钴标准溶液:移取10.00 mL钴标准贮存溶液(4.2.11)于100 mL容量瓶中,用水稀释至刻度,混匀。此溶液1 mL含10 μg钴。

4.3 仪器

分光光度计。

4.4 试样

钼条应粉碎并通过0.75 mm标准筛网。

4.5 分析步骤

4.5.1 试料

按表1称取试样,精确至0.000 1 g。

表1

钴的质量分数/%	试料质量/g
0.000 6～0.002 0	0.25
>0.002 0～0.010	0.10

4.5.2 测定次数

独立地进行两次测定,取其平均值。

4.5.3 空白试验

随同试样做空白试验。

4.5.4 测定

4.5.4.1 钼粉、钼条

4.5.4.1.1 将试料(4.5.1)置于150 mL烧杯中,加入1 mL～2 mL水润湿,盖上表皿,在不断摇动下分2次徐徐加入5 mL过氧化氢(4.2.1),放置待剧烈反应停止后,置低温处加热使试样完全分解(溶液清亮)。用水冲洗表皿及杯壁(可不加盖),继续加热蒸发至干涸,并重复一次,取下冷却,加入5 mL氢氧化钠溶液(4.2.5),加热溶解至溶液清亮,冷却。

4.5.4.1.2 加入 4 mL 酒石酸钾钠溶液(4.2.6),1.5 mL 硫酸(4.2.3),加入 1～2 滴酚酞乙醇溶液(4.2.9),氢氧化钠溶液(4.2.5)中和至溶液呈浅紫色,然后加入硫酸(4.2.3)使紫色褪去(pH6～7),用 pH 试纸检查。溶液用少量水移入 50 mL 比色管中,控制体积在 30 mL 以内。

4.5.4.1.3 加入 1.5 mL 钴试剂乙醇溶液(4.2.7),混匀,加入 2.5 mL 缓冲溶液(4.2.8),混匀,将比色管置于沸水浴中加热 5 min,取下冷却至室温,准确加入 8 mL 磷酸(4.2.4),用水稀释至刻度,混匀。

4.5.4.1.4 将部分溶液(4.5.4.1.3)移入 2 cm 比色皿中,随同空白溶液为参比,于分光光度计波长 550 nm 处测量其吸光度,从工作曲线上查出相应的钴量。

4.5.4.2 三氧化钼、钼酸铵

将试料(4.5.2)置于 150 mL 烧杯中,加入 5 mL 氢氧化钠溶液(4.2.5),加热溶解至溶液清亮,冷却。以下按 4.5.4.1.2～4.5.4.1.4 进行。

4.5.5 工作曲线的绘制

4.5.5.1 移取 0 mL、0.10 mL、0.20 mL、0.50 mL、0.80 mL、1.00m L 钴标准溶液(4.2.12),分别置于一组 50 mL 比色管中。加入 4 mL 酒石酸钾钠溶液(4.2.6),加入 1～2 滴酚酞乙醇溶液(4.2.9),滴加氢氧化钠溶液(4.2.5)中和至溶液呈浅紫色,然后加入硫酸(4.2.3)使紫色褪去(pH6～7),用 pH 试纸检查。加水,控制体积在 30 mL 以内。以下按 4.5.4.1.3 进行。

4.5.5.2 将部分溶液(4.5.5.1)移入 2 cm 比色皿中,以试剂空白为参比,于分光光度计波长 550 nm 处测量其吸光度。以钴量为横坐标、吸光度为纵坐标绘制工作曲线。

4.6 分析结果的计算

钴含量以钴的质量分数 w_{Co} 计,数值以%表示,按式(1)计算:

$$w_{Co}=\frac{m_1}{m_2}\times 100 \qquad \cdots\cdots(1)$$

式中:

m_1——从工作曲线上查得的钴量,单位为克(g);

m_2——试料量,单位为克(g)。

所得结果表示至小数点后第 4 位。

4.7 精密度

4.7.1 重复性

在重复性条件下获得的两次独立测试结果的测定值,在以下给出的平均值范围内,这两个测试结果的绝对差值不超过重复性限(r),超过重复性限(r)的情况不超过 5%,重复性限(r)按表 2 数据采用线性内插法求得。

表 2

钴的质量分数/%	0.000 6	0.001 0	0.002 0	0.005 0	0.010
重复性限/%	0.000 2	0.000 4	0.000 5	0.000 7	0.001 0

4.7.2 允许差

实验室之间分析结果的差值应不大于表 3 所列允许差。

表 3

钴的质量分数/%	允许差/%
0.000 6～0.001 0	0.000 3
>0.001 0～0.002 0	0.000 5
>0.002 0～0.005 0	0.000 8
>0.005 0～0.010	0.001 2

5 方法二 火焰原子吸收光谱法

5.1 方法提要

试料用过氧化氢分解。采用基体匹配的方法，在柠檬酸和盐酸介质中，用空气-乙炔火焰原子吸收光谱仪，于波长 240.7 nm 处，测量钴的吸光度，以含等量钼基体的标准系列溶液计算钴量。

5.2 试剂

5.2.1 过氧化氢(ρ=1.10 g/mL)，优级纯。
5.2.2 盐酸(ρ=1.19 g/mL)，优级纯。
5.2.3 硝酸(1+1)。
5.2.4 柠檬酸溶液(500 g/L)，优级纯。
5.2.5 钴标准贮存溶液：称取 0.100 0 g 金属钴(≥99.99%)于 250 mL 烧杯中，以少量水润湿，加入 20 mL 硝酸(5.2.3)，盖上表皿，在低温处加热溶解完全，取下冷却至室温，移入 1 000 mL 容量瓶中，用水稀释至刻度，混匀。此溶液 1 mL 含 100 μg 钴。
5.2.6 钴标准溶液：移取 10.00 mL 钴标准贮存溶液(5.2.5)于 100 mL 容量瓶中，加入 10 mL 硝酸(5.2.3)，用水稀释至刻度，混匀。此溶液 1 mL 含 10 μg 钴。
5.2.7 钼基体：所含钴的质量分数小于 0.000 1%。

5.3 仪器

原子吸收光谱仪，附钴空心阴极灯。

在仪器最佳工作条件下，凡能达到下列指标者均可使用：

——特征浓度：在与测量溶液基体相一致的溶液中，钴的特征浓度应不大于 0.035 μg/mL；

——精密度：用最高浓度的标准溶液测量 10 次吸光度，其标准偏差应不超过平均吸光度的 1.0%；用最低浓度的标准溶液(不是"零"浓度标准溶液)测量 10 次吸光度，其标准偏差应不超过最高浓度平均吸光度的 0.5%；

——工作曲线线性：将工作曲线按浓度等分成 5 段，最高段的吸光度差值与最低段的吸光度差值之比应不小于 0.7。

5.4 试样

钼条应粉碎并通过 0.75 mm 标准筛网。

5.5 分析步骤

5.5.1 试料

称取 0.50 g 试样(5.4),精确至 0.000 1 g。

5.5.2 测定次数

独立地进行两次测定,取其平均值。

5.5.3 空白试验

称取与试样等量的钼基体(5.2.7),随同试料做空白试验。

5.5.4 测定

5.5.4.1 将试样(5.5.1)置于 150 mL 烧杯中,加 10 mL 水,在不断摇动下分两次加入 5 mL 过氧化氢(5.2.1),摇匀,反应缓和后,在低温电炉上加热至完全溶解,取下稍冷后,用水吹洗表面皿及杯壁,加入 2.5 mL 柠檬酸溶液(5.2.4)及 2 mL 盐酸(5.2.2),混匀,并控制体积 20 mL～30 mL。移到电热板上低温加热煮沸 5 min～10 min,使溶液清亮。取下冷却。

5.5.4.2 将试液移入 50 mL 容量瓶中,用水稀释至刻度,摇匀。

5.5.4.3 在原子吸收光谱仪上,使用空气-乙炔火焰,于波长 240.70 nm,以标准系列溶液的零点调零,测定试液的吸光度,以钴浓度为横坐标、吸光度为纵坐标绘制工作曲线。从工作曲线计算得到经空白校正的钴的质量浓度。

5.5.5 工作曲线的绘制

5.5.5.1 称取 5 份与试样等量的钼基体(5.2.7)于一组 150 mL 烧杯中,按 5.5.4.1 处理后,移入 50 mL 容量瓶中,分别加入 0 mL、0.50 mL、1.00 mL、2.50 mL、5.00 mL 钴标准溶液(5.2.6),用水稀至刻度,混匀。

5.5.5.2 将标准系列溶液在原子吸收光谱仪上,使用空气-乙炔火焰,以标准系列溶液的零点调零,于 240.70 nm 波长处,测定钴的吸光度。以钴的质量浓度为横坐标、吸光度为纵坐标,绘制工作曲线。

5.6 分析结果计算

钴含量以钴的质量分数 w_{Co} 计,数值以%表示,按式(2)计算:

$$w_{Co}=\frac{(\rho_1-\rho_0)\times V\times 100}{m\times 10^6} \qquad \cdots\cdots(2)$$

式中:

ρ_1——从工作曲线上查得试液中钴的浓度,单位为微克每毫升(μg/mL);

ρ_0——从工作曲线上查得空白试液中钴的浓度,单位为微克每毫升(μg/mL);

V——测定试液的体积,单位为毫升(mL);

m——试料质量,单位为克(g)。

所得结果表示至小数点后第 4 位。

5.7 精密度

5.7.1 重复性

在重复性条件下获得的两次独立测试结果的测定值,在以下给出的平均值范围内,这两个测试结果的绝对差值不超过重复性限(r),超过重复性限(r)的情况不超过5%,重复性限(r)按表4数据采用线性内插法求得。

表4

钴的质量分数/%	0.001 0	0.002 0	0.005 0	0.010
重复性限/%	0.000 3	0.000 5	0.000 8	0.001 0

5.7.2 允许差

实验室之间分析结果的差值应不大于表5所列允许差。

表5

钴的质量分数/%	允许差/%
0.001 0～0.002 0	0.000 5
>0.002 0～0.005 0	0.000 9
>0.005 0～0.010	0.001 2

6 试验报告

试验报告应包括下列内容:

——试样;

——使用的标准(包括发布或出版年号);

——使用的方法(如果标准中包括几个方法);

——分析结果及其表示;

——与基本分析步骤的差异;

——测定中观察到的异常现象;

——试验日期。

ICS 77.120.99
H 63

中华人民共和国国家标准

GB/T 4325.9—2013
代替 GB/T 4325.8—1984,GB/T 4325.9—1984

钼化学分析方法 第9部分:镍量的测定 丁二酮肟分光光度法和火焰原子吸收光谱法

Methods for chemical analysis of molybdenum—Part 9:Determination of nickel content—Dimethylglyoxime spectrophotometry and flame atomic absorption spectrometry

2013-05-09 发布 2014-02-01 实施

中华人民共和国国家质量监督检验检疫总局
中国国家标准化管理委员会 发布

前　言

GB/T 4325《钼化学分析方法》分为26部分：

——第1部分：铅量的测定　石墨炉原子吸收光谱法；

——第2部分：镉量的测定　火焰原子吸收光谱法；

——第3部分：铋量的测定　原子荧光光谱法；

——第4部分：锡量的测定　原子荧光光谱法；

——第5部分：锑量的测定　原子荧光光谱法；

——第6部分：砷量的测定　原子荧光光谱法；

——第7部分：铁量的测定　邻二氮杂菲分光光度法和电感耦合等离子体原子发射光谱法；

——第8部分：钴量的测定　钴试剂分光光度法和火焰原子吸收光谱法；

——第9部分：镍量的测定　丁二酮肟分光光度法和火焰原子吸收光谱法；

——第10部分：铜量的测定　火焰原子吸收光谱法；

——第11部分：铝量的测定　铬天青S分光光度法和电感耦合等离子体原子发射光谱法；

——第12部分：硅量的测定　电感耦合等离子体原子发射光谱法；

——第13部分：钙量的测定　火焰原子吸收光谱法；

——第14部分：镁量的测定　火焰原子吸收光谱法；

——第15部分：钠量的测定　火焰原子吸收光谱法；

——第16部分：钾量的测定　火焰原子吸收光谱法；

——第17部分：钛量的测定　二安替比林甲烷分光光度法和电感耦合等离子体原子发射光谱法；

——第18部分：钒量的测定　钽试剂分光光度法和电感耦合等离子体原子发射光谱法；

——第19部分：铬量的测定　二苯基碳酰二肼分光光度法；

——第20部分：锰量的测定　火焰原子吸收光谱法；

——第21部分：碳量和硫量的测定　高频燃烧红外吸收法；

——第22部分：磷量的测定　钼蓝分光光度法；

——第23部分：氧量和氮量的测定　惰气熔融红外吸收法-热导法；

——第24部分：钨量的测定　电感耦合等离子体原子发射光谱法；

——第25部分：氢量的测定　惰气熔融红外吸收法/热导法；

——第26部分：铝、镁、钙、钒、铬、锰、铁、钴、镍、铜、锌、砷、镉、锡、锑、钨、铅和铋量的测定　电感耦合等离子体质谱法。

本部分为GB/T 4325的第9部分。

本部分按照GB/T 1.1—2009给出的规则起草。

本部分代替GB/T 4325.8—1984《钼化学分析方法　丁二酮肟光度法测定镍量》和GB/T 4325.9—1984《钼化学分析方法　丁二酮肟重量法测定镍量》。本部分与GB/T 4325.8—1984和GB/T 4325.9—1984相比，主要技术变化如下：

——保留“丁二酮肟分光光度法”，将“丁二酮肟重量法”改为“火焰原子吸收光谱法”；

——增加了重复性条款；

——增加了试验报告条款。

本部分的方法一为仲裁分析方法。

本部分由全国有色金属标准化技术委员会(SAC/TC 243)归口。

本部分起草单位:金堆城钼业股份有限公司、广州有色金属研究院、赣州有色冶金研究所、南昌硬质合金厂。

本部分主要起草人:李巧红、谢明明、蔺佰朝、王峰、张江峰、麦丽碧、李智勇、舒晓丹、孙孝勇、马志军。

本部分所代替标准的历次版本发布情况为:

——GB/T 4325.8—1984、GB/T 4325.9—1984。

钼化学分析方法 第9部分:镍量的测定 丁二酮肟分光光度法和火焰原子吸收光谱法

1 范围

GB/T 4325的本部分规定了钼中镍量的测定方法。

本部分适用于钼粉、钼条、三氧化钼、钼酸铵中镍量的测定。方法一测定范围:0.000 2%～0.010 0%;方法二测定范围:0.000 1%～0.010 0%。

2 规范性引用文件

下列文件对于本文件的应用是必不可少的。凡是注日期的引用文件,仅注日期的版本适用于本文件。凡是不注日期的引用文件,其最新版本(包括所有的修改单)适用于本部分。

GB/T 6682 分析实验室用水规格和试验方法(ISO 3696)

GB/T 12806 实验室玻璃仪器 单标线容量瓶(ISO 1042)

GB/T 12808 实验室玻璃仪器 单标线吸量管(ISO 648)

GB/T 12809 实验室玻璃仪器 玻璃量器的设计和结构原则(ISO 384)

GB/T 12810 实验室玻璃仪器 玻璃量器的容量校准和使用方法(ISO 4787)

3 总则

3.1 除非另有说明,在分析中仅使用确认的分析纯试剂;所用水为蒸馏水或去离子水或相当纯度的水,应符合GB/T 6682的规定。

3.2 所用仪器均应在检定周期内,其性能应达到检定要求的技术参数指标;玻璃容器使用GB/T 12808、GB/T 12809、GB/T 12806中规定的A级,具体使用方法参照GB/T 12810的要求。

4 方法一 丁二酮肟分光光度法

4.1 方法提要

试样经硫酸、硫酸铵分解。柠檬酸铵-氢氧化铵络合钼主体,在pH 8～9,用二甲基乙二醛肟-三氯甲烷萃取,用0.5g/L盐酸反萃取,在碱性介质中、氧化剂存在下,镍与丁二酮肟形成有色络合物,测量其吸光度。

4.2 试剂

4.2.1 硫酸铵。

4.2.2 三氯甲烷。

4.2.3 硫酸(ρ=1.84 g/mL)。

4.2.4 盐酸(ρ=1.19 g/mL)。

4.2.5 盐酸(0.5 g/L)。

4.2.6 盐酸(1+9)。

4.2.7 氢氧化铵(1+9)。

4.2.8 氢氧化铵(1+99)。

4.2.9 柠檬酸铵溶液(25 g/L):50 g/L 柠檬酸铵溶液与氢氧化铵(ρ=0.90 g/mL)等体积混合。

4.2.10 酒石酸钾钠溶液(20 g/L)。

4.2.11 丁二酮肟乙醇溶液(1 g/L)。

4.2.12 氢氧化钠溶液(15 g/L)。

4.2.13 氢氧化钠溶液(5 g/L)。

4.2.14 丁二酮肟碱性溶液(3 g/L):用氢氧化钠溶液(4.2.13)配制。

4.2.15 过硫酸铵溶液(5 g/L)。

4.2.16 镍标准贮存溶液:称取 0.100 0 g 金属镍($w_{Ni}\geqslant$99.99%),置于 250 mL 烧杯中,加入 10 mL 硝酸(1+1),加热溶解,冷却。用水冲洗表皿及杯壁,再加热煮沸片刻,冷却。移入 1 000 mL 容量瓶中,用水稀释至刻度,混匀。此溶液 1 mL 含 100 μg 镍。

4.2.17 镍标准溶液:移取 10.00 mL 镍标准溶液(4.2.16),置于 100 mL 容量瓶中,用水稀释至刻度,混匀。此溶液 1 mL 含 10 μg 镍。

4.3 试样

钼条应粉碎并通过 0.75 mm 标准筛网。

4.4 分析步骤

4.4.1 试料

称取 0.10 g～1.00 g 试样,精确至 0.000 1。

4.4.2 测定次数

独立地进行两次测定,取其平均值。

4.4.3 空白试验

随同试样做空白试验。

4.4.4 测定

4.4.4.1 将试料(4.4.1)置于 250 mL 干燥烧杯中,加入 2 g 硫酸铵(4.2.1)、5 mL 硫酸(4.2.3),加热使试样完全溶解,冷却。

4.4.4.2 加入 20 mL 柠檬酸铵溶液(4.2.9)、1 mL 酒石酸钾钠溶液(4.2.10),混匀,用氢氧化铵(4.2.7)和盐酸(4.2.6)调节溶液至 pH8～9。移入 60 mL 分液漏斗中,加水至 30 mL 左右,再用氢氧化铵(4.2.7)和盐酸(4.2.6)调节溶液至 pH8～9(用广范 pH 试纸检查),加入 1 mL 丁二酮肟乙醇溶液(4.2.11),混匀。静置片刻。

4.4.4.3 加入 10 mL 三氯甲烷(4.2.2),振荡萃取 2 min,静置分层,将有机相移入另一分液漏斗中,水相再加入 10 mL 三氯甲烷(4.2.2),振荡萃取 2 min,静置分层,合并有机相,弃去水相。用 10 mL 氢氧化铵(4.2.8)荡洗有机相一次,静置分层,弃去水相。

4.4.4.4 向有机相中加入 5 mL 盐酸(4.2.5)反萃取,振荡 2 min,静置分层,弃去有机相,水相移入

10 mL容量瓶中。

4.4.4.5 用1 mL酒石酸钾钠溶液(4.2.10)冲洗分液漏斗并入容量瓶中，加入1 mL氢氧化钠溶液(4.2.12)、1 mL过硫酸铵溶液(4.2.15)、1 mL丁二酮肟碱性溶液(4.2.14)，每加入一种试剂均需混匀。用水稀释至刻度，混匀，静置20 min。

4.4.4.6 将部分溶液移入2 cm比色皿中，以水为参比，于分光光度计波长520 nm测量其吸光度。

4.4.4.7 减去随同试样所做空白的吸光度。从工作曲线上查出相应的镍量。

4.4.5 工作曲线的绘制

4.4.5.1 移取0 mL、1.50 mL、3.00 mL、4.50 mL、6.00 mL、7.50 mL镍标准溶液(4.2.17)，置于一组60 mL分液漏斗中，加水至30 mL左右，加入1 mL酒石酸钾钠溶液(4.2.10)，混匀，用氢氧化铵(4.2.7)和盐酸(4.2.6)调节溶液至pH8～9，加入1 mL丁二酮肟乙醇溶液(4.2.11)，混匀。静置片刻。

4.4.5.2 以下按4.4.4.3～4.4.4.6进行，测量其吸光度，减去试剂空白的吸光度。以镍量为横坐标、吸光度为纵坐标，绘制工作曲线。

4.5 分析结果的计算

镍含量以镍的质量分数w_{Ni}计，数值以%表示，按式(1)计算：

$$w_{Ni}=\frac{m_1}{m}\times 100 \qquad (1)$$

式中：

m_1——从工作曲线上查得的镍量，单位为克(g)；

m——试样量，单位为克(g)。

4.6 允许差

实验室之间分析结果的差值应不大于表1所列的允许差。

表1

%

镍的质量分数	允许差
0.000 20～0.000 50	0.000 15
>0.000 50～0.002 00	0.000 25
>0.002 0～0.004 0	0.000 6
>0.004 0～0.010	0.001 0

5 方法二 火焰原子吸收法

5.1 方法提要

试料用过氧化氢溶解。在硝酸介质中，用空气-乙炔火焰，于原子吸收光谱仪波长324.7 nm处测量其吸光度。

5.2 试剂

5.2.1 硝酸(ρ=1.42 g/mL)，优级纯。

5.2.2 过氧化氢(ρ=1.10 g/mL)。

5.2.3 镍标准贮存溶液：称取 0.100 0 g 金属镍（w_{Ni}≥99.99%）于 250 mL 烧杯中，盖上表皿，加入 30 mL硝酸(5.2.1)，加热溶解，冷却，移入 1 000 mL 容量瓶中，以水稀释至刻度，混匀。此溶液 1 mL 含 100 μg 镍。

5.2.4 镍标准溶液：移取 10.00 mL 镍标准贮存溶液(5.2.3)于 100 mL 容量瓶中，以水稀释至刻度，混匀。此溶液 1 mL 含 10 μg 镍。

5.3 仪器

原子吸收光谱仪，附镍空心阴极灯。

在仪器最佳工作条件下，凡能达到下列指标者均可使用：

——特征浓度：在与测定试液的基体相一致的溶液中，镍的特征浓度应不大于 0.016 μg/mL；

——精密度：测量最高标准溶液 10 次，其吸光度的标准偏差应不超过平均吸光度的 1.0%；用最低浓度的标准溶液（不是"零"浓度标准溶液）测量 10 次吸光度，其标准偏差应不超过最高浓度标准溶液平均吸光度的 0.66%；

——工作曲线线性：将工作曲线按浓度等分成 5 段，最高段的吸光度差值与最低段的吸光度差值之比，应不小于 0.8。

5.4 试样

钼条应粉碎并通过 0.75 mm 标准筛网。

5.5 分析步骤

5.5.1 试料

按表 2 称取试样，精确到 0.000 1 g。

表 2

镍的质量分数/%	试料质量/g
0.000 1～0.000 8	1.000 0
＞0.000 8～0.002 0	0.500 0
＞0.002 0～0.010 0	0.200 0

5.5.2 测定次数

独立地进行两次测定，取其平均值。

5.5.3 空白试验

随同试料做空白试验。

5.5.4 测定

5.5.4.1 将试料置于 150 mL 烧杯中，加入 5 mL 过氧化氢(5.2.2)，低温加热完全溶解，加入少量水，加入 3 mL 硝酸(5.2.1)，煮沸 1 min～2 min，取下，用水冲洗杯壁移入 100 mL 容量瓶中，用水稀释至刻度，混匀。

5.5.4.2 将试液(5.5.4.1)于原子吸收光谱仪波长 324.7 nm 处，用空气-乙炔火焰，以水调零，选用塞曼扣背景模式测量试液及随同试料空白的吸光度。从工作曲线上查出相应的镍的浓度。

5.5.5 工作曲线的绘制

5.5.5.1 分别移取 0 mL、0.20 mL、0.40 mL、0.80 mL、1.20 mL、1.60 mL、2.00 mL 镍标准溶液(5.2.4)于一系列 100 mL 容量瓶中,加入过氧化氢(5.2.2)1 mL,加入硝酸(5.2.1)3 mL,用水稀释至刻度,混匀。

5.5.5.2 使用空气-乙炔火焰,于原子吸收光谱仪波长 232.0 nm 处,以水调零,选用塞曼扣背景模式测量系列标准溶液的吸光度,以镍的浓度为横坐标、吸光度值为纵坐标绘制工作曲线。

5.6 分析结果的计算

镍含量以镍的质量分数 w_{Ni} 计,数值以%表示,按式(2)计算:

$$w_{Ni}=\frac{(\rho_1-\rho_2)\cdot V\times 10^{-6}}{m}\times 100 \quad\cdots\cdots\cdots(2)$$

式中:

ρ_1——自工作曲线上查得的测定溶液中镍的浓度,单位为微克每毫升(μg/mL);

ρ_2——自工作曲线上查得的空白溶液中镍的浓度,单位为微克每毫升(μg/mL);

V——试液总体积,单位为毫升(mL);

m——试料的质量,单位为克(g)。

5.7 精密度

5.7.1 重复性

在重复性条件下获得的两次独立测试结果的测定值,在以下给出的平均值范围内,这两个测试结果的绝对值不超过重复性限(r),超过重复性限(r)的情况不超过 5%,重复性限(r)按以下表 3 数据采用线性内插法获得。

表 3

镍的质量分数/%	0.000 10	0.002 0	0.008 0	0.010 0
重复性限/%	0.000 05	0.000 5	0.000 8	0.001 0

5.7.2 允许差

实验室之间分析结果的差值不应大于表 4 所列允许差。

表 4

镍的质量分数/%	允许差/%
0.000 1~0.001 0	0.000 2
>0.001 0~0.002 0	0.000 6
>0.002 0~0.005 0	0.001 0
>0.005 0~0.010 0	0.001 5

6 试验报告

试验报告应包括下列内容:

——试样；
——使用的标准(包括发布或出版年号)；
——使用的方法(如果标准中包括几个方法)；
——分析结果及其表示；
——与基本分析步骤的差异；
——测定中观察到的异常现象；
——试验日期。

ICS 77.120.99
H 63

中华人民共和国国家标准

GB/T 4325.10—2013
代替 GB/T 4325.10—1984

钼化学分析方法 第10部分:铜量的测定 火焰原子吸收光谱法

Methods for chemical analysis of molybdenum— Part 10:Determination of copper content— Flame atomic absorption spectrometry

2013-05-09 发布 2014-02-01 实施

中华人民共和国国家质量监督检验检疫总局
中国国家标准化管理委员会 发布

前言

GB/T 4325《钼化学分析方法》分为 26 部分：

——第 1 部分：铅量的测定　石墨炉原子吸收光谱法；
——第 2 部分：镉量的测定　火焰原子吸收光谱法；
——第 3 部分：铋量的测定　原子荧光光谱法；
——第 4 部分：锡量的测定　原子荧光光谱法；
——第 5 部分：锑量的测定　原子荧光光谱法；
——第 6 部分：砷量的测定　原子荧光光谱法；
——第 7 部分：铁量的测定　邻二氮杂菲分光光度法和电感耦合等离子体原子发射光谱法；
——第 8 部分：钴量的测定　钴试剂分光光度法和火焰原子吸收光谱法；
——第 9 部分：镍量的测定　丁二酮肟分光光度法和火焰原子吸收光谱法；
——第 10 部分：铜量的测定　火焰原子吸收光谱法；
——第 11 部分：铝量的测定　铬天青 S 分光光度法和电感耦合等离子体原子发射光谱法；
——第 12 部分：硅量的测定　电感耦合等离子体原子发射光谱法；
——第 13 部分：钙量的测定　火焰原子吸收光谱法；
——第 14 部分：镁量的测定　火焰原子吸收光谱法；
——第 15 部分：钠量的测定　火焰原子吸收光谱法；
——第 16 部分：钾量的测定　火焰原子吸收光谱法；
——第 17 部分：钛量的测定　二安替比林甲烷分光光度法和电感耦合等离子体原子发射光谱法；
——第 18 部分：钒量的测定　钽试剂分光光度法和电感耦合等离子体原子发射光谱法；
——第 19 部分：铬量的测定　二苯基碳酰二肼分光光度法；
——第 20 部分：锰量的测定　火焰原子吸收光谱法；
——第 21 部分：碳量和硫量的测定　高频燃烧红外吸收法；
——第 22 部分：磷量的测定　钼蓝分光光度法；
——第 23 部分：氧量和氮量的测定　惰气熔融红外吸收法-热导法；
——第 24 部分：钨量的测定　电感耦合等离子体原子发射光谱法；
——第 25 部分：氢量的测定　惰气熔融红外吸收法/热导法；
——第 26 部分：铝、镁、钙、钒、铬、锰、铁、钴、镍、铜、锌、砷、镉、锡、锑、钨、铅和铋量的测定　电感耦合等离子体质谱法。

本部分为 GB/T 4325 的第 10 部分。

本部分按照 GB/T 1.1—2009 给出的规则起草。

本部分代替 GB/T 4325.10—1984《钼化学分析方法　新铜试剂光度法测定铜量》。本部分与 GB/T 4325.10—1984 相比，主要技术变化如下：

——将“新铜试剂光度法”改为“火焰原子吸收光谱法”；
——测定范围调整为 0.000 2%～0.010 0%；
——增加了重复性条款；
——增加了试验报告条款。

本部分由全国有色金属标准化技术委员会(SAC/TC 243)归口。

本部分起草单位：金堆城钼业股份有限公司、西北有色金属研究院、赣州有色冶金研究所。

本部分主要起草人：王峰、谢明明、杨红忠、孙宝莲、杨平平、王郭亮、张江峰、陈涛。

本部分所代替标准的历次版本发布情况为：

——GB/T 4325.10—1984。

钼化学分析方法
第 10 部分:铜量的测定
火焰原子吸收光谱法

1 范围

GB/T 4325 的本部分规定了钼中铜量的测定方法。

本部分适用于钼粉、钼制品、三氧化钼及钼酸铵中铜量的测定。测定范围:0.000 2%～0.010 0%。

2 方法提要

试料用过氧化氢溶解。在硝酸介质中,用空气-乙炔火焰,于火焰原子吸收光谱仪波长 324.7 nm 处测量铜的吸光度。

3 试剂

除非另有说明,本部分所用水为二级水或者二级以上水。

3.1 钼酸铵(≥99.99%)。

3.2 硝酸(ρ=1.42 g/mL),优级纯。

3.3 过氧化氢(ρ=1.10 g/mL)。

3.4 铜标准贮存溶液:称取 0.100 0 g 金属铜(w_{Cu}≥99.99%)于 250 mL 烧杯中,盖上表皿,加入 30 mL硝酸(3.2),加热溶解,冷却,移入 1 000 mL 容量瓶中,以水稀释至刻度,混匀。此溶液 1 mL 含 100 μg 铜。

3.5 铜标准溶液:移取 10.00 mL 铜标准贮存溶液(3.4)于 100 mL 容量瓶中,以水稀释至刻度,混匀。此溶液 1 mL 含 10 μg 铜。

4 仪器

原子吸收光谱仪,塞曼扣背景,附铜空心阴极灯。

在仪器最佳工作条件下,凡能达到下列指标者均可使用:

——特征浓度:在与测定试液的基体相一致的溶液中,铜的特征浓度应不大于 0.016 μg/mL;

——精密度:测量最高标准溶液 10 次,其吸光度的标准偏差应不超过平均吸光度的 1.0%;用最低浓度的标准溶液(不是“零”浓度标准溶液)测量 10 次吸光度,其标准偏差应不超过最高浓度标准溶液平均吸光度的 0.66%;

——工作曲线线性:将工作曲线按浓度等分成 5 段,最高段的吸光度差值与最低段的吸光度差值之比,应不小于 0.8。

5 试样

钼条应粉碎并通过 0.75 mm 标准筛网。

6 分析步骤

6.1 试料

按表1称取试样，精确到0.000 1 g。

表1

铜的质量分数/%	试料质量/g
0.000 2～0.000 8	1.00
>0.000 8～0.002 0	0.50
>0.002 0～0.010 0	0.20

6.2 测定次数

独立地进行两次测定，取其平均值。

6.3 空白试验

随同试料做空白试验。

6.4 测定

6.4.1 将试料置于150 mL烧杯中，加入5 mL过氧化氢(3.3)，低温加热完全溶解，加入少量水，加入3mL硝酸(3.2)，煮沸1 min～2 min，取下，用水冲洗杯壁移入100 mL容量瓶中，用水稀释至刻度，混匀。

6.4.2 将试液(6.4.1)于原子吸收光谱仪波长324.7 nm处，用空气-乙炔火焰，以水调零，采用塞曼扣背景模式测量试液及随同试料空白的吸光度。从工作曲线上查出相应的铜的浓度。

6.5 工作曲线的绘制

6.5.1 根据试料称取钼酸铵基体(3.1)于一系列150 mL烧杯中，加入5 mL过氧化氢(3.3)，低温加热完全溶解，加入少量水，加入3 mL硝酸(3.2)，煮沸1 min～2 min，取下，移入一系列100 mL容量瓶中。分别移取0 mL、0.40 mL、0.80 mL、1.20 mL、1.60 mL、2.00 mL铜标准溶液(3.5)于各容量瓶中，加入硝酸3 mL(3.2)，用水稀释至刻度，混匀。

6.5.2 使用空气-乙炔火焰，于原子吸收光谱仪波长324.7 nm处，以水调零，采用塞曼扣背景模式测量系列标准溶液的吸光度，以铜的浓度为横坐标、吸光度值为纵坐标绘制工作曲线。

7 分析结果的计算

铜含量以铜的质量分数w_{Cu}计，数值以%表示，按式(1)计算：

$$w_{Cu}=\frac{(\rho_1-\rho_2)\cdot V\times10^{-6}}{m}\times100 \qquad (1)$$

式中：

ρ_1——自工作曲线上查得的测定溶液中铜的浓度，单位为微克每毫升(μg/mL)；

ρ_2——自工作曲线上查得的空白溶液中铜的浓度，单位为微克每毫升(μg/mL)；

V——试液总体积，单位为毫升(mL)；

m——试料的质量，单位为克(g)。

8 精密度

8.1 重复性

在重复性条件下获得的两次独立测试结果的测定值，在以下给出的平均值范围内，这两个测试结果的绝对值不超过重复性限(r)，超过重复性限(r)的情况不超过5%，重复性限(r)按以下表2数据采用线性内插法获得：

表 2

w_{Cu}/%	0.000 2	0.001 0	0.002 0	0.005 0	0.010
r/%	0.000 05	0.000 2	0.000 3	0.000 5	0.000 8

8.2 允许差

实验室之间分析结果的差值不应大于表3所列允许差。

表 3

铜的质量分数/%	允许差/%
0.000 2～0.001 0	0.000 2
>0.001 0～0.002 0	0.000 4
>0.002 0～0.005 0	0.000 8
>0.005 0～0.010 0	0.001 5

9 试验报告

试验报告应包括下列内容：

——试样；

——使用的标准(包括发布或出版年号)；

——使用的方法(如果标准中包括几个方法)；

——分析结果及其表示；

——与基本分析步骤的差异；

——测定中观察到的异常现象；

——试验日期。

ICS 77.120.99
H 63

中华人民共和国国家标准

GB/T 4325.11—2013
代替 GB/T 4325.11—1984

钼化学分析方法 第11部分：铝量的测定 铬天青S分光光度法和电感耦合等离子体原子发射光谱法

Methods for chemical analysis of molybdenum—Part 11: Determination of aluminum content—Chromazurol S spectrophotometry and inductively coupled plasma atomic emission spectrometry

2013-05-09 发布　　2014-02-01 实施

中华人民共和国国家质量监督检验检疫总局
中国国家标准化管理委员会　发布

前　　言

GB/T 4325《钼化学分析方法》分为26部分：

——第1部分：铅量的测定　石墨炉原子吸收光谱法；
——第2部分：镉量的测定　火焰原子吸收光谱法；
——第3部分：铋量的测定　原子荧光光谱法；
——第4部分：锡量的测定　原子荧光光谱法；
——第5部分：锑量的测定　原子荧光光谱法；
——第6部分：砷量的测定　原子荧光光谱法；
——第7部分：铁量的测定　邻二氮杂菲分光光度法和电感耦合等离子体原子发射光谱法；
——第8部分：钴量的测定　钴试剂分光光度法和火焰原子吸收光谱法；
——第9部分：镍量的测定　丁二酮肟分光光度法和火焰原子吸收光谱法；
——第10部分：铜量的测定　火焰原子吸收光谱法；
——第11部分：铝量的测定　铬天青S分光光度法和电感耦合等离子体原子发射光谱法；
——第12部分：硅量的测定　电感耦合等离子体原子发射光谱法；
——第13部分：钙量的测定　火焰原子吸收光谱法；
——第14部分：镁量的测定　火焰原子吸收光谱法；
——第15部分：钠量的测定　火焰原子吸收光谱法；
——第16部分：钾量的测定　火焰原子吸收光谱法；
——第17部分：钛量的测定　二安替比林甲烷分光光度法和电感耦合等离子体原子发射光谱法；
——第18部分：钒量的测定　钽试剂分光光度法和电感耦合等离子体原子发射光谱法；
——第19部分：铬量的测定　二苯基碳酰二肼分光光度法；
——第20部分：锰量的测定　火焰原子吸收光谱法；
——第21部分：碳量和硫量的测定　高频燃烧红外吸收法；
——第22部分：磷量的测定　钼蓝分光光度法；
——第23部分：氧量和氮量的测定　惰气熔融红外吸收法-热导法；
——第24部分：钨量的测定　电感耦合等离子体原子发射光谱法；
——第25部分：氢量的测定　惰气熔融红外吸收法/热导法；
——第26部分：铝、镁、钙、钒、铬、锰、铁、钴、镍、铜、锌、砷、镉、锡、锑、钨、铅和铋量的测定　电感耦合等离子体质谱法。

本部分为GB/T 4325的第11部分。

本部分按照GB/T 1.1—2009给出的规则起草。

本部分代替GB/T 4325.11—1984《钼化学分析方法　铬天青S光度法测定铝量》。本部分与GB/T 4325.11—1984相比，主要技术变化如下：

——测定范围调整为0.000 5%～1.0%；
——增加了“电感耦合等离子体原子发射光谱法”；
——补充了试验报告要求。

本部分的方法一为仲裁分析方法。

本部分由全国有色金属标准化技术委员会(SAC/TC 243)归口。

本部分起草单位：北京有色金属研究总院、广州有色金属研究院、西部金属材料股份有限公司、宝钛集团有限公司、西北有色金属研究院。

本部分主要起草人：墨淑敏、王长华、陈觉、潘元海、李继东、韩维儒、熊晓燕、王津、唐维学、李佗。

本部分所代替标准的历次版本发布情况为：

——GB/T 4325.11—1984。

钼化学分析方法
第11部分:铝量的测定
铬天青S分光光度法和电感耦合等离子体原子发射光谱法

1 范围

GB/T 4325的本部分规定了钼粉、钼条、三氧化钼、钼酸铵中铝含量的测定方法。

本部分适用于钼粉、钼条、三氧化钼、钼酸铵中铝含量的测定。方法一测定范围:0.000 5%～0.025%;方法二测定范围:0.005 0%～1.00%。

2 规范性引用文件

下列文件对于本文件的应用是必不可少的。凡是注日期的引用文件,仅注日期的版本适用于本文件。凡是不注日期的引用文件,其最新版本(包括所有的修改单)适用于本文件。

GB/T 6682 分析实验室用水规格和试验方法(ISO 3696)

GB/T 12806 实验室玻璃仪器 单标线容量瓶(ISO 1042)

GB/T 12808 实验室玻璃仪器 单标线吸量管(ISO 648)

GB/T 12809 实验室玻璃仪器 玻璃量器的设计和结构原则(ISO 384)

GB/T 12810 实验室玻璃仪器 玻璃量器的容量校准和使用方法(ISO 4787)

3 总则

3.1 除非另有说明,在分析中仅使用确认的分析纯试剂;所用水为蒸馏水或去离子水或相当纯度的水,应符合GB/T 6682的规定。

3.2 所用仪器均应在检定周期内,其性能应达到检定要求的技术参数指标;玻璃容器使用GB/T 12808、GB/T 12809、GB/T 12806中规定的A级,具体使用方法参照GB/T 12810的要求。

4 方法一 铬天青S分光光度法

4.1 方法提要

试料以过氧化氢和氢氧化钠分解,残渣用焦硫酸钾熔融,水浸出,在pH8.5～9.0时,用乙酸乙酯萃取铝的钽试剂络合物进行分离,经稀盐酸反萃取后,于六次甲基四胺缓冲溶液中,铝与铬天青S生成紫红色络合物,测量其吸光度。

4.2 试剂

4.2.1 焦硫酸钾。

4.2.2 过氧化氢(ρ=1.10 g/mL)。

4.2.3 乙酸乙酯。

4.2.4 氢氧化钠(100 g/L),优级纯。

4.2.5 盐酸,优级纯(1+10)。

4.2.6 盐酸,优级纯(0.2 mol/L)。

4.2.7 硝酸(1+2)。

4.2.8 氢氧化铵(1+1)。

4.2.9 氢氧化铵(1+10)。

4.2.10 抗坏血酸溶液(10 g/L),用时配制。

4.2.11 氢氧化铵-硝酸铵缓冲溶液(pH 8.5):称取 6.4 g 硝酸铵溶解于水中,加入 1.5 mL 氢氧化铵(ρ=0.90 g/mL),用水稀释至 1 000 mL,贮于塑料瓶中。

4.2.12 N-苯甲酰苯基羟胺(钽试剂)乙醇溶液(1 g/L)。

4.2.13 溴甲酚绿-甲基红溶液:3 份溴甲酚绿乙醇溶液(10 g/L)与 1 份甲基红乙醇溶液(2 g/L)混匀。

4.2.14 酚酞乙醇溶液(1 g/L)。

4.2.15 铬天青 S 乙醇溶液(1 g/L)。

4.2.16 六次甲基四胺溶液(200 g/L),pH 约 6.5。

4.2.17 铝标准贮存溶液:准确称取 1.000 g 金属铝(w_{Al}≥99.9%)于 200 mL 烧杯中(精确至 0.000 1 g),加入 10 mL 盐酸(1+1),于低温加热溶解后,冷却,移入 1 000 mL 容量瓶中,用水稀释至刻度,混匀。此溶液 1 mL 含 1 mg 铝。

4.2.18 铝标准溶液:移取 10.00 mL 铝标准贮存溶液(4.2.17)于 1 000 mL 容量瓶中,用水稀释至刻度,混匀。此溶液 1 mL 含 10 μg 铝。

4.3 试样

钼条应粉碎并通过 0.75 mm 标准筛网。

4.4 分析步骤

4.4.1 试料

按表 1 称取试样,精确至 0.000 1 g。

表 1

铝的质量分数/%	试料质量/g
0.000 5~0.002 0	1.00
>0.002 0~0.004 0	0.50
>0.004 0~0.010	0.20
>0.010~0.025	0.10

4.4.2 测定次数

独立地进行两次测定,取其平均值。

4.4.3 空白试验

随同试料做空白试验。

4.4.4 测定

4.4.4.1 钼粉、钼条

4.4.4.1.1 将试料(4.4.1)置于100 mL烧杯中，以少量水湿润，加入5 mL～10 mL过氧化氢(4.2.2)低温加热溶解，取下冷却，加入10 mL氢氧化钠溶液(4.2.4)，加热分解过氧化氢。

4.4.4.1.2 取下，过滤于100 mL烧杯中，将烧杯中残渣全部转入滤纸上，用少量水洗滤纸4～5次，保留滤液，将滤纸连同残渣放入铂坩埚中，灰化。

4.4.4.1.3 加入1 g焦硫酸钾(4.2.1)，于700 ℃～800 ℃熔融2 min～3 min，冷却，于铂坩埚中加入10 mL水，加热浸取熔块并合并于主液，用水洗净坩埚后取出，加入1滴酚酞乙醇溶液(4.2.14)，用氢氧化钠溶液(4.2.4)与硝酸(4.2.7)调节溶液至浅红色，加入10 mL氢氧化铵-硝酸铵缓冲溶液(4.2.11)，移入120 mL分液漏斗中，洗净烧杯，控制溶液体积约为70 mL。

4.4.4.1.4 加入4 mL钽试剂乙醇溶液(4.2.12)，混匀，放置10 min，加入25 mL乙酸乙酯(4.2.3)，振荡1 min，静置分层，弃去水相，于有机相中加入10 mL水，振荡10 s，弃去水相，有机相用盐酸(4.2.6)反萃取二次，每次振荡1 min，静置分层，将二次水相合并于50 mL烧杯中，弃去有机相，于低温电炉上蒸发溶液体积至约为2 mL，取下冷却，移入100 mL容量瓶中，加水至约为70 mL。

4.4.4.1.5 加入1 mL抗坏血酸溶液(4.2.10)，混匀，加入1滴溴甲酚绿-甲基红溶液(4.2.13)，用盐酸(4.2.5)与氢氧化铵(4.2.9)调节溶液由红变绿，加入5 mL盐酸(4.2.6)、3 mL铬天青S乙醇溶液(4.2.15)、5 mL六次甲基四胺溶液(4.2.16)，每加一种试剂均需混匀，用水稀释至刻度，混匀，放置10 min。

4.4.4.1.6 将部分溶液移入1 cm比色皿中，以空白为参比，于分光光度计波长550 nm测量其吸光度。从工作曲线上查得相应的铝量。

4.4.4.2 三氧化钼、钼酸铵

将试料(4.4.1)置于100 mL烧杯中，加入10 mL氢氧化钠溶液(4.2.4)，加热溶解，滴加5滴过氧化氢(4.2.2)，加热分解过氧化氢。以下按4.4.4.1.2～4.4.4.1.6进行。

4.4.5 工作曲线的绘制

4.4.5.1 移取0 mL、0.50 mL、1.00 mL、1.50 mL、2.00 mL、2.50 mL、3.00 mL铝标准溶液(4.2.18)，分别置于一组100 mL容量瓶中，加入约70 mL水。以下按4.4.4.1.4～4.4.4.1.5进行。

4.4.5.2 将部分溶液移入1 cm比色皿中，以试剂空白为参比，于分光光度计波长550 nm测定其吸光度。以铝量为横坐标、吸光度为纵坐标绘制工作曲线。

4.5 分析结果的计算

铝含量以铝的质量分数w_{Al}计，数值以%表示，按式(1)计算：

$$w_{Al}=\frac{m_1}{m}\times 100 \qquad\cdots\cdots(1)$$

式中：

m_1——从工作曲线上查得的铝量，单位为克(g)；

m——试料质量，单位为克(g)。

4.6 允许差

实验室之间的分析结果的差值应不大于表2所列的允许差。

表 2

铝的质量分数/%	允许差/%
0.000 5～0.001 5	0.000 4
>0.001 5～0.004 0	0.001 0
>0.004 0～0.008 0	0.001 5
>0.008 0～0.012	0.002 5
>0.012～0.025	0.003

5 方法二 电感耦合等离子体原子发射光谱法

5.1 方法提要

试料用过氧化氢或硝酸和氢氟酸溶解，使用电感耦合等离子体原子发射光谱仪测定试样中铝的含量。

5.2 试剂

5.2.1 过氧化氢(ρ=1.10 g/mL)。

5.2.2 硝酸(ρ=1.42 g/mL)，优级纯。

5.2.3 氢氟酸(ρ=1.17 g/mL)。

5.2.4 盐酸(ρ=1.19 g/mL)，优级纯。

5.2.5 钼基体：与试料性质基本相同，所含铝的质量分数不超过 0.000 5%。

5.2.6 铝标准贮存溶液：准确称取 1.000 g 金属铝[$w_{Al}\geqslant$99.9%]于 200 mL 烧杯中(精确至 0.000 1 g)，加入 10 mL 盐酸(1+1)，于低温加热溶解后，冷却，移入 1 000 mL 容量瓶中，用水稀释至刻度，混匀。此溶液 1 mL 含 1 mg 铝。

5.2.7 铝标准溶液：移取 10.00 mL 铝标准贮存溶液(5.3.6)于 100 mL 容量瓶中，用水稀释至刻度，混匀。此溶液 1 mL 含 100 μg 铝。

5.3 仪器

5.3.1 电感耦合等离子体原子发射光谱仪。采用硝酸和氢氟酸溶解样品时推荐使用耐氢氟酸雾化器。在仪器最佳工作条件下，用 1.0 μg/mL 的铝标准溶液连续测量 11 次，其光强度的相对标准偏差不超过 2.5%。

5.3.2 高压溶样装置。

5.4 试样

钼条应粉碎并通过 0.75 mm 标准筛网。

5.5 分析步骤

5.5.1 试料

按表 3 称取试样，精确至 0.000 1 g。

表 3

铝的质量分数/%	试料质量/g
0.005 0～0.050	1.00
>0.050～1.00	0.10

5.5.2 测定次数

独立地进行两次测定，取其平均值。

5.5.3 空白试验

称取与试料对等的钼基体(5.2.5)，随同试料做空白试验。

5.5.4 测定

5.5.4.1 将试料置于 150 mL 烧杯中，用少量水润湿，加入 5 mL～10 mL 过氧化氢(5.2.1)，低温加热至完全溶解。继续加热分解过氧化氢。冷却，将溶液移入 100 mL 容量瓶中，补加 5 mL 硝酸(5.2.2)，用水稀释至刻度，混匀。当三氧化钼用此法不易溶至澄清时，将试料置于聚四氟乙烯微波消解罐中，加入 5 mL 硝酸(5.2.2)和 2 mL 氢氟酸(5.2.3)，微波消解溶解样品。

5.5.4.2 检查各系统的连接，开启仪器，选择恰当的背景校正位置，然后点燃等离子体火焰，稳定 30 min。选择 237.312 nm 为铝元素的分析波长，测定空白溶液和试液(5.5.4.1)中铝的发射强度。从工作曲线上查出相应的铝的质量浓度。

5.5.5 工作曲线的绘制

5.5.5.1 按照表 3 试料量称取钼基体(5.2.5)6 份，置于 150 mL 的烧杯中，用少量水润湿，加入 5 mL～10 mL过氧化氢(5.2.1)低温加热溶解。溶解完全后加热分解过氧化氢，取下冷却。将溶液移至 100 mL 容量瓶中，补加 5 mL 硝酸(5.2.2)。分别加入 0 mL、0.50 mL、1.00 mL、2.00 mL、5.00 mL、10.00 mL 铝标准溶液(5.2.7)，用水稀释至刻度，混匀。

5.5.5.2 于 237.312 nm 处测定标准溶液中铝的发射光谱强度，并以铝的质量浓度(μg/mL)为横坐标、发射强度为纵坐标绘制工作曲线。线性相关系数优于 0.999。

5.6 分析结果的计算

铝含量以铝的质量分数 w_{Al} 计，数值以%表示，按式(2)计算：

$$w_{Al}=\frac{(\rho_1-\rho_0)\cdot V\times 10^{-6}}{m}\times 100 \qquad \cdots\cdots(2)$$

式中：

ρ_1——试液中铝的质量浓度，单位为微克每毫升(μg/mL)；

ρ_0——空白溶液中铝的质量浓度，单位为微克每毫升(μg/mL)；

V——试液总体积，单位为毫升(mL)；

m——试料质量，单位为克(g)。

5.7 精密度

5.7.1 重复性

在重复性条件下获得的两次独立测试结果的测定值，在以下给出的平均值范围内，这两个测试结果

的绝对差值不超过重复性限(r)，超过重复性限(r)的情况不超过5%。重复性限(r)按表4数据采用线性内插法求得。

表4

铝质量分数/%	0.005 0	0.050	0.500	1.00
重复性限/%	0.000 6	0.005	0.015	0.06

5.7.2 允许差

实验室之间分析结果的差值应不大于表5所列允许差。

表5

铝质量分数/%	允许差/%
0.005 0～0.010	0.002 0
>0.010～0.050	0.005
>0.050～0.15	0.010
>0.15～0.50	0.02
>0.50～1.00	0.06

6 试验报告

试验报告包括下列内容：

——试样；

——使用的标准(包括发布或出版年号)；

——使用的方法(如果标准中包括几个方法)；

——分析结果及其表示；

——与基本分析步骤的差异；

——测定中观察到的异常现象；

——试验日期。

ICS 77.120.99
H 63

中华人民共和国国家标准

GB/T 4325.12—2013
代替 GB/T 4325.12—1984

钼化学分析方法 第12部分:硅量的测定 电感耦合等离子体原子发射光谱法

**Methods for chemical analysis of molybdenum—
Part 12: Determination of silicon content—
Inductively coupled plasma atomic emission spectrometry**

2013-05-09 发布　　2014-02-01 实施

中华人民共和国国家质量监督检验检疫总局
中国国家标准化管理委员会　发布

前　言

GB/T 4325《钼化学分析方法》分为26部分：

——第1部分：铅量的测定　石墨炉原子吸收光谱法；
——第2部分：镉量的测定　火焰原子吸收光谱法；
——第3部分：铋量的测定　原子荧光光谱法；
——第4部分：锡量的测定　原子荧光光谱法；
——第5部分：锑量的测定　原子荧光光谱法；
——第6部分：砷量的测定　原子荧光光谱法；
——第7部分：铁量的测定　邻二氮杂菲分光光度法和电感耦合等离子体原子发射光谱法；
——第8部分：钴量的测定　钴试剂分光光度法和火焰原子吸收光谱法；
——第9部分：镍量的测定　丁二酮肟分光光度法和火焰原子吸收光谱法；
——第10部分：铜量的测定　火焰原子吸收光谱法；
——第11部分：铝量的测定　铬天青S分光光度法和电感耦合等离子体原子发射光谱法；
——第12部分：硅量的测定　电感耦合等离子体原子发射光谱法；
——第13部分：钙量的测定　火焰原子吸收光谱法；
——第14部分：镁量的测定　火焰原子吸收光谱法；
——第15部分：钠量的测定　火焰原子吸收光谱法；
——第16部分：钾量的测定　火焰原子吸收光谱法；
——第17部分：钛量的测定　二安替比林甲烷分光光度法和电感耦合等离子体原子发射光谱法；
——第18部分：钒量的测定　钽试剂分光光度法和电感耦合等离子体原子发射光谱法；
——第19部分：铬量的测定　二苯基碳酰二肼分光光度法；
——第20部分：锰量的测定　火焰原子吸收光谱法；
——第21部分：碳量和硫量的测定　高频燃烧红外吸收法；
——第22部分：磷量的测定　钼蓝分光光度法；
——第23部分：氧量和氮量的测定　惰气熔融红外吸收法-热导法；
——第24部分：钨量的测定　电感耦合等离子体原子发射光谱法；
——第25部分：氢量的测定　惰气熔融红外吸收法/热导法；
——第26部分：铝、镁、钙、钒、铬、锰、铁、钴、镍、铜、锌、砷、镉、锡、锑、钨、铅和铋量的测定　电感耦合等离子体质谱法。

本部分为GB/T 4325的第12部分。

本部分按照GB/T 1.1—2009给出的规则起草。

本部分代替GB/T 4325.12—1984《钼化学分析方法　氯化-钼蓝光度法测定硅量》。本部分与GB/T 4325.12—1984相比，主要技术变化如下：

——将“氯化-钼蓝光度法测定”修改为“电感耦合等离子体发射光谱法”；
——测定范围调整为0.000 2%～0.100%；
——增加了重复性条款；
——增加了试验报告条款。

本部分由全国有色金属标准化技术委员会(SAC/TC 243)归口。

本部分起草单位：金堆城钼业股份有限公司、赣州有色冶金研究所、广州有色金属研究院。

本部分主要起草人：胡耕科、张江峰、赵煜、马志军、杨莉、钟道国、熊晓燕。

本部分所代替标准的历次版本发布情况为：

——GB/T 4325.12—1984。

钼化学分析方法
第12部分:硅量的测定
电感耦合等离子体原子发射光谱法

1 范围

GB/T 4325的本部分规定了钼中硅量的测定方法。

本部分适用于钼粉、钼条、三氧化钼、钼酸铵中硅量的测定。测定范围:0.000 2%~0.100%。

2 方法提要

试料用过氧化氢、氢氧化钠分解,硝酸酸化后,在选定的条件下,用电感耦合等离子体发射光谱仪,于波长252.411 nm或288.158 nm处测量发射强度,按工作曲线法计算被测元素的质量分数。

3 试剂

除非另有说明,在分析中仅使用确认为分析纯的试剂和蒸馏水或去离子水或相当纯度的水。

3.1 过氧化氢(ρ=1.10 g/mL),优级纯。

3.2 硝酸(ρ=1.42 g/mL),优级纯。

3.3 氢氧化钠溶液(200 g/L),优级纯。

3.4 三氧化钼,光谱纯。

3.5 钼酸铵,光谱纯。

3.6 硅标准贮存溶液:称取0.106 9 g于900 ℃灼烧至恒重的二氧化硅(基准试剂),置于铂坩埚中,加入3 g无水碳酸钠,在900 ℃熔融后,冷却,溶于水,移入500 mL容量瓶中,以水稀释至刻度,混匀。贮存于塑料瓶中。此溶液1 mL含100 μg硅。

3.7 硅标准溶液:移取10.00 mL硅标准贮存溶液(3.6)于100 mL容量瓶中,用水稀释至刻度,混匀,贮存于塑料瓶中。此溶液1 mL含有10 μg硅。

4 仪器

等离子体发射光谱仪:分辨率<0.006 nm (200 nm处)。

5 分析步骤

5.1 测定次数

独立地进行两次测定,取其平均值。

5.2 试料

按表1称取试样量,精确至0.000 1 g。

表 1

硅的质量分数/%	试料质量/g	移取体积/mL
0.000 2～0.005 0	1.00	全量
>0.005 0～0.010 0	0.50	全量
>0.010 0～0.100 0	0.20	20.00

5.3 空白试验

随同试料做空白试验。

5.4 测定

5.4.1 将试料(5.2)置于50 mL铂坩埚中,加入少量水润湿,加入0.5 mL氢氧化钠溶液(3.3),加热微沸5 min,取下冷却,加入少量水和1 mL过氧化氢(3.1)和3 mL硝酸(3.2),移入100 mL容量瓶中,以水稀释至刻度,混匀。

注:钼金属制品先用适量过氧化氢(3.1)溶解后再转移至铂坩埚中进行碱溶解。

5.4.2 在仪器运行稳定后,于电感耦合等离子体原子发射光谱仪上,在选定的仪器工作条件下,于等离子体发射光谱仪波长252.411 nm或288.158 nm处测量试液及随同试料空白的发射强度,减去试料空白的发射强度,从相应的工作曲线上查得硅的浓度。

5.5 工作曲线的绘制

5.5.1 按试料量称取钼基体分别置于五个铂坩埚中,加入少量水润湿,滴加0.5 mL氢氧化钠溶液(3.3),低温加热完全溶解,加热微沸5 min,取下冷却,加入少量水和1.0 mL过氧化氢(3.1),滴加3 mL硝酸(3.2),移至100 mL容量瓶中,分别移取0 mL、2.00 mL、4.00 mL、6.00 mL、8.00 mL硅标准溶液(3.7)于100 mL容量瓶中,用水稀释至刻度,混匀。

5.5.2 将系列标准溶液在电感耦合等离子体原子发射光谱仪上,于252.411 nm或288.158 nm处进行测量,工作曲线的相关系数应在0.999以上,否则应重新进行测量或重新配制系列标准溶液进行测量。

6 分析结果的计算

硅含量以硅的质量分数 w_{Si} 计,数值以%表示,按式(1)计算:

$$w_{Si}=\frac{\rho \cdot V_1 \cdot V_0 \times 10^{-6}}{m_0 \cdot V_2} \times 100 \qquad \cdots\cdots(1)$$

式中:

ρ ——仪器测出试液中硅的浓度,单位为微克每毫升(μg/mL);

V_0——试液总体积,单位为毫升(mL);

V_1——被测试液体积,单位为毫升(mL);

V_2——移取试液体积,单位为毫升(mL);

m_0——试料的质量,单位为克(g)。

7 精密度

7.1 重复性

在重复性条件下获得的两次独立测试结果的测定值,在以下给出的平均值范围内,这两个测试结果的绝对差值不超过重复性限(r),超过重复性限(r)的情况不超过5%。重复性限(r)按表2数据采用线性内插法求得。

表 2

硅的质量分数/%	0.000 2	0.010 0	0.050 0	0.100
重复性限/%	0.000 2	0.000 5	0.000 8	0.001 0

7.2 允许差

实验室之间分析结果的差值不应大于表3所列允许差。

表 3

硅的质量分数/%	允许差/%
0.000 2~0.005 0	0.000 2
>0.005 0~0.010	0.001 0
>0.010~0.10	0.002 0

8 试验报告

试验报告应包括下列内容:

——试样;

——使用的标准(包括发布或出版年号);

——使用的方法(如果标准中包括数个方法);

——分析结果及其表示;

——与基本分析步骤的差异;

——测定中观察到的异常现象;

——试验日期。

ICS 77.120.99
H 63

中华人民共和国国家标准

GB/T 4325.13—2013
代替 GB/T 4325.13—1984,GB/T 4325.14—1984

钼化学分析方法 第13部分:钙量的测定 火焰原子吸收光谱法

**Methods for chemical analysis of molybdenum—
Part 13:Determination of calcium content—
Flame atomic absorption spectrometry**

2013-05-09 发布 2014-02-01 实施

中华人民共和国国家质量监督检验检疫总局
中国国家标准化管理委员会 发布

前　言

GB/T 4325《钼化学分析方法》分为 26 部分：

——第 1 部分：铅量的测定　石墨炉原子吸收光谱法；
——第 2 部分：镉量的测定　火焰原子吸收光谱法；
——第 3 部分：铋量的测定　原子荧光光谱法；
——第 4 部分：锡量的测定　原子荧光光谱法；
——第 5 部分：锑量的测定　原子荧光光谱法；
——第 6 部分：砷量的测定　原子荧光光谱法；
——第 7 部分：铁量的测定　邻二氮杂菲分光光度法和电感耦合等离子体原子发射光谱法；
——第 8 部分：钴量的测定　钴试剂分光光度法和火焰原子吸收光谱法；
——第 9 部分：镍量的测定　丁二酮肟分光光度法和火焰原子吸收光谱法；
——第 10 部分：铜量的测定　火焰原子吸收光谱法；
——第 11 部分：铝量的测定　铬天青 S 分光光度法和电感耦合等离子体原子发射光谱法；
——第 12 部分：硅量的测定　电感耦合等离子体原子发射光谱法；
——第 13 部分：钙量的测定　火焰原子吸收光谱法；
——第 14 部分：镁量的测定　火焰原子吸收光谱法；
——第 15 部分：钠量的测定　火焰原子吸收光谱法；
——第 16 部分：钾量的测定　火焰原子吸收光谱法；
——第 17 部分：钛量的测定　二安替比林甲烷分光光度法和电感耦合等离子体原子发射光谱法；
——第 18 部分：钒量的测定　钽试剂分光光度法和电感耦合等离子体原子发射光谱法；
——第 19 部分：铬量的测定　二苯基碳酰二肼分光光度法；
——第 20 部分：锰量的测定　火焰原子吸收光谱法；
——第 21 部分：碳量和硫量的测定　高频燃烧红外吸收法；
——第 22 部分：磷量的测定　钼蓝分光光度法；
——第 23 部分：氧量和氮量的测定　惰气熔融红外吸收法-热导法；
——第 24 部分：钨量的测定　电感耦合等离子体原子发射光谱法；
——第 25 部分：氢量的测定　惰气熔融红外吸收法/热导法；
——第 26 部分：铝、镁、钙、钒、铬、锰、铁、钴、镍、铜、锌、砷、镉、锡、锑、钨、铅和铋量的测定　电感耦合等离子体质谱法。

本部分为 GB/T 4325 的第 13 部分。

本部分按照 GB/T 1.1—2009 给出的规则起草。

本部分代替 GB/T 4325.13—1984《钼化学分析方法　乙二醛双(2-羟基苯胺)光度法测定钙量》和 GB/T 4325.14—1984《钼化学分析方法　原子吸收分光光度法测定钙量》。本部分与 GB/T 4325.13—1984 和 GB/T 4325.14—1984 相比，主要技术变化如下：

——删除了“乙二醛双(2-羟基苯胺)光度法”；
——样品处理由 8 羟基喹啉-正丁醇萃取改为柠檬酸络合；
——测定由氧屏蔽空气-乙炔火焰测定有机相改为空气-乙炔火焰测定水相；
——测定范围调整为 0.000 5%～0.030%；
——增加了重复性条款；

——增加了试验报告要求。

本部分由全国有色金属标准化技术委员会(SAC/TC 243)归口。

本部分起草单位:赣州有色冶金研究所、广州有色金属研究院、北京有色金属研究总院。

本部分主要起草人:陈涛、李智勇、钟道国、陈小兰、唐维学、熊晓燕、张殿凯。

本部分所代替标准的历次版本发布情况为:

——GB/T 4325.13—1984、GB/T 4325.14—1984。

钼化学分析方法 第13部分:钙量的测定 火焰原子吸收光谱法

1 范围

GB/T 4325的本部分规定了钼中钙量的测定方法。

本部分适用于钼粉、钼条、三氧化钼、钼酸铵中钙量的测定。测定范围:0.000 5%~0.030%。

2 方法提要

试样用过氧化氢分解,加入柠檬酸,在盐酸介质中,采用标准加入法,用空气-乙炔火焰原子吸收光谱仪,于波长422.7 nm处测量钙的吸光度,计算钙量。

3 试剂

除非另有说明,本部分所用试剂均为符合国家标准或行业标准的分析纯试剂,所用水为去离子水。

3.1 钼酸铵(w≥99.99%)。

3.2 过氧化氢(30%),优级纯。

3.3 盐酸(ρ=1.19 g/mL),优级纯。

3.4 柠檬酸(500 g/L),优级纯。

3.5 钙标准贮存溶液:称取2.497 0克碳酸钙(质量分数≥99.99%)(预先在105 ℃烘1 h,并在干燥器中冷至室温)于250 mL烧杯中,加入30 mL水、15 mL盐酸(3.3),置电炉上加热至完全溶解,煮沸驱除二氧化碳,冷却后移入1 000 mL容量瓶中,用水稀释至刻度,混匀。此溶液1 mL含1.0 mg钙。

3.6 钙标准溶液:移取5.0 mL钙标准贮存溶液(3.5),置于500 mL容量瓶中,用水稀释至刻度,混匀。此溶液1 mL含10 μg钙。

4 仪器

原子吸收光谱仪,附钙空心阴极灯。

在仪器最佳工作条件下,凡能达到下列指标者均可使用:

——特征浓度:在与测量溶液基体相一致的溶液中,钙的特征浓度应不大于0.05 μg/mL;

——精密度:用最高浓度的标准溶液测量10次吸光度,其标准偏差应不超过平均吸光度的1.5%;用最低浓度的标准溶液(不是"零"浓度标准溶液)测量10次吸光度,其标准偏差应不超过最高浓度平均吸光度的0.5%;

——工作曲线线性:将工作曲线按浓度等分成5段,最高段的吸光度差值与最低段的吸光度差值之比应不小于0.7。

5 试样

钼条应粉碎并通过0.75 mm标准筛网。

6 分析步骤

6.1 试料

按表1称取试样，精确到0.000 1 g。

表 1

钙的质量分数/%	试料质量/g
0.000 5～0.002 0	2.00
>0.002 0～0.004 0	1.00
>0.004 0～0.008 0	0.50
>0.008 0～0.030	0.20

6.2 测定次数

独立地进行两次测定，取其平均值。

6.3 测定

6.3.1 按表1分别称取4份试料(6.1)于4个200 mL石英烧杯中，加10 mL水，加入5 mL过氧化氢(3.2)摇匀，低温分解至完全溶解，加入2.5 mL柠檬酸(3.4)及2 mL盐酸(3.3)，继续加热至微沸，取下用少量水吹洗表面皿及杯壁，冷却后，将溶液分别移入到4个50 mL容量瓶中。移取0 mL、1.0 mL、2.0 mL、4.0 mL钙标准溶液(3.6)分别加入上述容量瓶中，用水稀释至刻度，混匀待测。

6.3.2 按试料(6.1)中的钼量称取相应量的钼酸铵基体(3.1)于200 mL石英烧杯中。按6.3.1分解步骤操作。冷却后移入50 mL容量瓶中，用水稀释至刻度，混匀待测。

6.3.3 在选定的仪器工作条件下，用空气-乙炔火焰，于波长422.7 nm，以钼基体溶液(6.3.2)调节零点，测定试液(6.3.1)的吸光度，以钙浓度为横坐标、吸光度为纵坐标绘制工作曲线。用外推法求出试液中钙的浓度。

7 分析结果的计算

钙含量以钙的质量分数 w_{Ca} 计，数值以%表示，按式(1)计算：

$$w_{\mathrm{Ca}}=\frac{\rho\times V\times 10^{-6}}{m}\times 100 \qquad \cdots\cdots(1)$$

式中：

ρ ——从工作曲线上查的试液中钙的浓度，单位为微克每毫升(μg/mL)；

V ——试液的体积，单位为毫升(mL)；

m ——试料量，单位为克(g)。

8 精密度

8.1 重复性

在重复性条件下获得的两次独立测试结果的测定值，在以下给出的平均值范围内，这两个测试结果

的绝对差值不超过重复性限(r),超过重复性限(r)的情况不超过5%。重复性限(r)按表2数据采用线性内插法求得。

表 2

钙的质量分数/%	0.000 20	0.002 2	0.010 1
重复性限/%	0.000 06	0.000 45	0.000 5

8.2 允许差

实验室之间分析结果的差值不应大于表3所列允许差。

表 3

钙的质量分数/%	允许差/%
0.000 5~0.002 0	0.000 5
>0.002 0~0.005 0	0.000 8
>0.005 0~0.010	0.002 0
>0.010~0.030	0.003

9 试验报告

试验报告应包括下列内容：

——试样；

——使用的标准(包括发布或出版年号)；

——使用的方法(如果标准中包括几个方法)；

——分析结果及其表示；

——与基本分析步骤的差异；

——测定中观察到的异常现象；

——试验日期。

ICS 77.120.99
H 63

中华人民共和国国家标准

GB/T 4325.14—2013
代替 GB/T 4325.15—1984,GB/T 4325.16—1984

钼化学分析方法
第14部分:镁量的测定
火焰原子吸收光谱法

**Methods for chemical analysis of molybdenum—
Part 14:Determination of magnesium content—
Flame atomic absorption spectrometry**

2013-05-09 发布　　2014-02-01 实施

中华人民共和国国家质量监督检验检疫总局
中国国家标准化管理委员会　发布

前 言

GB/T 4325《钼化学分析方法》分为26部分：

——第1部分：铅量的测定 石墨炉原子吸收光谱法；
——第2部分：镉量的测定 火焰原子吸收光谱法；
——第3部分：铋量的测定 原子荧光光谱法；
——第4部分：锡量的测定 原子荧光光谱法；
——第5部分：锑量的测定 原子荧光光谱法；
——第6部分：砷量的测定 原子荧光光谱法；
——第7部分：铁量的测定 邻二氮杂菲分光光度法和电感耦合等离子体原子发射光谱法；
——第8部分：钴量的测定 钴试剂分光光度法和火焰原子吸收光谱法；
——第9部分：镍量的测定 丁二酮肟分光光度法和火焰原子吸收光谱法；
——第10部分：铜量的测定 火焰原子吸收光谱法；
——第11部分：铝量的测定 铬天青S分光光度法和电感耦合等离子体原子发射光谱法；
——第12部分：硅量的测定 电感耦合等离子体原子发射光谱法；
——第13部分：钙量的测定 火焰原子吸收光谱法；
——第14部分：镁量的测定 火焰原子吸收光谱法；
——第15部分：钠量的测定 火焰原子吸收光谱法；
——第16部分：钾量的测定 火焰原子吸收光谱法；
——第17部分：钛量的测定 二安替比林甲烷分光光度法和电感耦合等离子体原子发射光谱法；
——第18部分：钒量的测定 钽试剂分光光度法和电感耦合等离子体原子发射光谱法；
——第19部分：铬量的测定 二苯基碳酰二肼分光光度法；
——第20部分：锰量的测定 火焰原子吸收光谱法；
——第21部分：碳量和硫量的测定 高频燃烧红外吸收法；
——第22部分：磷量的测定 钼蓝分光光度法；
——第23部分：氧量和氮量的测定 惰气熔融红外吸收法-热导法；
——第24部分：钨量的测定 电感耦合等离子体原子发射光谱法；
——第25部分：氢量的测定 惰气熔融红外吸收法/热导法；
——第26部分：铝、镁、钙、钒、铬、锰、铁、钴、镍、铜、锌、砷、镉、锡、锑、钨、铅和铋量的测定 电感耦合等离子体质谱法。

本部分为GB/T 4325的14部分。

本部分按照GB/T 1.1—2009给出的规则起草。

本部分代替GB/T 4325.15《钼化学分析方法 偶氮氯膦Ⅰ光度法测定镁量》和GB/T 4325.16—1984《钼化学分析方法 原子吸收分光光度法测定镁量》。本部分与GB/T 4325.15和GB/T 4325.16—1984相比，主要技术变化如下：

——样品分解由硝酸-盐酸混合酸改为过氧化氢，盐酸；
——测定范围调整为0.000 2%～0.010%；
——增加了重复性条款；
——增加了试验报告要求。

本部分由全国有色金属标准化技术委员会(SAC/TC 243)归口。

本部分起草单位：赣州有色冶金研究所、北京矿冶研究研究院、西部金属材料股份有限公司。

本部分主要起草人：李智勇、陈涛、钟道国、姜求韬、李佗、杨军红。

本部分所代替标准的历次版本发布情况为：

——GB/T 4325.15—1984、GB/T 4325.16—1984。

钼化学分析方法 第14部分:镁量的测定 火焰原子吸收光谱法

1 范围

GB/T 4325 的本部分规定了钼中镁量的测定方法。

本部分适用于钼粉、钼条、三氧化钼、钼酸铵中镁量的测定。测定范围:0.000 2%~0.010%。

2 方法提要

试样用过氧化氢分解。在盐酸介质中,采用标准加入法,用空气-乙炔火焰原子吸收光谱仪,于波长 285.2 nm 处测量镁的吸光度,计算镁量。

3 试剂

除非另有说明,本部分所用试剂均为符合国家标准或行业标准的分析纯试剂,所用水为去离子水。

3.1 钼酸铵(w_{Mg}<0.000 1%)。

3.2 过氧化氢(30%),优级纯。

3.3 盐酸(ρ=1.18 g/mL),优级纯。

3.4 柠檬酸溶液(200 g/L),优级纯。

3.5 镁标准贮存溶液:称取 0.100 0 g 金属镁(w_{Mg}≥99.99%)于 250 mL 烧杯中,加入 30 mL 水、10 mL 盐酸(3.3),加热至完全溶解,冷却至室温后移入 1 000 mL 容量瓶中,用水稀释至刻度,混匀。此标准溶液每毫升含 100 μg 镁。

3.6 镁标准溶液:移取 10.0 mL 镁标准贮存溶液(3.5),置于 500 mL 容量瓶中,加入 10 mL 盐酸(3.3),用水稀释至刻度,混匀。此标准溶液每毫升含 2.0 μg 镁。

4 仪器

原子吸收光谱仪,附镁空心阴极灯。

在仪器最佳工作条件下,凡能达到下列指标者均可使用:

——特征浓度:在与测量溶液基体相一致的溶液中,镁的特征浓度应不大于 0.01 μg/mL;

——精密度:用最高浓度的标准溶液测量 10 次吸光度,其标准偏差应不超过平均吸光度的 1.5%;用最低浓度的标准溶液(不是“零”浓度标准溶液)测量 10 次吸光度,其标准偏差应不超过最高浓度平均吸光度的 0.5%;

——工作曲线线性:将工作曲线按浓度等分成 5 段,最高段的吸光度差值与最低段的吸光度差值之比应不小于 0.7。

5 试样

钼条应粉碎并通过 0.75 mm 标准筛网。

6 分析步骤

6.1 试料

称取0.100 g～2.00 g样品，精确到0.000 1 g，使得试液中的镁量在2 μg～10 μg。

6.2 测定次数

独立地进行两次测定，取其平均值。

6.3 测定

6.3.1 将试料(6.1)置于200 mL石英烧杯中，加入10 mL水、5 mL过氧化氢(3.2)，摇匀，低温分解至溶解完全，加入10 mL柠檬酸溶液(3.4)，加入3 mL盐酸(3.3)，继续低温加热煮沸1 min～2 min，用少量水吹洗表面皿及杯壁，冷却后，将溶液移入50 mL容量瓶中，用水稀释至刻度，混匀。

6.3.2 分别移取5.00 mL试液(6.3.1)于4个10 mL容量瓶中，分别加入0 mL、0.20 mL、0.40 mL、0.80 mL镁标准溶液(3.6)至上述容量瓶中，用水稀释至刻度混匀，待测。

6.3.3 按试料(6.1)中的钼量称取相应量的钼酸铵基体(3.1)。按6.3.1分解步骤操作。冷却后移入100 mL容量瓶中，用水稀释至刻度混匀，待测。

6.3.4 在选定的仪器工作条件下，用空气-乙炔火焰，于波长285.2 nm，以钼基体溶液(6.3.3)调节零点，测定待测试液(6.3.2)的吸光度，以镁浓度为横坐标、吸光度为纵坐标绘制工作曲线。用外推法求出待测试液中镁的浓度。

7 分析结果的计算

镁含量以镁的质量分数 w_{Mg} 计，数值以%表示，按式(1)计算镁的质量分数：

$$w_{Mg}=\frac{\rho \times V_0 \times V_2 \times 10^{-6}}{m \times V_1}\times 100 \qquad \cdots\cdots(1)$$

式中：

ρ ——从工作曲线上查的待测试液中镁的浓度，单位为微克每毫升(μg/mL)；

V_0——试液的体积，单位为毫升(mL)；

V_1——移取试液的体积，单位为毫升(mL)；

V_2——待测试液的体积，单位为毫升(mL)；

m ——试料量，单位为克(g)。

8 精密度

8.1 重复性

在重复性条件下获得的两次独立测试结果的测定值，在以下给出的平均值范围内，这两个测试结果的绝对差值不超过重复性限(r)，超过重复性限(r)的情况不超过5%。重复性限(r)按表1数据采用线性内插法求得。

表 1

镁的质量分数/%	0.000 16	0.004 1	0.010 2
重复性限 r/%	0.000 03	0.000 3	0.000 4

8.2 允许差

实验室之间分析结果的差值不应大于表2所列允许差。

表 2

镁的质量分数/%	允许差/%
0.000 2～0.001 5	0.000 2
>0.001 5～0.005 0	0.000 7
>0.005 0～0.010	0.001 2

9 试验报告

试验报告应包括下列内容：

——试样；

——使用的标准(包括发布或出版年号)；

——使用的方法(如果标准中包括几个方法)；

——分析结果及其表示；

——与基本分析步骤的差异；

——测定中观察到的异常现象；

——试验日期。

ICS 77.120.99
H 63

中华人民共和国国家标准

GB/T 4325.15—2013
代替 GB/T 4325.17—1984

钼化学分析方法 第15部分:钠量的测定 火焰原子吸收光谱法

**Methods for chemical analysis of molybdenum—
Part 15: Determination of sodium content—
Flame atomic absorption spectrometry**

2013-05-09 发布　　　　2014-02-01 实施

中华人民共和国国家质量监督检验检疫总局
中国国家标准化管理委员会　发布

前　言

GB/T 4325《钼化学分析方法》分为26部分：

——第1部分：铅量的测定　石墨炉原子吸收光谱法；

——第2部分：镉量的测定　火焰原子吸收光谱法；

——第3部分：铋量的测定　原子荧光光谱法；

——第4部分：锡量的测定　原子荧光光谱法；

——第5部分：锑量的测定　原子荧光光谱法；

——第6部分：砷量的测定　原子荧光光谱法；

——第7部分：铁量的测定　邻二氮杂菲分光光度法和电感耦合等离子体原子发射光谱法；

——第8部分：钴量的测定　钴试剂分光光度法和火焰原子吸收光谱法；

——第9部分：镍量的测定　丁二酮肟分光光度法和火焰原子吸收光谱法；

——第10部分：铜量的测定　火焰原子吸收光谱法；

——第11部分：铝量的测定　铬天青S分光光度法和电感耦合等离子体原子发射光谱法；

——第12部分：硅量的测定　电感耦合等离子体原子发射光谱法；

——第13部分：钙量的测定　火焰原子吸收光谱法；

——第14部分：镁量的测定　火焰原子吸收光谱法；

——第15部分：钠量的测定　火焰原子吸收光谱法；

——第16部分：钾量的测定　火焰原子吸收光谱法；

——第17部分：钛量的测定　二安替比林甲烷分光光度法和电感耦合等离子体原子发射光谱法；

——第18部分：钒量的测定　钽试剂分光光度法和电感耦合等离子体原子发射光谱法；

——第19部分：铬量的测定　二苯基碳酰二肼分光光度法；

——第20部分：锰量的测定　火焰原子吸收光谱法；

——第21部分：碳量和硫量的测定　高频燃烧红外吸收法；

——第22部分：磷量的测定　钼蓝分光光度法；

——第23部分：氧量和氮量的测定　惰气熔融红外吸收法-热导法；

——第24部分：钨量的测定　电感耦合等离子体原子发射光谱法；

——第25部分：氢量的测定　惰气熔融红外吸收法/热导法；

——第26部分：铝、镁、钙、钒、铬、锰、铁、钴、镍、铜、锌、砷、镉、锡、锑、钨、铅和铋量的测定　电感耦合等离子体质谱法。

本部分为GB/T 4325的第15部分。

本部分按照GB/T 1.1—2009给出的规则起草。

本部分代替GB/T 4325.17—1984《钼化学分析方法　原子吸收分光光度法测定钠量》。本部分与GB/T 4325.17—1984相比，主要技术变化如下：

——将原5.4.1.1的加热煮沸约1 min改为6.4.1加热煮沸约10 min。

——将原5.4.1、5.4.2取消。

——修改了工作曲线。

——试料空白中加入与试料等量的钼基体。

——增加了重复性条款。

——增加了试验报告。

本部分由全国有色金属标准化技术委员会(SAC/TC 243)归口。

本部分起草单位:洛阳栾川钼业集团股份有限公司、北京有色金属研究总院、株洲硬质合金集团有限公司。

本部分主要起草人:田永红、陈凤群、李满芝、程紫辉、黄春贺、易建波、陈福室。

本部分所代替标准的历次版本发布情况为:

——GB/T 4325.17—1984。

钼化学分析方法
第15部分:钠量的测定
火焰原子吸收光谱法

1 范围

GB/T 4325的本部分规定了钼粉、钼条、三氧化钼及钼酸铵中钠含量的测定方法。

本部分适用于钼粉、钼条、三氧化钼及钼酸铵中钠量的测定。测定范围:0.000 3%~0.080%。

2 方法提要

试料用过氧化氢分解,用氯化铯作消电离剂,用空气-乙炔火焰原子吸收光谱仪,于波长589.0 nm处,在基体匹配条件下测量钠的吸光度,计算钠量。

3 试剂

除非另有说明,本部分所用试剂均为符合国家标准或行业标准的优级纯试剂,所用水为二次蒸馏水或相当纯度的水。

3.1 过氧化氢(ρ=1.10 g/mL)。

3.2 氯化铯溶液(25 g/L)。

3.3 钼基体:应用试料性质基本相同,钠含量不超过0.000 1%。

3.4 钠标准溶液A:称取0.254 3 g预先经550 ℃煅烧过的氯化钠(w_{NaCl}≥99.9%),置于石英烧杯中,用水溶解,移入1 000 mL容量瓶中,用水稀释至刻度,混匀。此溶液1 mL含100 μg钠。

3.5 钠标准溶液B:移取10.00 mL钠标准溶液A(3.4),置于100 mL容量瓶中,用水稀释至刻度,混匀。此溶液1 mL含10 μg钠。

4 仪器

原子吸收光谱仪,附钠空心阴极灯。

在仪器最佳工作条件下,凡能达到下列指标者均可使用:

——特征浓度:在与测量溶液的基体相一致的溶液中,钠的特征质量浓度不大于0.01 μg/mL;

——精密度:测量最高标准溶液10次,其吸光度的标准偏差应不超过平均吸光度的1.0%;用最低浓度的标准溶液(不是"零浓度"标准溶液)测量10次吸光度,其标准偏差应不超过最高浓度标准溶液平均吸光度的0.5%;

——工作曲线线性:将工作曲线按浓度等分为5段,最高段的吸光度差值与最低段的吸光度差值之比,应不小于0.7。

5 试样

钼条应粉碎并通过0.75 mm标准筛网。

6 分析步骤

6.1 试料

按表1称取试样，精确至0.000 1 g。

表1

钠的质量分数/%	试料质量/g
0.000 3～0.002 5	2.00
>0.002 5～0.010	1.00
>0.010～0.080	0.20

6.2 测定次数

独立地进行两次测定，取其平均值。

6.3 空白实验

称取与试料等量的钼基体(3.3)，随同试料做空白试验。

6.4 测定

6.4.1 将试料(6.1)置于200 mL石英烧杯中，用水润湿，分次加入6 mL～8 mL过氧化氢(3.1)，待激烈反应停止后，移至电热板上低温加热至试料完全溶解，取下，用水冲洗表皿及杯壁，加入约50 mL水，加热煮沸约10 min，以驱除过剩的过氧化氢。取下稍冷，加入1 mL氯化铯溶液(3.2)，移入100 mL容量瓶中，用水稀释至刻度，混匀。

6.4.2 在原子吸收光谱仪上，于波长589.0 nm处，使用空气-乙炔火焰，以随同试料空白溶液调零，测量钠的吸光度。在工作曲线上查出相应的钠浓度。

6.5 工作曲线的绘制

6.5.1 按表1试料量称取钼基体(3.3)6份，分别置于石英烧杯中，按表2加入钠标准溶液。以下按6.4.1进行。

6.5.2 使用空气-乙炔火焰，于原子吸收光谱仪波长589.0 nm处，以水调零，测量系列标准溶液的吸光度。以钠浓度为横坐标、吸光度为纵坐标，绘制工作曲线。

表2

钠的质量分数/%	0.000 3～0.002 5	>0.002 5～0.01	>0.010～0.080
钠标准溶液	3.5	3.5	3.4
钠标准溶液加入量 mL	0	0	0
	0.50	2.00	0.20
	1.00	4.00	0.40
	2.00	6.00	0.80
	3.00	8.00	1.20
	5.00	10.00	1.60

7 分析结果的计算

钠含量以钠的质量分数 w_{Na} 计，数值以%表示，按式(1)计算：

$$w_{Na}=\frac{(\rho_1-\rho_2)\cdot V\times 10^{-6}}{m}\times 100 \qquad \cdots\cdots(1)$$

式中：

ρ_1——从工作曲线上查得测定溶液中钠的浓度，单位为微克每毫升(μg/mL)；

ρ_2——从工作曲线上查得随同试样所做空白中钠的浓度，单位为微克每毫升(μg/mL)；

V——试液总体积，单位为毫升(mL)；

m——试料的质量，单位为克(g)。

8 精密度

8.1 重复性

在重复性条件下获得的两次独立测试结果的测定值，在以下给出的平均值范围内，这两个测试结果的绝对差值不超过重复性限(r)，超过重复性限(r)的情况不超过5%。重复性限(r)按表3数据采用线性内插法求得。

表 3

钠的质量分数/%	0.000 4	0.005 0	0.010 1
重复性限/%	0.000 2	0.000 5	0.000 6

注：重复性(r)为 $2.8\times s_r$，s_r 为重复性标准差。

8.2 允许差

实验室之间分析结果的差值应不大于表4所列允许差。

表 4

钠的质量分数/%	允许差/%
0.000 3～0.000 6	0.000 2
>0.000 6～0.001 5	0.000 4
>0.001 5～0.002 5	0.000 6
>0.002 5～0.004 0	0.001 0
>0.004 0～0.010	0.001 5
>0.010～0.040	0.003
>0.040～0.080	0.006

9 试验报告

试验报告应包括下列内容：

——试样；
——使用的标准(包括发布或出版年号)；
——使用的方法(如果标准中包括几个方法)；
——分析结果及其表示；
——与基本分析步骤的差异；
——测定中观察到的异常现象；
——试验日期。

ICS 77.120.99
H 63

中华人民共和国国家标准

GB/T 4325.16—2013
代替 GB/T 4325.18—1984

钼化学分析方法 第16部分:钾量的测定 火焰原子吸收光谱法

Methods for chemical analysis of molybdenum—
Part 16:Determination of potassium content—
Flame atomic absorption spectrometry

2013-05-09 发布　　2014-02-01 实施

中华人民共和国国家质量监督检验检疫总局
中国国家标准化管理委员会 发布

前　　言

GB/T 4325《钼化学分析方法》分为26部分：

——第1部分：铅量的测定　石墨炉原子吸收光谱法；

——第2部分：镉量的测定　火焰原子吸收光谱法；

——第3部分：铋量的测定　原子荧光光谱法；

——第4部分：锡量的测定　原子荧光光谱法；

——第5部分：锑量的测定　原子荧光光谱法；

——第6部分：砷量的测定　原子荧光光谱法；

——第7部分：铁量的测定　邻二氮杂菲分光光度法和电感耦合等离子体原子发射光谱法；

——第8部分：钴量的测定　钴试剂分光光度法和火焰原子吸收光谱法；

——第9部分：镍量的测定　丁二酮肟分光光度法和火焰原子吸收光谱法；

——第10部分：铜量的测定　火焰原子吸收光谱法；

——第11部分：铝量的测定　铬天青S分光光度法和电感耦合等离子体原子发射光谱法；

——第12部分：硅量的测定　电感耦合等离子体原子发射光谱法；

——第13部分：钙量的测定　火焰原子吸收光谱法；

——第14部分：镁量的测定　火焰原子吸收光谱法；

——第15部分：钠量的测定　火焰原子吸收光谱法；

——第16部分：钾量的测定　火焰原子吸收光谱法；

——第17部分：钛量的测定　二安替比林甲烷分光光度法和电感耦合等离子体原子发射光谱法；

——第18部分：钒量的测定　钽试剂分光光度法和电感耦合等离子体原子发射光谱法；

——第19部分：铬量的测定　二苯基碳酰二肼分光光度法；

——第20部分：锰量的测定　火焰原子吸收光谱法；

——第21部分：碳量和硫量的测定　高频燃烧红外吸收法；

——第22部分：磷量的测定　钼蓝分光光度法；

——第23部分：氧量和氮量的测定　惰气熔融红外吸收法-热导法；

——第24部分：钨量的测定　电感耦合等离子体原子发射光谱法；

——第25部分：氢量的测定　惰气熔融红外吸收法/热导法；

——第26部分：铝、镁、钙、钒、铬、锰、铁、钴、镍、铜、锌、砷、镉、锡、锑、钨、铅和铋量的测定　电感耦合等离子体质谱法。

本部分为GB/T 4325的第16部分。

本部分按照GB/T 1.1—2009给出的规则起草。

本部分代替GB/T 4325.18—1984《钼化学分析方法　原子吸收分光光度法测定钾量》。本部分与GB/T 4325.18—1984相比，主要技术变化如下：

——将原5.4.1.1的加热煮沸约1 min改为6.4.1加热煮沸约10 min；

——将原5.4.1、5.4.2取消；

——修改了工作曲线；

——试料空白中加入与试料等量的钼基体；

——增加了重复性条款；

——增加了试验报告。

本部分由全国有色金属标准化技术委员会(SAC/TC 243)归口。

本部分起草单位:洛阳栾川钼业集团股份有限公司、北京有色金属研究总院、株洲硬质合金集团有限公司。

本部分主要起草人:陈凤群、田永红、李满芝、程紫辉、黄春贺、易建波、陈福室。

本部分所代替标准的历次版本发布情况为:

——GB/T 4325.18—1984。

钼化学分析方法 第16部分：钾量的测定 火焰原子吸收光谱法

1 范围

GB/T 4325 的本部分规定了钼粉、钼条、三氧化钼及钼酸铵中钾量的测定方法。

本部分适用于钼粉、钼条、三氧化钼及钼酸铵中钾量的测定。测定范围：0.001 0%～0.150%。

2 方法提要

试料用过氧化氢分解，用氯化铯作消电离剂，用空气-乙炔火焰原子吸收光谱仪，于波长 766.5 nm 处，在基体匹配条件下测量钾的吸光度，计算钾量。

3 试剂

除非另有说明，本部分所用试剂均为符合国家标准或行业标准的优级纯试剂，所用水为二次蒸馏水或相当纯度的水，应符合 GB/T 6682 的规定。

3.1 过氧化氢（ρ=1.10 g/mL）。

3.2 氯化铯溶液（25 g/L）。

3.3 钼基体：应用试料性质基本相同，钾含量不超过 0.000 3%。

3.4 钾标准贮存溶液：称取 0.190 7 g 预先经 550 ℃煅烧过的氯化钾（w_{KCl}≥99.9%），置于石英烧杯中，用水溶解，移入 1 000 mL 容量瓶中，用水稀释至刻度，混匀。此溶液 1 mL 含 100 μg 钾。转入干燥塑料瓶中贮存。

3.5 钾标准溶液：移取 10.00 mL 钾标准贮存溶液（3.4），置于 100 mL 容量瓶中，用水稀释至刻度，混匀。此溶液 1 mL 含 10 μg 钾。

4 仪器

原子吸收光谱仪，附钾空心阴极灯。

在仪器最佳工作条件下，凡能达到下列指标者均可使用：

——特征浓度：在与测量溶液的基体相一致的溶液中，钾的特征质量浓度不大于 0.01 μg/mL；

——精密度：测量最高标准溶液 10 次，其吸光度的标准偏差应不超过平均吸光度的 1.0%；用最低浓度的标准溶液（不是"零浓度"标准溶液）测量 10 次吸光度，其标准偏差应不超过最高浓度标准溶液平均吸光度的 0.5%；

——工作曲线线性：将工作曲线按浓度等分为 5 段，最高段的吸光度差值与最低段的吸光度差值之比，应不小于 0.7。

5 试样

钼条应粉碎并通过 0.75 mm 标准筛网。

6 分析步骤

6.1 试料

按表 1 称取试样，精确至 0.000 1 g。

表 1

钾的质量分数/%	试料质量/g
0.0010～0.010	1.00
＞0.010～0.15	0.10

6.2 测定次数

独立地进行两次测定，取其平均值。

6.3 空白试验

称取与试料等量的钼基体(3.3)，随同试料做空白试验。

6.4 测定

6.4.1 将试料(6.1)置于 200 mL 石英烧杯中，用少量水润湿，分次加入 6 mL～8 mL 过氧化氢(3.1)，待激烈反应停止后，移至电热板上低温加热至试料完全溶解，取下，用水冲洗表面皿及杯壁，加入约 50 mL 水，加热煮沸约 10 min，以驱除过剩的过氧化氢。取下稍冷，加入 1 mL 氯化铯溶液(3.2)，移入 100 mL 容量瓶中，用水稀释至刻度，混匀。

6.4.2 在原子吸收光谱仪上，于波长 766.5 nm，使用空气-乙炔火焰，以加钼基体的空白调零，测量钾的吸光度。从工作曲线上查出相应的钾浓度。

6.5 工作曲线的绘制

6.5.1 按表 1 试料量称取钼基体(3.3)6 份，分别置于 200 mL 石英烧杯中，按表 2 加入钾标准溶液(3.5)。以下按 6.4.1 进行。

6.5.2 使用空气-乙炔火焰，于原子吸收光谱仪波长 766.5 nm 处，以水调零，测量系列标准溶液的吸光度。以钾浓度为横坐标、吸光度为纵坐标，绘制工作曲线。

表 2

钾的质量分数/%	0.001 0～0.010	＞0.010～0.15
钾标准溶液加入量 mL	0	0
	1.00	1.00
	2.50	4.00
	5.00	8.00
	8.00	12.00
	10.00	15.00

7 分析结果的计算

钾含量以钾的质量分数 w_K 计，数值以%表示，按式(1)计算：

$$w_K = \frac{(\rho_1 - \rho_2) \cdot V \times 10^{-6}}{m} \times 100\% \quad \cdots\cdots\cdots\cdots (1)$$

式中：

ρ_1——从工作曲线上查得测定溶液中钾的浓度，单位为微克每毫升(μg/mL)；

ρ_2——从工作曲线上查得随同试样所做空白的钾浓度，单位为微克每毫升(μg/mL)；

V——试液总体积，单位为毫升(mL)；

m——试料的质量，单位为克(g)。

8 精密度

8.1 重复性

在重复性条件下获得的两次独立测试结果的测定值，在以下给出的平均值范围内，这两个测试结果的绝对差值不超过重复性限(r)，超过重复性限(r)的情况不超过5%。重复性限(r)按表3数据采用线性内插法求得。

表 3

钾的质量分数/%	0.001 0	0.008 7	0.017 1	0.034 0
重复性限/%	0.000 1	0.000 5	0.001 0	0.001 2

8.2 允许差

实验室之间分析结果的差值应不大于表4所列允许差。

表 4

钾的质量分数/%	允许差/%
0.001 0～0.002 5	0.000 6
>0.002 5～0.005 0	0.001 0
>0.005 0～0.015 0	0.001 5
>0.015～0.025	0.003
>0.025～0.060	0.005
>0.060～0.090	0.008
>0.090～0.120	0.010
>0.120～0.150	0.012

9 试验报告

试验报告应包括下列内容：

——试样；

——使用的标准(包括发布或出版年号)；

——使用的方法(如果标准中包括几个方法)；

——分析结果及其表示；

——与基本分析步骤的差异；

——测定中观察到的异常现象；

——试验日期。

ICS 77.120.99
H 63

中华人民共和国国家标准

GB/T 4325.17—2013
代替 GB/T 4325.19—1984

钼化学分析方法 第17部分:钛量的测定 二安替比林甲烷分光光度法和电感耦合等离子体原子发射光谱法

Methods for chemical analysis of molybdenum—
Part 17: Determination of titanium content—
Diantipyrylmethane spectrophotometry and
inductively coupled plasma atomic emission spectrometry

2013-05-09 发布　　　　2014-02-01 实施

中华人民共和国国家质量监督检验检疫总局
中国国家标准化管理委员会　发布

前　言

GB/T 4325《钼化学分析方法》分为26部分：

——第1部分：铅量的测定　石墨炉原子吸收光谱法；
——第2部分：镉量的测定　火焰原子吸收光谱法；
——第3部分：铋量的测定　原子荧光光谱法；
——第4部分：锡量的测定　原子荧光光谱法；
——第5部分：锑量的测定　原子荧光光谱法；
——第6部分：砷量的测定　原子荧光光谱法；
——第7部分：铁量的测定　邻二氮杂菲分光光度法和电感耦合等离子体原子发射光谱法；
——第8部分：钴量的测定　钴试剂分光光度法和火焰原子吸收光谱法；
——第9部分：镍量的测定　丁二酮肟分光光度法和火焰原子吸收光谱法；
——第10部分：铜量的测定　火焰原子吸收光谱法；
——第11部分：铝量的测定　铬天青S分光光度法和电感耦合等离子体原子发射光谱法；
——第12部分：硅量的测定　电感耦合等离子体原子发射光谱法；
——第13部分：钙量的测定　火焰原子吸收光谱法；
——第14部分：镁量的测定　火焰原子吸收光谱法；
——第15部分：钠量的测定　火焰原子吸收光谱法；
——第16部分：钾量的测定　火焰原子吸收光谱法；
——第17部分：钛量的测定　二安替比林甲烷分光光度法和电感耦合等离子体原子发射光谱法；
——第18部分：钒量的测定　钽试剂分光光度法和电感耦合等离子体原子发射光谱法；
——第19部分：铬量的测定　二苯基碳酰二肼分光光度法；
——第20部分：锰量的测定　火焰原子吸收光谱法；
——第21部分：碳量和硫量的测定　高频燃烧红外吸收法；
——第22部分：磷量的测定　钼蓝分光光度法；
——第23部分：氧量和氮量的测定　惰气熔融红外吸收法-热导法；
——第24部分：钨量的测定　电感耦合等离子体原子发射光谱法；
——第25部分：氢量的测定　惰气熔融红外吸收法/热导法；
——第26部分：铝、镁、钙、钒、铬、锰、铁、钴、镍、铜、锌、砷、镉、锡、锑、钨、铅和铋量的测定　电感耦合等离子体质谱法。

本部分为GB/T 4325的第17部分。

本部分按照GB/T 1.1—2009给出的规则起草。

本部分代替GB/T 4325.19—1984《钼化学分析方法　二安替比林甲烷光度法测定钛量》。本部分与GB/T 4325.19—1984相比，主要技术变化如下：

——增加了“电感耦合等离子体发射光谱法”；
——测定范围调整为0.000 2%～0.10%；
——增加了重复性条款；
——增加了试验报告条款。

两方法测定范围重叠部分以方法一为仲裁方法。

本部分由全国有色金属标准化技术委员会(SAC/TC 243)归口。

本部分主要起草人：金堆城钼业股份有限公司、广州有色金属研究院、北京矿冶研究总院、西北有色金属研究院、宝鸡钛业股份有限公司。

本部分主要起草人：赵昱、王郭亮、张江峰、杨红忠、陈秋芳、熊晓燕、于力、杨嫦英、马志军、李巧红。

本部分所代替标准的历次版本发布情况为：

——GB/T 4325.19—1984。

钼化学分析方法 第17部分:钛量的测定 二安替比林甲烷分光光度法和 电感耦合等离子体原子发射光谱法

1 范围

GB/T 4325的本部分规定了钼中钛量的测定方法。

本部分适用于钼粉、钼条、三氧化钼、钼酸铵中钛量的测定。方法一测定范围:0.000 5%~0.012%;方法二测定范围:0.000 2%~0.100%。

2 规范性引用文件

下列文件对于本文件的应用是必不可少的。凡是注日期的引用文件,仅注日期的版本适用于本文件。凡是不注日期的引用文件,其最新版本(包括所有的修改单)适用于本部分。

GB/T 6682 分析实验室用水规格和试验方法(ISO 3696)

GB/T 12806 实验室玻璃仪器 单标线容量瓶(ISO 1042)

GB/T 12808 实验室玻璃仪器 单标线吸量管(ISO 648)

GB/T 12809 实验室玻璃仪器 玻璃量器的设计和结构原则(ISO 384)

GB/T 12810 实验室玻璃仪器 玻璃量器的容量校准和使用方法(ISO 4787)

3 总则

3.1 除非另有说明,在分析中仅使用确认的分析纯试剂;所用水为蒸馏水或去离子水或相当纯度的水,应符合GB/T 6682的规定。

3.2 所用仪器均应在检定周期内,其性能应达到检定要求的技术参数指标;玻璃容器使用GB/T 12808、GB/T 12809、GB/T 12806中规定的A级,具体使用方法参照GB/T 12810的要求。

4 方法一 二安替比林甲烷分光光度法

4.1 方法提要

试样以硫酸、硫酸铵分解,用氢氧化铁做载体,氢氧化铵沉淀钛与主体钼分离。铁(Ⅲ)、钒(Ⅴ)、铬(Ⅵ)干扰测定,可加抗坏血酸还原予以消除。钛与二安替比林甲烷生成稳定的黄色络合物,于分光光度计波长395 nm测量其吸光度。

4.2 试剂

4.2.1 硫酸铵,优级纯。

4.2.2 硫酸(ρ=1.84 g/mL)。

4.2.3 氢氧化铵(ρ=0.90 g/mL)。

4.2.4 抗坏血酸溶液(100 g/mL)。

4.2.5 二安替比林甲烷溶液(50 g/L):5 g 二安替比林甲烷溶于 100 mL 盐酸(1+9)中。用时配制。

4.2.6 盐酸-酒石酸铵混合液:100 mL 溶液中含有 16 mL 盐酸(ρ=1.19 g/mL)和 4 g 酒石酸铵。

4.2.7 铁溶液:称取 0.863 g 硫酸高铁铵[$Fe NH_4(SO_4)_2 \cdot 12H_2O$],溶于 100 mL 水中,此溶液 1 mL 含 1 mg 铁。

4.2.8 钛标准贮存溶液:称取 0.166 8 g 预先于 600 ℃灼烧至恒量二氧化钛(w_{TiO_2}≥99.9%),置于石英坩埚中加入 2 g 焦硫酸钾在 600 ℃熔融至透明。冷却,将熔块移于 200 mL 烧杯中,加入 20 mL 硫酸(1+1)溶解熔块,待完全溶解后移入 1 000 mL 容量瓶中并用水稀释至刻度,混匀。此溶液 1 mL 含 100 μg 钛。

4.2.9 钛标准溶液:移取 10.00 mL 钛标准溶液(4.2.8),置于 100 mL 容量瓶中,用硫酸(1+19)稀释至刻度,混匀。此溶液 1 mL 含 10 μg 钛。

4.3 试样

钼条应粉碎并通过 0.75 mm 标准筛网。

4.4 分析步骤

4.4.1 试料

按表 1 称取试样,精确至 0.000 1 g。

表 1

钛的质量分数/%	试料质量/g
0.000 5	1.00
>0.000 5~0.005	0.50
>0.005~0.012	0.20

4.4.2 测定次数

独立地进行两次测定,取其平均值。

4.4.3 空白试验

随同试样做空白试验。

4.4.4 测定

4.4.4.1 将试料(4.4.1)置于 50 mL 干烧杯中,加入 2 g 硫酸铵(4.2.1)、3 mL 硫酸(4.2.2)在电炉上加热溶解,冷却。

4.4.4.2 加入 2 mL 铁溶液(4.2.7),用水冲洗表皿及杯壁并使体积为 30 mL 左右。用玻璃棒搅动使盐类溶解。在电炉上加热微沸取下。

4.4.4.3 边搅拌边滴加氢氧化铵(4.2.3)沉淀钛,待完全沉淀后再过量 3 mL~5 mL,置于水浴或低温电炉上静置 20 min。

4.4.4.4 用中速定量滤纸过滤,用含有少量氢氧化铵的热水洗涤烧杯 3 次、洗沉淀 5 次~6 次,再用热水洗滤纸和沉淀 3 次。

4.4.4.5 用 25 mL 热盐酸-酒石酸铵混合液(4.2.6)将沉淀溶解于 50 mL 比色管中,用水洗涤滤纸 2 次~3 次。

4.4.4.6 向比色管中加入 5 mL 抗坏血酸溶液(4.2.4)混匀,放置 5 min,加入 10 mL 二安替比林甲烷溶液(4.3.5),用水稀释至刻度,混匀。室温放置 40 min。

4.4.4.7 将部分溶液移入 3 cm 比色皿中,以随同试样所做空白为参比,于分光光度计波长 395 nm 测量其吸光度。从工作曲线上查出相应的钛量。

4.4.5 工作曲线的绘制

4.4.5.1 移取 0 mL、0.50 mL、1.00 mL、2.00 mL、3.00 mL、4.00 mL、5.00 mL 钛标准溶液(4.2.9),分别置于一组 50 mL 比色管中,加入 25 mL 盐酸-酒石酸铵混合液(4.2.6)。以下按 4.4.4.6 进行。

4.4.5.2 将部分溶液移入 3 cm 比色皿中,以试剂空白为参比,于分光光度计波长 395 nm 测量其吸光变。以钛量为横坐标、吸光度为纵坐标,绘制工作曲线。

4.6 分析结果的计算

钛含量以钛的质量分数 w_{Ti} 计,数值以%表示,按式(1)计算:

$$w_{Ti}=\frac{m_1}{m}\times 100\% \qquad (1)$$

式中:

m_1——从工作曲线上查得的钛量,单位为克(g);

m ——试样量,单位为克(g)。

4.7 精密度

4.7.1 重复性

在重复性条件下获得的两次独立测试结果的测定值,在以下给出的平均值范围内,这两个测试结果的绝对差值不超过重复性限(r),超过重复性限(r)的情况不超过 5%。重复性限(r)按表 2 数据采用线性内插法求得。

表 2

钛的质量分数/%	0.000 5	0.003 0	0.005 0	0.012
重复性限/%	0.000 3	0.000 5	0.000 6	0.001 0

4.7.2 允许差

实验室之间分析结果的差值应不大于表 3 所列允许差。

表 3 %

钛的质量分数	允许差
0.000 5~0.000 8	0.000 3
>0.000 8~0.002 0	0.000 5
>0.002 0~ 0.005 0	0.000 8
>0.005 0~0.008 0	0.001 5
>0.008 0~0.012	0.002 0

5 方法二 电感耦合等离子体原子发射光谱法

5.1 方法提要

试料用硝酸和过氧化氢溶解，在选定的条件下，用电感耦合等离子体原子发射光谱仪在波长337.2 nm处测定发射强度，计算元素含量。加入钼基体抵消钼的影响。

5.2 试剂

5.2.1 过氧化氢(ρ=1.10 g/mL)。
5.2.2 硝酸(ρ=1.42 g/mL)，优级纯。
5.2.3 硫酸(1+1)。
5.2.4 三氧化钼，光谱纯。
5.2.5 钼酸铵，光谱纯。
5.2.6 钛标准贮存溶液：称取0.166 8 g预先于600 ℃灼烧至恒量二氧化钛(w_{TiO_2}≥99.9%)，置于石英坩埚中加入2 g焦硫酸钾在600 ℃熔融至透明。冷却，将熔块移于200 mL烧杯中，加入20 mL硫酸(5.2.3)溶解熔块，待完全溶解后移入1 000 mL容量瓶中并用水稀释至刻度，混匀。此溶液1 mL含100 μg钛。
5.2.7 钛标准溶液：移取10 mL钛标准贮存溶液(5.2.6)，置于100 mL容量瓶中，加2 mL硝酸(5.2.3)，用水稀释至刻度，混匀。此溶液1 mL含10 μg钛。

5.3 仪器

等离子体发射光谱仪：分辨率＜0.006 nm (200 nm处)。

5.4 试样

钼条应粉碎并通过0.75 mm标准筛网。

5.5 分析步骤

5.5.1 试料

按表4称取试样，精确到0.000 1 g。

表 4

钛的质量分数/%	试料质量/g	移取体积/mL
0.000 2～0.005 0	1.00	全量
＞0.005 0～0.010 0	0.50	全量
＞0.010 0～0.100 0	0.20	20.00

5.5.2 测定次数

独立地进行两次测定，取其平均值。

5.5.3 空白试验

随同试料做空白试验。

5.5.4 测定

5.5.4.1 将试料(5.5.1)置于200 mL烧杯中,加入少量水润湿,加5 mL过氧化氢(5.2.1)加热溶解完全后,稀释体积约50 mL,加入2 mL硝酸(5.2.2),煮沸2 min,冷却,移入100 mL容量瓶,以水稀释至刻度,混匀。

注:如果在溶样过程中,加入5 mL过氧化氢(5.2.1)溶解不彻底,可补加过氧化氢(5.2.1)直至溶解完全。

5.5.4.2 在电感耦合等离子体发射光谱仪波长337.2 nm处测定试液及随同空白的发射强度,从相应的工作曲线计算经空白校正的钛的质量浓度。

5.5.5 工作曲线的绘制

5.5.5.1 根据试料量称取钼基体于五个200 mL烧杯中,加入少量水润湿,加入2 mL过氧化氢(5.2.1),低温加热完全溶解,稀释体积约50 mL,加入2 mL硝酸(5.2.2),煮沸1 min~2 min,取下,移至100 mL容量瓶中,分别加入0 mL、2.00 mL、4.00 mL、6.00 mL、8.00 mL钛标准溶液(5.2.7),用水稀释至刻度,混匀。

5.5.5.2 将标准系列溶液(5.5.5.1)于电感耦合等离子体发射光谱仪波长337.2 nm处测定发射强度,以钛的质量浓度为横坐标、发射强度为纵坐标绘制工作曲线。

5.6 分析结果的表述

钛含量以钛的质量分数w_{Ti}计,数值以%表示,按式(2)计算:

$$w_{Ti}=\frac{\rho \cdot V_1 \cdot V_0 \times 10^{-6}}{m_0 \cdot V_2} \times 100\% \qquad \cdots\cdots (2)$$

式中:

ρ ——仪器测出试液中钛的浓度,单位为微克每毫升(μg/mL);

V_0——试液总体积,单位为毫升(mL);

V_1——被测试液体积,单位为毫升(mL);

V_2——移取试液体积,单位为毫升(mL);

m_0——试料的质量,单位为克(g)。

5.7 精密度

5.7.1 重复性

在重复性条件下获得的两次独立测试结果的测定值,在以下给出的平均值范围内,这两个测试结果的绝对差值不超过重复性限(r),超过重复性限(r)的情况不超过5%。重复性限(r)按表5数据采用线性内插法求得。

表5

钛的质量分数/%	0.000 2	0.010 0	0.100
重复性限/%	0.000 2	0.000 8	0.001 5

5.7.2 允许差

实验室之间分析结果的差值不应大于表6所列允许差。

表 6

钛的质量分数/%	允许差/%
0.000 2～0.005 0	0.000 15
＞0.005 0～0.010 0	0.001 0
＞0.010～0.100	0.006 0

6 试验报告

试验报告应包括下列内容：

——试样；

——使用的标准(包括发布或出版年号)；

——使用的方法(如果标准中包括数个方法)；

——分析结果及其表示；

——与基本分析步骤的差异；

——测定中观察到的异常现象；

——试验日期。

ICS 77.120.99
H 63

中华人民共和国国家标准

GB/T 4325.18—2013
代替 GB/T 4325.20—1984

钼化学分析方法 第18部分:钒量的测定 钽试剂分光光度法和电感耦合等离子体原子发射光谱法

Methods for chemical analysis of molybdenum—Part 18: Determination of vanadium content—N-benzoyl-N-phenylhydroxylamine spectrophotometry and inductively coupled plasma atomic emission spectrometry

2013-05-09 发布　　2014-02-01 实施

中华人民共和国国家质量监督检验检疫总局
中国国家标准化管理委员会 发布

前　言

GB/T 4325《钼化学分析方法》分为26部分：

——第1部分：铅量的测定　石墨炉原子吸收光谱法；

——第2部分：镉量的测定　火焰原子吸收光谱法；

——第3部分：铋量的测定　原子荧光光谱法；

——第4部分：锡量的测定　原子荧光光谱法；

——第5部分：锑量的测定　原子荧光光谱法；

——第6部分：砷量的测定　原子荧光光谱法；

——第7部分：铁量的测定　邻二氮杂菲分光光度法和电感耦合等离子体原子发射光谱法；

——第8部分：钴量的测定　钴试剂分光光度法和火焰原子吸收光谱法；

——第9部分：镍量的测定　丁二酮肟分光光度法和火焰原子吸收光谱法；

——第10部分：铜量的测定　火焰原子吸收光谱法；

——第11部分：铝量的测定　铬天青S分光光度法和电感耦合等离子体原子发射光谱法；

——第12部分：硅量的测定　电感耦合等离子体原子发射光谱法；

——第13部分：钙量的测定　火焰原子吸收光谱法；

——第14部分：镁量的测定　火焰原子吸收光谱法；

——第15部分：钠量的测定　火焰原子吸收光谱法；

——第16部分：钾量的测定　火焰原子吸收光谱法；

——第17部分：钛量的测定　二安替比林甲烷分光光度法和电感耦合等离子体原子发射光谱法；

——第18部分：钒量的测定　钽试剂分光光度法和电感耦合等离子体原子发射光谱法；

——第19部分：铬量的测定　二苯基碳酰二肼分光光度法；

——第20部分：锰量的测定　火焰原子吸收光谱法；

——第21部分：碳量和硫量的测定　高频燃烧红外吸收法；

——第22部分：磷量的测定　钼蓝分光光度法；

——第23部分：氧量和氮量的测定　惰气熔融红外吸收法-热导法；

——第24部分：钨量的测定　电感耦合等离子体原子发射光谱法；

——第25部分：氢量的测定　惰气熔融红外吸收法/热导法；

——第26部分：铝、镁、钙、钒、铬、锰、铁、钴、镍、铜、锌、砷、镉、锡、锑、钨、铅和铋量的测定　电感耦合等离子体质谱法。

本部分为GB/T 4325的第18部分。

本部分按照GB/T 1.1—2009给出的规则起草。

本部分代替GB/T 4325.20—1984《钼化学分析方法　钽试剂光度法测定钒量》。本部分与GB/T 4325.20—1984相比，主要技术变化如下：

——增加了“电感耦合等离子体原子发射光谱法”；

——增加了重复性条款；

——增加了试验报告条款。

本部分的方法一为仲裁分析方法。

本部分由全国有色金属标准化技术委员会(SAC/TC 243)归口。

本部分起草单位：金堆城钼业股份有限公司、广州有色金属研究院、北京矿冶研究总院、上海有色金属研究所。

本部分主要起草人：谢明明、王郭亮、李巧红、王津、于力、胡永清、蔺佰朝、杨红忠、贺鑫。

本部分所代替标准的历次版本发布情况为：

——GB/T 4325.20—1984。

钼化学分析方法 第18部分:钒量的测定 钽试剂分光光度法和电感耦合等离子体 原子发射光谱法

1 范围

GB/T 4325 的本部分规定了钼中钒量的测定方法。

本部分适用于钼粉、钼条、三氧化钼、钼酸铵中钒量的测定。方法一和方法二的测定范围均为0.000 5%～0.010 0%。

2 规范性引用文件

下列文件对于本文件的应用是必不可少的。凡是注日期的引用文件,仅注日期的版本适用于本文件。凡是不注日期的引用文件,其最新版本(包括所有的修改单)适用于本部分。

GB/T 6682　分析实验室用水规格和试验方法(ISO 3696)

GB/T 12806　实验室玻璃仪器　单标线容量瓶(ISO 1042)

GB/T 12808　实验室玻璃仪器　单标线吸量管(ISO 648)

GB/T 12809　实验室玻璃仪器　玻璃量器的设计和结构原则(ISO 384)

GB/T 12810　实验室玻璃仪器　玻璃量器的容量校准和使用方法(ISO 4787)

3 总则

3.1　除非另有说明,在分析中仅使用确认的分析纯试剂;所用水为蒸馏水或去离子水或相当纯度的水,应符合 GB/T 6682 的规定。

3.2　所用仪器均应在检定周期内,其性能应达到检定要求的技术参数指标;玻璃容器使用 GB/T 12808、GB/T 12809、GB/T 12806 中规定的 A 级,具体使用方法参照 GB/T 12810 的要求。

4 方法一　钽试剂分光光度法

4.1 方法提要

试料经王水分解。在盐酸酸度为 2 mol/L～3 mol/L,于柠檬酸存在下,以乙酰丙酮-三氯甲烷萃取分离钼。在 3 mol/L～6 mol/L 盐酸溶液中,钽试剂与五价钒生成紫红色络合物,用三氯甲烷萃取,于分光光度计波长 515 nm 测量其吸光度。

4.2 试剂

4.2.1　柠檬酸。

4.2.2　硫酸(ρ=1.84 g/mL)。

4.2.3　硝酸(ρ=1.42 g/mL)。

4.2.4 王水:3体积盐酸(ρ=1.19 g/mL)与1体积硝酸(ρ=1.42 g/mL)混合。

4.2.5 盐酸(1+1)。

4.2.6 盐酸(2+1)。

4.2.7 乙酰丙酮-三氯甲烷混合溶液(1+1)。

4.2.8 六偏磷酸钠溶液(250 g/L)。

4.2.9 尿素溶液(500 g/L),用时配制。

4.2.10 亚硝酸钠溶液(30 g/L),用时配制。

4.2.11 高锰酸钾饱和溶液。

4.2.12 N-苯甲酰-N-苯基羟胺(钽试剂)-三氯甲烷溶液(1 g/L)。

4.2.13 氢氧化钠溶液(50 g/L)。

4.2.14 钒标准贮存溶液:称取0.178 5 g五氧化二钒(99.99%以上),加1 mL~2 mL氢氧化钠溶液(10 g/L)中,加入1 mL~2 mL硫酸(2+98)酸化,移入1 000 mL容量瓶中,用水稀释至刻度,混匀。此溶液1 mL含100 μg钒。

4.2.15 钒标准溶液:移取10.00 mL钒标准溶液(4.2.14),置于200 mL容量瓶中,用水稀释至刻度,混匀。此溶液1 mL含5μg钒。

4.3 仪器

分光光度计。

4.4 试样

钼条应粉碎并通过0.75 mm标准筛网。

4.5 分析步骤

4.5.1 试料

按表1称取试料,精确至0.000 1 g。

表1

钒的质量分数/%	试料质量/g
0.000 5~0.002 0	1.00
>0.002 0~0.005 0	0.50
>0.005 0~0.010	0.20

4.5.2 测定次数

独立地进行两次测定,取其平均值。

4.5.3 空白试验

随同试样做空白试验。

4.5.4 测定

4.5.4.1 钼粉、钼条、钼酸铵

4.5.4.1.1 将试料(4.5.1)置于150 mL烧杯中,加入5 mL~10 mL王水(4.2.4),盖上表皿,于低温电

炉上溶解，待试样完全溶解后，取下冷却，加入 3 mL 硫酸(4.2.2)，再于低温电炉上加热至冒硫酸烟，蒸至近干，取下冷却。

4.5.4.1.2　加入 20 mL 盐酸(4.2.5)，于电炉上微热溶解盐类，加入 0.4 g 柠檬酸(4.2.1)，冷却，移入 125 mL分液漏斗中，用水稀释至 30 mL，加入 20 mL 乙酰丙酮-三氯甲烷混合溶液(4.2.7)，振荡 7 min，静置分层，弃去有机相，再用 20 mL 乙酰丙酮-三氯甲烷混合溶液(4.2.7)振荡 7 min，静置分层，弃去有机相，将水相移入 150 mL 烧杯中。

4.5.4.1.3　加入 4 mL 硫酸(4.2.2)、2 mL 硝酸(4.2.3)，加热蒸发至冒硫酸白烟，分次加入硝酸(4.2.3)，破坏有机物，待有机物完全破坏后，再蒸至近干，冷却。

4.5.4.1.4　加入 6.0 mL 六偏磷酸钠溶液(4.2.8)，用少量水冲洗杯壁，混匀，加入 4.0 mL 盐酸(4.2.6)，加热至盐类溶解，冷却，将溶液移入 60 mL 分液漏斗中。

4.5.4.1.5　加入 10 mL 盐酸(4.2.6)，用水稀释至 25 mL，滴加 1 滴高锰酸钾溶液(4.2.11)，混匀，放置 5 min，滴加亚硝酸钠溶液(4.2.10)至紫红色消失，再过量 1 滴，立即加入 3.0 mL 尿素溶液(4.2.9)，混匀，迅速加入 10.00 mL 钽试剂-三氯甲烷溶液(4.2.12)，振荡 1.5 min，静置分层后，有机相用脱脂棉过滤于 2 cm比色皿中，以三氯甲烷为参比，于分光光度计波长 515 nm 测量其吸光度。

4.5.4.1.6　减去随同试样所做空白的吸光度。从工作曲线上查出相应的钒量。

4.5.4.2　三氧化钼

将试样(4.5.1)置于 150 mL 烧杯中，加入 5 mL～10 mL 氢氧化钠溶液(4.2.13)溶解，加入 5 mL 硫酸(4.2.2)，加热至冒硫酸烟。以下按 4.5.4.1.2～4.5.4.1.6 进行。

4.5.5　工作曲线的绘制

移取 0.00 mL、1.00 mL、2.00 mL、3.00 mL、4.00 mL、5.00 mL 钒标准溶液(4.2.15)，分别置于一组 60 mL 分液漏斗中，加入 6.0 mL 六偏磷酸钠溶液(4.2.8)，再加 4.0 mL 盐酸(4.2.6)，以下按 4.5.4.1.5 进行，测量其吸光度，减去试剂空白的吸光度。以钒量为横坐标，吸光度为纵坐标，绘制工作曲线。

4.6　分析结果的计算

钒含量以钒的质量分数 w_V 计，数值以%表示，按式(1)计算：

$$w_V = \frac{m_1}{m} \times 100 \qquad \cdots\cdots (1)$$

式中：

m_1——从工作曲线上查得的钒量，单位为克(g)；

m ——试料的质量，单位为克(g)。

4.7　精密度

4.7.1　重复性

在重复性条件下获得的两次独立测试结果的测定值，在以下给出的平均值范围内，这两个测试结果的绝对差值不超过重复性限(r)，超过重复性限(r)的情况不超过 5%。重复性限(r)按表 2 数据采用线性内插法求得。

表 2

钒的质量分数/%	0.000 5	0.003 0	0.005 0	0.010
重复性限/%	0.000 2	0.000 3	0.000 5	0.001 1

4.7.2 允许差

实验室之间分析结果的差值应不大于表3所列允许差。

表3 %

钒的质量分数	允许差
0.000 5～0.001 5	0.000 4
>0.001 5～0.002 5	0.000 6
>0.002 5～0.005 5	0. 0 010
>0.005 5～0.010	0. 0 020

5 方法二 电感耦合等离子体发射光谱法

5.1 方法提要

试样以过氧化氢分解，在硝酸介质中，以氩等离子体为离子化源，在电感耦合等离子体发射光谱仪选定的最佳条件下测定钒。

5.2 试剂

5.2.1 过氧化氢(ρ=1.10 g/mL)，优级纯。

5.2.2 硝酸(ρ=1.42 g/mL)，优级纯。

5.2.3 钒标准贮存溶液：称取0.178 5 g五氧化二钒(质量分数≥99.99%)，加1 mL～2 mL氢氧化钠溶液(10 g/L)中，加入1 mL～2 mL硫酸(2+98)酸化，移入1 000 mL容量瓶中，用水稀释至刻度，混匀。此溶液1 mL含100 μg钒。

5.2.4 钒标准溶液：移取钒标准贮存溶液(5.2.3) 10.00 mL于100 mL容量瓶中，以水稀释至刻度，混匀。此溶液1 mL含10 μg钒。

5.2.5 氩气，体积分数不小于99.99%。

5.3 仪器

单道扫描型等离子体发射光谱仪：分辨率<0.006 nm(200 nm处)。

5.4 试样

钼条应粉碎并通过0.75 mm标准筛网。

5.5 分析步骤

5.5.1 试料

称取1.00 g试样，精确至0.000 1 g。

5.5.2 测定次数

独立地进行两次测定，取其平均值。

5.5.3 空白试验

随同试料做空白试验。

5.5.4 测定

5.5.4.1 将试料(5.5.1)置于100 mL烧杯中,用水润湿,加入5 mL~8 mL过氧化氢(5.2.1),钼制品需在低温下缓慢加热溶解,待试料溶解后,加入一定量水并冲洗杯壁,加入2 mL~3 mL硝酸(5.2.2),加热煮沸1 min~2 min后,取下冷却,移至100 mL容量瓶,用水稀释至刻度,混匀。

5.5.4.2 在电感耦合等离子体原子发射光谱仪波长309.311 nm处,测定随同空白溶液及试液的发射强度,从相应的工作曲线上计算经空白校正的钒的浓度。

5.5.5 工作曲线绘制

5.5.5.1 分别移取0 mL、0.50 mL、1.00 mL、2.00 mL、5.00 mL钒标准溶液(5.2.4)于100 mL容量瓶中,加入2 mL硝酸(5.2.2),用水稀释至刻度,混匀。

5.5.5.2 将标准系列溶液于电感耦合等离子体发射光谱仪波长309.311 nm处测定发射强度,以钒的质量浓度为横坐标、发射强度为纵坐标绘制工作曲线。

5.6 分析结果的计算

钒含量以钒的质量分数 w_V 计,数值以%表示,按式(2)计算:

$$w_V = \frac{(\rho_1 - \rho_2) \cdot V \times 10^{-6}}{m} \times 100 \quad \cdots\cdots (2)$$

式中:

ρ_1——自工作曲线上查得的测定溶液中钒的浓度,单位为微克每毫升(μg/mL);

ρ_2——自工作曲线上查得的空白溶液中钒的浓度,单位为微克每毫升(μ g/mL);

V——试液总体积,单位为毫升(mL);

m——试料的质量,单位为克(g)。

5.7 精密度

5.7.1 重复性

在重复性条件下获得的两次独立测试结果的测定值,在以下给出的平均值范围内,这两个测试结果的绝对差值不超过重复性限(r),超过重复性限(r)的情况不超过5%。重复性限(r)按表4数据采用线性内插法求得。

表 4

钒的质量分数/%	0.000 5	0.003 0	0.005 0	0.008 0
重复性限/%	0.000 05	0.000 3	0.000 4	0.000 6

5.7.2 允许差

实验室之间分析结果的差值不应大于表5所列允许差。

表 5

钒的质量分数/%	允许差/%
0.000 5～0.001 0	0.000 2
>0.001 0～0.002 5	0.000 4
>0.002 5～0.005 5	0.000 9
>0.005 5～0.010 0	0.001 2

6 试验报告

试验报告应包括下列内容：

——试样；

——使用的标准（包括发布或出版年号）；

——使用的方法（如果标准中包括几个方法）；

——分析结果及其表示；

——与基本分析步骤的差异；

——测定中观察到的异常现象；

——试验日期。

ICS 77.120.99
H 63

中华人民共和国国家标准

GB/T 4325.19—2013
代替 GB/T 4325.21—1984

钼化学分析方法 第19部分：铬量的测定 二苯基碳酰二肼分光光度法

Methods for chemical analysis of molybdenum— Part 19: Determination of chromium content— Diphenylcarbazide spectrophotometry

2013-05-09 发布 2014-02-01 实施

中华人民共和国国家质量监督检验检疫总局
中国国家标准化管理委员会 发布

前言

GB/T 4325《钼化学分析方法》分为 26 部分：

——第 1 部分：铅量的测定　石墨炉原子吸收光谱法；

——第 2 部分：镉量的测定　火焰原子吸收光谱法；

——第 3 部分：铋量的测定　原子荧光光谱法；

——第 4 部分：锡量的测定　原子荧光光谱法；

——第 5 部分：锑量的测定　原子荧光光谱法；

——第 6 部分：砷量的测定　原子荧光光谱法；

——第 7 部分：铁量的测定　邻二氮杂菲分光光度法和电感耦合等离子体原子发射光谱法；

——第 8 部分：钴量的测定　钴试剂分光光度法和火焰原子吸收光谱法；

——第 9 部分：镍量的测定　丁二酮肟分光光度法和火焰原子吸收光谱法；

——第 10 部分：铜量的测定　火焰原子吸收光谱法；

——第 11 部分：铝量的测定　铬天青 S 分光光度法和电感耦合等离子体原子发射光谱法；

——第 12 部分：硅量的测定　电感耦合等离子体原子发射光谱法；

——第 13 部分：钙量的测定　火焰原子吸收光谱法；

——第 14 部分：镁量的测定　火焰原子吸收光谱法；

——第 15 部分：钠量的测定　火焰原子吸收光谱法；

——第 16 部分：钾量的测定　火焰原子吸收光谱法；

——第 17 部分：钛量的测定　二安替比林甲烷分光光度法和电感耦合等离子体原子发射光谱法；

——第 18 部分：钒量的测定　钽试剂分光光度法和电感耦合等离子体原子发射光谱法；

——第 19 部分：铬量的测定　二苯基碳酰二肼分光光度法；

——第 20 部分：锰量的测定　火焰原子吸收光谱法；

——第 21 部分：碳量和硫量的测定　高频燃烧红外吸收法；

——第 22 部分：磷量的测定　钼蓝分光光度法；

——第 23 部分：氧量和氮量的测定　惰气熔融红外吸收法-热导法；

——第 24 部分：钨量的测定　电感耦合等离子体原子发射光谱法；

——第 25 部分：氢量的测定　惰气熔融红外吸收法/热导法；

——第 26 部分：铝、镁、钙、钒、铬、锰、铁、钴、镍、铜、锌、砷、镉、锡、锑、钨、铅和铋量的测定　电感耦合等离子体质谱法。

本部分为 GB/T 4325 的第 19 部分。

本部分按照 GB/T 1.1—2009 给出的规则起草。

本部分代替 GB/T 4325.21—1984《钼化学分析方法　二苯基碳酰二肼光度法测定铬量》。本部分与 GB/T 4325.21—1984 相比，主要技术变化如下：

——增加了重复性条款；

——增加了试验报告。

本部分由全国有色金属标准化技术委员会(SAC/TC 243)归口。

本部分起草单位：金堆城钼业股份有限公司、株洲硬质合金集团有限公司。

本部分主要起草人：陈国华、杨静娥、马志军。

本部分所代替标准的历次版本发布情况为：

——GB/T 4325.21—1984。

钼化学分析方法 第19部分:铬量的测定 二苯基碳酰二肼分光光度法

1 范围

GB/T 4325 的本部分规定了钼中铬量的测定方法。

本部分适用于钼粉、钼条、三氧化钼、钼酸铵中铬量的测定。测定范围为0.000 20%～0.015%。

2 方法提要

试样用硫酸、硫酸铵分解,以氢氧化铍作载体,在pH 8～9共沉淀铬,与钼分离。沉淀用硫酸溶解,加二苯基碳酰二肼与铬形成紫红色络合物,测定其吸光度。

3 试剂

除非另有说明,在分析中仅使用确认为分析纯的试剂和二次蒸馏水或相当纯度的水。

3.1 硫酸铵(优级纯)。

3.2 无水亚硫酸钠。

3.3 硫酸(ρ=1.84 g/mL)。

3.4 硫酸(1 mol/L)。

3.5 氢氧化铵(ρ=0.90 g/mL),超纯。

3.6 磷酸(1+1)。

3.7 硫酸铍溶液(20 g/L)。

3.8 高锰酸钾溶液(3 g/L)。

3.9 叠氮化钠溶液(50 g/L):5 g叠氮化钠溶于100 mL水中。

3.10 洗液:硫酸铵溶液(10 g/L),用氢氧化铵(3.5)碱化至pH 8～9。

3.11 二苯基碳酰二肼丙酮溶液(5 g/L),用时配制。

3.12 酚酞乙醇溶液(1 g/L)。

3.13 铬标准贮存溶液:称取0.226 3 g预先于140 ℃～150 ℃烘干的重铬酸钾,溶于水中,用水移入1 000 mL容量瓶中并稀释至刻度,混匀。此溶液1 mL含80 μg铬。

3.14 铬标准溶液:移取5.00 mL铬标准贮存溶液(3.13),置于100 mL烧杯中,加20 mL水、5 mL硫酸(3.3)、数粒(约3 mg)无水亚硫酸钠(3.2),煮沸赶去二氧化硫,冷却,移入200 mL容量瓶中,用水稀释至刻度,混匀。此溶液1 mL含2 μg铬。

4 试样

钼条应粉碎并通过0.75 mm标准筛网。

5 分析步骤

5.1 试料

钼粉、钼条称取0.100 0 g～0.500 0 g试样；三氧化钼称取1.000 g试样；钼酸铵称取2.000 g试样。

5.2 测定次数

独立地进行两次测定，取其平均值。

5.3 空白试验

随同试料做空白试验。

5.4 测定

5.4.1 将试料(5.1)置于300 mL烧杯中，加入2 g硫酸铵(3.1)、5 mL硫酸(3.3)，加热溶解。

5.4.2 用水冲洗表皿和杯壁，并稀释至180 mL，加入2滴酚酞乙醇溶液(3.12)，用氢氧化铵(3.5)中和至溶液刚变红，再过量12滴，加热至近沸，加入5 mL硫酸铍溶液(3.7)，微沸2 min(此时溶液pH为8～9)，静置1 h，过滤，用热的洗液(3.10)洗涤烧杯3次，洗涤沉淀7次。用沸的25 mL硫酸(3.4)溶解沉淀于50 mL容量瓶中。

5.4.3 加入2 mL磷酸(3.6)，混匀，再加6滴高锰酸钾溶液(3.8)，混匀，于沸水浴中加热20 min，滴加叠氮化钠溶液(3.9)至溶液红色消失(滴加间隔时间为15 s)，立即冷却，用水稀释至40 mL左右，混匀，加入2 mL二苯基碳酰二肼丙酮溶液(3.11)，用水稀释至刻度，混匀。将部分溶液移入3 cm比色皿中。

5.4.4 以随同试料空白溶液为参比，于分光光度计波长540 nm测量其吸光度。从工作曲线上查出相应的铬量。

5.5 工作曲线的绘制

5.5.1 移取0 mL、1.00 mL、2.50 mL、4.00 mL、5.00 mL、6.00 mL、7.50 mL铬标准溶液(3.14)，分别置于一组300 mL烧杯中，加入2 g硫酸铵(3.1)。以下按5.4.2～5.4.3进行。

5.5.2 以试剂空白为参比，测量其吸光度。以铬量为横坐标，吸光度为纵坐标，绘制工作曲线。

6 分析结果的表述

铬含量以铬的质量分数w_{Cr}计，数值以%表示，按式(1)进行计算：

$$w_{Cr}=\frac{m_1}{m}\times 100 \qquad \cdots\cdots(1)$$

式中：

m_1——从工作曲线上查得的铬量，单位为克(g)；

m——试样量，单位为克(g)。

7 精密度

7.1 重复性

在重复性条件下获得的两次独立测试结果的测定值，在以下给出的平均值范围内，这两个测试结果

的绝对差值不超过重复性限(r),超过重复性限(r)的情况不超过5%。重复性限(r)按表1数据采用线性内插法求得。

表 1

铬的质量分数/%	0.000 2	0.002 0	0.008 0	0.015
重复性限/%	0.000 15	0.000 45	0.000 9	0.002 0

7.2 允许差

实验室之间分析结果的差值不应大于表2所列允许差。

表 2

铬的质量分数/%	允许差/%
0.000 20~0.000 70	0.000 15
>0.000 70~0.001 50	0.000 35
>0.001 50~0.003 00	0.000 45
>0.003 0~0.008 0	0.000 9
>0.008~0.015	0.002

8 试验报告

试验报告应包括下列内容:

——试样;

——使用的标准(包括发布或出版年号);

——使用的方法(如果标准中包括数个方法);

——分析结果及其表示;

——与基本分析步骤的差异;

——测定中观察到的异常现象;

——试验日期。

ICS 77.120.99
H 63

中华人民共和国国家标准

GB/T 4325.20—2013
代替 GB/T 4325.22—1984

钼化学分析方法
第20部分：锰量的测定
火焰原子吸收光谱法

**Methods for chemical analysis of molybdenum—
Part 20：Determination of manganese content—
Flame atomic absorption spectrometry**

2013-05-09 发布　　2014-02-01 实施

中华人民共和国国家质量监督检验检疫总局
中国国家标准化管理委员会　发布

前　言

GB/T 4325《钼化学分析方法》分为26部分：

——第1部分：铅量的测定　石墨炉原子吸收光谱法；

——第2部分：镉量的测定　火焰原子吸收光谱法；

——第3部分：铋量的测定　原子荧光光谱法；

——第4部分：锡量的测定　原子荧光光谱法；

——第5部分：锑量的测定　原子荧光光谱法；

——第6部分：砷量的测定　原子荧光光谱法；

——第7部分：铁量的测定　邻二氮杂菲分光光度法和电感耦合等离子体原子发射光谱法；

——第8部分：钴量的测定　钴试剂分光光度法和火焰原子吸收光谱法；

——第9部分：镍量的测定　丁二酮肟分光光度法和火焰原子吸收光谱法；

——第10部分：铜量的测定　火焰原子吸收光谱法；

——第11部分：铝量的测定　铬天青S分光光度法和电感耦合等离子体原子发射光谱法；

——第12部分：硅量的测定　电感耦合等离子体原子发射光谱法；

——第13部分：钙量的测定　火焰原子吸收光谱法；

——第14部分：镁量的测定　火焰原子吸收光谱法；

——第15部分：钠量的测定　火焰原子吸收光谱法；

——第16部分：钾量的测定　火焰原子吸收光谱法；

——第17部分：钛量的测定　二安替比林甲烷分光光度法和电感耦合等离子体原子发射光谱法；

——第18部分：钒量的测定　钽试剂分光光度法和电感耦合等离子体原子发射光谱法；

——第19部分：铬量的测定　二苯基碳酰二肼分光光度法；

——第20部分：锰量的测定　火焰原子吸收光谱法；

——第21部分：碳量和硫量的测定　高频燃烧红外吸收法；

——第22部分：磷量的测定　钼蓝分光光度法；

——第23部分：氧量和氮量的测定　惰气熔融红外吸收法－热导法；

——第24部分：钨量的测定　电感耦合等离子体原子发射光谱法；

——第25部分：氢量的测定　惰气熔融红外吸收法/热导法；

——第26部分：铝、镁、钙、钒、铬、锰、铁、钴、镍、铜、锌、砷、镉、锡、锑、钨、铅和铋量的测定　电感耦合等离子体质谱法。

本部分为GB/T 4325的第20部分。

本部分按照GB/T 1.1—2009给出的规则起草。

本部分代替GB/T 4325.22—1984《钼化学分析方法　甲醛肟光度法测定锰量》。本部分与GB/T 4325.22—1984相比，主要技术变化如下：

——将“甲醛肟光度法测定”改为“火焰原子吸收光谱法”；

——测定范围调整为0.000 2%～0.100%；

——增加了重复性条款。

——增加了试验报告。

本部分由全国有色金属标准化技术委员会(SAC/TC 243)归口。

本部分起草单位：金堆城钼业股份有限公司、北京有色金属研究总院、西部金属材料股份有限公司。

本部分主要起草人：胡耕科、杨莉、张江峰、王郭亮、贺鑫、李满芝、赵飞。

本部分所代替标准的历次版本发布情况为：

——GB/T 4325.22—1984。

钼化学分析方法
第20部分:锰量的测定
火焰原子吸收光谱法

1 范围

GB/T 4325的本部分规定了钼中锰量的测定方法。

本部分适用于钼粉、钼条、纯三氧化钼、钼酸铵中锰量的测定。测定范围:0.000 2%～0.100%。

2 方法提要

试料以过氧化氢、硝酸或硝酸、盐酸分解。分别在稀硝酸或盐酸介质中,于原子吸收光谱仪波长279.5 nm处,用空气-乙炔火焰测量其吸光度。

3 试剂

除非另有说明,在分析中仅使用确认为分析纯的试剂和蒸馏水或去离子水或相当纯度的水。

3.1 过氧化氢(ρ=1.10 g/mL)。

3.2 硝酸(ρ=1.42 g/mL),优级纯。

3.3 硫酸(1+19),优级纯。

3.4 钼基体:应与试样性质基体相同,并不含被测元素,或含量极微。

3.5 锰标准贮存溶液:称取0.100 0 g金属锰($w_{Mn}\geqslant$99.9%)于250 mL烧杯中,加100 mL硫酸(3.3),低温加热溶解完全。取下冷却至室温,移入1 L容量瓶中,用水稀释至刻度,混匀。此溶液1 mL含100 μg锰。

3.6 锰标准溶液:移取10.00 mL锰标准贮存溶液(3.5)于100 mL容量瓶中,以水稀释至刻度,混匀。此溶液1 mL含10 μg锰。

4 仪器

原子吸收光谱仪,附锰空心阴极灯。

在仪器最佳工作条件下,凡能达到下列指标者均可使用:

——特征浓度:在与测定试液的基体一致的溶液中,锰的特征浓度应不大于0.02 μg/ mL。

——精密度:测量最高标准溶液10次,其吸光度的标准偏差应不超过平均吸光度的1.5%;用最低浓度的标准溶液(不是"零"浓度标准溶液)测量10次吸光度,其标准偏差应不超过最高浓度标准溶液平均吸光度的0.5%。

——工作曲线线性:将工作曲线按浓度等分成五段,最高段的吸光度差值与最低段的吸光度差值之比,应不小于0.7。

5 试样

钼条应粉碎并通过0.75 mm标准筛网。

6 分析步骤

6.1 试料

按表1称取试样,精确至0.000 2 g。

表1

锰的质量分数/%	试料量/g	移取体积/mL
0.000 2～0.005 0	1.00	100
>0.005 0～0.010	0.50	100
>0.010～0.100	0.20	20

6.2 测定次数

独立地进行两次测定,取其平均值。

6.3 空白试验

随同试料做空白试验。

6.4 测定

6.4.1 将试料(6.1)置于200 mL烧杯中,加入少量水润湿,加入5 mL过氧化氢(3.1),待剧烈反应后,加入约50 mL水加热煮沸至溶解完全。加入2 mL硝酸(3.2),继续煮沸1 min,取下冷却,移入100 mL容量瓶中,以水稀释至刻度,混匀。

注:对于难溶试料,必要时补加5 mL～10 mL过氧化氢(3.1),继续煮沸至试料溶完。

6.4.2 将试液(6.4.1)于原子吸收光谱仪波长279.5 nm处,用空气-乙炔火焰,以水调零,测量试液及随同试料空白的吸光度。从工作曲线上查出相应的锰的浓度。

6.5 工作曲线的绘制

6.5.1 按表1试料量称取相应量钼基体(3.4)6份,分别置于一组200 mL烧杯中。加入5 mL过氧化氢(3.1),低温加热完全溶解。加入少量水及2 mL硝酸(3.2),煮沸1 min～2 min,取下,冷却后移入一组100 mL容量瓶中,依次加入0 mL、2.00 mL、4.00 mL、6.00 mL、8.00 mL、10.00 mL锰标准溶液(3.6),用水稀释至刻度,混匀。

6.5.2 使用空气-乙炔火焰,于原子吸收光谱仪波长279.5 nm处,以水调零,测量系列标准溶液的吸光度,以锰的浓度为横坐标,吸光度值为纵坐标绘制工作曲线。

7 分析结果的表述

锰含量以锰的质量分数w_{Mn}计,数值以%表示,按式(1)计算:

$$w_{Mn}=\frac{(\rho_1-\rho_0)\cdot V_2\times V_0\times 10^{-6}}{m_0\times V_1}\times 100 \qquad \cdots\cdots(1)$$

式中:

ρ_1——试料溶液中锰的质量浓度,单位为微克每毫升(μg/mL);

ρ_0——空白验溶液中锰的质量浓度,单位为微克每毫升(μg/mL);

V_0——溶液总体积,单位为毫升(mL);

V_1——移取溶液的体积,单位为毫升(mL);

V_2——被测溶液的体积,单位为毫升(mL);

m_0——试料的质量,单位为克(g)。

8 精密度

8.1 重复性

在重复性条件下获得的两次独立测试结果的测定值,在以下给出的平均值范围内,这两个测试结果的绝对差值不超过重复性限(r),超过重复性限(r)的情况不超过5%。重复性限(r)按表2数据采用线性内插法求得。

表2

锰的质量分数/%	0.000 2	0.010 0	0.050 0	0.100 0
重复性限/%	0.000 2	0.000 5	0.000 8	0.001 5

8.2 允许差

实验室之间分析结果的差值应不大于表3所列允许差。

表3

锰的质量分数/%	允许差/%
0.000 2~0.005 0	0.000 2
>0.005 0~0.010	0.001 0
>0.010~0.100	0.003 0

9 试验报告

试验报告应包括下列内容:

——试样;

——使用的标准(包括发布或出版年号);

——使用的方法(如果标准中包括数个方法);

——分析结果及其表示;

——与基本分析步骤的差异;

——测定中观察到的异常现象;

——试验日期。

ICS 77.120.99
H 63

中华人民共和国国家标准

GB/T 4325.21—2013
代替 GB/T 4325.23—1984,GB/T 4325.27—1984

钼化学分析方法 第21部分:碳量和硫量的测定 高频燃烧红外吸收法

Methods for chemical analysis of molybdenum—
Part 21:Determination of carbon content and sulfur content—
High frequency combustion-infrared absorption method

2013-05-09 发布　　2014-02-01 实施

中华人民共和国国家质量监督检验检疫总局
中国国家标准化管理委员会　发布

前　言

GB/T 4325《钼化学分析方法》分为26部分：

——第1部分：铅量的测定　石墨炉原子吸收光谱法；
——第2部分：镉量的测定　火焰原子吸收光谱法；
——第3部分：铋量的测定　原子荧光光谱法；
——第4部分：锡量的测定　原子荧光光谱法；
——第5部分：锑量的测定　原子荧光光谱法；
——第6部分：砷量的测定　原子荧光光谱法；
——第7部分：铁量的测定　邻二氮杂菲分光光度法和电感耦合等离子体原子发射光谱法；
——第8部分：钴量的测定　钴试剂分光光度法和火焰原子吸收光谱法；
——第9部分：镍量的测定　丁二酮肟分光光度法和火焰原子吸收光谱法；
——第10部分：铜量的测定　火焰原子吸收光谱法；
——第11部分：铝量的测定　铬天青S分光光度法和电感耦合等离子体原子发射光谱法；
——第12部分：硅量的测定　电感耦合等离子体原子发射光谱法；
——第13部分：钙量的测定　火焰原子吸收光谱法；
——第14部分：镁量的测定　火焰原子吸收光谱法；
——第15部分：钠量的测定　火焰原子吸收光谱法；
——第16部分：钾量的测定　火焰原子吸收光谱法；
——第17部分：钛量的测定　二安替比林甲烷分光光度法和电感耦合等离子体原子发射光谱法；
——第18部分：钒量的测定　钽试剂分光光度法和电感耦合等离子体原子发射光谱法；
——第19部分：铬量的测定　二苯基碳酰二肼分光光度法；
——第20部分：锰量的测定　火焰原子吸收光谱法；
——第21部分：碳量和硫量的测定　高频燃烧红外吸收法；
——第22部分：磷量的测定　钼蓝分光光度法；
——第23部分：氧量和氮量的测定　惰气熔融红外吸收法-热导法；
——第24部分：钨量的测定　电感耦合等离子体原子发射光谱法；
——第25部分：氢量的测定　惰气熔融红外吸收法/热导法；
——第26部分：铝、镁、钙、钒、铬、锰、铁、钴、镍、铜、锌、砷、镉、锡、锑、钨、铅和铋量的测定　电感耦合等离子体质谱法。

本部分为GB/T 4325的第21部分。

本部分按照GB.T 1.1—2009给出的规则起草。

本部分代替GB/T 4325.23—1984《钼化学分析方法　燃烧-电导法测定硫量》和GB/T 4325.27—1984《钼化学分析方法　燃烧-库仑滴定法测定碳量》。本部分与GB/T 4325.23—1984及GB/T 4325.27—1984比较，主要技术变化如下：

——将燃烧-电导法测定硫量与燃烧-库仑滴定法测定碳量进行了合并；
——将燃烧-库仑滴定法与燃烧-电导法改为高频燃烧红外吸收法联测；
——增加了重复性条款；
——增加了试验报告。

本部分由全国有色金属标准化技术委员会(SAC/TC 243)归口。

本部分起草单位:洛阳栾川钼业集团股份有限公司、北京矿冶研究总院、广州有色金属研究院。

本部分主要起草人:田永红、陈凤群、许琼洁、徐晓艳、姜求韬、肖红新、庄艾春、王津。

本部分所代替标准的历次版本发布情况为:

——GB/T 4325.23—1984、GB/T 4325.27—1984。

钼化学分析方法 第21部分:碳量和硫量的测定 高频燃烧红外吸收法

1 范围

GB/T 4325 的本部分规定了钼中碳量与硫量的测定。

本部分适用于钼粉、钼条、三氧化钼及钼酸铵中碳量、硫量的测定。测定范围:碳:0.000 5%~0.30%;硫:0.000 5%~0.30%。

2 方法提要

试料于高频感应炉的氧气气流中加热燃烧,生成二氧化碳和二氧化硫,由氧气载至红外线分析器的检测室,二氧化碳和二氧化硫分别吸收某特定波长的红外能,其吸收能与碳和硫的浓度成正比,根据检测器接受能量的变化测得碳量和硫量。

3 试剂和材料

3.1 纯铁助熔剂:$w_{Fe}\geqslant99.8\%$,$w_{C}\leqslant0.000\ 5\%$,$w_{S}\leqslant0.000\ 5\%$,粒度≤1.25 mm。

3.2 钨锡助熔剂:$w_{C}\leqslant0.001\ 0\%$,$w_{S}\leqslant0.000\ 3\%$,粒度≤1.4 mm。

3.3 碳、硫标准物质(或标准样品):与待测试样含碳量和硫量相近的同类物质。

3.4 氧气:体积分数不小于 99.95%。

3.5 高氯酸镁:无水,粒状或片状。

3.6 烧碱石棉:粒状。

3.7 石英棉。

3.8 三氧化硫吸收剂。

3.9 镀铂硅胶:粒状。

3.10 坩埚钳。

3.11 陶瓷坩埚:使用前应在高温炉中高于 1 100 ℃高温灼烧 8 h 或通氧灼烧至空白值为最低,冷却后保存在干燥器中备用。

4 仪器及设备

4.1 红外线检测系统:包括高频感应炉、进气净化试剂管、检测气催化剂加热器、三氧化硫吸收管、红外线检测器、电脑及软件控制系统。

4.2 氧气瓶和调压器。

4.3 天平:分度值 0.1 mg。

5 试样

钼烧结制品的试样经过机械加工成屑状,加工过程中应除去表皮并防止污染。必要时用丙酮清洗。

6 分析步骤

6.1 仪器预热

仪器分析前要充分预热，按仪器使用说明书调试检查仪器，使仪器处于正常稳定状态。

6.2 仪器检漏

利用仪器检漏程序或其他辅助设备确定仪器无漏气现象。

6.3 空白试验

依次称取 0.50 g 纯铁助熔剂(3.1)和 1.00 g 钨锡助熔剂(3.2)置于坩埚(3.11)内，钳取坩埚置于炉台座上，按仪器说明书操作，开始分析并读取结果，重复测定至空白值稳定。

6.4 仪器校准

称取碳、硫标准物质(或标准样品)(3.3)至少 3 份，置于预先盛有 0.50 g 纯铁助熔剂(3.1)的坩埚(3.11)内，覆盖 1.00 g 钨锡助熔剂(3.2)，钳取坩埚置于炉台座上，按仪器说明书操作，依次进行分析，测得结果的波动应在允许误差范围内，作单点曲线校正后，再称取一个碳、硫标准物质(或标准样品)(3.3)分析，以确认系统处于正常稳定状态。

6.5 试样分析

6.5.1 试料

称取 0.50 g 试料，精确至 0.000 1 g。

6.5.2 测定次数

独立地进行两次测定，取其平均值。

6.5.3 测定

将称取的试料置于预先盛有 0.50 g 纯铁助熔剂(3.1)的坩埚(3.11)内，覆盖 1.00 g 钨锡助熔剂(3.2)，钳取坩埚置于炉台座上，开始分析并读取结果。

7 精密度

7.1 重复性

在重复性条件下获得的两次独立测试结果的测定值，在以下给出的平均值范围内，这两个测试结果的绝对差值不超过重复性限(r)，超过重复性限(r)的情况不超过 5%。重复性限(r)按表 1 数据采用线性内插法求得。

表 1

碳的质量分数/%	0.000 9	0.010 4	0.013 8	0.043 8
重复性限/%	0.000 3	0.000 7	0.001 8	0.002 1
硫的质量分数/%	0.000 8	0.002 7	0.007 5	0.015 5
重复性限/%	0.000 3	0.000 4	0.000 6	0.001 8

7.2 允许差

实验室之间分析结果的差值应不大于表 2 所列允许差。

表 2

碳、硫的质量分数/%	允许差/%
0.000 5～0.001 0	0.000 5
>0.001 0～0.003 0	0.001 0
>0.003 0～0.009 0	0.001 5
>0.009 0～0.015	0.002 0
>0.015～0.040	0.003
>0.040～0.100	0.005
>0.100～0.300	0.010

8 试验报告

试验报告应包括下列内容：

——试样；

——使用的标准(包括发布或出版年号)；

——使用的方法(如果标准中包括几个方法)；

——分析结果及其表示；

——与基本分析步骤的差异；

——测定中观察到的异常现象；

——试验日期。

ICS 77.120.99
H 63

中华人民共和国国家标准

GB/T 4325.22—2013
代替 GB/T 4325.24—1984

钼化学分析方法 第22部分:磷量的测定 钼蓝分光光度法

Methods for chemical analysis of molybdenum—Part 22: Determination of phosphorus content—Molybdenum blue spectrophotometry

2013-05-09 发布　　2014-02-01 实施

中华人民共和国国家质量监督检验检疫总局
中国国家标准化管理委员会　发布

前　言

GB/T 4325《钼化学分析方法》分为26部分：

——第1部分：铅量的测定　石墨炉原子吸收光谱法；
——第2部分：镉量的测定　火焰原子吸收光谱法；
——第3部分：铋量的测定　原子荧光光谱法；
——第4部分：锡量的测定　原子荧光光谱法；
——第5部分：锑量的测定　原子荧光光谱法；
——第6部分：砷量的测定　原子荧光光谱法；
——第7部分：铁量的测定　邻二氮杂菲分光光度法和电感耦合等离子体原子发射光谱法；
——第8部分：钴量的测定　钴试剂分光光度法和火焰原子吸收光谱法；
——第9部分：镍量的测定　丁二酮肟分光光度法和火焰原子吸收光谱法；
——第10部分：铜量的测定　火焰原子吸收光谱法；
——第11部分：铝量的测定　铬天青S分光光度法和电感耦合等离子体原子发射光谱法；
——第12部分：硅量的测定　电感耦合等离子体原子发射光谱法；
——第13部分：钙量的测定　火焰原子吸收光谱法；
——第14部分：镁量的测定　火焰原子吸收光谱法；
——第15部分：钠量的测定　火焰原子吸收光谱法；
——第16部分：钾量的测定　火焰原子吸收光谱法；
——第17部分：钛量的测定　二安替比林甲烷分光光度法和电感耦合等离子体原子发射光谱法；
——第18部分：钒量的测定　钽试剂分光光度法和电感耦合等离子体原子发射光谱法；
——第19部分：铬量的测定　二苯基碳酰二肼分光光度法；
——第20部分：锰量的测定　火焰原子吸收光谱法；
——第21部分：碳量和硫量的测定　高频燃烧红外吸收法；
——第22部分：磷量的测定　钼蓝分光光度法；
——第23部分：氧量和氮量的测定　惰气熔融红外吸收法-热导法；
——第24部分：钨量的测定　电感耦合等离子体原子发射光谱法；
——第25部分：氢量的测定　惰气熔融红外吸收法/热导法；
——第26部分：铝、镁、钙、钒、铬、锰、铁、钴、镍、铜、锌、砷、镉、锡、锑、钨、铅和铋量的测定　电感耦合等离子体质谱法。

本部分为GB/T 4325的第22部分。

本部分按照GB/T 1.1—2009给出的规则起草。

本部分代替GB/T 4325.24—1984《钼化学分析方法　钼蓝光度法测定磷量》。本部分与GB/T 4325.24—1984相比，主要技术变化如下：

——标准名称由“钼蓝光度法测定磷量”改为“磷量的测定　钼蓝分光光度法”；
——将“测定次数”中的“三次”改为“两次”；
——方法提要中增加了“三氧化钼及钼酸铵不经酸溶，直接用氢氧化铵溶解”和“将磷氧化为正磷酸”；将“0.75～1.2 N”改为“0.4 mol/L～0.6 mol/L”；
——分析步骤内容变化：将表1中“含磷量＞0.001％～0.002％”改为“含磷量＞0.001％～0.005％”；“含磷量＞0.002％～0.010％”改为“含磷量＞0.005％～0.010％”；试样进行分类

溶解；

——增加了精密度条款；

——增加了前言及试验报告内容，并对标准格式进行了编辑性修改。

本部分由全国有色金属标准化技术委员会(SAC/TC 243)归口。

本部分起草单位：西北有色金属研究院、西部材料股份有限公司、北京矿冶研究总院、株洲硬质合金集团有限公司。

本部分起草人：李波、孙宝莲、杨平平、周恺、王晓艳、张斌、高颖剑、杨军红、姜求稻、陈道范。

本部分所代替标准的历次版本发布情况为：

——GB/T 4325.24—1984。

钼化学分析方法 第22部分:磷量的测定 钼蓝分光光度法

1 范围

GB/T 4325 的本部分规定了钼粉、钼条、三氧化钼及钼酸铵中磷量的测定方法。

本部分适用于钼粉、钼条、三氧化钼及钼酸铵中磷量的测定。测定范围:0.000 2%~0.018 0%。

2 方法提要

试样以硝酸-硫酸混合酸分解,用氢氧化铵将钼酸溶解(三氧化钼及钼酸铵可不经酸溶,直接用氢氧化铵溶解),以过氧化氢将磷氧化为正磷酸并络合钼、铁等元素,然后加入钼酸铵,使磷与钼酸铵形成磷钼杂多酸,在0.4 mol/L~0.6 mol/L 的硫酸介质中,用正丁醇-三氯甲烷混合溶剂萃取,以氯化亚锡还原成磷钼蓝,于620 nm 波长处测量其吸光度。

3 试剂

除非另有说明外,在分析中仅使用确认为分析纯的试剂和二次蒸馏水或相当纯度的水。

3.1 正丁醇。

3.2 氢氧化铵(ρ=0.90 g/mL)。

3.3 过氧化氢(1+9)。

3.4 硫酸(1+5)。

3.5 氯化亚锡溶液(100 g/L):用盐酸(1+1)配制。

3.6 钼酸铵溶液(100 g/L):100 g 钼酸铵[$(NH_4)_6Mo_7O_{24}\cdot 4H_2O$]溶于1 000 mL 水中,过滤,备用。

3.7 正丁醇-三氯甲烷混合萃取液:3体积三氯甲烷与1体积正丁醇(3.1)相混合。

3.8 硝酸-硫酸混合酸:50 mL 硝酸(ρ=1.42 g/mL)及5 mL 硫酸(ρ=1.84 g/mL),加入45 mL 水中,混匀。

3.9 磷标准贮存溶液:准确称取0.439 3 g 预先在105 ℃~110 ℃烘1 h 的磷酸二氢钾基准试剂,置于250 mL 烧杯中,加入100 mL 水,完全溶解后,移入1 000 mL 容量瓶中。用水稀释至刻度,混匀。此溶液1 mL 含100 μg 磷。

3.10 磷标准溶液:移取5.00 mL 磷标准贮存溶液(3.9),置于100 mL 容量瓶中,用水稀释至刻度,混匀。此溶液1 mL 含5 μg 磷。

4 试样

钼条应粉碎并通过0.75 mm 的标准筛网。

5 仪器

分光光度计。

6 分析步骤

6.1 试料

按表1称取试样,精确至0.000 1 g。

表1

磷的质量分数/%	试料量/g
0.000 2～0.001	1.00
>0.001～0.005	0.20
>0.005～0.010	0.10
>0.010～0.018	0.05

6.2 测定次数

独立地进行两次测定,取其平均值。

6.3 空白试验

随同试料做空白试验。

6.4 测定

6.4.1 试料分解。

6.4.1.1 钼粉等金属试料:将试料(6.1)置于150 mL烧杯中,加入10 mL硝酸-硫酸混合酸(3.8),待剧烈反应停止后,移至电热板加热使试样完全分解,在低温处蒸发溶液体积至5 mL左右。取下稍冷,用水冲洗表皿及杯壁。

6.4.1.2 三氧化钼、钼酸铵试料:将试料(6.1)置于150 mL烧杯中,用少量水润湿。

6.4.2 加入8 mL氢氧化铵(3.2),在电炉上加热至溶液清亮,取下。

注:此时试液若浑浊,待加入过氧化氢后,稍加热即清亮。

6.4.3 加入2 mL过氧化氢(3.3),混匀。用硫酸(3.4)和氢氧化铵(3.2)调节溶液至pH 4～5,并过量10 mL硫酸(3.4)。将溶液移入125 mL分液漏斗中并稀释至50 mL,混匀。

6.4.4 加入10 mL钼酸铵溶液(3.6),放置10 min～15 min,加入4 mL正丁醇(3.1),振荡30 s,加14 mL正丁醇-三氯甲烷混合萃取液(3.7),振荡2.5 min,静置分层。

6.4.5 将有机相放入50 mL干燥的比色管中,用正丁醇(3.1)稀释至25 mL,混匀,加1滴氯化亚锡溶液(3.5),混匀。

6.4.6 将部分溶液移入3 cm比色皿中,以正丁醇(3.1)为参比,于分光光度计波长620 nm处测量其吸光度。

6.4.7 减去随同试样所做空白溶液的吸光度。从工作曲线上查出相应的磷量。

6.5 工作曲线的绘制

6.5.1 移取0 mL、0.20 mL、0.60 mL、1.00 mL、1.40 mL、1.80 mL、2.40 mL磷标准溶液(3.10),置于一组125 mL分液漏斗中,加10 mL硫酸(3.4),用水稀释至50 mL,以下按6.4.4～6.4.6进行。

6.5.2 减去试剂空白溶液的吸光度,以磷量为横坐标、吸光度为纵坐标绘制工作曲线。

7 分析结果的计算

磷含量以磷的质量分数 w_P 计，数值以%表示，按式(1)计算：

$$w_P = \frac{m_1 \times 10^{-6}}{m} \times 100 \quad \cdots\cdots(1)$$

式中：

m_1——从工作曲线上查得的磷量，单位为微克(μg)；

m ——试料的质量，单位为克(g)。

8 精密度

8.1 重复性

在重复性条件下获得的两次独立测试结果的测定值，在以下给出的平均值范围内，这两个测试结果的绝对值不超过重复性限(r)，超过重复性限(r)的情况不超过5%，重复性限(r)按表2数据采用线性内插法获得。

表 2

磷的质量分数/%	0.000 18	0.000 38	0.002 8	0.005 9	0.013 6
重复性限/%	0.000 05	0.000 08	0.000 4	0.000 7	0.001 8

8.2 允许差

实验室之间分析结果的差值应不大于表3所列允许差。

表 3

%

磷的质量分数	允许差	磷的质量分数	允许差
0.000 2～0.000 4	0.000 15	>0.003 0～0.006 0	0.000 8
>0.000 4～0.000 7	0.000 2	>0.006 0～0.008 0	0.001 2
>0.000 7～0.001 5	0.000 4	>0.008 0～0.012 0	0.001 8
>0.001 5～0.003 0	0.000 6	>0.012 0～0.018 0	0.002 0

9 试验报告

试验报告包括下列内容：

——试样；

——使用的标准(包括发布或出版年号)；

——使用的方法(如果标准中包括几个方法)；

——分析结果及其表示；

——与基本分析步骤的差异；

——测定中观察到的异常现象；

——试验日期。

ICS 77.120.99
H 63

中华人民共和国国家标准

GB/T 4325.23—2013
代替 GB/T 4325.25—1984,GB/T 4325.26—1984

钼化学分析方法 第23部分:氧量和氮量的测定 惰气熔融红外吸收法-热导法

Methods for chemical analysis of molybdenum—
Part 23:Determination of oxygen and nitrogen contents—
Inert gas fusion-infrared absorption and thermal conductivity method

2013-05-09 发布

2014-02-01 实施

中华人民共和国国家质量监督检验检疫总局
中国国家标准化管理委员会 发布

前 言

GB/T 4325《钼化学分析方法》分为 26 部分：

——第 1 部分：铅量的测定　石墨炉原子吸收光谱法；

——第 2 部分：镉量的测定　火焰原子吸收光谱法；

——第 3 部分：铋量的测定　原子荧光光谱法；

——第 4 部分：锡量的测定　原子荧光光谱法；

——第 5 部分：锑量的测定　原子荧光光谱法；

——第 6 部分：砷量的测定　原子荧光光谱法；

——第 7 部分：铁量的测定　邻二氮杂菲分光光度法和电感耦合等离子体原子发射光谱法；

——第 8 部分：钴量的测定　钴试剂分光光度法和火焰原子吸收光谱法；

——第 9 部分：镍量的测定　丁二酮肟分光光度法和火焰原子吸收光谱法；

——第 10 部分：铜量的测定　火焰原子吸收光谱法；

——第 11 部分：铝量的测定　铬天青 S 分光光度法和电感耦合等离子体原子发射光谱法；

——第 12 部分：硅量的测定　电感耦合等离子体原子发射光谱法；

——第 13 部分：钙量的测定　火焰原子吸收光谱法；

——第 14 部分：镁量的测定　火焰原子吸收光谱法；

——第 15 部分：钠量的测定　火焰原子吸收光谱法；

——第 16 部分：钾量的测定　火焰原子吸收光谱法；

——第 17 部分：钛量的测定　二安替比林甲烷分光光度法和电感耦合等离子体原子发射光谱法；

——第 18 部分：钒量的测定　钽试剂分光光度法和电感耦合等离子体原子发射光谱法；

——第 19 部分：铬量的测定　二苯基碳酰二肼分光光度法；

——第 20 部分：锰量的测定　火焰原子吸收光谱法；

——第 21 部分：碳量和硫量的测定　高频燃烧红外吸收法；

——第 22 部分：磷量的测定　钼蓝分光光度法；

——第 23 部分：氧量和氮量的测定　惰气熔融红外吸收法-热导法；

——第 24 部分：钨量的测定　电感耦合等离子体原子发射光谱法；

——第 25 部分：氢量的测定　惰气熔融红外吸收法/热导法；

——第 26 部分：铝、镁、钙、钒、铬、锰、铁、钴、镍、铜、锌、砷、镉、锡、锑、钨、铅和铋量的测定　电感耦合等离子体质谱法。

本部分为 GB/T 4325 的第 23 部分。

本部分按照 GB/T 1.1—2009 给出的规则起草。

本部分代替 GB/T 4325.25—1984《钼化学分析方法　惰气熔融库仑滴定法测定氧量》和 GB/T 4325.26—1984《钼化学分析方法　奈氏试剂光度法测定氮量》。本部分与 GB/T 4325.25—1984 和 GB/T 4325.26—1984 相比，主要技术变化如下：

——将测定氧的方法由"惰气熔融库仑滴定法"改为"惰性气体熔融红外检测法"；

——将测定氮的方法由"奈氏试剂光度法"改为"惰性气体熔融红热导检测法"；

——采用了钼中氧、氮同时测定的方法；

——增加了试验报告。

本部分由全国有色金属标准化技术委员会(SAC/TC 243)归口。

本部分起草单位：西北有色金属研究院、广州有色金属研究院、金堆城钼业股份有限公司、洛阳栾川钼业集团股份有限公司。

本部分主要起草人：李波、王辉、石新层、郑伟、庄艾春、谢明明、陈凤群、高晓莉、肖红新、任忆琪、李红、韩莉。

本部分所代替标准的历次版本发布情况为：

——GB/T 4325.25—1984、GB/T 4325.26—1984。

钼化学分析方法
第23部分：氧量和氮量的测定
惰气熔融红外吸收法-热导法

1 范围

GB/T 4325 的本部分规定了惰气熔融红外吸收法-热导法同时测定钼中的氧量和氮量。

本部分适用于钼中氧量和氮量的测定。测定范围：氧 0.000 5%～1.00%；氮 0.000 5%～0.020%。

2 方法提要

将试料与助熔剂加入石墨坩埚，在惰性气体（氦气）保护下加热熔融，其中氧与坩埚中碳结合形成 CO，氮以 N_2 形式释放。CO 被部分氧化成 CO_2，CO_2 和剩余的 CO 随载气流进入红外检测器，检测器输出信号，计算系统根据样品质量计算氧含量，结果以百分含量显示。气路中的 CO、CO_2 分别被吸收分离，剩余氮气随载气（氦气）进入热导检测器，检测器输出信号，计算系统根据样品质量计算氮含量，结果以百分含量显示。

3 试剂与材料

3.1 丙酮。

3.2 石墨坩埚：光谱纯。

3.3 镍囊（厚度≤0.05 mm，w_O≤0.001%，w_N≤0.000 08%）。

3.4 镍篮（w_O≤0.000 5%，w_N≤0.000 05%）。

3.5 高氯酸镁。

3.6 碱石棉。

3.7 稀土氧化铜。

3.8 纯铜丝。

3.9 氦气，体积分数不小于 99.99%。

3.10 标准物质/标准样品：材质应与未知样品相近，且氧/氮含量略高于未知样品中的氧/氮含量。

4 仪器装置

4.1 惰性气体熔融红外-热导检测系统，包括一个电极炉、载气净化及分析气流转化系统、一氧化碳红外检测器和二氧化碳红外检测器、氮热导检测器、电脑及软件控制系统。

4.2 氦气瓶和调压器。

4.3 天平：分度值 0.1 mg。

4.4 坩埚钳。

5 试样

5.1 块状试样在砂轮机上打磨其表面，加工成质量为 0.05 g～0.08 g 的颗粒，经丙酮清洗，取出后冷风吹干，称重，装入镍篮。

5.2 粉末试样装入预先称量的镍囊，称量，封口，赶尽镍囊中的空气。

5.3 氧含量不大于0.003%的样品，检测过程中不采用任何助熔剂助熔。

5.4 处理好的试样在分析检测前不能有任何污染，检测过程中应使用干净的镊子进行夹取。

6 分析步骤

6.1 仪器准备

按仪器制造商的要求装配好所有部件，按要求连接电源、载气、动力气。根据要求更换化学试剂管和过滤装置。

6.2 仪器预热

仪器分析前要充分预热，使仪器的各项指标达到设定值。

6.3 仪器检漏

利用仪器检漏程序或其他辅助设备确定仪器无漏气现象。

6.4 空白检测

空白值包括坩埚和助熔剂的空白。将助熔剂放入坩埚中，平行测定3～5次，每次更换新坩埚，取平均值，然后进行空白补偿。氧的空白值极差不大于0.000 2%；氮的空白值极差不大于0.000 05%。

6.5 校准程序

平行测试3～5个标准物质/标准样品(3.10)，计算这些结果的平均值，进行系统校准。平均值与标准值相符，不超出标准物质证书给定的不确定度范围。

6.6 试样分析

6.6.1 试料

称取试样0.05 g～0.08 g，精确到0.000 1 g，按要求记录试料质量。

6.6.2 测定次数

独立进行两次测定，取平均值。

6.6.3 测定

选择优化的分析条件，将称好的试料用镍囊或镍篮包好，置于进样器中，升起机械装置，关闭炉门，开始检测。由仪器自动显示测定结果。在连续检测过程中，将标准物质/标准样品(3.10)间隔插入，用于监控是否有漂移和验证最初的有效性。记录或打印分析结果。

7 精密度

7.1 重复性

在重复性条件下获得的两次独立测试结果的测定值，在以下给出的平均值范围内，这两个测试结果的绝对差值不超过重复性限(r)，超过重复性限(r)情况不超过5%，重复性限(r)按照表1数据采用线性内插法求得。

表 1

氧的质量分数/%	0.005 3	0.069
重复性限/%	0.003 6	0.012
氮的质量分数/%	0.000 7	0.003 2
重复性限/%	0.000 6	0.001 2

7.2 允许差

实验室之间氧、氮分析结果的差值应不大于表 2 所列允许差。

表 2

氧的质量分数/%	允 许 差/%	氮的质量分数/%	允 许 差/%
0.000 5～0.001 5	0.000 3	0.000 5～0.001 2	0.000 2
>0.001 5～0.005 0	0.000 8	>0.001 2～0.003 0	0.000 7
>0.005～0.030	0.004	>0.003 0～0.010 0	0.001 5
>0.030～0.100	0.015	>0.010 0～0.020 0	0.002 0
>0.10～0.50	0.02	—	—
>0.50～1.00	0.04	—	—

8 试验报告

试验报告应包括下列内容：

——试样；

——使用的标准(包括发布或出版年号)；

——使用的方法(如果标准中包括几个方法)；

——分析结果及其表示；

——与基本分析步骤的差异；

——测定中观察到的异常现象；

——试验日期。

ICS 77.120.99
H 63

中华人民共和国国家标准

GB/T 4325.24—2013
代替 GB/T 4325.28—1984

钼化学分析方法 第24部分：钨量的测定 电感耦合等离子体原子发射光谱法

Method for chemical analysis of molybdenum—Part 24: Determination of tungsten content—Inductively coupled plasma atomic emission spectrometry

2013-05-09 发布　　2014-02-01 实施

中华人民共和国国家质量监督检验检疫总局
中国国家标准化管理委员会　发布

前　言

GB/T 4325《钼化学分析方法》分为26部分：

——第1部分：铅量的测定　石墨炉原子吸收光谱法；

——第2部分：镉量的测定　火焰原子吸收光谱法；

——第3部分：铋量的测定　原子荧光光谱法；

——第4部分：锡量的测定　原子荧光光谱法；

——第5部分：锑量的测定　原子荧光光谱法；

——第6部分：砷量的测定　原子荧光光谱法；

——第7部分：铁量的测定　邻二氮杂菲分光光度法和电感耦合等离子体原子发射光谱法；

——第8部分：钴量的测定　钴试剂分光光度法和火焰原子吸收光谱法；

——第9部分：镍量的测定　丁二酮肟分光光度法和火焰原子吸收光谱法；

——第10部分：铜量的测定　火焰原子吸收光谱法；

——第11部分：铝量的测定　铬天青S分光光度法和电感耦合等离子体原子发射光谱法；

——第12部分：硅量的测定　电感耦合等离子体原子发射光谱法；

——第13部分：钙量的测定　火焰原子吸收光谱法；

——第14部分：镁量的测定　火焰原子吸收光谱法；

——第15部分：钠量的测定　火焰原子吸收光谱法；

——第16部分：钾量的测定　火焰原子吸收光谱法；

——第17部分：钛量的测定　二安替比林甲烷分光光度法和电感耦合等离子体原子发射光谱法；

——第18部分：钒量的测定　钽试剂分光光度法和电感耦合等离子体原子发射光谱法；

——第19部分：铬量的测定　二苯基碳酰二肼分光光度法；

——第20部分：锰量的测定　火焰原子吸收光谱法；

——第21部分：碳量和硫量的测定　高频燃烧红外吸收法；

——第22部分：磷量的测定　钼蓝分光光度法；

——第23部分：氧量和氮量的测定　惰气熔融红外吸收法-热导法；

——第24部分：钨量的测定　电感耦合等离子体原子发射光谱法；

——第25部分：氢量的测定　惰气熔融红外吸收法/热导法；

——第26部分：铝、镁、钙、钒、铬、锰、铁、钴、镍、铜、锌、砷、镉、锡、锑、钨、铅和铋量的测定　电感耦合等离子体质谱法。

本部分为GB/T 4325的第24部分。

本部分按GB/T 1.1—2009给出的规则起草。

本部分代替GB/T 4325.28—1984《钼化学分析方法　四苯砷氯盐酸盐-硫氰酸盐光度法测定钨量》。本部分与GB/T 4325.28—1984相比，主要技术变化如下：

——测定范围做了调整；

——将“四苯砷氯盐酸盐-硫氰酸盐光度法”改为“电感耦合等离子体原子发射光谱法”；

——补充了试验报告要求。

本部分由全国有色金属标准化技术委员会(SAC/TC 243)归口。

本部分起草单位：北京有色金属研究总院、西部金属材料股份有限公司、金堆城钼业股份有限公司。

本部分主要起草人：李继东、王长华、墨淑敏、刘英、潘元海、韩维儒、李佗、谢明明、李巧红。

本部分所代替标准的历次版本发布情况为：

——GB/T 4325.28—1984。

钼化学分析方法 第24部分:钨量的测定 电感耦合等离子体原子发射光谱法

1 范围

GB/T 4325的本部分规定了钼中钨量的测定方法。

本部分适用于钼粉、钼条、三氧化钼、钼酸铵中钨量的测定。测定范围:0.005 0%~1.50%。

2 方法提要

试料以硝酸、氢氟酸和过氧化氢溶解,以电感耦合等离子体发射光谱法直接测定钨含量。

3 试剂

除非另有说明,在分析中仅使用确认为分析纯的试剂和蒸馏水或去离子水或相当纯度的水。

3.1 硝酸(ρ=1.42 g/mL)。

3.2 氢氟酸(ρ=1.17 g/mL)。

3.3 过氧化氢(ρ=1.17 g/mL)。

3.4 钼酸铵,质量分数≥99.99%,所含钨的质量分数<0.000 5%。

3.5 钨标准贮存溶液:准确称取1.260 g三氧化钨(质量分数≥99.99%),置于250 mL烧杯中,加入20 mL氢氧化钠溶液(200 g/L)使其溶解,移入1 000 mL容量瓶中,用水稀释至刻度,混匀。此溶液1 mL含1 mg钨。

3.6 钨标准溶液:移取10.00 mL钨标准贮存溶液(3.5),置于100 mL容量瓶中,加入6 mL硝酸(3.1),加入2 mL氢氟酸(3.2),用水定容、混匀,立即移入干燥的塑料瓶中贮存。此溶液1 mL含100 μg钨。

3.7 氩气,体积分数不小于99.99%。

4 仪器

电感耦合等离子体发射光谱仪,采用硝酸和氢氟酸溶解样品时需使用耐氢氟酸进样系统。在仪器最佳条件下,用1.0 μg/mL钨标准溶液连续测量11次,其光强度的相对标准偏差不超过2.5%。

5 试样

钼条应粉碎并通过0.75 mm标准筛网。

6 分析步骤

6.1 试料

按表1称取试料,精确至0.000 1 g。

表 1

钨的质量分数/%	试料量/g
0.005～0.10	1.00
>0.10～1.50	0.10

6.2 测定次数

独立地进行两次测定，取其平均值。

6.3 空白试验

称取与试料对等的钼基体(3.4)，随同试料做空白试验。

6.4 测定

6.4.1 将试料(6.1)置于100 mL聚四氟乙烯烧杯中，加入6 mL硝酸(3.1)和2 mL氢氟酸(3.2)，钼酸铵和纯三氧化钼试料可以补加2 mL～5 mL过氧化氢(3.3)，溶解后煮沸2 min，冷却；当三氧化钼用此法不易溶解至澄清时，可采用微波消解法。将试料置于聚四氟微波消解罐中，加入6 mL硝酸(3.1)和2 mL氢氟酸(3.2)，微波消解溶解样品。

6.4.2 将溶液移入100 mL塑料容量瓶中，用水稀释至刻度，混匀。

6.4.3 在电感耦合等离子体发射光谱仪波长209.475 nm处测定试液及随同空白的发射强度，从工作曲线查得相应的钨的质量浓度。

6.5 工作曲线的绘制

6.5.1 称取6份与试料中钼基体对等的钼酸铵(3.4)，分别置于6个100 mL聚四氟乙烯烧杯中，加入6 mL硝酸(3.1)和2 mL氢氟酸(3.2)，溶解后冷却，将溶液分别移入6个100 mL塑料容量瓶中。移取0 mL、0.25 mL、0.50 mL、1.0 mL、10.0 mL、20.0 mL钨标准溶液(3.6)于以上容量瓶中，用水稀释至刻度，混匀。

6.5.2 将标准系列溶液于电感耦合等离子体发射光谱仪波长209.475 nm处测定发射强度。以钨的质量浓度为横坐标，发射强度比为纵坐标绘制工作曲线。确保线性相关系数优于0.999。

7 分析结果的计算

钨含量以钨的质量分数 w_W 计，数值以%表示，按式(1)计算：

$$w_W = \frac{(\rho_W - \rho_0) \times V \times 10^{-6}}{m} \times 100 \quad \cdots\cdots(1)$$

式中：

ρ_W ——试料溶液中钨元素的质量浓度，单位为微克每毫升(μg/mL)；

ρ_0 ——空白溶液中钨元素的质量浓度，单位为微克每毫升(μg/mL)；

V ——试料溶液总体积，单位为毫升(mL)；

m ——试料的质量，单位为克(g)。

8 精密度

8.1 重复性

在重复性条件下获得的两次独立测试结果的测定值,在以下给出的平均值范围内,这两个测试结果的绝对差值不超过重复性限(r),超过重复性限(r)的情况不超过5%。重复性限(r)按表2数据采用线性内插法求得。

表 2

钨的质量分数/%	重复性限/%
0.005 0	0.000 5
0.100	0.004
1.500	0.016

8.2 允许差

实验室之间分析结果的差值应不大于表3所列允许差。

表 3

钨的质量分数/%	允许差/%
0.005~0.015	0.002
>0.015~0.050	0.005
>0.05~0.15	0.007
>0.15~0.50	0.01
>0.50~1.50	0.04

9 试验报告

试验报告应包括下列内容:

——试样;

——使用的标准(包括发布或出版年号);

——使用的方法(如果标准中包括几个方法);

——分析结果及其表示;

——与基本分析步骤的差异;

——测定中观察到的异常现象;

——试验日期。

ICS 77.120.99
H 63

中华人民共和国国家标准

GB/T 4325.25—2013

钼化学分析方法 第25部分:氢量的测定 惰气熔融红外吸收法/热导法

Methods for chemical analysis of molybdenum—Part 25:Determination of hydrogen content—Inert gas fusion infrared absorption method/thermal conductivity method

2013-05-09 发布

2014-02-01 实施

中华人民共和国国家质量监督检验检疫总局
中国国家标准化管理委员会 发布

前　言

GB/T 4325《钼化学分析方法》分为26部分：

——第1部分：铅量的测定　石墨炉原子吸收光谱法；

——第2部分：镉量的测定　火焰原子吸收光谱法；

——第3部分：铋量的测定　原子荧光光谱法；

——第4部分：锡量的测定　原子荧光光谱法；

——第5部分：锑量的测定　原子荧光光谱法；

——第6部分：砷量的测定　原子荧光光谱法；

——第7部分：铁量的测定　邻二氮杂菲分光光度法和电感耦合等离子体原子发射光谱法；

——第8部分：钴量的测定　钴试剂分光光度法和火焰原子吸收光谱法；

——第9部分：镍量的测定　丁二酮肟分光光度法和火焰原子吸收光谱法；

——第10部分：铜量的测定　火焰原子吸收光谱法；

——第11部分：铝量的测定　铬天青S分光光度法和电感耦合等离子体原子发射光谱法；

——第12部分：硅量的测定　电感耦合等离子体原子发射光谱法；

——第13部分：钙量的测定　火焰原子吸收光谱法；

——第14部分：镁量的测定　火焰原子吸收光谱法；

——第15部分：钠量的测定　火焰原子吸收光谱法；

——第16部分：钾量的测定　火焰原子吸收光谱法；

——第17部分：钛量的测定　二安替比林甲烷分光光度法和电感耦合等离子体原子发射光谱法；

——第18部分：钒量的测定　钽试剂分光光度法和电感耦合等离子体原子发射光谱法；

——第19部分：铬量的测定　二苯基碳酰二肼分光光度法；

——第20部分：锰量的测定　火焰原子吸收光谱法；

——第21部分：碳量和硫量的测定　高频燃烧红外吸收法；

——第22部分：磷量的测定　钼蓝分光光度法；

——第23部分：氧量和氮量的测定　惰气熔融红外吸收法-热导法；

——第24部分：钨量的测定　电感耦合等离子体原子发射光谱法；

——第25部分：氢量的测定　惰气熔融红外吸收法/热导法；

——第26部分：铝、镁、钙、钒、铬、锰、铁、钴、镍、铜、锌、砷、镉、锡、锑、钨、铅和铋量的测定　电感耦合等离子体质谱法。

本部分为GB/T 4325的第25部分。

本部分按照GB/T 1.1—2009给出的规则起草。

本部分由全国有色金属标准化技术委员会(SAC/TC 243)归口。

本部分起草单位：金堆城钼业股份有限公司、西部材料股份有限公司、西北有色金属研究院。

本部分主要起草人：谢明明、王锋、任忆琪、杨红忠、王郭亮、赵飞、王辉。

钼化学分析方法 第25部分:氢量的测定 惰气熔融红外吸收法/热导法

1 范围

GB/T 4325 的本部分规定了钼中氢量的测定方法。

本部分适用于钼粉、钼条、钼制品中氢量的测定。测定范围:0.001 0%~0.025 0%。

2 方法提要

将试料与助溶剂加入石墨坩埚,在惰性气体(氦气)保护下熔融,试料中的氢以氢气形式析出,氢气被氧化为水,用红外检测池或热导池检测氢含量,计算系统根据试料质量计算氢含量,结果以百分含量表示。

3 试剂与材料

3.1 丙酮,分析纯。

3.2 石墨坩埚。

3.3 镍囊($w_H \leqslant 0.000\ 05\%$)。

3.4 氦气,体积分数不小于 99.995%。

3.5 标准物质/标准样品:与待测试料氢含量相近的同类物质。

4 仪器

4.1 惰性气体熔融-热导/红外检测氢分析仪。

4.2 分析天平,分度值 0.1 mg。

5 试样

5.1 试样应密封保存。

5.2 粉末状直接取样,质量约 0.5 g。

5.3 钼制品等钼产品,从样品心部取样,用丙酮(3.1)洗净,晾干,质量约 0.5 g。

5.4 样品在操作过程中不能被污染,用专用的镊子夹取。

6 分析步骤

6.1 仪器预热

仪器分析前要充分预热,使仪器的各项指标达到设定值。

6.2 仪器检漏

利用仪器检漏程序或其他辅助设备确定仪器无漏气现象。

6.3 仪器校准

选用有证标准物质/标准样品(3.5),平行测试3～5次,计算氢的平均值,平均值与标准值相符,不超出标准物质/标准样品证书给定的不确定度范围,否则需要进行系统校准。

6.4 空白分析

空白值包括坩埚和助熔剂的空白。将助熔剂放入坩埚中,平行测定3～5次,每次更换新坩埚,取平均值,然后进行空白补偿。空白值极差不大于0.000 2%。

6.5 试样分析

6.5.1 试料

称取试样0.5 g,精确至0.001 g。仪器自动输入实际称样质量,再将样品放入镍囊(3.3)后压扁以赶走空气,并折叠数次加以封口。

6.5.2 测定次数

独立地进行两次测定,取其平均值。

6.5.3 测定

选择优化的分析条件,将装有试样的镍囊放入加样器,并将空石墨坩埚放置在下电极上,进行样品分析,仪器根据称样量自动计算氢含量。

7 精密度

7.1 重复性

在重复性条件下获得的两次独立测试结果的测定值,在以下给出的平均值范围内,这两个测试结果的绝对差值不超过重复性限(r),超过重复性限(r)的情况不超过5%。重复性限(r)按表1数据采用线性内插法求得。

表1

氢的质量分数/%	0.001 0	0.005 0	0.025 0
重复性限/%	0.000 9	0.001 5	0.004 5

7.2 允许差

实验室之间分析结果的差值不应大于表2所列允许差。

表 2

氢的质量分数/%	允许差/%
0.001 0～0.005 0	0.001 0
0.005 0～0.010 0	0.002 0
0.010 0～0.025 0	0.005 0

8 试验报告

试验报告应包括下列内容：

——试样；

——使用的标准(包括发布或出版年号)；

——使用的方法(如果标准中包括几个方法)；

——分析结果及其表示；

——与基本分析步骤的差异；

——测定中观察到的异常现象；

——试验日期。

ICS 77.120.99
H 63

中华人民共和国国家标准

GB/T 4325.26—2013

钼化学分析方法
第26部分:铝、镁、钙、钒、铬、锰、铁、钴、镍、铜、锌、砷、镉、锡、锑、钨、铅和铋量的测定 电感耦合等离子体质谱法

Methods for chemical analysis of molybdenum—
Part 26:Determination of aluminium,magnesium,calcium,vanadium,chromium,manganese,iron,cobalt,nickel,copper,zinc,arsenic,cadmium,tin,antimony,tungsten,lead and bismuth contents—Inductively coupled plasma mass spectrometry

2013-05-09 发布　　2014-02-01 实施

中华人民共和国国家质量监督检验检疫总局
中国国家标准化管理委员会　发布

前　言

GB/T 4325《钼化学分析方法》分为26部分：

——第1部分：铅量的测定　石墨炉原子吸收光谱法；

——第2部分：镉量的测定　火焰原子吸收光谱法；

——第3部分：铋量的测定　原子荧光光谱法；

——第4部分：锡量的测定　原子荧光光谱法；

——第5部分：锑量的测定　原子荧光光谱法；

——第6部分：砷量的测定　原子荧光光谱法；

——第7部分：铁量的测定　邻二氮杂菲分光光度法和电感耦合等离子体原子发射光谱法；

——第8部分：钴量的测定　钴试剂分光光度法和火焰原子吸收光谱法；

——第9部分：镍量的测定　丁二酮肟分光光度法和火焰原子吸收光谱法；

——第10部分：铜量的测定　火焰原子吸收光谱法；

——第11部分：铝量的测定　铬天青S分光光度法和电感耦合等离子体原子发射光谱法；

——第12部分：硅量的测定　电感耦合等离子体原子发射光谱法；

——第13部分：钙量的测定　火焰原子吸收光谱法；

——第14部分：镁量的测定　火焰原子吸收光谱法；

——第15部分：钠量的测定　火焰原子吸收光谱法；

——第16部分：钾量的测定　火焰原子吸收光谱法；

——第17部分：钛量的测定　二安替比林甲烷分光光度法和电感耦合等离子体原子发射光谱法；

——第18部分：钒量的测定　钽试剂分光光度法和电感耦合等离子体原子发射光谱法；

——第19部分：铬量的测定　二苯基碳酰二肼分光光度法；

——第20部分：锰量的测定　火焰原子吸收光谱法；

——第21部分：碳量和硫量的测定　高频燃烧红外吸收法；

——第22部分：磷量的测定　钼蓝分光光度法；

——第23部分：氧量和氮量的测定　惰气熔融红外吸收法-热导法；

——第24部分：钨量的测定　电感耦合等离子体原子发射光谱法；

——第25部分：氢量的测定　惰气熔融红外吸收法/热导法；

——第26部分：铝、镁、钙、钒、铬、锰、铁、钴、镍、铜、锌、砷、镉、锡、锑、钨、铅和铋量的测定　电感耦合等离子体质谱法。

本部分为GB/T 4325的第26部分。

本部分按照GB/T 1.1—2009给出的规则起草。

本部分由全国有色金属标准化技术委员会(SAC/TC 243)归口。

本部分起草单位：北京有色金属研究总院、宝钛集团有限公司、株洲硬质合金集团有限公司。

本部分主要起草人：李艳芬、张肇瑞、童坚、刘英、罗策、钱永红、张颖。

钼化学分析方法
第26部分:铝、镁、钙、钒、铬、锰、铁、钴、镍、铜、锌、砷、镉、锡、锑、钨、铅和铋量的测定 电感耦合等离子体质谱法

1 范围

GB/T 4325的本部分规定了钼中铝、镁、钙、钒、铬、锰、铁、钴、镍、铜、锌、砷、镉、锡、锑、钨、铅和铋量的测定方法。

本部分适用于高纯钼粉、氧化钼、钼酸铵中铝、镁、钙、钒、铬、锰、铁、钴、镍、铜、锌、砷、镉、锡、锑、钨、铅和铋量的测定。测定范围:0.000 1%~0.005 0%。

2 方法提要

试样以逆王水和氢氟酸溶解,在盐硝混酸和氢氟酸介质中,通过氩等离子体光源激发,进行质谱测定,测定时以内标法进行校正。

3 试剂

3.1 硝酸(1+1,优级纯)。

3.2 盐酸(1+1,优级纯)。

3.3 氢氟酸(ρ约为1.16 g/mL,MOS级)。

3.4 氢氧化钠(优级纯)。

3.5 氢氧化钠溶液(100 g/L):称取100 g氢氧化钠(3.4),置于150 mL烧杯中,加入水50 mL,加热至完全溶解,冷却后移入1 000 mL容量瓶中,用水稀释至刻度,混匀。此溶液为10%氢氧化钠溶液。

3.6 镁标准贮存溶液:称取1.000 0 g金属镁(w_{Mg}≥99.99%),置于150 mL烧杯中,加入20 mL盐酸(3.2),加热至完全溶解,加热煮沸,冷却后移入1 000 mL容量瓶中,用水稀释至刻度,混匀。此溶液1 mL含1 mg镁。

3.7 钙标准贮存溶液:称取2.497 1 g碳酸钙(w_{CaCO_3}≥99.99%,预先在105 ℃~110 ℃干燥至恒重),置于300 mL烧杯中,加入20 mL水,滴加盐酸(3.2)至完全溶解,再加入10 mL盐酸(3.2),煮沸除去二氧化碳,冷却,移入1 000 mL塑料容量瓶中,用水稀释至刻度,混匀。此溶液1 mL含1 mg钙。

3.8 铬标准贮存溶液:称取3.734 9 g铬酸钾(w_{KCrO_4}≥99.99%,预先在105 ℃烘烤1 h),置于150 mL烧杯中,加入20 mL水溶解,加入10 mL硝酸(3.1),移入1 000 mL容量瓶中,用水稀释至刻度,混匀。此溶液1 mL含1 mg铬。

3.9 铁标准贮存溶液:称取1.000 0 g金属铁(w_{Fe}≥99.99%),置于150 mL烧杯中,加入30 mL硝酸(3.1),加热溶解完全后,加热除去二氧化氮,取下冷却,移入1 000 mL容量瓶中,用水稀释至刻度,摇匀。此溶液1 mL含1 mg铁。

3.10 锰标准贮存溶液:称取2.747 4 g硫酸锰(优级纯),置于150 mL烧杯中,加入少量水溶解后,移入1 000 mL容量瓶中,用水稀释至刻度,混匀。此溶液1 mL含1 mg锰。

3.11 钴标准贮存溶液:称取1.000 0 g金属钴(w_{Co}≥99.99%),置于150 mL烧杯中,加入50 mL硝酸(3.1),在水浴上加热溶解,冷却后加入少量水并煮沸,取下冷却后,移入1 000 mL容量瓶中,用水稀释至刻度,混匀。此溶液1 mL含1 mg钴。

3.12 镍标准贮存溶液:称取1.000 0 g金属镍(w_{Ni}≥99.99%),置于150 mL烧杯中,加入15 mL硝酸(3.1),在水浴上加热溶解,冷却,移入1 000 mL容量瓶中,用水稀释至刻度,混匀。此溶液1 mL含1 mg镍。

3.13 锌标准贮存溶液:称取1.000 0 g金属锌(w_{Zn}≥99.99%),置于300 mL烧杯中,加入30 mL盐酸(3.2),使其溶解完全后,加热煮沸几分钟,冷却后移入1 000 mL容量瓶中,用水稀释至刻度,混匀。此溶液1 mL含1 mg锌。

3.14 铜标准贮存溶液:称取1.000 0 g金属铜(w_{Cu}≥99.99%),置于150 mL烧杯中,加入20 mL硝酸(3.1),加热溶解,冷却,移入1 000 mL容量瓶中,用水稀释至刻度,混匀。此溶液1 mL含1 mg铜。

3.15 砷标准贮存溶液:称取1.320 3 g三氧化砷(优级纯,预先在100 ℃~110 ℃下烘烤2 h,干燥器中冷却),置于150 mL烧杯中,溶解在10 mL氢氧化钠溶液(3.5)中,用玻璃棒搅拌稍加热溶解后,冷却,移入1 000 mL容量瓶中,用水稀释至200 mL左右,加入2滴酚酞指示剂,以盐酸(3.2)中和至溶液呈中性并过量2滴,用水稀释至刻度,混匀。此溶液1 mL含1 mg砷。

3.16 镉标准贮存溶液:称取1.000 0 g金属镉(w_{Cd}≥99.99%),置于150 mL烧杯中,加入30 mL硝酸(3.1),加热溶解,冷却,移入1 000 mL容量瓶中,用水稀释至刻度,混匀。此溶液1 mL含1 mg镉。

3.17 铅标准贮存溶液:称取1.000 0 g金属铅(w_{Pb}≥99.99%),置于150 mL烧杯中,加入30 mL硝酸(3.1),待完全溶解后,加热除去二氧化氮,取下冷却,移入1 000 mL容量瓶中,用水稀释至刻度,混匀。此溶液1 mL含1 mg铅。

3.18 铝标准贮存溶液:称取1.000 0 g金属铝(w_{Al}≥99.99%),置于300 mL烧杯中,加入20 mL水,加入3 g氢氧化钠(3.4),待其加热溶解后用盐酸(3.2)慢慢中和至出现沉淀,并过量20 mL,加热使其溶解并不断搅拌,冷却后将溶液移入1 000 mL容量瓶中,用水稀释至刻度,混匀。此溶液1 mL含1 mg铝。

3.19 锡标准贮存溶液:称取1.000 0 g金属锡(w_{Sn}≥99.99%),置于150 mL烧杯中,加入50 mL盐酸(3.2),在水浴上加热溶解,冷却,移入1 000 mL容量瓶中,补加盐酸(3.2)80 mL,用水稀释至刻度,混匀。此溶液1 mL含1 mg锡。

3.20 锑标准贮存溶液:称取1.000 0 g金属锑(w_{Sb}≥99.99%),置于150 mL烧杯中,加入硝酸(3.1)10 mL和盐酸(3.2)各30 mL,加热溶解,冷却,移入1 000 mL容量瓶中,补加盐酸(3.2)80 mL,用水稀释至刻度,混匀。此溶液1 mL含1 mg锑。

3.21 铋标准贮存溶液:称取1.000 0 g金属铋(w_{Bi}≥99.99%),置于150 mL烧杯中,加入50 mL硝酸(3.1),加热溶解,冷却,移入1 000 mL容量瓶中,补加盐酸(3.2)80 mL,用水稀释至刻度,混匀。此溶液1 mL含1 mg铋。

3.22 钒标准贮存溶液:称取2.295 7 g钒酸铵(NH_4VO_3,优级纯),置于150 mL聚四氟烧杯中,加入20 mL水加热溶解,冷却,加入50 mL硝酸(3.1)和10 mL氢氟酸(3.3),移入1 000 mL塑料容量瓶中,用水稀释至刻度,混匀。此溶液1 mL含1 mg钒。

3.23 钨标准贮存溶液:称取1.794 0 g钨酸钠($Na_2WO_4 \cdot 2H_2O$,高纯试剂),置于150 mL烧杯中,加入50 mL水,加热溶解,冷却,移入1 000 mL容量瓶中,用水稀释至刻度,混匀。此溶液1 mL含1 mg钨。

3.24 混合标准溶液:分别移取1.00 mL标准贮存溶液(3.6~3.23)于1 000 mL容量瓶中,补充硝酸(3.1)50 mL,用水稀释至刻度,混匀。此溶液1 mL分别含镁、铝、锡、锑、铋、钙、钒、钨、铬、铁、锰、钴、镍、铜、锌、砷、镉、铅各1 μg。

3.25 铯内标溶液:称取1.534 g氯化铯(w_{CsCl_2}≥99.99%),置于150 mL烧杯中,加入50 mL硝酸(3.1),加热溶解,冷却,移入1 000 mL容量瓶中,用水稀释至刻度,混匀。此溶液1 mL含1 mg铯。再将此溶液用二次水逐级稀释成 1 mL 含 1 μg 铯的内标溶液。

3.26 氩气，体积分数大于 99.99%。

4 仪器

4.1 电感耦合等离子体质谱仪：质量分辨率优于(0.8±0.1)amu。

4.2 推荐采用表 1 所列测量元素的同位素质量数。

表 1

元素	测定同位素的质量数	元素	测定同位素的质量数
铝	27	铜	63
镁	24	锌	66
钙	40	砷	75
钒	51	镉	106
铬	52	锡	118
锰	55	锑	121
铁	56	钨	182
钴	59	铅	208
镍	60	铋	209

5 试样

钼条粉碎并通过 0.75 mm 标准筛网。

6 分析步骤

6.1 试料

称取 0.10 g 试样，精确至 0.000 1 g。

6.2 测定次数

独立地进行两次测定，取其平均值。

6.3 空白试验

随同试料做空白试验。

6.4 分析试液的制备

将试料(6.1)置于 100 mL 塑料烧杯中，加入 5 mL 水、3 mL 硝酸(3.1)、1 mL 盐酸(3.2)、1 mL 氢氟酸(3.3)，低温加热至试样溶解完全，取下，稍冷，移入 100 mL 塑料容量瓶中，准确移取 1 mL 铯内标溶液(3.25)于上述容量瓶中，用水稀释至刻度，混匀。

6.5 标准系列溶液的配制

准确移取 0 mL、0.50 mL、1.00 mL、2.00 mL、3.00 mL、4.00 mL、5.00 mL、6.00 mL 混合待测元

素标准溶液(3.24)于8个100 mL塑料容量瓶中,分别准确移取1 mL铯内标溶液(3.25)于上述8个100 mL塑料容量瓶中,加入2 mL硝酸(3.1)、1 mL盐酸(3.2)、1 mL氢氟酸(3.3),以水稀释至刻度,混匀,待测。此标准系列溶液浓度为1 mL含各单一待测元素分别为0 ng、5.0 ng、10.0 ng、20.0 ng、30.0 ng、40.0 ng、50.0 ng和60.0 ng。

6.6 测量

将空白试验溶液(6.3)、分析试液(6.4)与标准系列溶液(6.5)同时进行ICP-MS测定。将标准系列溶液的浓度直接输入计算机,由计算机计算并输出空白试验溶液、分析试液中待测元素的浓度。

7 分析结果的计算

按式(1)计算被测元素的质量分数,以%表示:

$$w_{\mathrm{Me}}=\frac{(\rho_{\mathrm{Me}}-\rho_0)\cdot V\times 10^{-9}}{m}\times 100 \qquad \cdots\cdots\cdots\cdots(1)$$

式中:

ρ_{Me}——计算机输出的分析试液中待测元素的浓度,单位为纳克每毫升(ng/mL);

ρ_0——计算机输出的空白试验溶液中待测元素的浓度,单位为纳克每毫升(ng/mL);

V——分析试液的体积,单位为毫升(mL);

m——试料的质量,单位为(g)。

8 精密度

8.1 重复性

在重复性条件下获得的两次独立测试结果的测定值,在以下给出的平均值范围内,这两个测试结果的绝对差值不超过重复性限(r),超过重复性限(r)的情况不超过5%,重复性限(r)按表2数据采用线性内插法求得。

表2

元素	质量分数/%	重复性限/%	元素	质量分数/%	重复性限/%
铝	0.000 1~0.002 0	0.000 1	铁	0.000 1~0.002 0	0.000 1
	0.002 0~0.005 0	0.000 2		0.002 0~0.005 0	0.000 2
镁	0.000 1~0.002 0	0.000 1	钴	0.000 1~0.002 0	0.000 1
	0.002 0~0.005 0	0.000 2		0.002 0~0.005 0	0.000 1
钙	0.000 1~0.002 0	0.000 2	镍	0.000 1~0.002 0	0.000 05
	0.002 0~0.005 0	0.000 3		0.002 0~0.005 0	0.000 1
钒	0.000 1~0.002 0	0.000 1	铜	0.000 1~0.002 0	0.000 05
	0.002 0~0.005 0	0.000 1		0.002 0~0.005 0	0.000 1
铬	0.000 1~0.002 0	0.000 1	锌	0.000 1~0.002 0	0.000 05
	0.002 0~0.005 0	0.000 2		0.002 0~0.005 0	0.000 1
锰	0.000 1~0.002 0	0.000 05	砷	0.000 1~0.002 0	0.000 1
	0.002 0~0.005 0	0.000 1		0.002 0~0.005 0	0.000 2

表 2（续）

元素	质量分数/%	重复性限/%	元素	质量分数/%	重复性限/%
镉	0.000 1～0.002 0	0.000 2	钨	0.000 1～0.002 0	0.000 1
	0.002 0～0.005 0	0.000 3		0.002 0～0.005 0	0.000 2
锡	0.000 1～0.002 0	0.000 05	铅	0.000 1～0.002 0	0.000 05
	0.002 0～0.005 0	0.000 1		0.002 0～0.005 0	0.000 1
锑	0.000 1～0.002 0	0.000 05	铋	0.000 1～0.002 0	0.000 05
	0.002 0～0.005 0	0.000 1		0.002 0～0.005 0	0.000 1

8.2 允许差

实验室之间分析结果的差值应不大于表 3 所列允许差。

表 3

元素	质量分数/%	允许差/%	元素	质量分数/%	允许差/%
铝	0.000 1～0.002 0	0.000 2	铜	0.000 1～0.002 0	0.000 1
	0.002 0～0.005 0	0.000 3		0.002 0～0.005 0	0.000 2
镁	0.000 1～0.002 0	0.000 2	锌	0.000 1～0.002 0	0.000 1
	0.002 0～0.005 0	0.000 3		0.002 0～0.005 0	0.000 2
钙	0.000 1～0.002 0	0.000 3	砷	0.000 1～0.002 0	0.000 1
	0.002 0～0.005 0	0.000 4		0.002 0～0.005 0	0.000 2
钒	0.000 1～0.002 0	0.000 2	镉	0.000 1～0.002 0	0.000 2
	0.002 0～0.005 0	0.000 2		0.002 0～0.005 0	0.000 3
铬	0.000 1～0.002 0	0.000 2	锡	0.000 1～0.002 0	0.000 1
	0.002 0～0.005 0	0.000 3		0.002 0～0.005 0	0.000 2
锰	0.000 1～0.002 0	0.000 1	锑	0.000 1～0.002 0	0.000 1
	0.002 0～0.005 0	0.000 2		0.002 0～0.005 0	0.000 2
铁	0.000 1～0.002 0	0.000 2	钨	0.000 1～0.002 0	0.000 2
	0.002 0～0.005 0	0.000 3		0.002 0～0.005 0	0.000 3
钴	0.000 1～0.002 0	0.000 2	铅	0.000 1～0.002 0	0.000 1
	0.002 0～0.005 0	0.000 2		0.002 0～0.005 0	0.000 2
镍	0.000 1～0.002 0	0.000 2	铋	0.000 1～0.002 0	0.000 1
	0.002 0～0.005 0	0.000 1		0.002 0～0.005 0	0.000 2

9 试验报告

试验报告应包括下列内容：

——试样；
——使用的标准(包括发布或出版年号)；
——使用的方法(如果标准中包括几个方法)；
——分析结果及其表示；
——与基本分析步骤的差异；
——测定中观察到的异常现象；
——试验日期。

ICS 77.040.99
H 24

中华人民共和国国家标准

GB/T 4335—2013
代替 GB/T 4335—1984

低碳钢冷轧薄板铁素体晶粒度测定法

Determination of ferrite grain size for cold rolled low carbon steel sheets

2013-12-17 发布　　2014-09-01 实施

中华人民共和国国家质量监督检验检疫总局
中国国家标准化管理委员会　发布

前 言

本标准按照 GB/T 1.1—2009 给出的规则起草。

本标准是对 GB/T 4335—1984《低碳钢冷轧薄板铁素体晶粒度测定法》的修订。

本标准与 GB/T 4335—1984 相比，主要技术内容变化如下：

a) 修改了标准英文名称；

b) 扩大了标准适用范围；

c) 增加了规范性引用文件；

d) 修改了术语和定义；

e) 修改了晶粒延伸度的测定方法；

f) 修改了表 1 中的数据，删除表 1 中－2 级和－3 级晶粒度的相关数据，增加了 13 级、14 级、15 级和各个晶粒度级别半级的相关数据；

g) 修改了第三标准评级图适用的晶粒延伸度范围；

h) 增加了表 2 中 500 倍放大倍数与基准放大倍数(100 倍)的晶粒度换算值；

i) 增加了不同放大倍数与基准放大倍数 100 倍的晶粒度级别的换算公式；

j) 把“切割法”改为了“三圆截点法”；

k) 增加了“6　试验报告”；

l) 增加了三个系列的晶粒度级别为 9 级的标准评级图片；

m) 调整了标准评级图谱的位置，以附录 A(规范性附录)的形式给出；

n) 增加了“附录 B 显微晶粒度的各种计算公式(资料性附录)”。

本标准由中国钢铁工业协会提出。

本标准由全国钢标准化技术委员会(SAC/TC 183)归口。

本标准主要起草单位：武汉钢铁(集团)公司、首钢技术研究院、冶金工业信息标准研究院。

本标准主要起草人：张萍、陈士华、栾燕、孙宜强、何明文、吴立新。

低碳钢冷轧薄板铁素体晶粒度测定法

1 范围

本标准规定了低碳钢冷轧薄板的铁素体晶粒度的术语和定义、试样及制备、测定方法、试验报告等。

本标准适用于测定含碳量小于0.2%的低碳钢冷轧薄板的铁素体晶粒度，晶粒形状与本标准系列评级图相似的其他金属材料的晶粒度测定也可参照本标准执行。

2 规范性引用文件

下列文件对于本文件的应用是必不可少的。凡是注日期的引用文件，仅注日期的版本适用于本文件。凡是不注日期的引用文件，其最新版本(包括所有的修改单)适用于本文件。

GB/T 6394—2002 金属平均晶粒度测定法

GB/T 13298 金属显微组织检验方法

GB/T 24177—2009 双重晶粒度表征与测定方法

3 术语和定义

下列术语和定义适用于本文件。

3.1

晶粒度 grain size

晶粒大小的量度，可以用晶粒度级别、晶粒平均直径 $\overline{d}$、平均截距 $\overline{l}$、晶粒平均截面积 $\overline{a}$ 等量来表示。

3.2

显微晶粒度级别 *G* micro-grain size number *G*

在 100 倍下 645.16 mm^2 面积内包含的晶粒个数 N 与 G 有如下关系：

$$N = 2^{G-1} \quad \cdots\cdots(1)$$

表 1 给出了显微晶粒度各数值之间的关系。

表 1 显微晶粒度各数值之间的关系

显微晶粒度级别 G	每平方毫米内晶粒数 n $1/mm^2(1\times)$	晶粒平均截面积 $\overline{a}$ μm^2	平均直径 $\overline{d}$ μm	平均截距 $\overline{l}$ μm	每毫米内截点数 p 1/mm
−1	3.88	258 064	508.0	452.5	2.21
0	7.75	129 032	359.2	320.0	3.12
0.5	10.96	91 239	302.1	269.1	3.72
1	15.50	64 516	254.0	226.3	4.42
1.5	21.92	45 620	213.6	190.3	5.26

表 1（续）

显微晶粒度级别 G	每平方毫米内晶粒数 n 1/mm²(1×)	晶粒平均截面积 $\overline{a}$ μm²	平均直径 $\overline{d}$ μm	平均截距 $\overline{l}$ μm	每毫米内截点数 p 1/mm
2	31.00	32 258	179.6	160.0	6.25
2.5	43.84	22 810	151.0	134.5	7.43
3	62.00	16 129	127.0	113.1	8.84
3.5	87.68	11 405	106.8	95.1	10.51
4	124.00	8 065	89.8	80.0	12.50
4.5	175.36	5 703	75.5	67.3	14.87
5	248.00	4 032	63.5	56.6	17.68
5.5	350.73	2 851	53.4	47.6	21.02
6	496.00	2 016	44.9	40.0	25.00
6.5	701.45	1 426	37.8	33.6	29.73
7	992.00	1 008	31.8	28.3	35.36
7.5	1 402.9	713	26.7	23.8	42.04
8	1 984.0	504	22.5	20.0	50.00
8.5	2 805.8	356	18.9	16.8	59.46
9	3 968.0	252	15.9	14.1	70.71
9.5	5 611.6	178	13.3	11.9	84.09
10	7 936.0	126	11.2	10.0	100.0
10.5	11 223.2	89.1	9.4	8.4	118.9
11	15 872.0	63.0	7.9	7.1	141.4
11.5	22 446.4	44.6	6.7	5.9	168.2
12	31 744.1	31.5	5.6	5.0	200.0
12.5	44 892.9	22.3	4.7	4.2	237.8
13	63 488.1	15.8	4.0	3.5	282.8
13.5	89 785.8	11.1	3.3	3.0	336.4
14	126 976.3	7.9	2.8	2.5	400.0
14.5	179 546.8	5.6	2.4	2.1	476.2
15	253 917.5	3.9	2.0	1.7	588.2
15.5	359 093.6	2.8	1.7	1.5	666.7

3.3

晶粒延伸度 *e*　grain extensibility *e*

在二维平面中表征晶粒特征的长宽比。可以按公式(2)测定晶粒伸长的程度：

$$e = \frac{n_1}{n_2} \qquad \cdots\cdots(2)$$

式中：

e ——晶粒延伸度；

n_1——与晶粒的伸长方向相垂直的一定长度的测量线段上的截点数；

n_2——与晶粒的伸长方向相平行的同一长度的测量线段上的截点数。

4 试样及制备

4.1 取样部位

试样应在交货状态材料上切取，在钢板宽度的 1/2 处取样，也可在距侧边约 50 mm 处或按相关技术条件规定取样。

4.2 取样方法

试样用冷加工如冲、切、剪、锯等的方法切取，检验时，必须通过粗磨将冷加工变形层去除。

4.3 取样方向

无特殊规定时，纵向(即平行于钢板的轧制方向)取样，试样的磨面为与钢板的轧制方向平行的厚度截面。

4.4 试样尺寸

推荐试样尺寸为：

长度约 10 mm，宽度为钢板的厚度。

4.5 试样制备

按 GB/T 13298 制备并浸蚀试样。

5 测定方法

晶粒度的测定方法有比较法和截点法两种。一般采用比较法，仲裁时采用截点法。

5.1 比较法

5.1.1 试样制好后，在 100 倍的显微镜下观察。测定时，在显微镜下将试样作全面观察，选取代表性视场并将该视场的晶粒组织图像与附录 A 中的标准评级图进行比较，选取与检测图像最接近的标准评级图级别，记录评定结果。

5.1.2 标准评级图中的第一标准评级图是晶粒延伸度约等于 1 的图谱；第二标准评级图是晶粒延伸度约等于 2 的图谱；第三标准评级图是晶粒延伸度约等于 3 的图谱，分别用Ⅰ、Ⅱ、Ⅲ表示。评定时，应记下图谱的系列号和晶粒度级别。例如，当所观察试样的晶粒与第三标准评级图中的 6 级相当时，记Ⅲ6 级，表示延伸度约等于 3，晶粒度为 6 级。如果晶粒延伸度介于两个系列标准评级图之间，可表示为Ⅰ～Ⅱ或Ⅱ～Ⅲ。

5.1.3 如所观察到的晶粒度在相邻两个晶粒度级别之间，可用半级表示。

5.1.4 当基准放大倍数(100 倍)不能满足需要时，可用其他放大倍数进行评定。若采用放大倍数 M 进行评定，将放大倍数 M 的待测晶粒图像与基准放大倍数 100 倍的评级图片比较，评出的晶粒度级别为

G'，其晶粒度级别 G 按式(3)计算：

$$G = G' + 6.643\,9 \lg \frac{M}{100} \qquad \cdots\cdots(3)$$

也可以用表2进行换算。

表2　不同放大倍数与基准放大倍数(100倍)的晶粒度换算关系

图象放大倍数	晶粒度级别														
100	−1	0	1	2	3	4	5	6	7	8	9	10	11	12	13	14
50	1	2	3	4	5	6	7	8	9							
200					1	2	3	4	5	6	7	8	9			
300						1	2	3	4	5	6	7	8	9		
400							1	2	3	4	5	6	7	8	9	
500								1.5	2.5	3.5	4.5	5.5	6.5	7.5	8.5	9.5

5.1.5　若试样中存在晶粒不均匀现象，经全面观察后，如属个别现象，并且占优势的晶粒所占视场面积不少于90%，则可记下占优势的晶粒的晶粒度级别作为评定结果；若试样中出现双重晶粒度，则按GB/T 24177—2009中7.4的方法表示。

5.2　三圆截点法

5.2.1　对于晶粒延伸度 $e \leqslant 3$ 的晶粒度的测量，可以使用圆测量网格在纵向面上进行测量。具体测量方法应符合GB/T 6394—2002中5.3.5的规定。

5.2.2　计算截点时，测量网格与晶界相交和相切时，均计为1个截点。测量网格通过三个晶粒汇合点时截点计数为2个。

5.2.3　按公式(4)计算晶粒度级别：

$$G = (-6.643\,856 \lg \bar{l}) - 3.288 \qquad \cdots\cdots(4)$$

式中：

$\bar{l}$——晶粒平均截距，单位为毫米(mm)。

5.2.4　平均截距 $\bar{l}$ 可通过公式(5)计算：

$$\bar{l} = \frac{L}{M \times P} \qquad \cdots\cdots(5)$$

式中：

L——所使用的圆测量网格的总长度，单位为毫米(mm)；

M——观测用放大倍数；

P——圆测量网格上的截点数。

6　试验报告

试验报告推荐包括以下内容：

a)　本标准号；

b)　试样名称、材质及规格；

c)　晶粒显示方法；

d） 晶粒度测定方法；
e） 晶粒度级别；
f） 试验报告编号和日期；
g） 检验者姓名。

附 录 A
(规范性附录)
低碳钢冷轧薄板铁素体晶粒度标准评级图

A.1 第一标准评级图(放大倍率 100×)

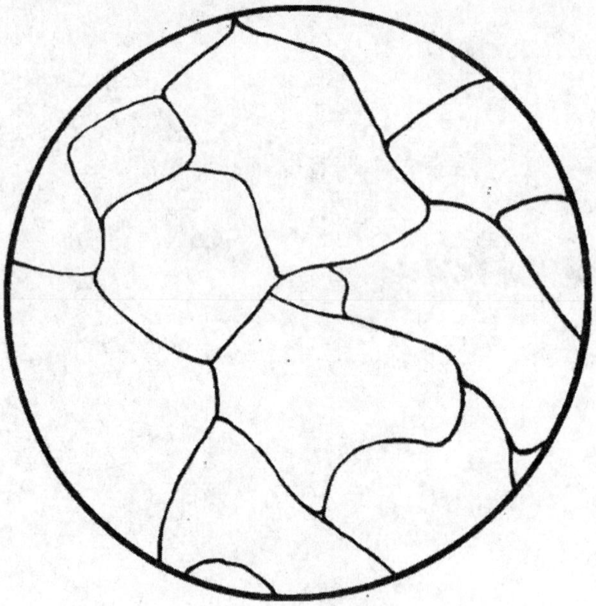

Ⅰ-1级

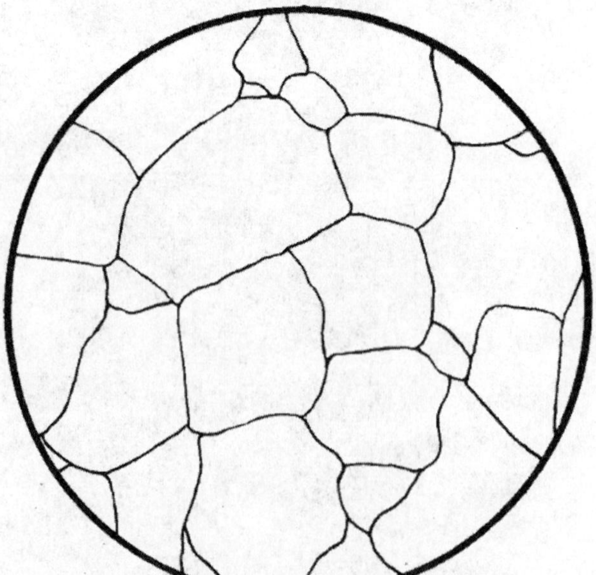

Ⅰ-2级

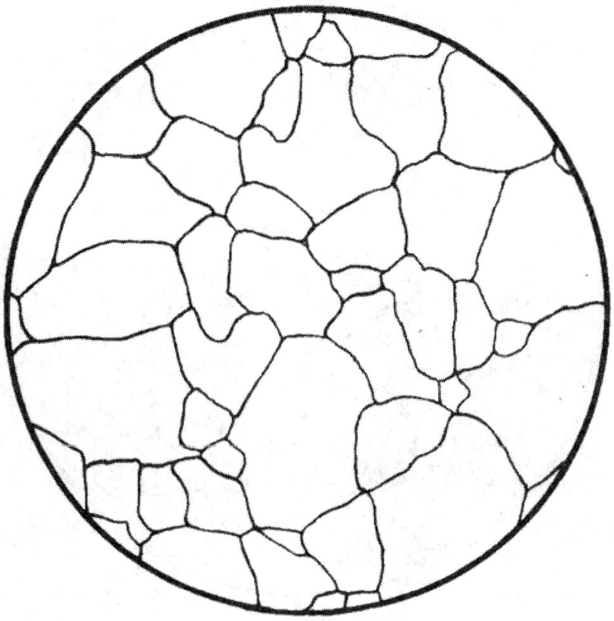

Ⅰ-3级

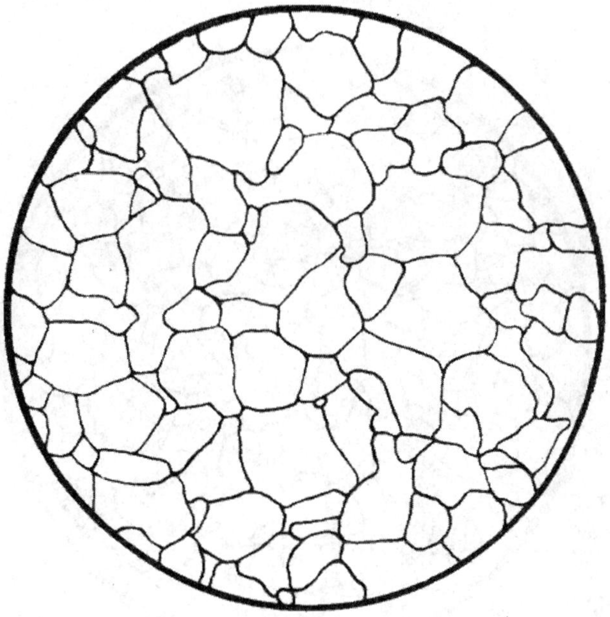

Ⅰ-4级

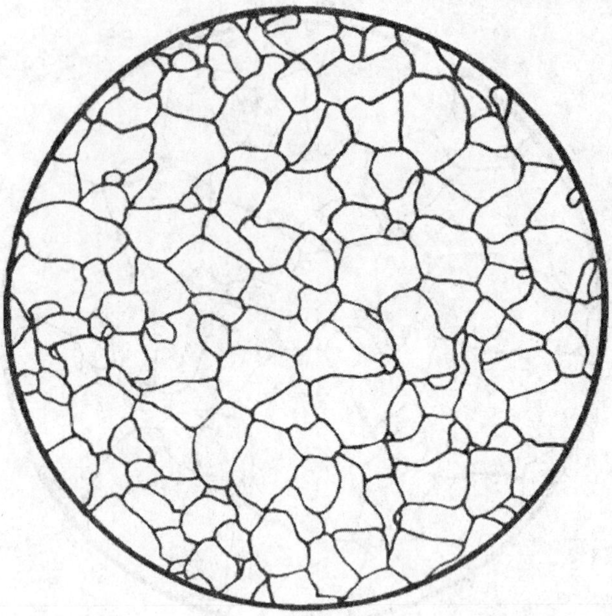

Ⅰ-5级

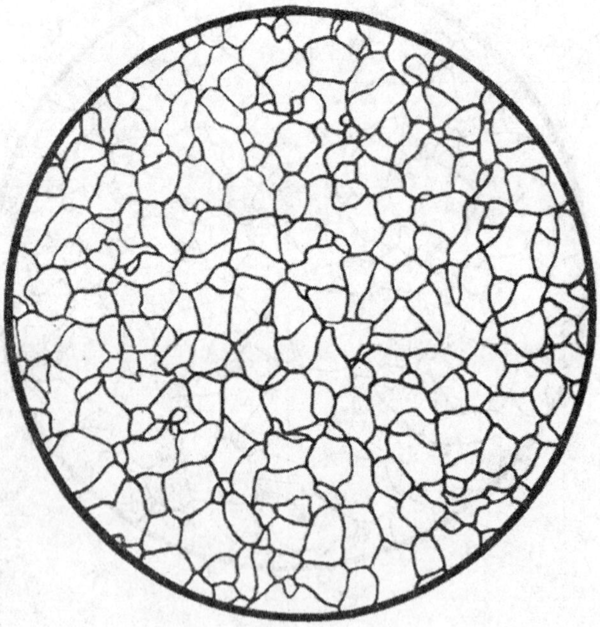

Ⅰ-6级

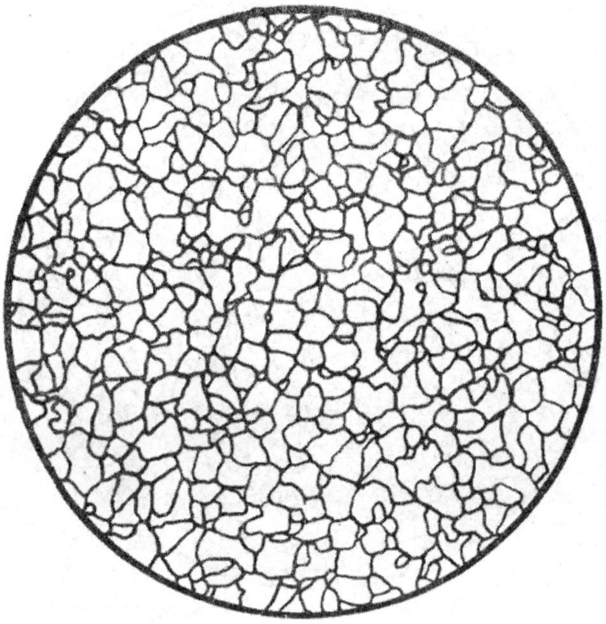

Ⅰ-7级

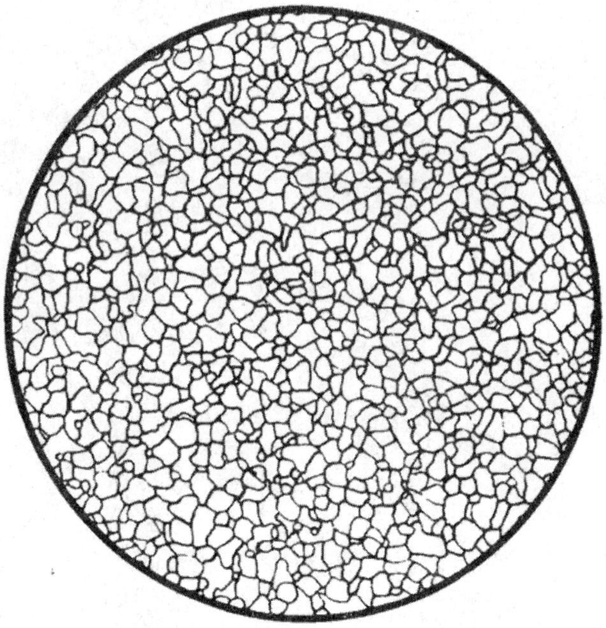

Ⅰ-8级

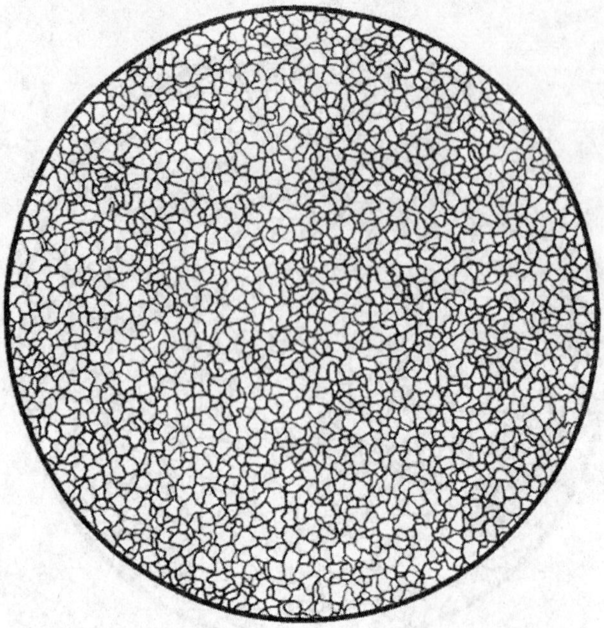

Ⅰ-9级

A.2 第二标准评级图(放大倍率 100×)

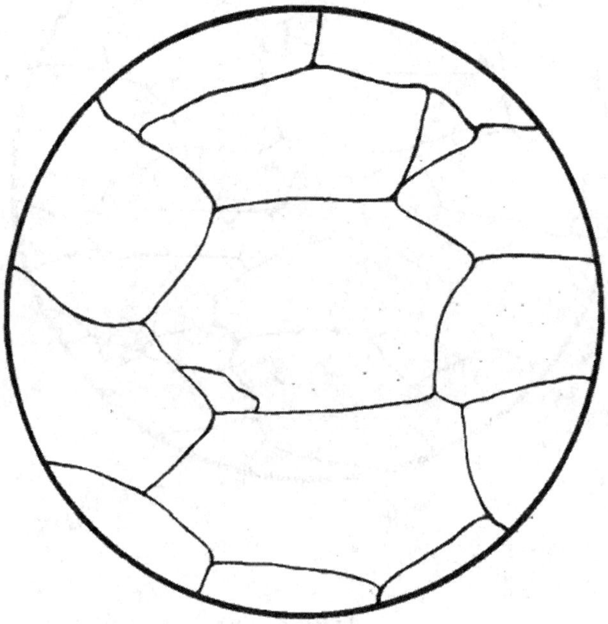

Ⅱ-1级

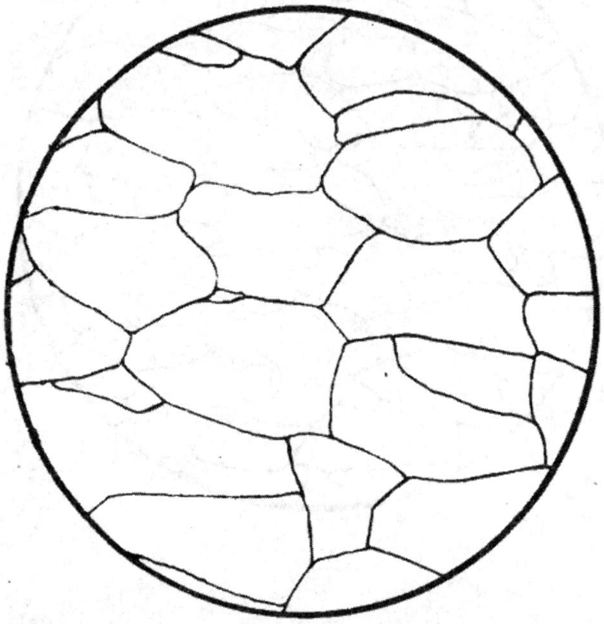

Ⅱ-2级

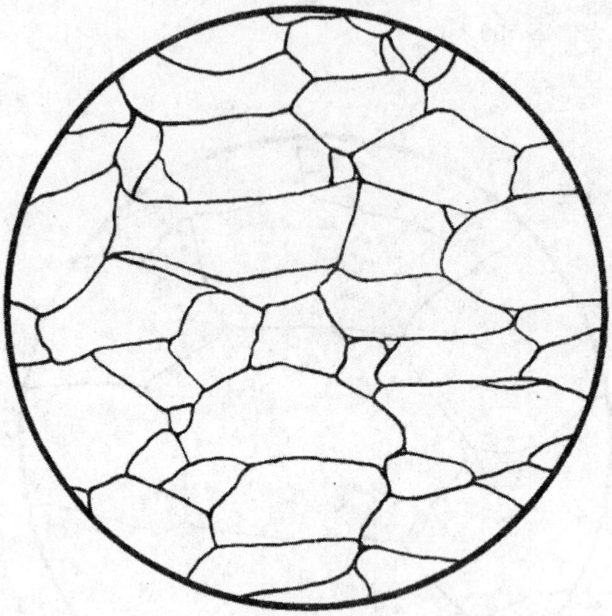

Ⅱ-3级

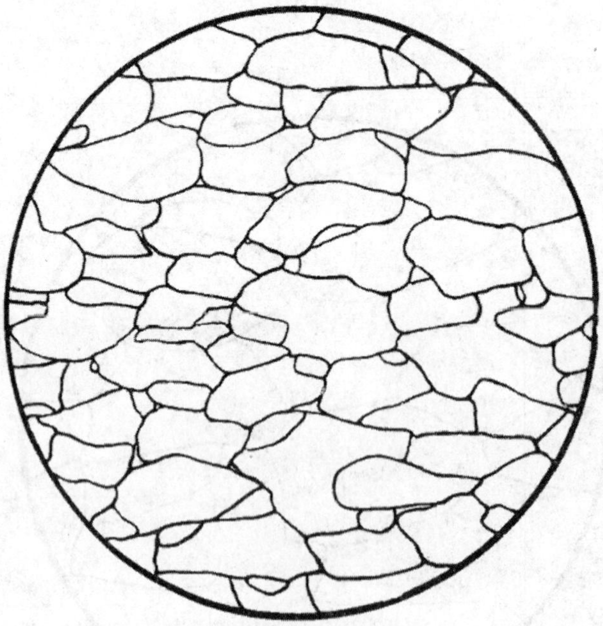

Ⅱ-4级

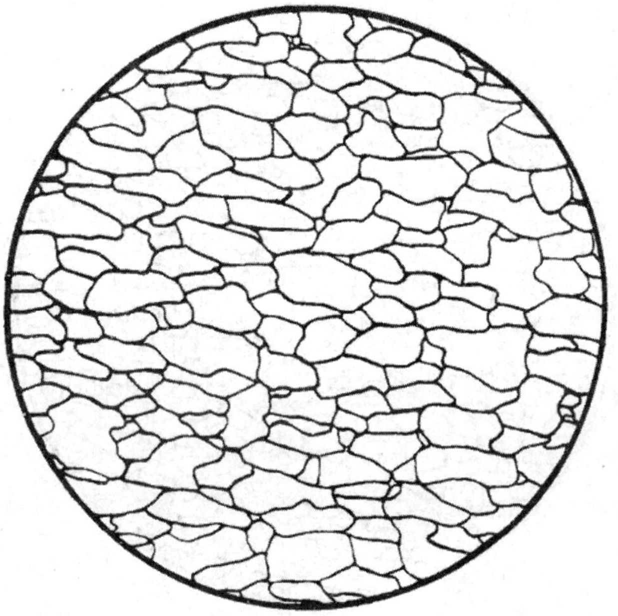

Ⅱ-5级

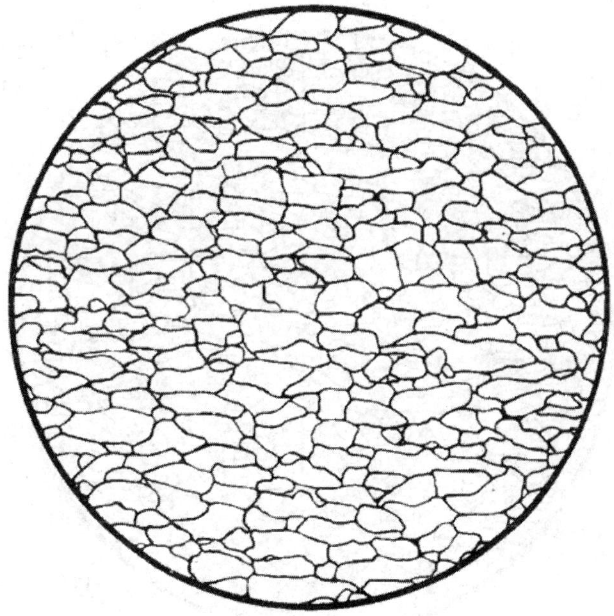

Ⅱ-6级

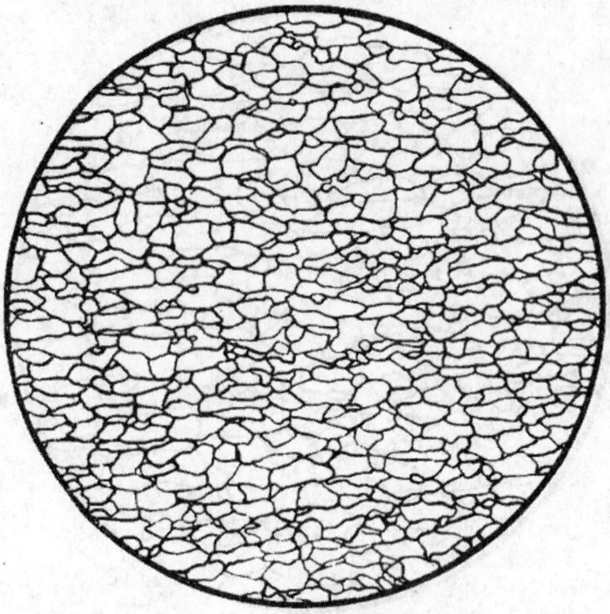

Ⅱ-7级

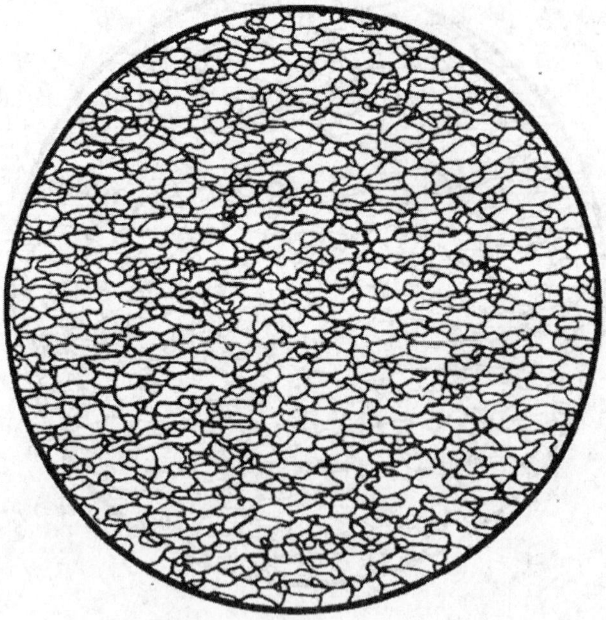

Ⅱ-8级

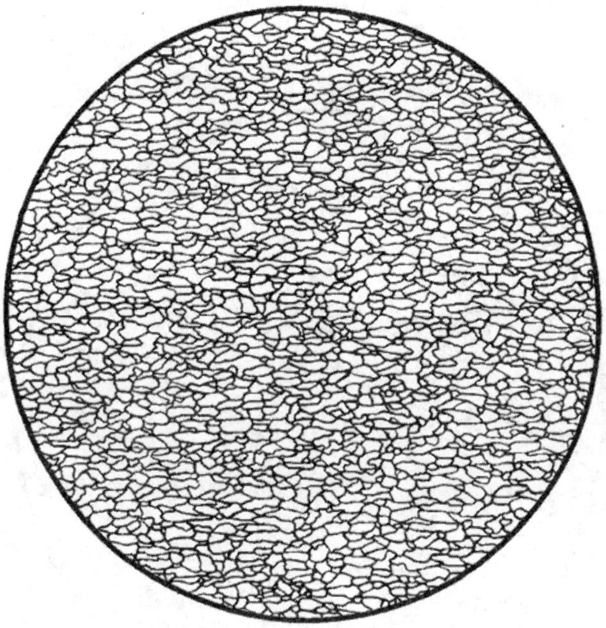

Ⅱ-9级

A.3 第三标准评级图(放大倍率 100×)

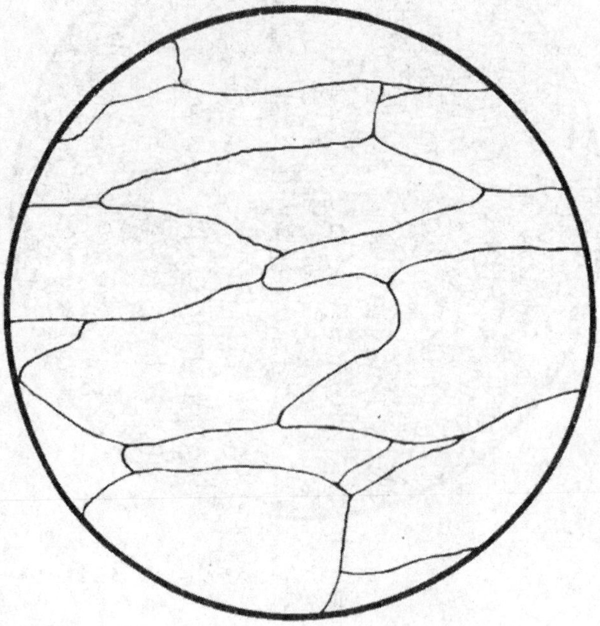

Ⅲ-1级

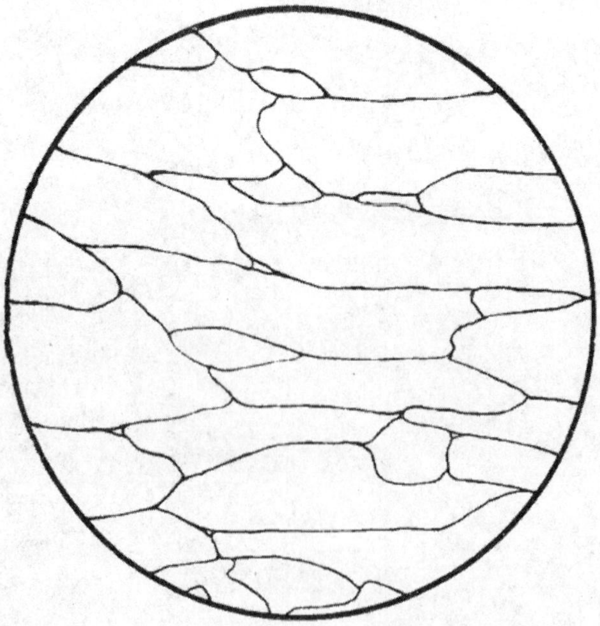

Ⅲ-2级

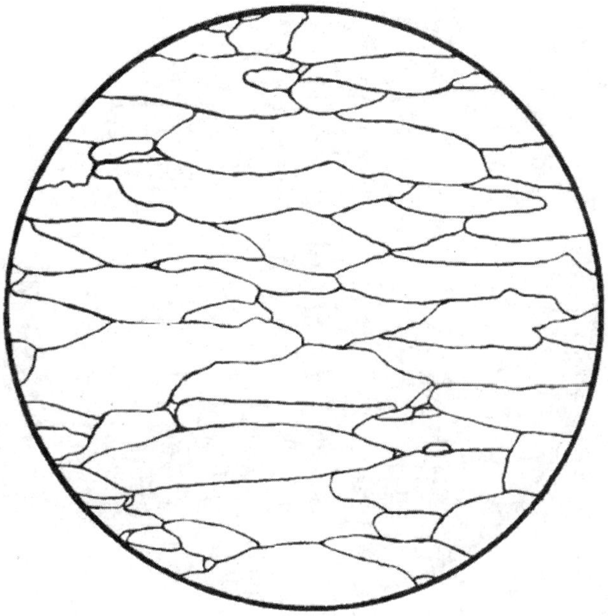

Ⅲ-3级

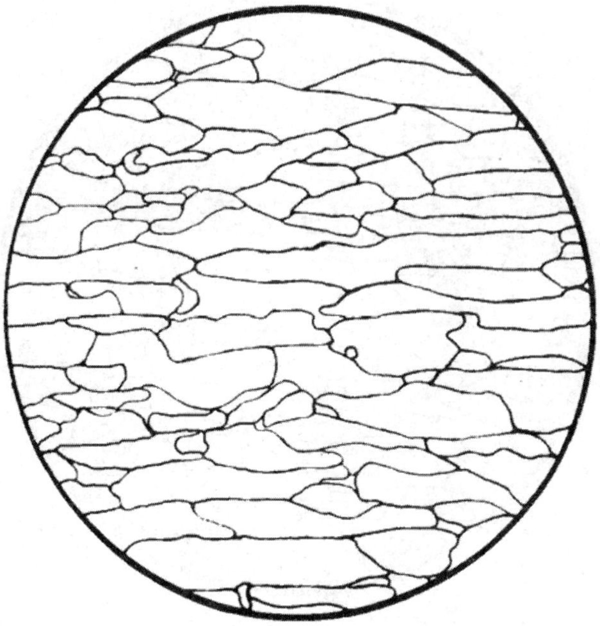

Ⅲ-4级

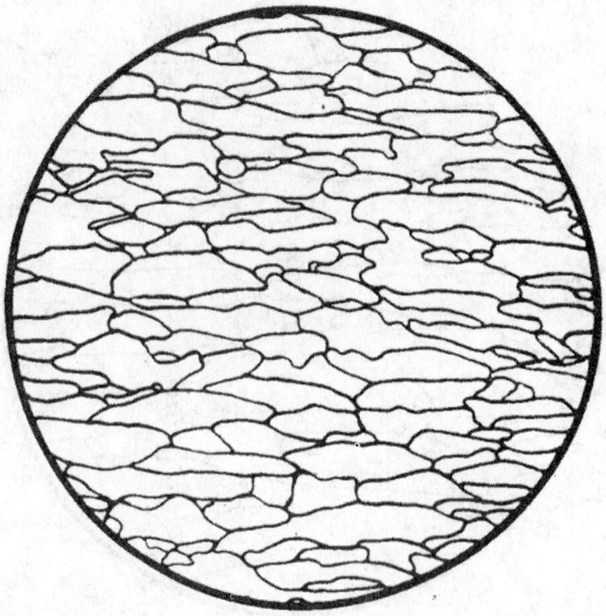

Ⅲ-5级

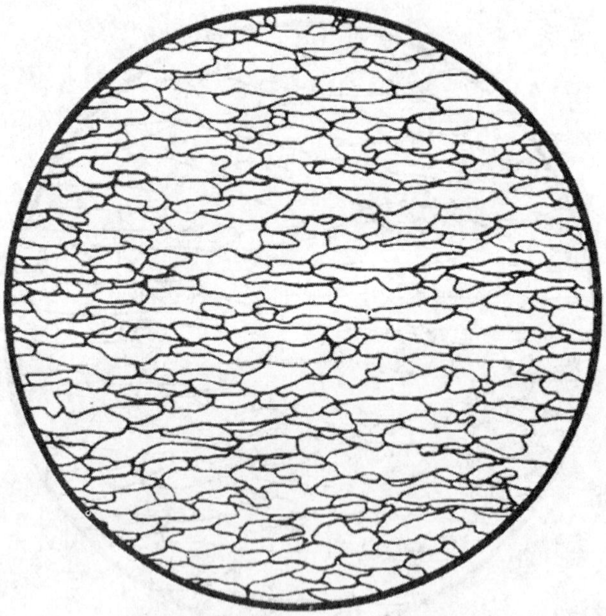

Ⅲ-6级

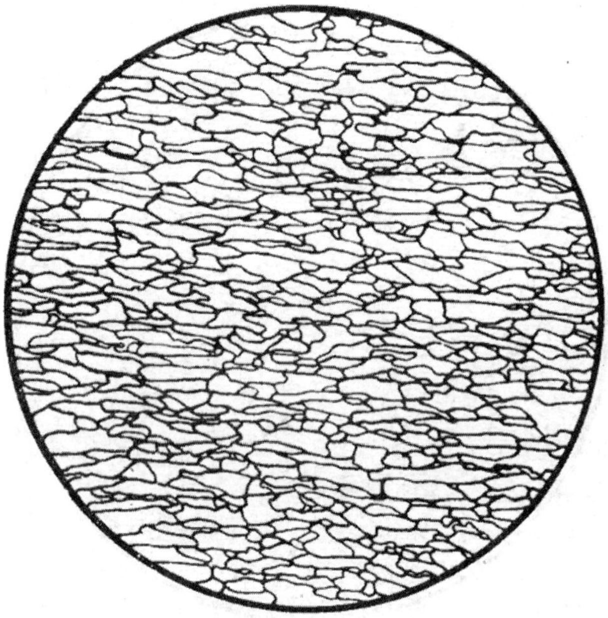

Ⅲ-7级

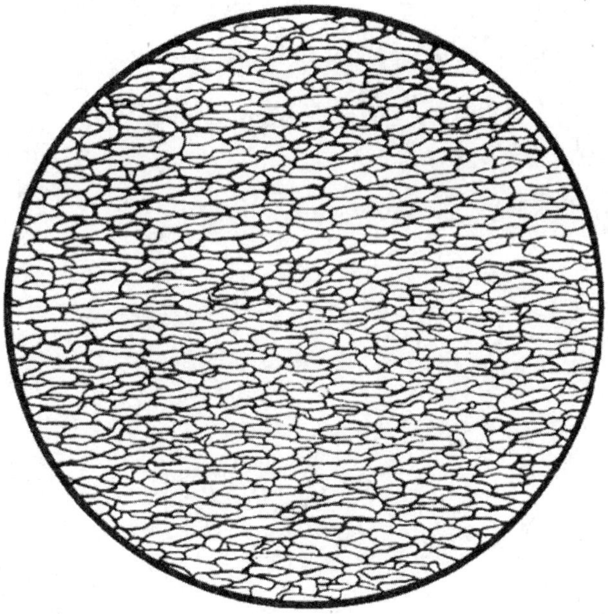

Ⅲ-8级

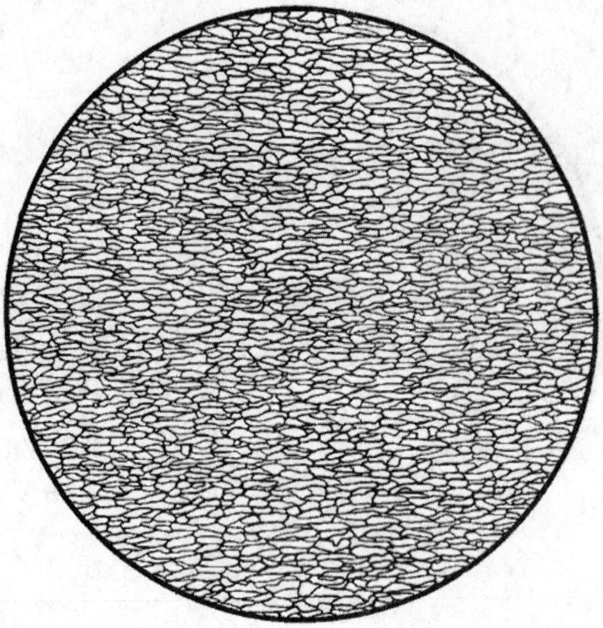

Ⅲ-9级

附　录　B
（资料性附录）
显微晶粒度的各种计算公式

B.1　面积法中显微晶粒度计算公式：

$$G = 3.321\ 928\lg n - 2.954 \qquad \text{(B.1)}$$

式中：

G ——显微晶粒度级别；

n ——1×时每平方毫米内的晶粒数。

B.2　1×时每平方毫米内的晶粒数按式(B.2)计算：

$$n = \frac{M^2 \cdot N}{A} \qquad \text{(B.2)}$$

式中：

M ——所使用的放大倍数；

N ——放大 M 倍时，使用面积为 A 的测量网格内晶粒计数；

A ——所使用的测量网格面积，单位为平方毫米(mm^2)。

B.3　晶粒平均截面积按式(B.3)计算：

$$\bar{a} = \frac{1}{n} \qquad \text{(B.3)}$$

式中：

$\bar{a}$——晶粒平均截面积，单位为平方毫米(mm^2)。

B.4　平均直径按式(B.4)计算：

$$\bar{d} = \sqrt{\bar{a}} \qquad \text{(B.4)}$$

式中：

$\bar{d}$——晶粒平均直径，单位为毫米(mm)。

B.5　平均截距按式(B.5)计算：

$$\bar{l} = \sqrt{\frac{\pi \bar{a}}{4}} \qquad \text{(B.5)}$$

式中：

$\bar{l}$——晶粒的平均截距，单位为毫米(mm)。

B.6　将式(B.5)代入式(B.1)，得出截点法中显微晶粒度的计算公式：

$$G = (-6.643\ 856\lg \bar{l}) - 3.288 \qquad \text{(B.6)}$$

B.7　截点法中平均截距 $\bar{l}$ 按式(B.7)计算：

$$\bar{l} = \frac{L}{M \cdot P} \qquad \text{(B.7)}$$

式中：

L ——所使用的测量网格的长度，单位为毫米(mm)；

M——所使用的放大倍数；

P ——测量网格上的截点数。

ICS 71.060.40
G 11

中华人民共和国国家标准

GB/T 4348.1—2013
代替 GB/T 4348.1—2000

工业用氢氧化钠 氢氧化钠和碳酸钠含量的测定

Sodium hydroxide for industrial use—Determination of sodium hydroxide and sodium carbonate content

2013-09-06 发布　　2014-01-31 实施

中华人民共和国国家质量监督检验检疫总局
中国国家标准化管理委员会　发布

前言

本标准按照 GB/T 1.1—2009 给出的规则起草。

本标准代替 GB/T 4348.1—2000《工业用氢氧化钠中氢氧化钠和碳酸钠含量的测定》,与 GB/T 4348.1—2000 相比,主要技术变化如下:

——标准名称不同;

——增加了“本标准适用于工业用氢氧化钠中氢氧化钠和碳酸钠含量的测定。”(见第 1 章);

——修改了部分规范性引用文件(见第 2 章,2000 版的第 2 章);

——删除了溴甲酚绿-甲基红混合指示液的配制方法(见 4.5,2000 版的 4.4);

——增加了“单刻度吸量管:50 mL,A 类”(见 5.1);

——增加了“滴定管:50 mL,有 0.1 mL 的分度值,A 类”(见 5.2);

——修改了固体氢氧化钠取样量和试样溶液制备(见 6.1,2000 版的 6.1);

——删除了密闭滴定的规定 (见 6.2 和 6.3,2000 版的 6.2 和 6.3);

——修改了测定氢氧化钠和碳酸钠总量时滴定至终点的颜色(见 6.3,2000 版的 6.3);

——修改了氢氧化钠含量计算公式的表述形式(见 7.1,2000 版的 7.1);

——修改了碳酸钠含量计算公式的表述形式(见 7.2,2000 版的 7.2);

——增加了“检验报告”章(见第 8 章)。

本标准由中国石油和化学工业联合会提出。

本标准由全国化学标准化技术委员会氯碱分会(SAC/TC 63/SC 6)归口。

本标准起草单位:新疆中泰化学股份有限公司、锦西化工研究院有限公司。

本标准主要起草人:李富荣、梁斌、陈沛云、胡立明、田友利、马续娟。

本标准所代替标准的历次版本发布情况为:

——GB/T 4348.1—1984、GB/T 4348.1—2000。

工业用氢氧化钠 氢氧化钠和碳酸钠含量的测定

1 范围

本标准规定了工业用氢氧化钠中氢氧化钠和碳酸钠含量的测定方法。

本标准适用于工业用氢氧化钠中氢氧化钠和碳酸钠含量的测定。

2 规范性引用文件

下列文件对于本文件的应用是必不可少的。凡是注日期的引用文件，仅注日期的版本适用于本文件。凡是不注日期的引用文件，其最新版本(包括所有的修改单)适用于本文件。

GB/T 601 化学试剂 标准滴定溶液的制备

GB/T 603 化学试剂 试验方法中所用制剂及制品的制备

GB/T 6682 分析实验室用水规格和试验方法(GB/T 6682—2008，ISO 3696:1987，MOD)

3 原理

3.1 氢氧化钠含量的测定原理

试样溶液中加入氯化钡，将碳酸钠转化为碳酸钡沉淀，然后以酚酞为指示液，用盐酸标准滴定溶液滴定至终点。反应如下：

$$Na_2CO_3 + BaCl_2 \rightarrow BaCO_3 \downarrow + 2NaCl$$

$$NaOH + HCl \rightarrow NaCl + H_2O$$

3.2 碳酸钠含量的测定原理

试样溶液以溴甲酚绿-甲基红混合指示液为指示液，用盐酸标准滴定溶液滴定至终点，测得氢氧化钠和碳酸钠总和，再减去氢氧化钠含量，则可测得碳酸钠含量。

4 试剂

4.1 一般规定

本方法所用试剂和水，在没有注明其他要求时，均指分析纯试剂和GB/T 6682中规定的三级水(不含二氧化碳)或相当纯度的水。

试验中所需标准滴定溶液、制剂及制品，在没有其他规定时，均按GB/T 601、GB/T 603之规定制备。

4.2 氯化钡溶液：100 g/L；

使用前，以酚酞(4.4)为指示液，用氢氧化钠标准溶液调至微红色。

4.3 盐酸标准滴定溶液：$c(HCl) = 1$ mol/L；

4.4 酚酞指示液：10 g/L；

4.5 溴甲酚绿-甲基红指示液。

5 仪器

一般实验室仪器和以下仪器。

5.1 单刻度吸量管:50 mL,A类;

5.2 滴定管:50 mL,有0.1 mL的分度值,A类;

5.3 磁力搅拌器。

6 分析步骤

6.1 试样溶液的制备

用称量瓶迅速称取固体氢氧化钠30 g±1 g或液体氢氧化钠50 g±1 g(精确至0.01 g),将已称取的样品置于已盛有约300 mL水的1 000 mL容量瓶中,加水,溶解。冷却至室温,稀释至刻度,摇匀。

6.2 氢氧化钠含量的测定

用单刻度吸量管移取50 mL试样溶液,注入250 mL三角瓶中,加入10 mL氯化钡溶液,加入2～3滴酚酞指示液,在磁力搅拌器搅拌下,用盐酸标准滴定溶液滴定至微红色为终点。记下滴定所消耗的盐酸标准滴定溶液的体积(V_1)。

6.3 氢氧化钠和碳酸钠含量的测定

用单刻度吸量管移取50 mL试样溶液,注入250 mL三角瓶中,加入10滴溴甲酚绿-甲基红混合指示液,在磁力搅拌器搅拌下,用盐酸标准滴定溶液滴定至暗红色为终点。记下滴定所消耗的盐酸标准滴定溶液的体积(V_2)。

7 结果计算

7.1 氢氧化钠含量以氢氧化钠(NaOH)质量分数 w_1 计,数值以%表示,按式(1)计算:

$$w_1=\frac{(V_1/1\,000)cM_1}{m\times 50/1\,000}\times 100=\frac{2V_1cM_1}{m} \quad\cdots\cdots(1)$$

7.2 碳酸钠含量以碳酸钠(Na_2CO_3)的质量分数 w_2 计,数值以%表示,按式(2)计算:

$$w_2=\frac{(V_2-V_1)/1\,000cM_2/2}{m\times 50/1\,000}\times 100=\frac{(V_2-V_1)cM_2}{m} \quad\cdots\cdots(2)$$

式中:

V_1 ——测定氢氧化钠含量所消耗的盐酸标准滴定溶液的体积的数值,单位为毫升(mL);

V_2 ——测定氢氧化钠和碳酸钠总量所消耗的盐酸标准滴定溶液的体积的数值,单位为毫升(mL);

c ——盐酸标准滴定溶液的浓度的准确数值,单位为摩尔每升(mol/L);

m ——试样的质量的数值,单位为克(g);

M_1——氢氧化钠的摩尔质量的数值,单位为克每摩尔(g/mol)(M_1=40.00);

M_2——碳酸钠的摩尔质量的数值,单位为克每摩尔(g/mol)(M_2=105.98)。

7.3 允许差

平行测定结果的绝对值之差不超过下列数值:

氢氧化钠($NaOH$)：0.1%；

碳酸钠(Na_2CO_3)：0.05%。

取平行测定结果的算术平均值为测定结果。

8 试验报告

试验报告应包括以下内容：

a) 识别测试样品所需的全部信息；

b) 使用的标准；

c) 试验结果，包括各单次试验结果和它们的算术平均值；

d) 与规定的分析步骤的差异；

e) 试验中观察到的异常现象说明；

f) 试验日期。

ICS 25.140.30
J 47

中华人民共和国国家标准

GB/T 4389—2013
代替 GB/T 4389—1995

双头呆扳手、双头梅花扳手、两用扳手头部外形的最大尺寸

Double-headed open-ended wrenches, double-headed box wrenches and combination wrenches—Maximum widths of heads

(ISO 3318:2009, Assmbly tools for screws and nuts—Double-headed open-ended wrenches, double—headed box wrenches and combination wrenches—Maximum widths of heads, MOD)

2013-11-12 发布　　2014-05-01 实施

中华人民共和国国家质量监督检验检疫总局
中国国家标准化管理委员会　发布

前　言

本标准按照 GB/T 1.1—2009 给出的规则起草。

本标准代替 GB/T 4389—1995《螺钉和螺母的装配工具　双头呆扳手、双头梅花扳手、两用扳手头部外形的最大尺寸》，与 GB/T 4389—1995 相比，主要变化如下：

——将标准名称修改为《双头呆扳手、双头梅花扳手、两用扳手　头部外形的最大尺寸》；

——将 s 为 6、9、12、14、17、19、20、22、23、25、26、28、29、31、32、38、65、70、75、80 修改为非优选尺寸(1995 版的表 1、本版的表 1)；

——增加了技术规范的规定(本版的第 4 章)；

——对标准的结构和表述作了修改。

本标准使用重新起草法修改采用 ISO 3318:2009《螺钉和螺母的装配工具　双头呆扳手、双头梅花扳手、两用扳手头部外形的最大宽度》。

本标准与 ISO 3318:2009 相比，在结构上有较多调整，附录 A 中列出了本标准与 ISO 3318:2009 相比的章条编号对照一览表。

本标准与 ISO 3318:2009 相比存在技术性差异，这些差异涉及的条款已通过在其外侧页边空白位置的垂直单线(|)进行了标示，在附录 B 中给出了相应技术性差异及其原因的一览表。

本标准还做了下列编辑性修改：

——将标准名称修改为《双头呆扳手、双头梅花扳手、两用扳手　头部外形的最大尺寸》。

本标准由中国轻工业联合会提出。

本标准由全国五金制品标准化技术委员会工具五金分技术委员会(SAC/TC 174/SC 2)归口。

本标准负责起草单位：江苏舜天集团江都工具有限公司、浙江亿洋工具制造有限公司、上海市工具工业研究所。

本标准参加起草单位：上海田野工具(集团)有限公司、文登威力工具集团有限公司、宁波长城精工实业有限公司、浙江新蓝达实业股份有限公司、浙江埃米顿机电有限公司、沈阳欧泰·凯达扭矩技术有限公司。

本标准主要起草人：翁恒建、邹家平、陈昌祺、吴祖训、吴安康、鞠家平、陈立海、沈建明、杨野、梁滨昌、顾青。

本标准所代替标准的历次版本发布情况为：

——GB/T 4389—1984、GB/T 4389—1995。

双头呆扳手、双头梅花扳手、两用扳手头部外形的最大尺寸

1 范围

本标准规定了双头呆扳手、双头梅花扳手、两用扳手头部外形的最大尺寸。

本标准适用于扳拧螺栓和螺母或其他紧固件的呆扳手、梅花扳手和两用扳手，上述扳手的命名与术语按照 GB/T 4625 的规定。

2 规范性引用文件

下列文件对于本文件的应用是必不可少的。凡是注日期的引用文件，仅注日期的版本适用于本文件。凡是不注日期的引用文件，其最新版本(包括所有的修改单)适用于本文件。

GB/T 3104　紧固件　六角产品的对边宽度(GB/T 3104—1982，ISO 272：1982，NEQ)

GB/T 4390　扳手开口和扳手孔　常用公差(GB/T 4390—2008，ISO 691：2005，MOD)

GB/T 4393　呆扳手、梅花扳手、两用扳手　技术规范(GB/T 4393—2008，ISO 1711-1：2007，NEQ)

GB/T 4625　螺钉和螺母的装配工具术语(GB/T 4625—1998，idt ISO 1703：1983)

3 扳手头部外形的最大尺寸

扳手头部外形如图 1 和图 2 所示。头部外形的最大尺寸应符合表 1 的规定。

注：本标准的图示仅是示例，并不影响对扳手的设计。

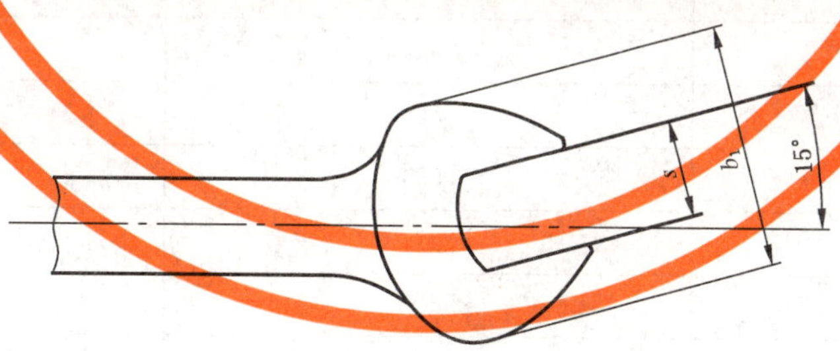

图 1　呆扳手头部外形

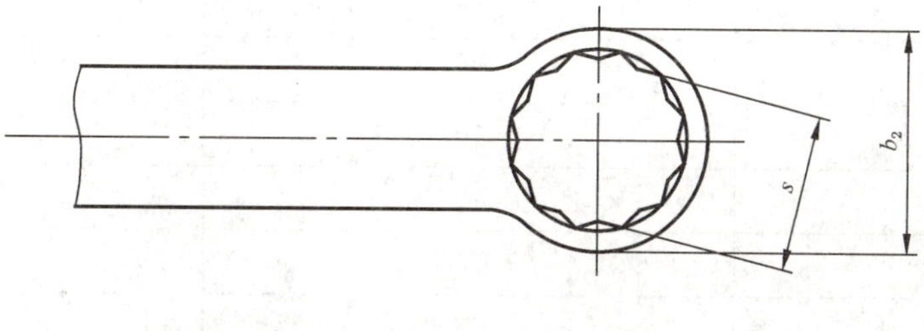

图 2　梅花扳手头部外形

表 1 扳手头部外形的最大尺寸

单位为毫米

对边尺寸 s^{a}	b_{1max}[b]	b_{2max}[c]
3.2	14	7
4	15	8
5	18	10
5.5	19	10.5
(6)	20	11
7	22	12.5
8	24	14
(9)	26	15.5
10	28	17
11	30	18.5
(12)	32	20
13	34	21.5
(14)	36	23
15	39	24.5
16	41	26
(17)	43	27.5
18	45	29
(19)	47	30.5
(20)	49	32
21	51	33.5
(22)	53	35
(23)	55	36.5
24	57	38
(25)	60	39.5
(26)	62	41
27	64	42.5
(28)	66	44
(29)	68	45.5
30	70	47
(31)	72	48.5
(32)	74	50
34	78	53
36	83	56

表 1（续）

单位为毫米

对边尺寸 s[a]	b_{1max}[b]	b_{2max}[c]
(38)	87	59
41	93	63.5
46	104	71
50	112	77
55	123	84.5
60	133	92
(65)	144	99.5
(70)	154	107
(75)	165	114.5
(80)	175	122

注：括号内尺寸为非优选尺寸。

[a] 对边尺寸按照 GB/T 3104 的规定；扳手开口和扳手孔的常用公差按照 GB/T 4390 的规定。

[b] $b_{1max} \approx 2.1s+7$

[c] $b_{2max} \approx 1.5s+2$

4 技术规范

按照本标准规定的产品应符合 GB/T 4393 的技术规范。

附 录 A
（资料性附录）
本标准与 ISO 3318:2009 的章条编号对照情况

本标准与 ISO 3318:2009 相比，章条编号发生了变化，具体对照情况见表 A.1。

表 A.1 本标准与 ISO 3318:2009 的章条编号对照情况

本标准章条编号	对应的国际标准章条编号
2	2
3	3
4	无

附 录 B
（资料性附录）
本标准与 ISO 3318:2009 的技术性差异及其原因

表 B.1 给出了本标准与 ISO 3318:2009 的技术性差异及其原因。

表 B.1 本标准与 ISO 3318:2009 的技术性差异及其原因

本标准的章条编号	技术性差异	原 因
2	关于规范性引用文件，本标准做了具有技术性差异的调整，以适应我国的技术条件，调整的情况集中反映在第 2 章“规范性引用文件”中，具体调整如下： ● 用修改采用国际标准的 GB/T 3104 代替 ISO 3318:2009 引用的 ISO 272（见第 2 章、第 3 章的表 1）； ● 用修改采用国际标准的 GB/T 4390 代替 ISO 3318:2009 引用的 ISO 691（见第 2 章、第 3 章的表 1）； ● 用修改采用国际标准的 GB/T 4393 代替 ISO 3318:2009 引用的 ISO 1711-1（见第 4 章）； ● 增加引用了 GB/T 4625（见第 1 章）	适合我国技术条件
3	增加了非优选对边尺寸和相应的头部外形的最大尺寸（本版的表 1）	适合我国技术条件和产品现状
4	增加了技术规范的规定	适合我国技术条件和产品现状

ICS 77.120.99
H 63

中华人民共和国国家标准

GB/T 4414—2013
代替 GB/T 4414—1984

包装钨精矿取样、制样方法

Methods of sampling and sample preparation of tungsten concentrates in bags

2013-11-27 发布　　2014-08-01 实施

中华人民共和国国家质量监督检验检疫总局
中国国家标准化管理委员会　发布

前　言

本标准按照 GB/T 1.1—2009 给出的规则起草。

本标准代替 GB/T 4414—1984《包装钨精矿取样、制样方法》。本标准与 GB/T 4414—1984 相比主要变化如下：

——增加了规范性引用文件等章节；

——对术语和定义做了相应的调整；

——单位采用国际单位制；

——用 GB/T 2007.3、GB/T 2007.4 替代了附录 A、附录 B、附录 C。

本标准由全国有色金属标准化技术委员会(SAC/TC 243)归口。

本标准起草单位：赣州有色冶金研究所、中国有色金属工业标准计量质量研究所。

本标准主要起草人：潘建忠、刘柏禄、谢世勇、傅慧敏。

本标准所代替标准的历次版本发布情况为：

——GB/T 4414—1984。

包装钨精矿取样、制样方法

1 范围

本标准规定了包装黑钨精矿(钨锰铁矿、钨锰矿及钨铁矿)和白钨精矿(钨酸钙矿)的一般规定、取样、制样方法。

本标准适用于包装黑钨精矿(钨锰铁矿、钨锰矿及钨铁矿)和白钨精矿(钨酸钙矿)的化学成分和水分测定用样的采取和制备。

2 规范性引用文件

下列文件对于本文件的应用是必不可少的。凡是注日期的引用文件,仅注日期的版本适用于本文件。凡是不注日期的引用文件,其最新版本(包括所有的修改单)适用于本文件。

GB/T 2007.1 散装矿产品取样、制样通则 手工取样方法

GB/T 2007.2 散装矿产品取样、制样通则 手工制样方法

GB/T 2007.3 散装矿产品取样、制样通则 评定品质波动试验方法

GB/T 2007.4 散装矿产品取样、制样通则 偏差、精密度校核试验方法

3 术语和定义

GB/T 2007.1～GB/T 2007.3 界定的以及下列术语和定义适用于本文件。

3.1

批和批量 batch and bulk

在相同条件下加工或生产的一定质量的包装钨精矿为一批,构成一批钨精矿的质量叫批量。

3.2

包差 packet error

以包为单位取样测定其品质特性,各包间结果之差称为包差,其中最高与最低结果之差称为最大包差。

3.3

份样和份样量 sample and sample number

由一批包装钨精矿的一包中,按规定质量取出的样品,称为份样。每个份样的质量叫做份样量。

3.4

副样 duplicate sample

由一批钨精矿中二个或二个以上的份样或逐个经过破碎和缩分后组成的样品。

3.5

大样 technological test sample

由一批钨精矿的全部份样或全部副样或将其逐个进行了破碎和缩分后组成的样品。

3.6

制备样品 preparation of samples

按规定制样方法从每个份样、副样或大样所制备的样品。

3.7

成分样品 composition of sample

从制备样品中取出的供成分分析用样品。

3.8

水分样品 moisture sample

由大样或副样制备的供水分测定用样品。

3.9

最大粒度 maximum particle size

筛余量约5%时的筛孔尺寸。

3.10

误差 inaccuracy

测得值与真实值之差。

3.11

偏差 deviation

测得值与一组测得值的平均值之差。

3.12

方差 s^2 variance s^2

各次测得值 X_i 与平均值 $\overline{X}$ 之差的平方和除以测定次数 n 减1之差。

$$s^2=\frac{\sum(X_i-\overline{X})^2}{n-1}=\frac{n\sum X_i^2-(\sum X_i)^2}{n(n-1)} \quad \cdots\cdots(1)$$

3.13

标准偏差 s standard deviation s

方差的平方根。

3.14

品质波动标准偏差 s_W quality fluctuation of standard deviation s_W

指批内份样间品质特性波动的标准偏差，根据 s_W 值大小可将钨精矿划分为品质波动大、中、小三种类型。品质波动试验方法应符合GB/T 2007.3的规定。

3.15

精确度 β precision β

测得值互相一致的程度，概率为95%时，精确度用二倍的标准偏差表示，即 $\beta=\pm 2S$。

总精确度 β_{SDM} 包括取样精确度 β_S、制样精确度 β_D 和测定精确度 β_M：

$$\beta_{SDM}=2\sqrt{s_S^2+s_D^2+s_M^2} \quad \cdots\cdots(2)$$

式中：

s_S——取样标准偏差；

s_D——制样标准偏差；

s_M——测定标准偏差。

校核精确度试验方法应符合GB/T 2007.4的规定。

4 一般规定

4.1 本标准规定总精确度 β_{SDM} 为±0.6%，取样精确度 β_S 为±0.4%，以三氧化钨计。

4.2 包装钨精矿必须严格按照本标准规定的方法取样、制样。遇有条件或情况变化时应按 GB/T 2007.4 进行精确度校核试验。采用机械取样时，应按 GB/T 2007.3、GB/T 2007.4 进行试验。证明符合标准规定的要求。

4.3 如品质明显不均匀，包差大于 2%，水分含量超过标准(钨精矿水分含量大于 1%，合成白钨水分含量大于 4%)，最大粒度超过 9 mm 或混入外来杂质，必须经加工整理后再行取样。

4.4 包装钨精矿如需并批，对同级品三氧化钨含量之差在±0.5%之内的批次可以并批。并批后货品不能分批。

4.5 成分样品应妥善保管以备核查，保管期可根据需要规定，但不得少于 6 个月。

4.6 取样、制样所用设备，工具和盛样容器必须保持洁净，牢固耐用。

4.7 在整个取样、制样过程中注意安全操作。

4.8 品质波动试验方法、精确度校核试验方法及取样偏差校核试验方法分别按照 GB/T 2007.3、GB/T 2007.4 执行。

5 取样

5.1 取样工具

取样工具包括：

a) 取样铲(见图 1)；

b) 取样扦(见图 2)；

c) 取样勺：直径为 11.5 cm 的半圆形金属勺；

d) 带盖盛样桶；

e) 钢锤。

单位为毫米

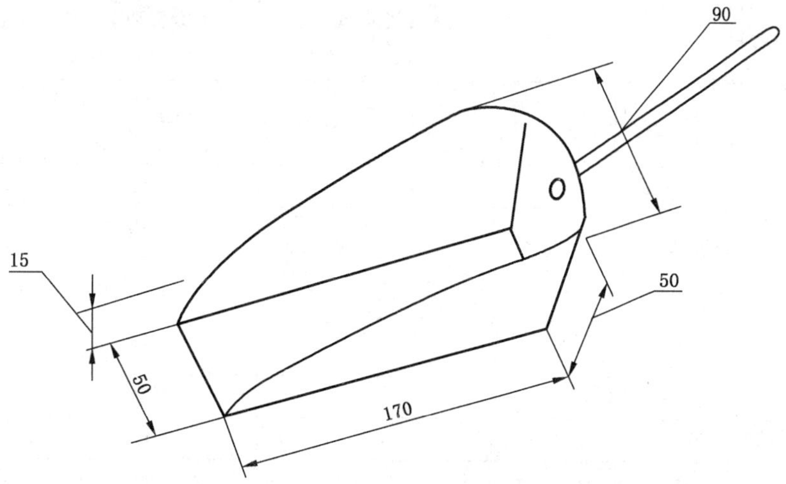

图 1 取样铲

单位为毫米

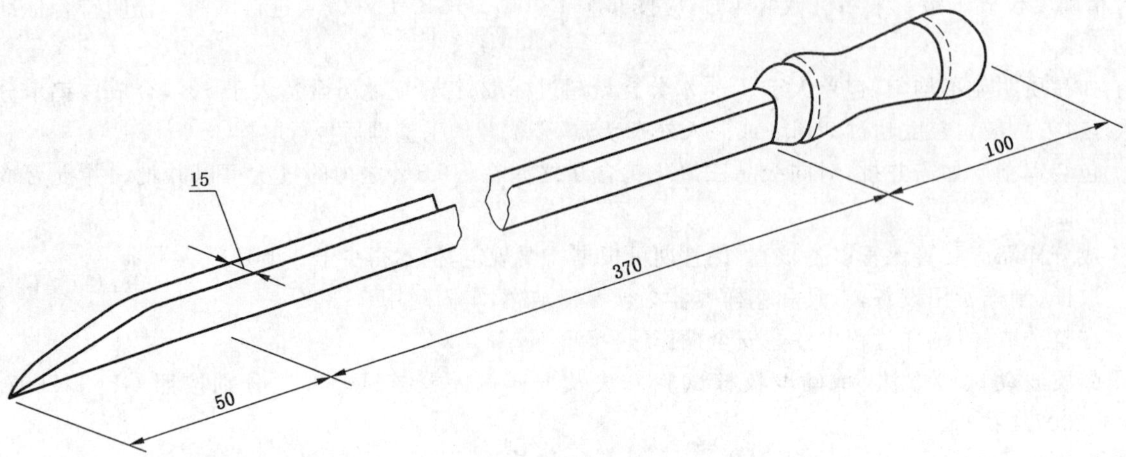

图 2 取样扦

5.2 份样数(取样包数)

应取最少份样数见表 1。不同批量的份样数(n_1)按式(3)计算:

$$n_1 = n\sqrt{\frac{实际批量}{基本批量}} \quad \cdots\cdots(3)$$

式中:

基本批量为 10 t(200 包),n 为基本批量的应取最少份样数(见表 1)。

按式(3)计算所得最少份样数,如有小数时进为整数。

表 1 一批包装钨精矿中应取份样最少个数

批量/t	件数/包	份样数 n		
		品质波动 s_W 小 ($s_W<0.4$)	品质波动 s_W 中 ($0.4\leqslant s_W<0.6$)	品质波动 s_W 大 ($s_W\geqslant0.6$)
100	2 000	32	65	95
80	1 600	30	60	85
60	1 200	25	50	75
50	1 000	23	45	67
40	800	20	40	60
30	600	18	35	52
20	400	15	30	45
10	200	10	20	30
最大包差(WO_3)		<1.0%	<1.5%	<2.0%

注 1:品质波动大小不明确时,应按 GB/T 2007.3 求出 s_W 值,否则份样数应按品质波动大的取样。

注 2:最大包差试验可按日常取样方法,随机抽取适量包件,不得少于 5 包,若在装包过程中取样,可在批的首尾 5 包内各取一包,中间取若干包,但不得少于 3 包,将各包所取样品分别制样,测定三氧化钨含量。

5.3 份样量

按表 2 取份样量,所取每个份样的质量应大致相等,其相对误差不超过 20%。

表 2 最少份样量

取样方法	份样量/kg
逐包取样法	1
倒包三铲法	5
倒包缩分法	50
扦子对角线法	0.2

5.4 取样方法

5.4.1 逐包取样法。在装包过程中，每包用取样勺取约 1 kg 份样。在取样前，包件必须是未经搬运移动的，否则包内钨精矿容易发生偏析。

5.4.2 倒包缩分法。根据表 1 规定份样数随机抽取样包，全部倒于平整洁净的铁板上，将超过 9 mm 的颗粒击碎，按 6.4 缩分至不少于 30 kg。若每个份样分别制样时，则每包货品先破碎至全部通过 5 mm 筛，然后缩分至不少于 8 kg。

5.4.3 倒包三铲法。根据批量和品质波动类型按表 1 规定的份样数(即包数)随机抽取样包，逐包倒于平整洁净的铁板或水泥地上，使其成圆锥形，将取样铲分别从圆锥底部外圈 120°角的三条母线插至圆心，然后垂直向上提起共取出 3 铲，这样每包共取份样约 5 kg。

5.4.4 扦子对角线法。仅适用于最大粒度不超过 4 mm 的钨精矿。按表 1 规定的份样数加倍抽取样包，敞开袋口，将取样扦从对角线自顶插入，直至底部，将取样扦旋转 180°取出样品各约 100 g，二扦共取份样量约 200 g。

5.4.5 水分样品应在衡重时取样，可与品质样兼用，置于洁净密封的容器内，注意勿使水分在测定前发生变化。当批量较大，装卸时间长或大雨、气温高时，须将批货分成几个部分，将每一部分的份样制备成副样测定水分。

6 制样

6.1 制样工具

制样工具包括：

a) 铁铲；
b) 对辊破碎机；
c) 圆盘粉碎机；
d) 密封式振荡研磨机或三头研磨机(附玛瑙研钵)；
e) 二分器(规格见 GB/T 2007.2)；
f) 9 mm×9 mm 方孔筛，筛孔 5 mm、筛孔 1.6 mm、筛孔 0.18 mm 和筛孔 0.075 mm 的筛；
g) 不锈金属十字分样板；
h) 样铲和档板；
i) 白铁面混样台或玻璃面混样台；
j) 盛样器；
k) 毛刷；
l) 磨砂塞广口玻璃瓶(容量约 100 mL)。

6.2 制样要求

6.2.1 在制样全过程中应防止样品有任何变化和污染。

6.2.2 样品过于潮湿不能筛分、破碎、缩分时，可在 105 ℃进行预先干燥，使其达到适于筛分和制样的程度，需要时将干燥前后称量，并计算预先干燥水分（w_A）%（取二位小数）。

$$w_A = \frac{m - m_1}{m} \times 100\% \quad \cdots\cdots(4)$$

式中：

m ——干燥前样品总质量，单位为千克（kg）；

m_1——干燥后样品总质量，单位为千克（kg）。

6.2.3 样品的破碎：将全部样品用适当的破碎机破碎至规定的全量通过的粒度（根据破碎条件可适当减少制样程序中的破碎步骤）。制样前必须将破碎机内部清扫干净。制样后残留在破碎机内部的样品，必须注意全部取出。

6.3 制样程序

可根据需要参照以下程序（见图 3）同时或单独制备水分和成分样品。

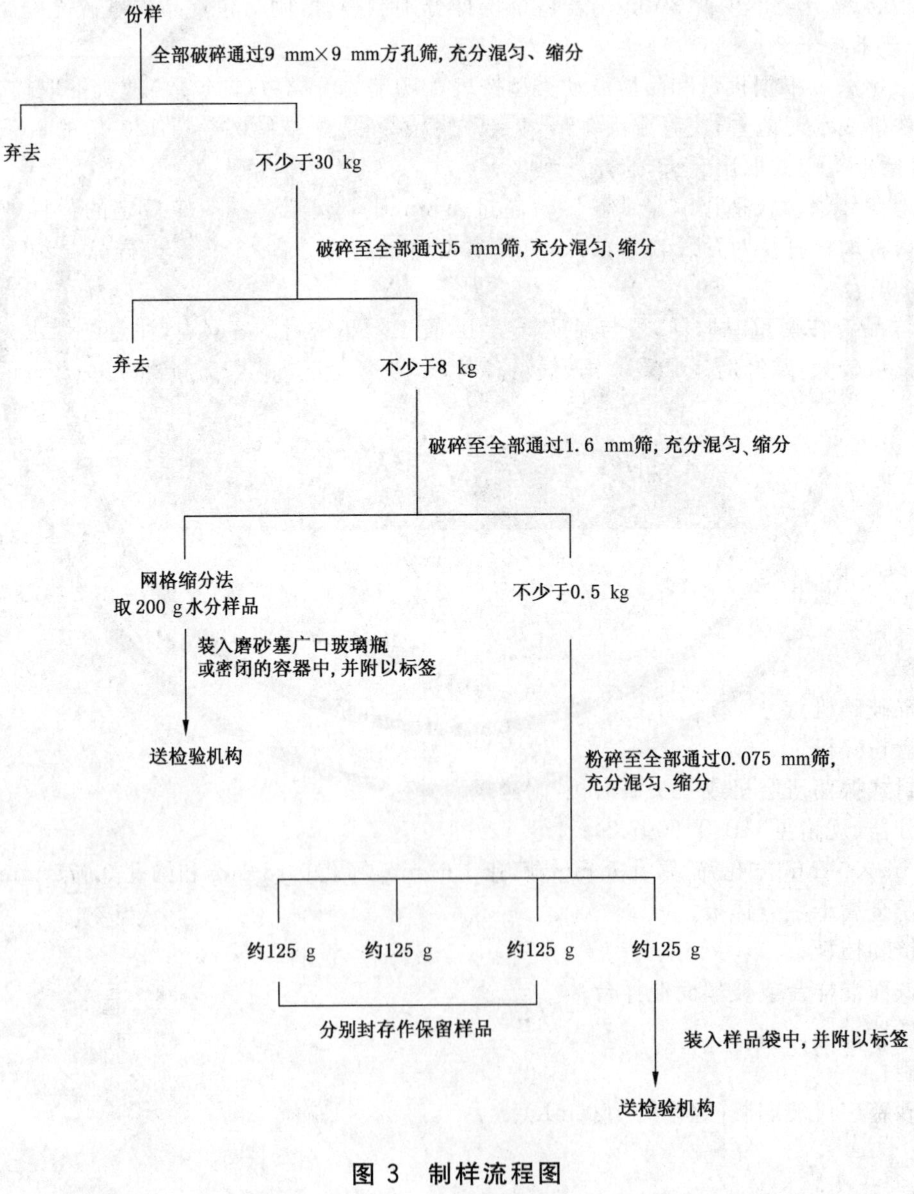

图 3 制样流程图

注：含氯化钙的白钨精矿极易吸潮，水分样可不经破碎，直接称样。

6.4 缩分方法

可使用下列的一个或几个方法并用。

6.4.1 二分器缩分法：按表3选用合适的二分器，所选用的二分器其沟槽宽度约等于样品全量通过的最大粒度的2～3倍，并需经过精确度校核试验证明是符合要求的。

使用前必须将二分器内各个部位清理干净，沟槽内须平滑不得有锈，使用过程中要一直保持沟槽畅通无阻。

先将全部样品通过二分器2次，混匀后再行缩分，务必使样品均匀地落入每个沟槽中，将盛样容器对准出口，勿使样品撒落在外，将已分成2份的样品，随机选定1份作为缩分样品，重复操作至不少于该粒度的最少留量。

表3 样品最大粒度及适用的二分器

单位为毫米

样品全量通过的最大粒度	二分器沟槽宽度
10	20
5	10
3	6

6.4.2 二开二合四分法：将样品用铁铲堆成圆锥形，每铲都须从锥的顶尖垂直倾下使其均匀地沿锥尖散落。待锥形堆成后再将此锥形用铁铲逐次分成2～4堆，此为一开，再将此2～4个圆锥用交替铲合成一堆，此为一合，连续二次即为二开二合。各次成堆过程，每铲均须从锥的顶尖垂直倾下，然后将圆锥顶尖压平，用十字板自上压下，分成四等分，任取二个对角的等分，重复操作数次，缩分至不少于该粒度的最少留量。

6.4.3 网格缩分法：将样品置于平整洁净的铁板上，铺成长方形平堆，然后将平整划成等分的网格，缩分大样时不得少于20格；缩分副样时不得少于12格；缩分份样时不得少于4格。用档板及份样铲（见图4和表4）插至底部，从每一格取等量的一铲，集合为缩分样品，当大样数量多时，可将大样分成几个等份，分次按上述操作缩分。

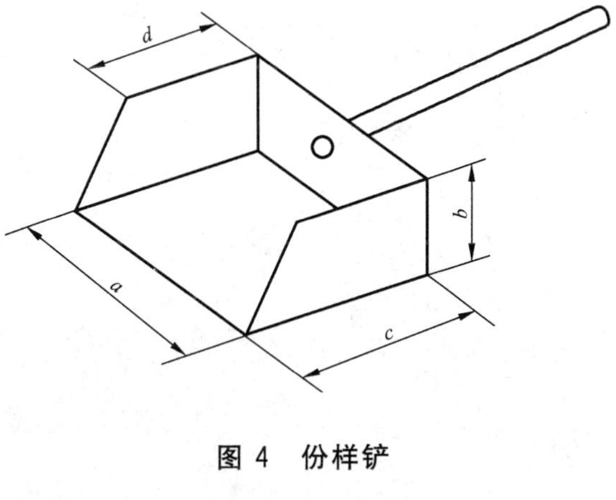

图4 份样铲

表 4　样品粒度、样品层厚度及份样铲尺寸

样品最大粒度/mm	样品层厚度/mm	份样铲尺寸/mm					份样铲容积/mL
		a	*b*	*c*	*d*	材料厚度	
9	25～35	60	35	60	50	1	约 125
5	20～30	50	30	50	40	1	约 75
2	15～25	40	25	40	30	0.5	约 40
1	10～15	30	15	30	25	0.5	约 15
0.18	5～10	15	10	15	12	0.5	约 2

6.4.4　圆锥四分法：将样品置于平整洁净的铁板上，成圆锥形，每铲自圆锥顶尖落下，使其均匀地沿锥尖散落，注意勿使圆锥中心错位，如此反复至少转堆三次，使其充分混匀，然后将圆锥顶尖压平，用十字板自上压下，分成四等分，任取二个对角的等分。重复操作数次，缩分至不少于该粒度的最低留量。

6.5　样品容器和标签

6.5.1　送检验的水分样品(约 200 g)应装入磨砂塞广口玻璃瓶或密闭的容器中，并附以标签。

6.5.2　送检验的成分样品(约 125 g)应装入样品袋中，并附以标签。

6.5.3　标签上注明以下各项：

a)　编号；

b)　品名、等级、类别、产地；

c)　批量或副批量；

d)　船名或车号；

e)　取样、制样人员；

f)　取样、制样地点、日期及天气。

ICS 01.100.20
J 04

中华人民共和国国家标准

GB/T 4457.5—2013
代替 GB/T 4457.5—1984

机械制图　剖面区域的表示法

Mechanical drawings—
Basic conventions for representing areas on cuts and sections

2013-12-17 发布　　　　2014-10-01 实施

中华人民共和国国家质量监督检验检疫总局
中国国家标准化管理委员会　发布

前　言

本部分按照 GB/T 1.1—2009 给出的规则起草。

本部分是对 GB/T 17453 的补充。

本部分代替 GB/T 4457.5—1984《机械制图　剖面符号》。

本部分与 GB/T 4457.5—1984 相比主要技术变化如下：

——将标准名称修改为“机械制图　剖面区域的表示法”。

——增加了“范围”“规范性引用文件”并添加了相关内容。

——增加了“一般规定”并添加了相关内容。

——修改了表 1 中“混凝土”及“钢筋混凝土”的剖面区域表示法。

——木材分类“纵剖面”“横剖面”改为“纵断面”“横断面”，并将“横断面”图例分开。

——修改了“在同一金属零件的图中，剖视图、断面图中的剖面线，应画成间隔相等、方向相同且一般与剖面区域的主要轮廓或对称线成 45°的平行线。必要时，剖面线也可画成与主要轮廓线夹角成适当的角度”（见 4.1，GB/T 4457.5—1984 的 2.1）。

——修改了图 1。

——修改了“如仅需画出被剖切后的一部分图形，其边界又不画断裂边界线时，则应将剖面线绘制整齐”（见 4.4，GB/T 4457.5—1984 的 2.4）。

——修改了“当两邻接剖面区域均涂黑时，两剖面区域之间宜留出不小于 0.7 mm 的空隙”（见4.10，GB/T 4457.5—1984 的 2.10）。

本部分由全国技术产品文件标准化技术委员会（SAC/TC 146）提出并归口。

本部分起草单位：中机生产力促进中心、合肥凯邦电机有限公司、中国电子科技集团公司第三十八研究所、安徽红桥金属制造有限公司、北京科新纪元信息技术有限公司、江苏理工学院、大连海事大学、合肥工业大学。

本部分主要起草人：杨东拜、张小军、金陈义、周红桥、胡祥涛、陈兴玉、余昌国、李荣、李克顺、李岱松、刘静、张红旗、高宏伟、王槐德、邹玉堂、李学京。

本部分所代替标准的历次版本发布情况为：

——GB/T 4457.5—1984。

机械制图　剖面区域的表示法

1　范围

GB/T 4457 的本部分规定了机械图样中各种剖面符号及其画法。

本部分适用于机械图样的剖视图和断面图中剖面区域表示。

2　规范性引用文件

下列文件对于本文件的应用是必不可少的。凡是注日期的引用文件，仅注日期的版本适用于本文件。凡是不注日期的引用文件，其最新版本（包括所有的修改单）适用于本文件。

GB/T 4457.4—2002　机械制图　图样画法　图线

GB/T 17453—2005　技术制图　图样画法　剖面区域的表示法

3　一般规定

3.1　本部分是对 GB/T 17453 的补充。

3.2　在剖视图和断面图中，一般采用剖面符号填充表示剖面区域。

4　剖面符号

常用的剖面符号如表 1 所示。

表 1　剖面区域表示法

金属材料 (已有规定剖面符号者除外)	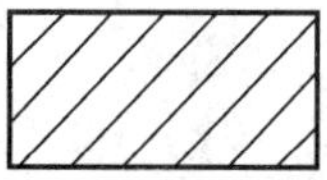	木质胶合板 (不分层数)	
线圈绕组元件	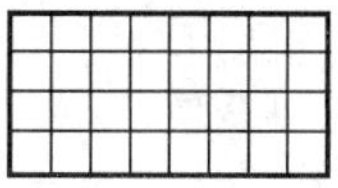	基础周围的泥土	
转子、电枢、变压器和电抗器等的叠钢片	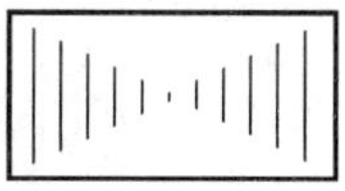	混凝土	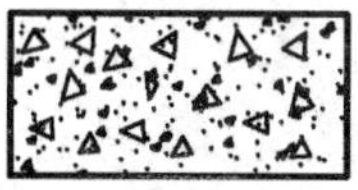
非金属材料 (已有规定剖面符号者除外)	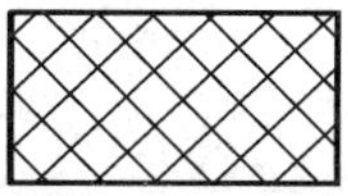	钢筋混凝土	
型砂、填砂、粉末冶金、砂轮、陶瓷刀片、硬质合金刀片等	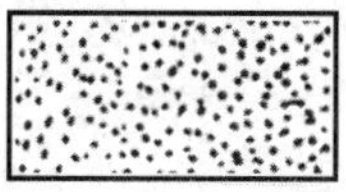	砖	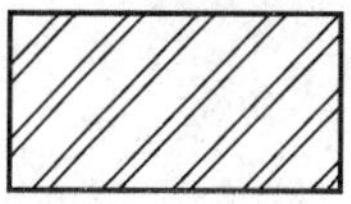

表 1（续）

玻璃及供观察用的其他透明材料		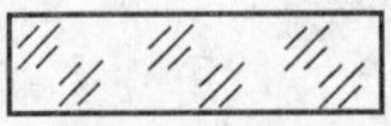	格网（筛网、过滤网等）	
木材	纵断面		液体	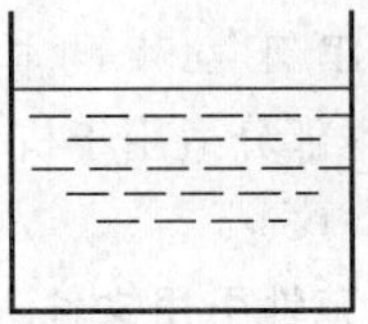
	横断面	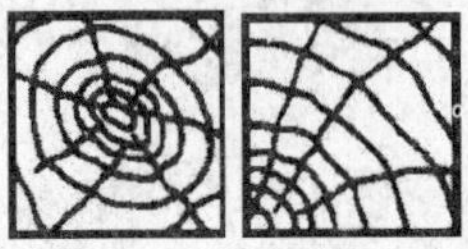		
注：1. 剖面符号仅表示材料的类型，材料的名称和代号另行注明。 2. 叠钢片的剖面线方向，应与束装中叠钢片的方向一致。 3. 液面用细实线绘制。				

4.1　在同一金属零件的图中，剖视图、断面图中的剖面线，应画成间隔相等、方向相同且一般与剖面区域的主要轮廓或对称线成 45°的平行线（见图 1）。必要时，剖面线也可画成与主要轮廓线成适当角度（见图 2）。

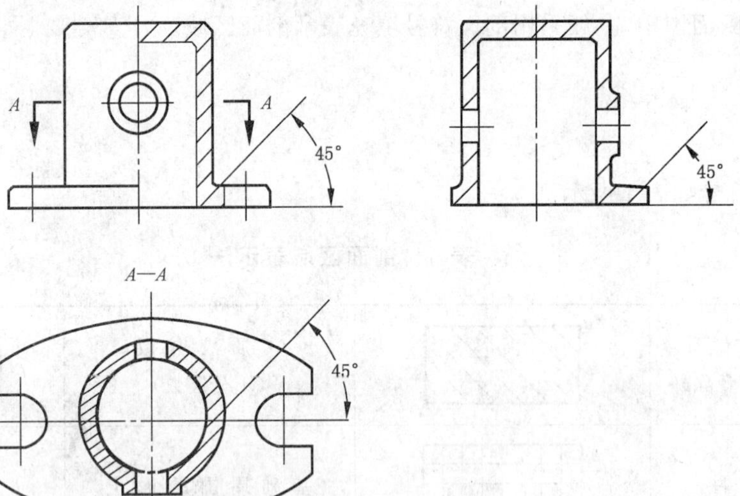

图 1　与主要轮廓线成 45°剖面线的应用示例

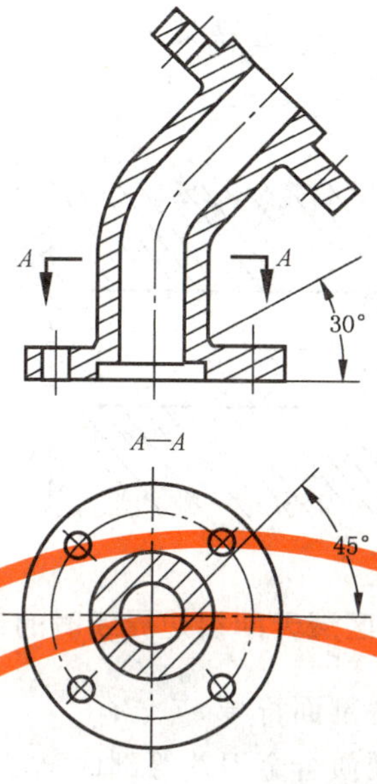

图 2 与主要轮廓线成适当角度剖面线的应用示例

4.2 相邻辅助零件(或部件),不画剖面符号(见图 3)。

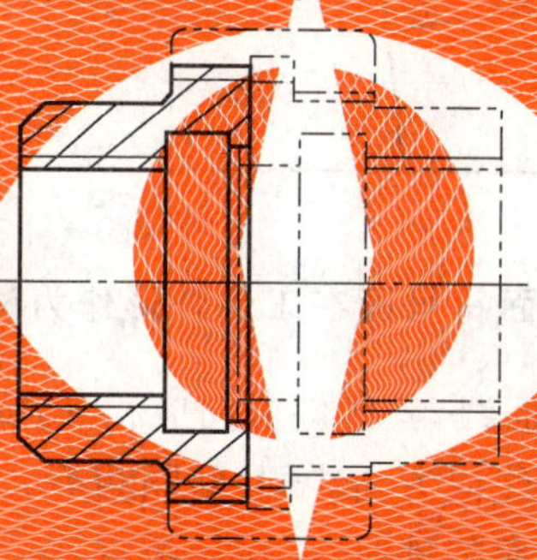

图 3 相邻辅助零件(或部件)不画剖面符号

4.3 当剖面区域较大时,可以只沿轮廓的周边画出剖面符号(见图 4)。

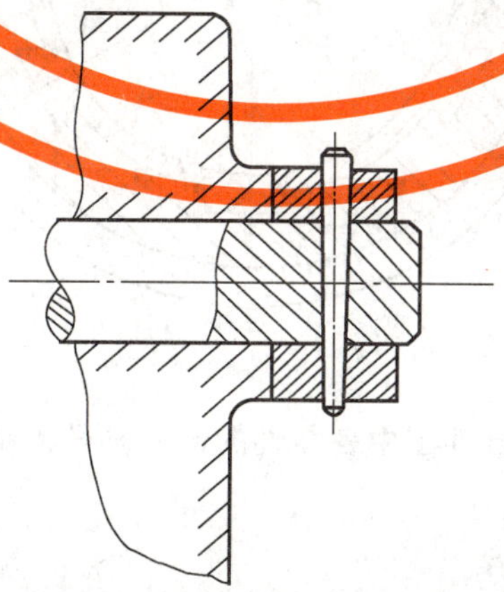

图 4 剖面区域较大时可以只沿轮廓的周边画出剖面符号

4.4 如仅需画出被剖切后的一部分图形，其边界又不画断裂边界线时，则应将剖面线绘制整齐(见图 5)。

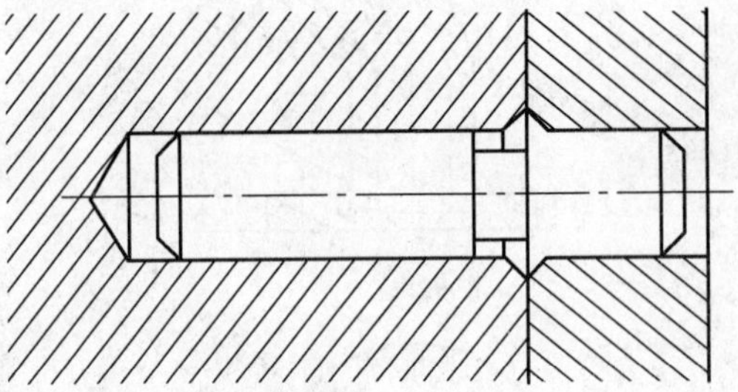

图 5 被剖区域无断裂边界线时的剖面线画法

4.5 在零件图中也可以涂色或点阵代替剖面符号。

4.6 木材、玻璃、液体、叠钢片、砂轮及硬质合金刀片等剖面符号，也可在外形视图中画出一部分或全部作为材料类别的标志(见图 6)。

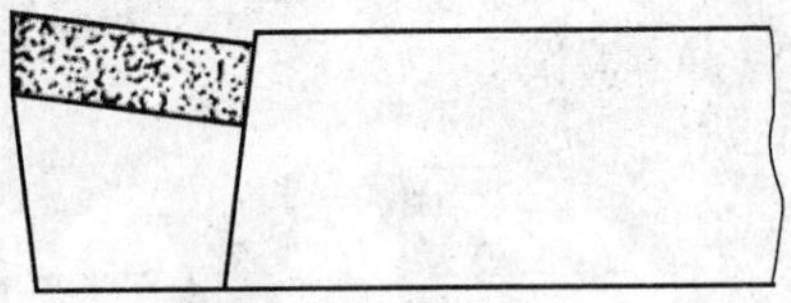

图 6 剖面符号画在工件外形作为材料的标志

4.7 在装配图中，相邻金属零件的剖面线，其倾斜方向应相反，或方向一致而间隔不等(见图 4、图 5)。

同一装配图中的同一零件的剖面线应方向相同、间隔相等。

当绘制剖面符号相同的相邻非金属零件时，应采用疏密不一的方法以示区别。

4.8 当绘制接合件的图样时，各零件的剖面符号应按 4.7 的规定绘制(见图 7、图 8、图 9)。

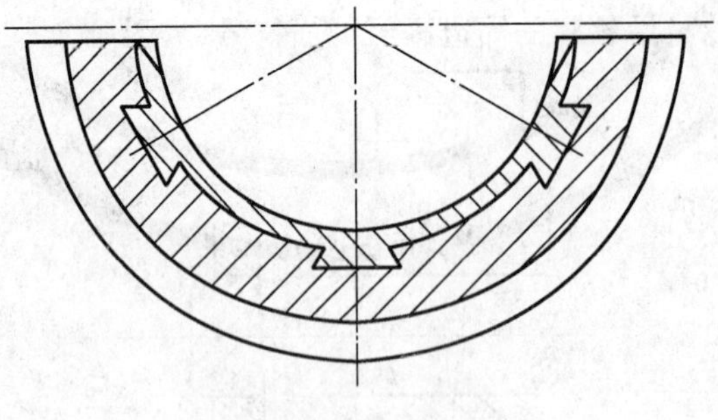

图 7 接合件图中各零件的剖面符号绘制方法(一)

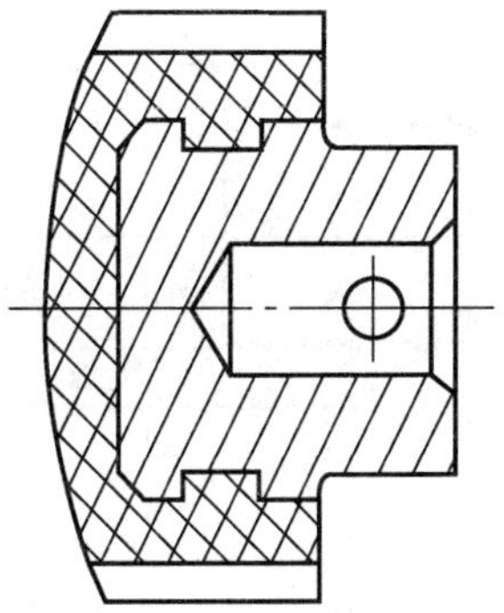

图 8　接合件图中各零件的剖面符号绘制方法(二)

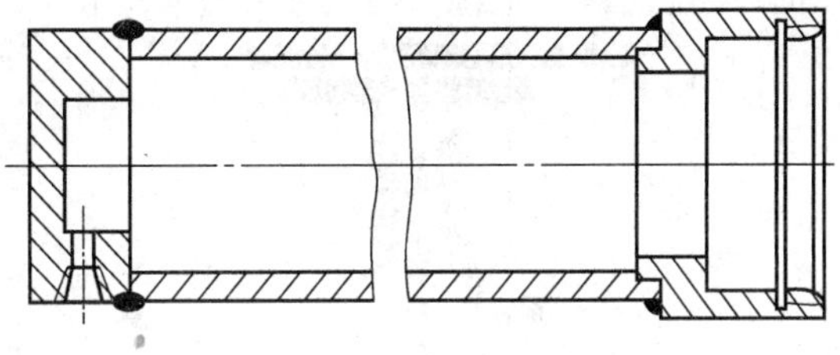

图 9　接合件图中各零件的剖面符号绘制方法(三)

当绘制接合件与其他零件的装配图时,如接合件中各零件的剖面符号相同,一般可作为一个整体画出(见图 10)。如不相同,应分别画出。

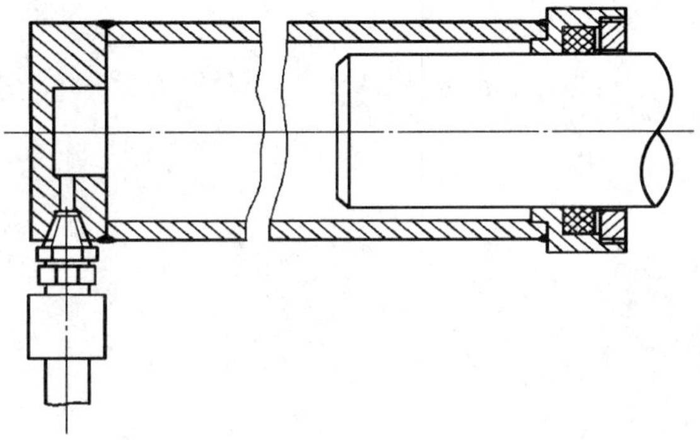

图 10　绘制接合件与其他零件的装配图时剖面符号绘制方法

4.9　由不同材料嵌入或粘贴在一起的成品,用其中主要材料的剖面符号表示。例如,夹丝玻璃的剖面符号,用玻璃的剖面符号表示;复合钢板的剖面符号,用钢板的剖面符号表示。

4.10　在装配图中,宽度小于或等于 2 mm 的狭小面积的剖面区域,可用涂黑代替剖面符号(见图 11)。如果是玻璃或其他材料,而不宜涂黑时,可不画剖面符号。

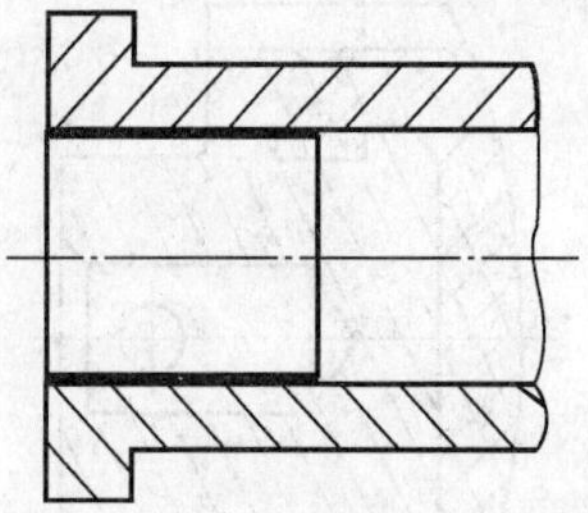

图 11 装配图中狭小面积的剖面可用涂黑代替剖面符号

当两邻接剖面区域均涂黑时，两剖面区域之间宜留出不小于 0.7 mm 的空隙(见图 12)。

图 12 两邻接剖面区域均涂黑时的画法

ICS 01.100.20
J 04

中华人民共和国国家标准

GB/T 4458.3—2013
代替 GB/T 4458.3—1984

机械制图　轴测图

Mechanical drawings—Axonometric drawings

2013-12-17 发布　　　　2014-10-01 实施

中华人民共和国国家质量监督检验检疫总局
中国国家标准化管理委员会　发布

前　　言

本部分按照 GB/T 1.1—2009 给出的规则起草。

本部分代替 GB/T 4458.3—1984《机械制图　轴测图》。

本部分与 GB/T 4458.3—1984 相比主要技术变化如下：

——增加了“范围”“规范性引用文件”“术语和定义”，并添加了相关内容；

——为标准中的图例增加了相应的图名；

——增加了 4.3“三维图样的要求”；

——增加了第 7 章“管路系统轴测图的表示法”；

——删除了附录 A。

本部分由全国技术产品文件标准化技术委员会(SAC/TC 146)提出并归口。

本部分起草单位：中机生产力促进中心、合肥凯邦电机有限公司、中国电子科技集团公司第三十八研究所、北京科新纪元信息技术有限公司、安徽红桥金属制造有限公司、大连海事大学、合肥工业大学、江苏理工学院。

本部分主要起草人：杨东拜、张小军、李荣、张祥祥、程五四、陈兴玉、陈帝江、刘静、余昌国、金陈义、李克顺、李岱松、张红旗、高宏伟、邹玉堂、李学京、王槐德。

本部分所代替标准的历次版本发布情况为：

——GB/T 4458.3—1984。

机械制图　轴测图

1　范围

GB/T 4458 的本部分规定了三种常用的轴测图的绘制方法。

本部分适用于手工及计算机绘制轴测图;也可供绘制三维模型投影工程图时参考。

2　规范性引用文件

下列文件对于本文件的应用是必不可少的。凡是注日期的引用文件,仅注日期的版本适用于本文件。凡是不注日期的引用文件,其最新版本(包括所有的修改单)适用于本文件。

GB/T 4457.4　机械制图　图样画法　图线

GB/T 6567.5　技术制图　管路系统的图形符号　管路、管件和阀门等图形符号的轴测图画法

GB/T 14692　技术制图　投影法

GB/T 16948　技术产品文件　词汇　投影法术语

GB/T 26099.4　机械产品三维建模通用规则　第 4 部分:模型投影工程图

3　术语和定义

下列术语和定义适用于本文件。

3.1

轴测图　axonometric drawings

将物体连同其参考直角坐标系,沿不平行于任一坐标平面的方向,用平行投影法将其投射在单一投影面上所得到的图形。

3.2

轴间角　axes angle

轴测图中两轴测轴之间的夹角。

3.3

轴向伸缩系数　coefficient of axial deformation

轴测轴上的单位长度与相应投影轴上的单位长度的比值。OX、OY、OZ 轴上的伸缩系数分别用 p、q 和 r 简化表示。

4　一般规定

4.1　理论上轴测图可以有无数种,但从作图简便等因素考虑,一般采用下列 3 种:

4.1.1　正等轴测图,简称正等测(如图 1)。

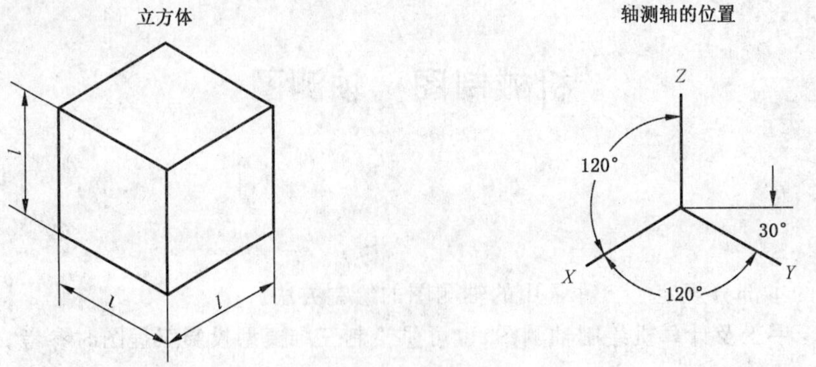

$$p=q=r=1$$

图 1　正等轴测图

4.1.2　正二等轴测图，简称正二测（如图 2）。

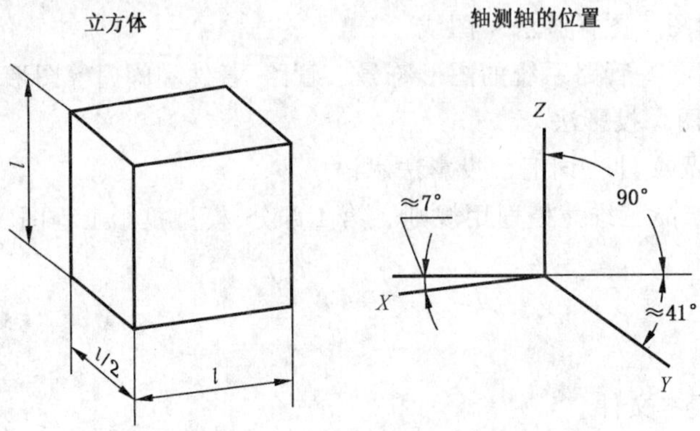

$$p=r=1$$
$$q=1/2$$

图 2　正二等轴测图

4.1.3　斜二等轴测图，简称斜二测（如图 3）。

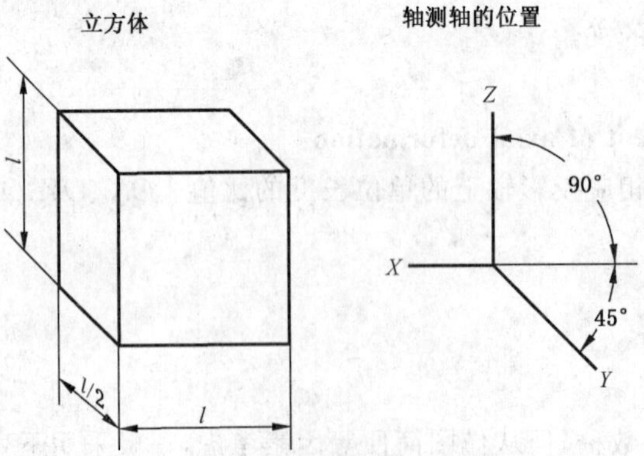

$$p_1=r_1=1$$
$$q_1=1/2$$

图 3　斜二等轴测图

必要时允许采用其他轴测图。

4.2 轴测图的轴间角和轴向伸缩系数

绘制正等测、正二测轴测图时，其轴间角和轴向伸缩系数（p、q 和 r）按图 1、图 2 的规定。

绘制斜二测轴测图时，其轴间角和轴向伸缩系数（p_1、q_1、r_1）按图 3 的规定。

4.3 三维图样的要求

三维模型形成三维图样时应按本部分的相关规定绘制和标注。

5 画法

5.1 轴测图中一般只画出可见部分，必要时才画出其不可见部分。

5.2 与各坐标平面平行的圆（如直径为 d）在各种轴测图中分别投影为椭圆（只有斜二测中正面投影仍为圆）如图 4、图 5 和图 6 所示。

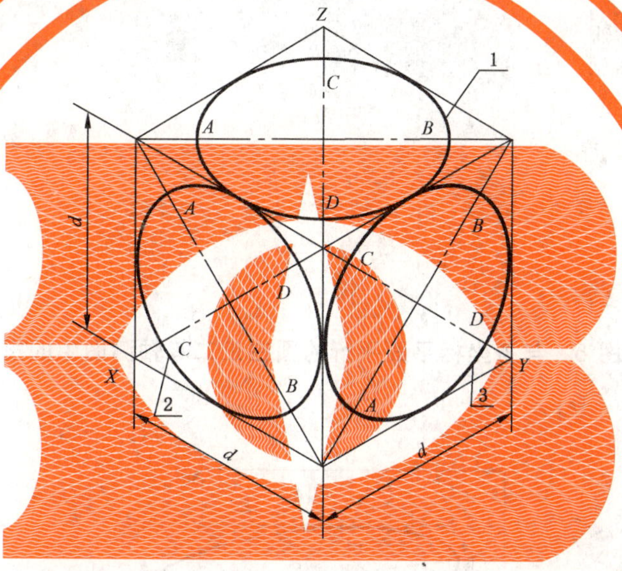

椭圆 1 的长轴垂直于 Z 轴

椭圆 2 的长轴垂直于 X 轴

椭圆 3 的长轴垂直于 Y 轴

各椭圆的长轴：

$AB \approx 1.22d$

各椭圆的短轴：

$CD \approx 0.7d$

图 4 与各坐标平面平行的圆在正等轴测图中的投影

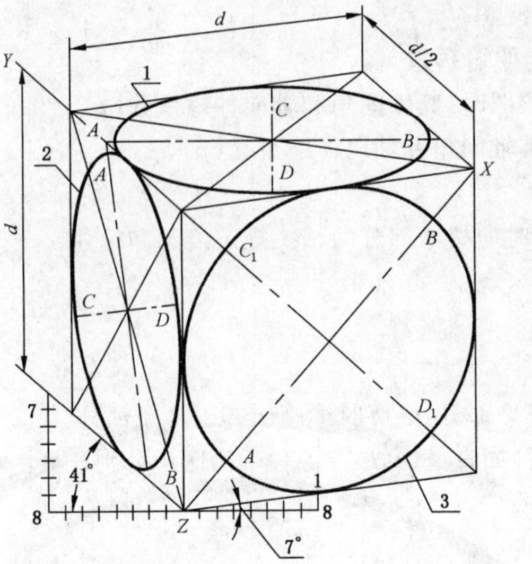

椭圆 1 的长轴垂直于 Z 轴
椭圆 2 的长轴垂直于 X 轴
椭圆 3 的长轴垂直于 Y 轴
各椭圆的长轴：
$AB \approx 1.06d$
椭圆 1、2 的短轴：
$CD \approx 0.35d$
椭圆 3 的短轴：
$C_1D_1 \approx 0.94d$

图 5　与各坐标平面平行的圆在正二等轴测图中的投影

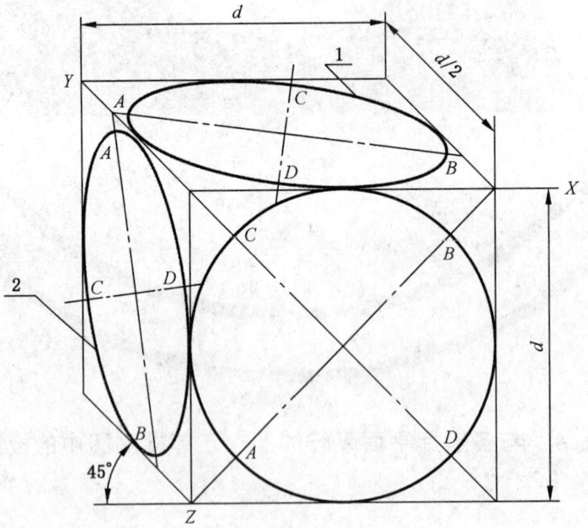

椭圆 1 的长轴与 X 轴约成 7°
椭圆 2 的长轴与 Z 轴约成 7°
椭圆 1、2 的长轴：
$AB \approx 1.06d$
椭圆 1、2 的短轴：
$CD \approx 0.33d$

图 6　与各坐标平面平行的圆在斜二等轴测图中的投影

5.3　表示零件的内部形状时，可假想用剖切平面将零件的一部分剖去。各种轴测图中剖面线应按图7、图8和图9的规定画出。

在轴测装配图中，可用将剖面线画成方向相反或不同的间隔的方法来区别相邻的零件(图10)。

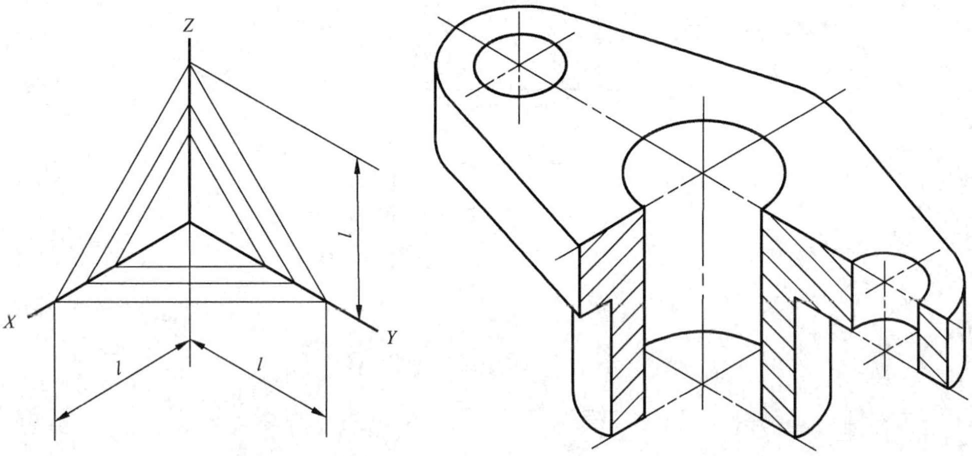

图7　轴测剖视图(一)

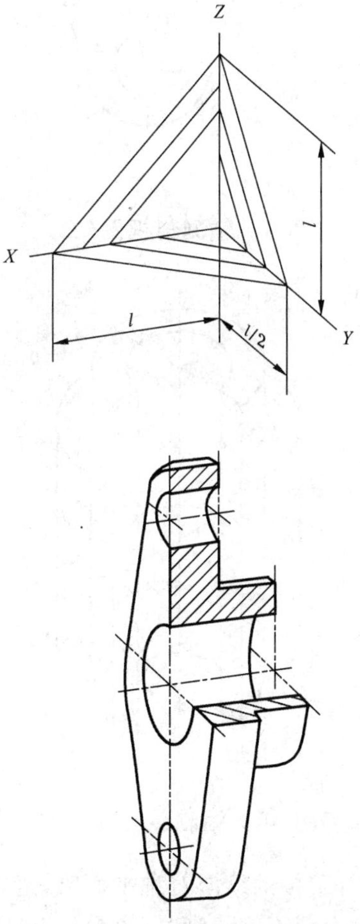

图8　轴测剖视图(二)

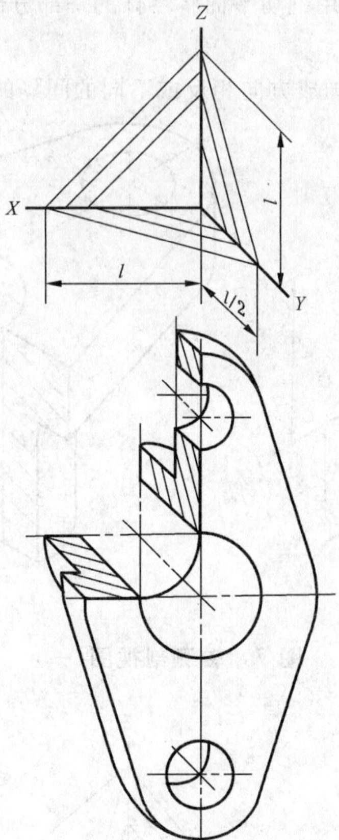

图 9 轴测剖视图(三)

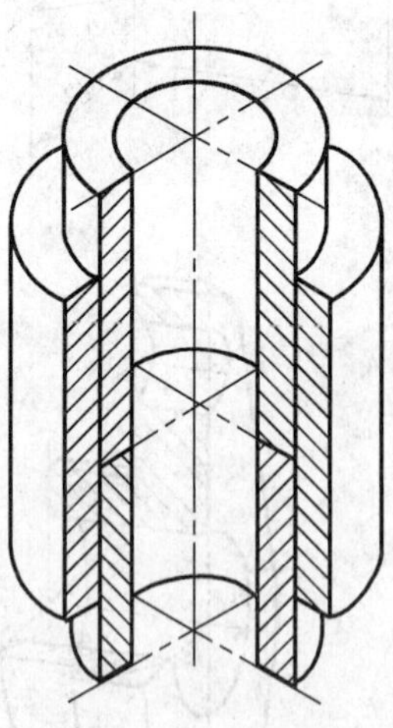

图 10 轴测装配剖视图

5.4 剖切平面通过零件的肋或薄壁等结构的纵向对称平面时，这些结构都不画剖面符号，而用粗实线将它与邻接部分分开(图 11)；在图中表现不够清晰时，也允许在肋或薄壁部分用细点表示被剖切部分(图 12)。

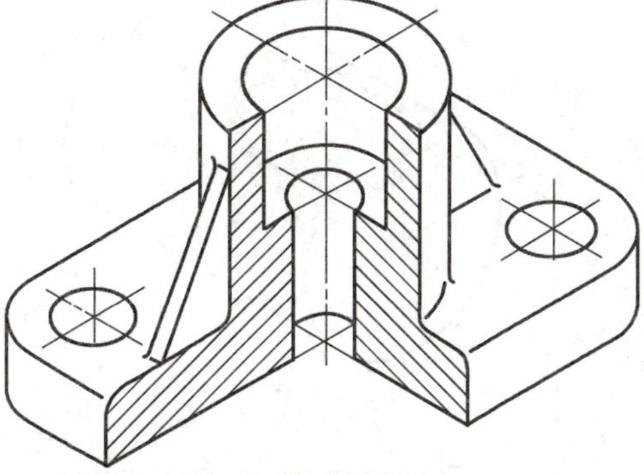

图 11 肋等结构轴测剖视表示法(一)

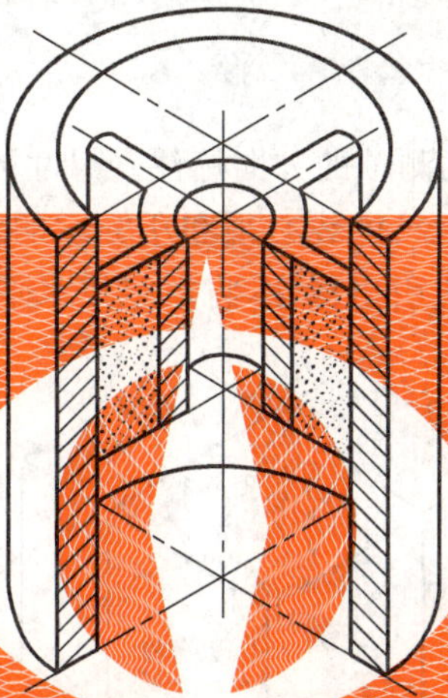

图 12 肋等结构轴测剖视表示法(二)

5.5 表示零件中间折断或局部断裂时，断裂处的边界线应画波浪线，并在可见断裂面内加画细点以代替剖面线(图 13、图 14)。

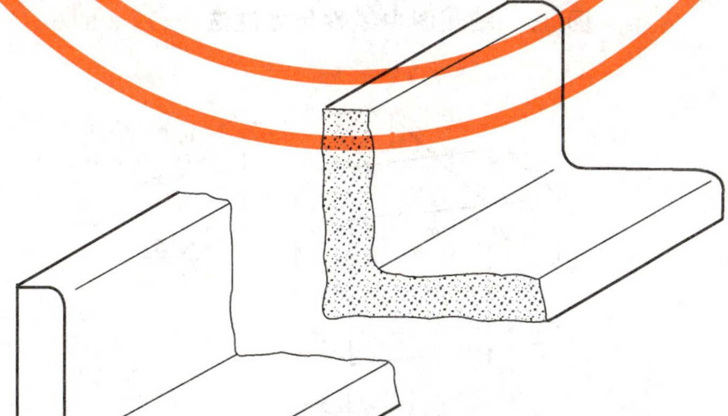

图 13 轴测图中的断裂画法

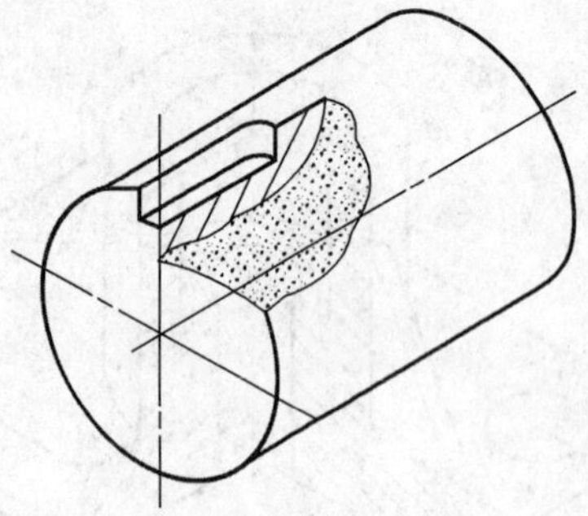

图 14 轴测图中局部视图的表示法

5.6 在轴测装配图中，当剖切平面通过轴、销、螺栓等实心零件的轴线时，这些零件应按未剖切绘制。

6 尺寸注法

6.1 轴测图中的线性尺寸，一般应沿轴测轴的方向标注。尺寸数值为零件的公称尺寸。尺寸数字应按相应的轴测图形标注在尺寸线的上方。尺寸线必须和所标注的线段平行，尺寸界线一般应平行于某一轴测轴。当在图形中出现字头向下时应引出标注，将数字按水平位置注写(图 15、图 16、图 17)。

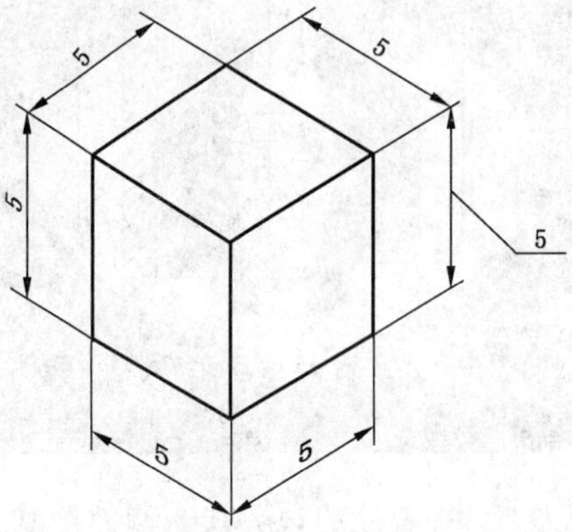

图 15 轴测图中线性尺寸注法(一)

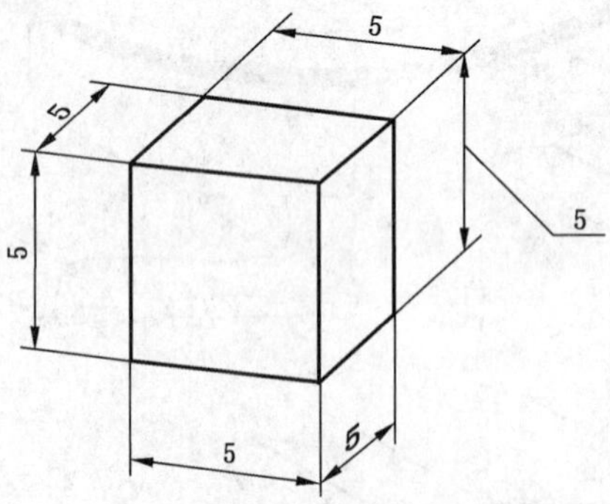

图 16 轴测图中线性尺寸注法(二)

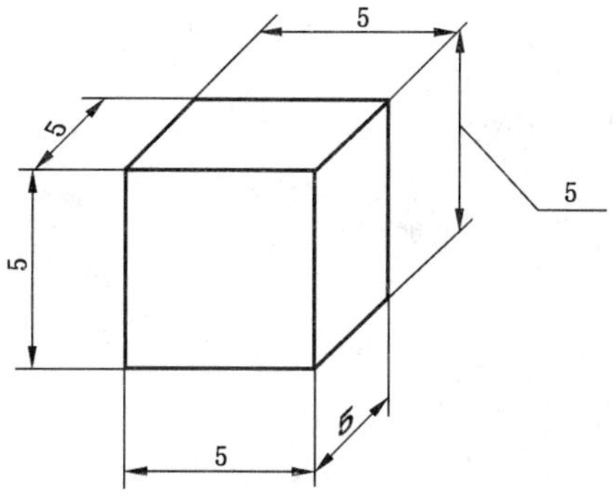

图 17　轴测图中线性尺寸注法(三)

6.2　标注圆的直径、尺寸线和尺寸界线应分别平行于圆所在的平面内的轴测轴,标注圆弧半径或较小圆的直径时,尺寸线可从(或通过)圆心引出标注,但注写数字的横线必须平行于轴测轴(图 18、图 19)。

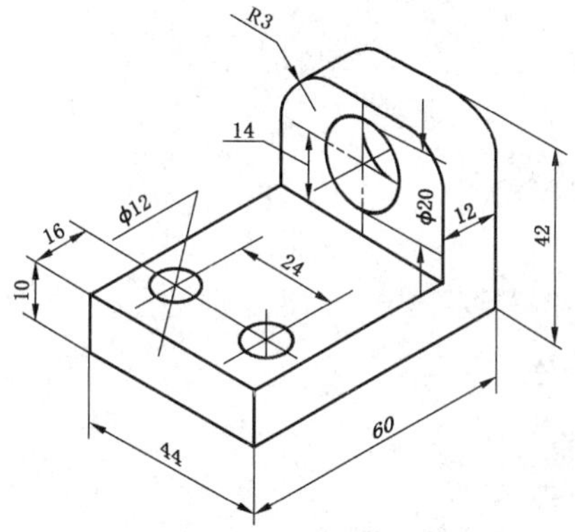

图 18　轴测图中圆的尺寸注法(一)

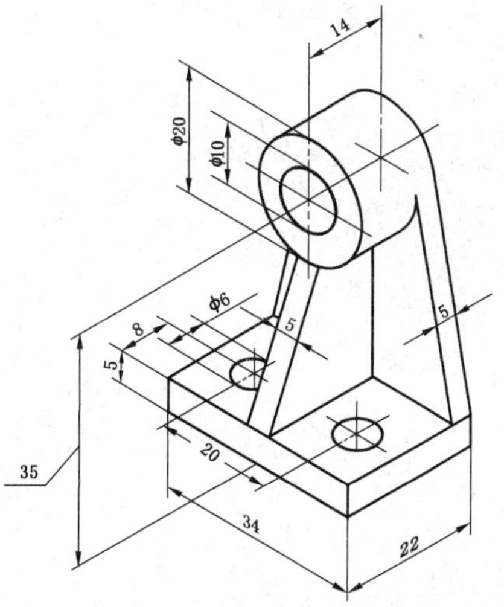

图 19　轴测图中圆的尺寸注法(二)

6.3　标注角度的尺寸线,应画成与该坐标平面相应的椭圆弧,角度数字一般写在尺寸线的中断处,字头向上(图 20)。

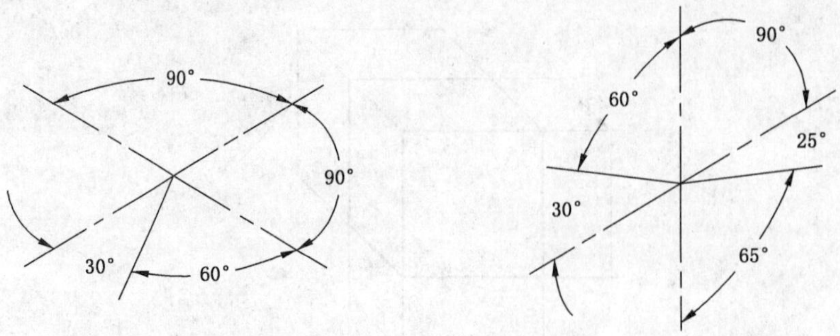

a) 水平方向的角度尺寸注法　　b) 垂直方向的角度尺寸注法

图 20 轴测图中角度的尺寸注法

7 管路系统轴测图的表示法

管路系统轴测图的表示法按 GB/T 6567.5 绘制。

附 录 A
（资料性附录）
轴测分解图

A.1 分离的零件按装拆顺序排列在相应的轴线位置上，如图 A.1 所示。

A.2 不同零件应编不同的号。

A.3 可在零件表面上进行润饰。

ICS 01.100.20
J 04

中华人民共和国国家标准

GB/T 4460—2013
代替 GB/T 4460—1984

机械制图 机构运动简图用图形符号

Mechanical drawings—Graphical symbols for kinematic diagrams

(ISO 3952-4:1997,Technical drawings—Simplified representation for kinematics Part 4:Miscellaneous mechanisms and their components,NEQ)

2013-12-17 发布 2014-10-01 实施

中华人民共和国国家质量监督检验检疫总局
中国国家标准化管理委员会 发布

前　言

本标准按照 GB/T 1.1—2009 给出的规则起草。

本标准代替 GB/T 4460—1984《机械制图　机构运动简图符号》。

本标准与 GB/T 4460—1984 相比主要技术变化如下：

——将标准名称修改为《机械制图　机构运动简图用图形符号》；

——增加了“范围”“规范性引用文件”并添加了相关内容；

——增加了第 3 章“图线”，并添加了相关内容；

——修改了第 4 章～第 12 章的章名，与标准名称一致；

——增加了表 1～表 9 的表名；

——修改了表 1 中“往复运动”图例序号为 4.9，表中的分类进行了调整；

——增加了表 9 中 12.1 带传动的一种基本符号，使其与 ISO 3952-4：1997 一致；

——增加了表 9 中 12.7 分度头的可用符号，使其与 ISO 3952-4：1997 一致；

——将附录 A 收录到标准正文的第 9 章。

本标准重新翻译编制参考 ISO 3952-4：1997《运动学简易表示法　第 4 部分：复杂机构及其部件》起草，属于非等效采用。

本标准由全国技术产品文件标准化技术委员会(SAC/TC 146)提出并归口。

本标准起草单位：中机生产力促进中心、北京科新纪元信息技术有限公司、合肥京联信息科技有限公司、中国电子科技集团公司第三十八研究所、安徽波顿重工有限公司、安徽红桥金属制造有限公司、合肥工业大学、江苏理工学院、大连海事大学。

本标准主要起草人：杨东拜、李岱松、沈玫、胡祥涛、程五四、张祥祥、薛明、韩震宇、余昌国、金陈义、李克顺、刘静、张红旗、高宏伟、李学京、王槐德、邹玉堂。

本标准所代替标准的历次版本发布情况为：

——GB/T 4460—1984。

机械制图 机构运动简图用图形符号

1 范围

本标准规定了机构运动简图中使用的图形符号。

本标准适用于绘制机构运动简图。

2 规范性引用文件

下列文件对于本文件的应用是必不可少的。凡是注日期的引用文件，仅注日期的版本适用于本文件。凡是不注日期的引用文件，其最新版本(包括所有的修改单)适用于本文件。

GB/T 4457.4 机械制图 图样画法 图线

GB/T 4459.4 机械制图 弹簧表示法

GB/T 17450 技术制图 图线

3 图线

3.1 构成机械运动简图用图形符号的图线应符合 GB/T 4457.4 和 GB/T 17450 的规定。

3.2 图形符号中的表示轴、杆符号的图线应用两倍粗实线(2d,d 为粗实线线宽)表示。

4 机构构件运动简图图形符号

机构构件运动简图图形符号见表 1。

表 1 机构构件运动简图图形符号

条 号	名 称	基本符号	可用符号	附 注
4.1	运动轨迹			直线运动 曲线运动
4.2	运动指向			表示点沿轨迹运动的指向
4.3	中间位置的瞬时停顿	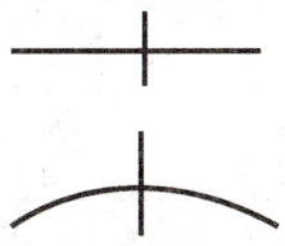		直线运动 回转运动
4.4	中间位置的停留			
4.5	极限位置的停留			

表 1（续）

条　号	名　称	基本符号	可用符号	附　注
4.6	局部反向运动			直线运动 回转运动
4.7	停止			
4.8	单向运动			
4.8.1	直线或曲线的单向运动	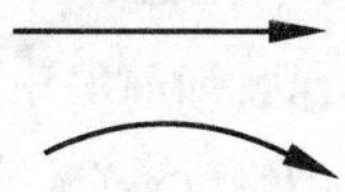	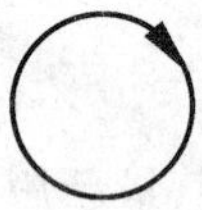	直线运动 曲线运动
4.8.2	具有瞬时停顿的单向运动	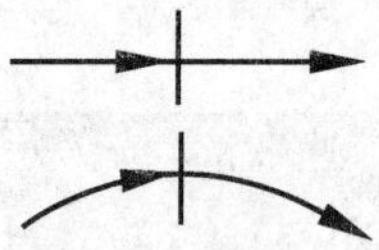		直线运动 回转运动
4.8.3	具有停留的单向运动	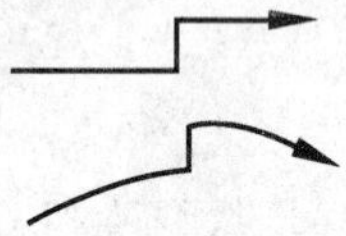		直线运动 回转运动
4.8.4	具有局部反向的单向运动	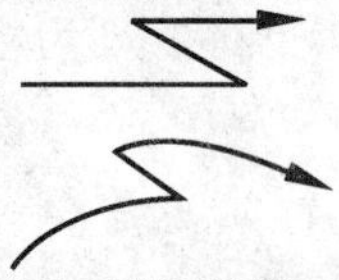		直线运动 回转运动
4.8.5	具有局部反向及停留的单向运动	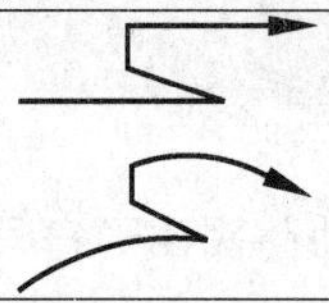		直线运动 回转运动
4.9	往复运动			
4.9.1	直线或回转的往复运动	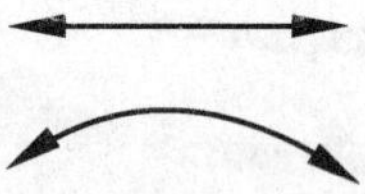		直线运动 回转运动
4.9.2	在一个极限位置停留的往复运动	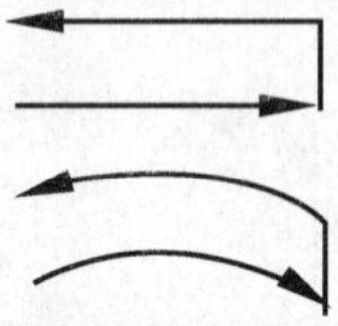		直线运动 回转运动
4.9.3	在两个极限位置停留的往复运动	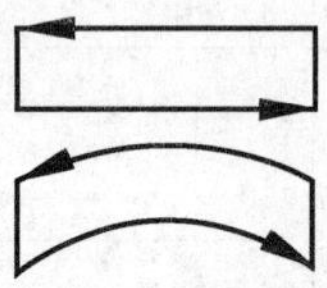		直线运动 回转运动

表 1（续）

条 号	名 称	基本符号	可用符号	附 注
4.9.4	在中间位置停留的往复运动	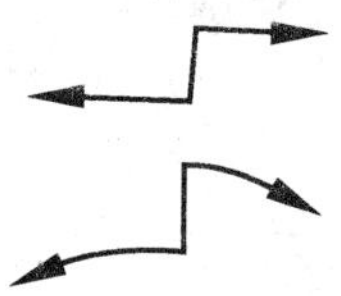		直线运动 回转运动
4.10	运动终止	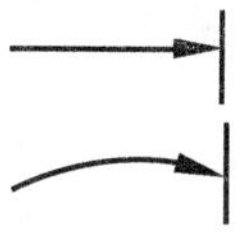		直线运动 回转运动

5 运动副的简图图形符号

运动副的简图图形见表 2。

表 2 运动副的简图图形符号

条 号	名 称	基本符号	可用符号	附 注
5.1	具有一个自由度的运动副			
5.1.1	回转副 a) 平面机构 b) 空间机构	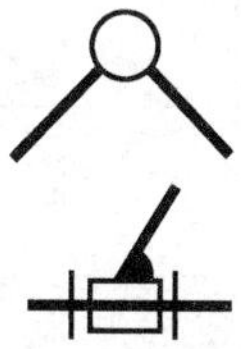	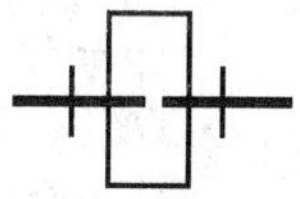	
5.1.2	棱柱副 （移动副）		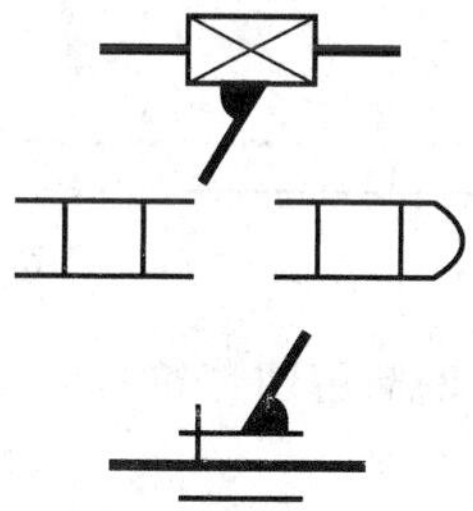	
5.1.3	螺旋副			
5.2	具有两个自由度的运动副			
5.2.1	圆柱副	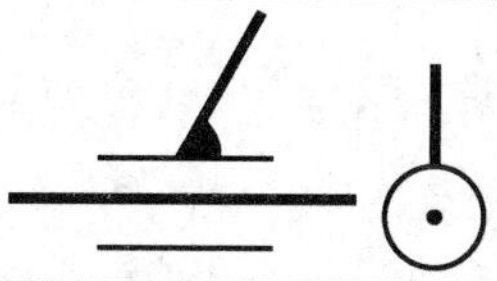		

表 2（续）

条　号	名　称	基本符号	可用符号	附　注
5.2.2	球销副	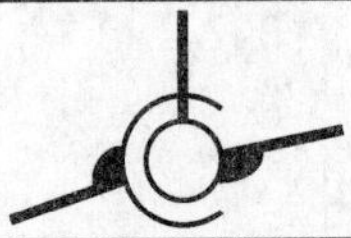		
5.3	具有三个自由度的运动副			
5.3.1	球面副			
5.3.2	平面副	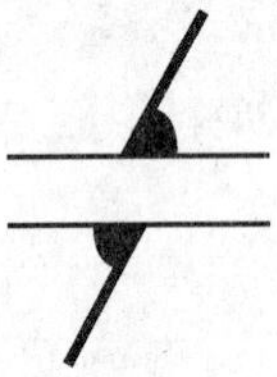		
5.4	具有四个自由度的运动副			
5.4.1	球与圆柱副	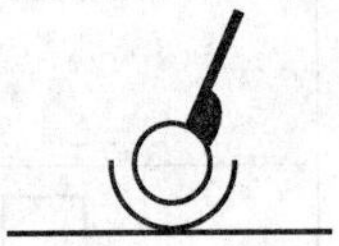		
5.5	具有五个自由度的运动副			
5.5.1	球与圆柱副	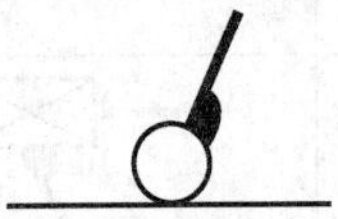		

6　构件及其组成部分连接的简图图形符号

构件及其组成部分连接的简图图形符号见表 3。

表 3　构件及其组成部分连接的简图图形符号

条　号	名　称	基本符号	可用符号	附　注
6.1	机架	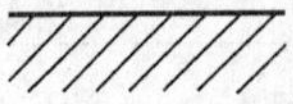		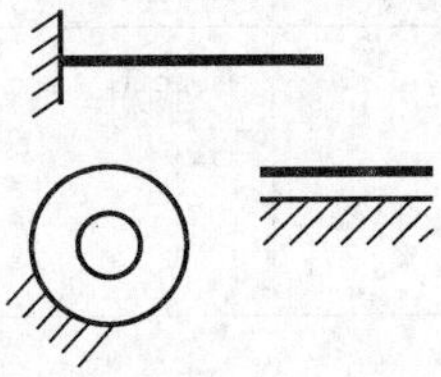
6.2	轴、杆			

表 3（续）

条　号	名　称	基本符号	可用符号	附　注
6.3	构件组成部分的永久连接			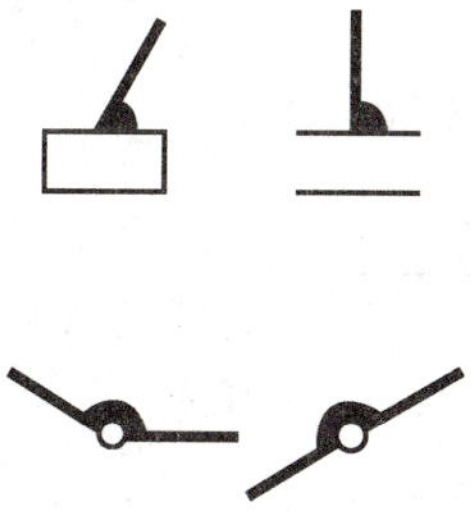
6.4	组成部分与轴（杆）的固定连接			
6.5	构件组成部分的可调连接			

7　多杆构件及其组成部分的简图图形符号

多杆构件及其组成部分的简图图形符号见表 4。

表 4　多杆构件及其组成部分的简图符号

条　号	名　称	基本符号	可用符号	附　注
7.1	低副机构			细实线所画为相邻构件
7.2	单副元素构件			
7.2.1	构件是回转副的一部分 a）平面机构 b）空间机构	 		
7.2.2	机架是回转副的一部分 a）平面机构 b）空间机构	 		
7.2.3	构件是棱柱副的一部分		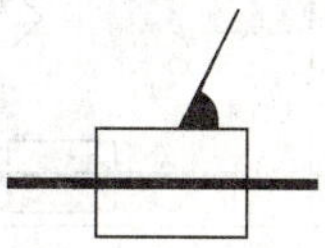	

表 4（续）

条　号	名　称	基本符号	可用符号	附　注
7.2.4	构件是圆柱副的一部分	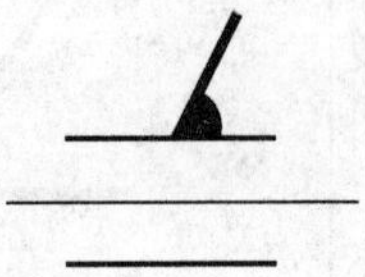		
7.2.5	构件是球面副的一部分	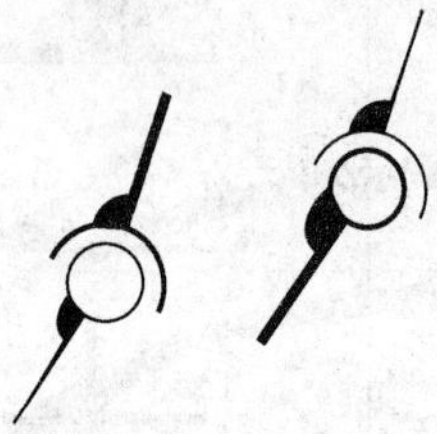		
7.3	双副元素构件			
7.3.1	连接两个回转副的构件	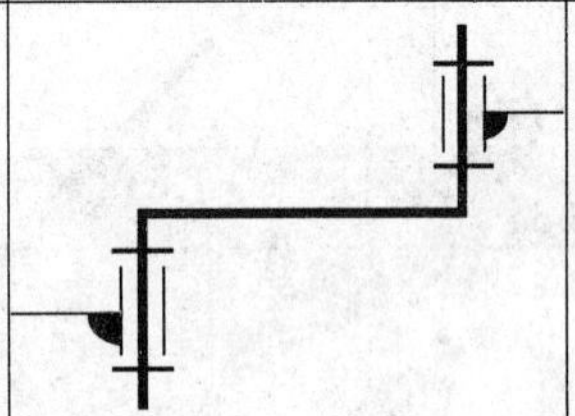		
7.3.1.1	连杆 a）平面机构 b）空间机构	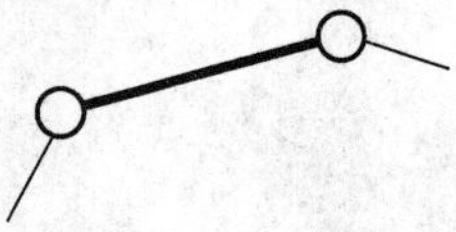 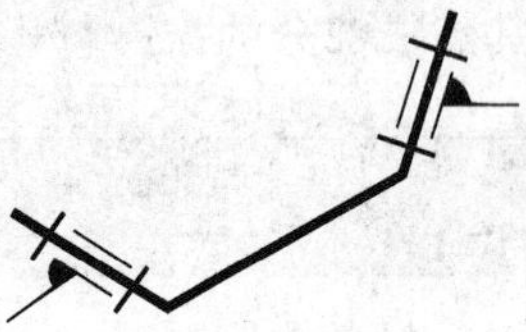		
7.3.1.2	曲柄(或摇杆) a）平面机构 b）空间机构	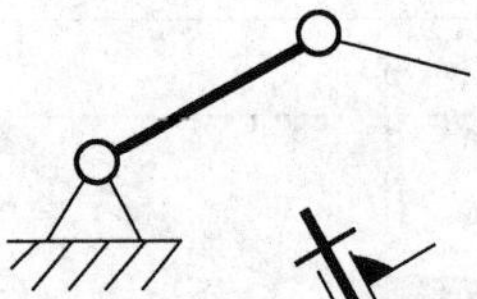 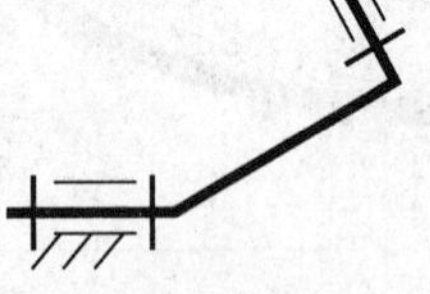		
7.3.1.3	偏心轮	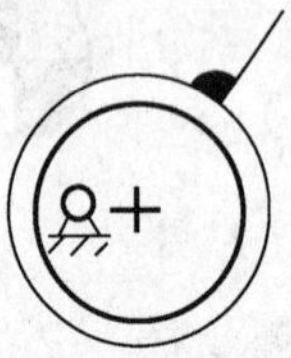		
7.3.2	连接两个棱柱副的构件	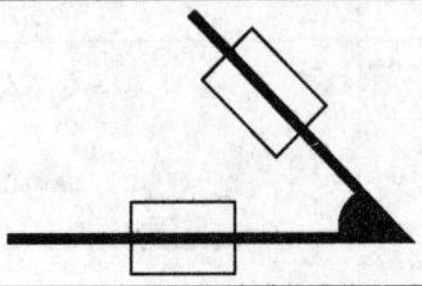		

表 4（续）

条　号	名　称	基本符号	可用符号	附　注
7.3.2.1	通用情况	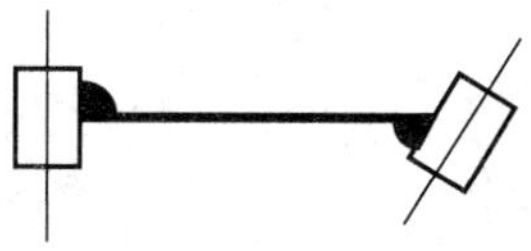		
7.3.2.2	滑块	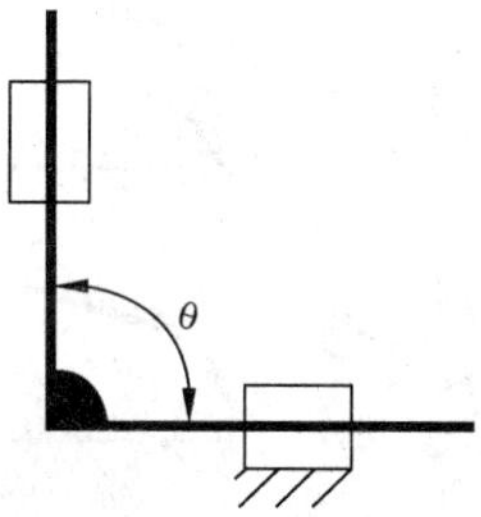	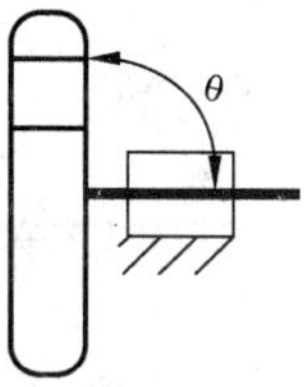	
7.3.3	连接回转副与棱柱副的构件			
7.3.3.1	通用情况	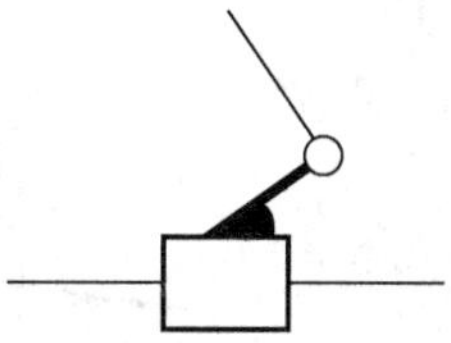		
7.3.3.2	导杆	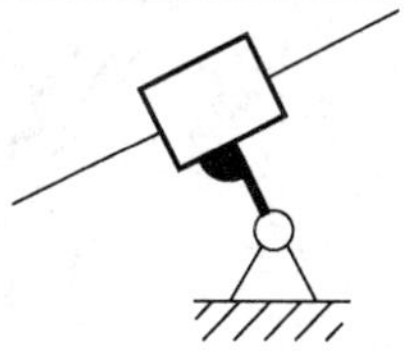 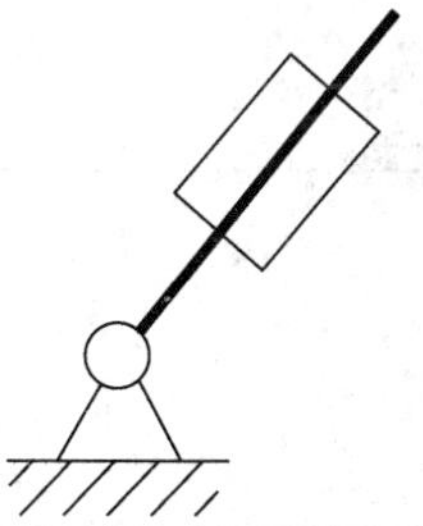		
7.3.3.3	滑块	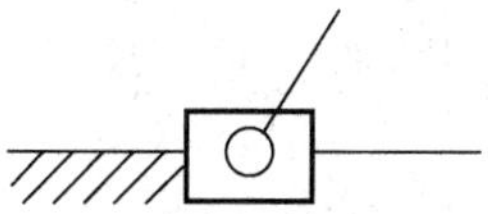		
7.4	三副元素构件	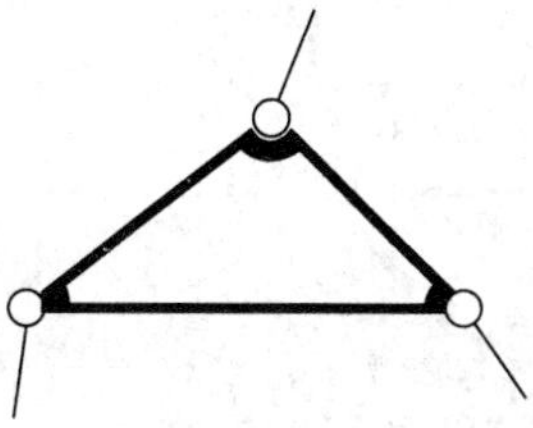	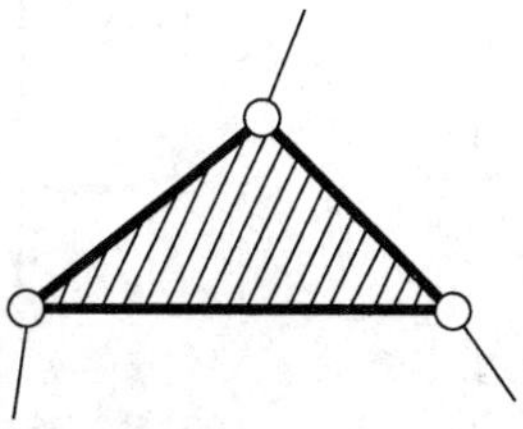	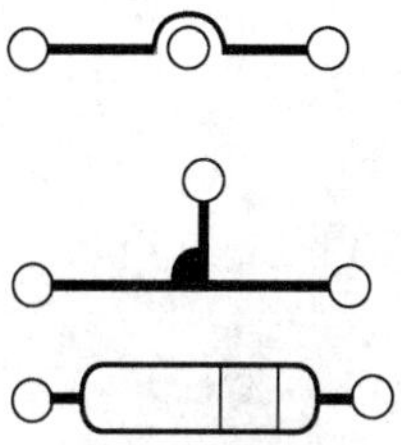
7.5	多副元素构件			符号与双副元素、三副元素构件类似

表 4（续）

条　号	名　称	基本符号	可用符号	附　注
7.6	示例	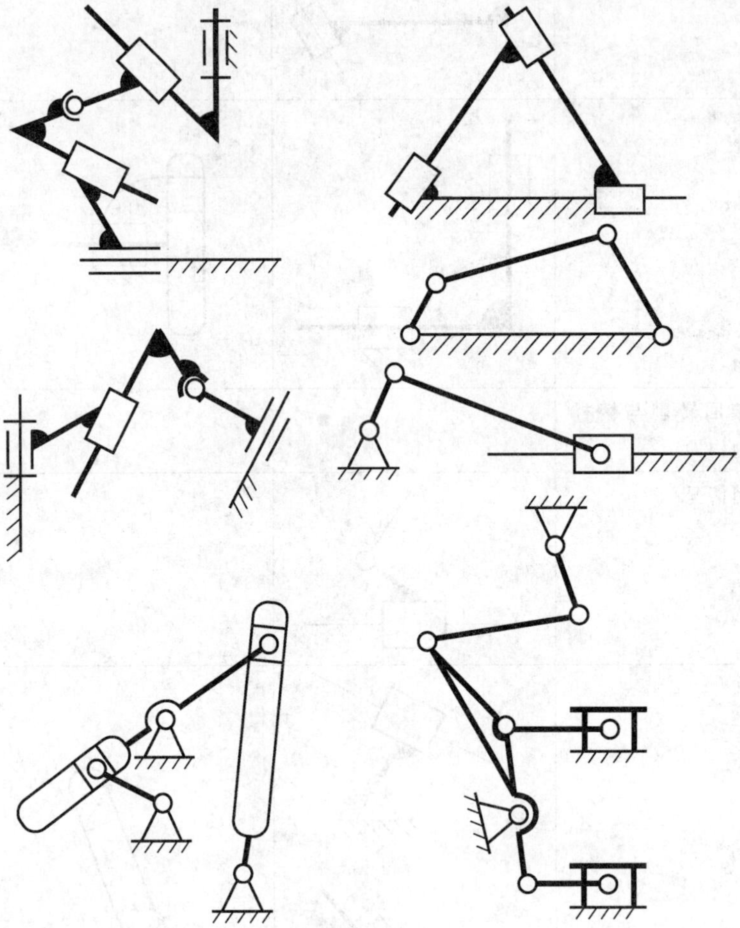		

8　摩擦机构与齿轮机构的简图图形符号

8.1　摩擦机构与齿轮机构的简图图形符号见表 5。

8.2　若用单线绘制轮子，允许在两轮接触处留出空隙，如图 1。

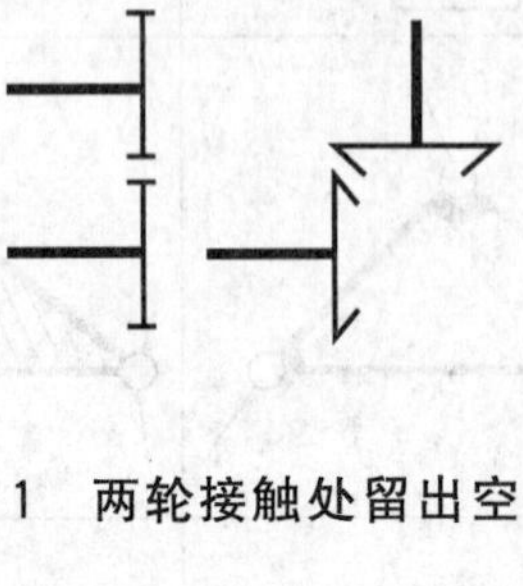

图 1　两轮接触处留出空隙

8.3 绘制摩擦机构时，轮子和轴固定连接的符号，只需画在一个轮子上。

8.4 齿轮和摩擦轮符号的区别是：表示齿圈或摩擦表面的直线相对于表示轮辐平面的直线位置不同，如图2。

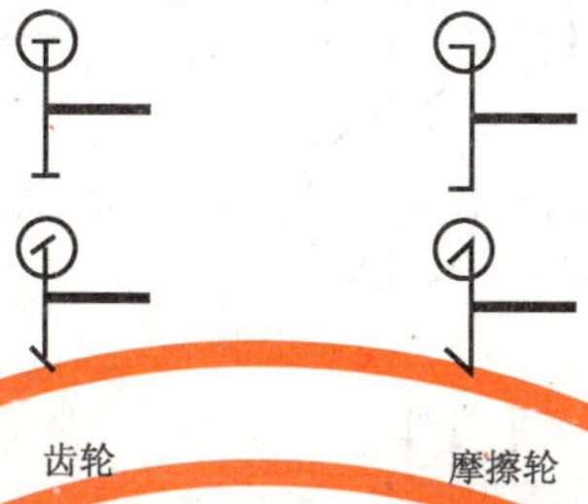

图 2 齿轮与摩擦轮

表 5 摩擦机构与齿轮机构的简图图形符号

条 号	名 称	基本符号	可用符号	附 注
8.1	摩擦机构			
8.1.1	摩擦轮			
	a) 圆柱轮			
	b) 圆锥轮	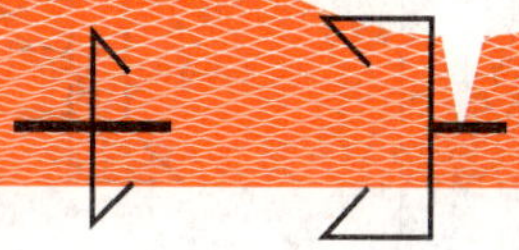	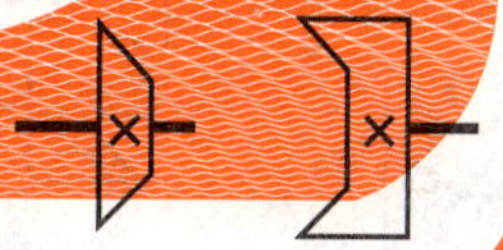	
	c) 曲线轮			
	d) 冕状轮			
	e) 挠性轮	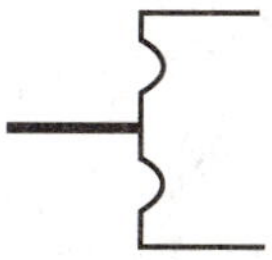		

表 5（续）

条　号	名　称	基本符号	可用符号	附　注
8.1.2	摩擦传动			
	a) 圆柱轮	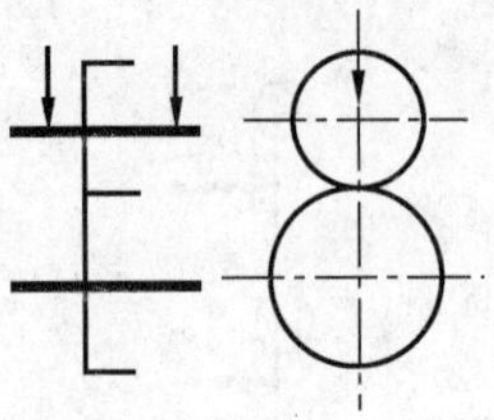	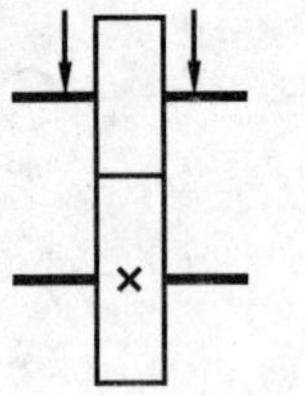	
	b) 圆锥轮	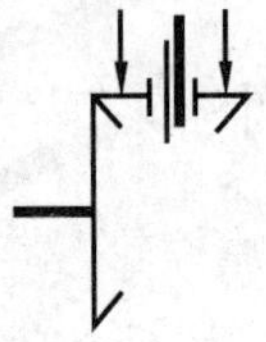	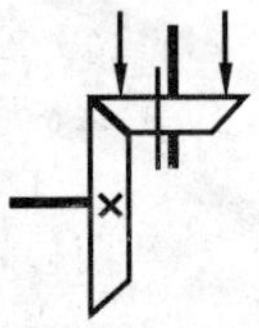	
	c) 双曲面轮		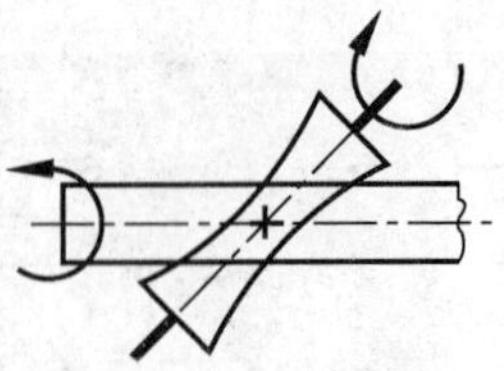	
	d) 可调圆锥轮	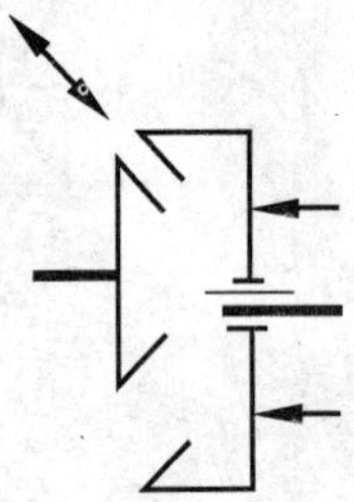	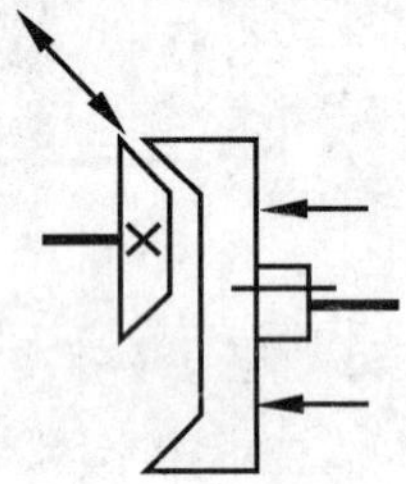	带中间体的可调圆锥轮 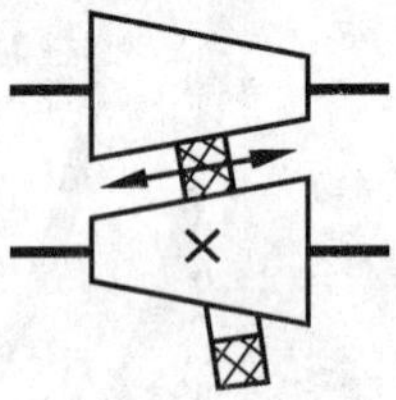 带可调圆环的圆锥轮 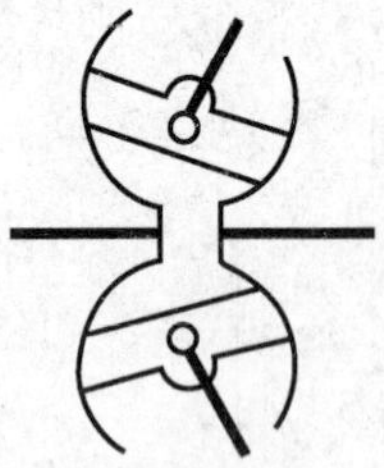 带可调球面轮的圆锥轮 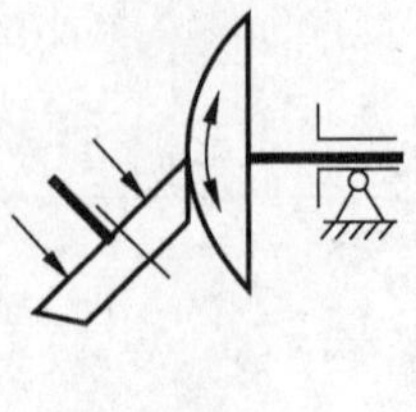
	e) 可调冕状轮	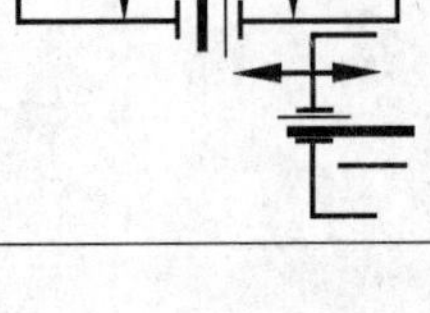	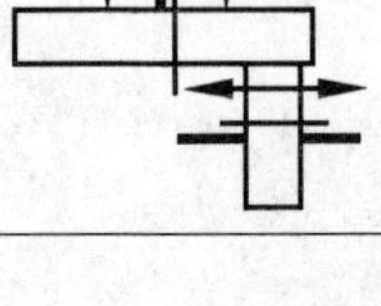	

表 5（续）

条　号	名　称	基本符号	可用符号	附　注
8.2	齿轮机构齿轮(不指明齿线)			
8.2.1	a)　圆柱齿轮	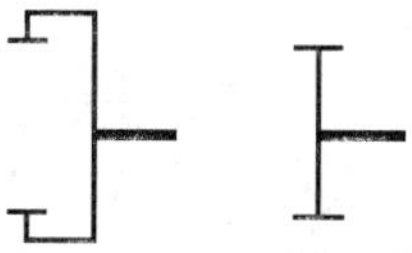		
	b)　圆锥齿轮		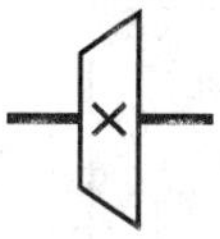	
	c)　挠性齿轮	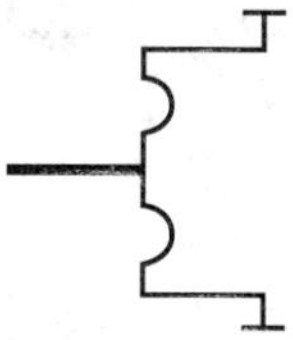		
8.2.2	齿线符号 a)　圆柱齿轮 1)　直齿		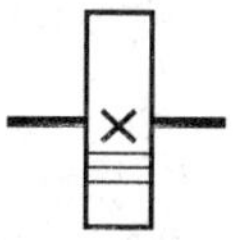	
	2)　斜齿		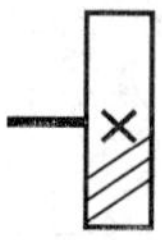	
	3)　人字齿		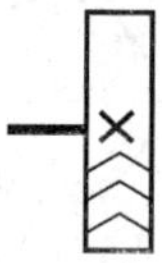	
	b)　圆锥齿轮 1)　直齿	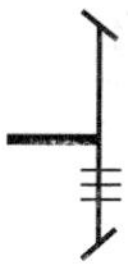	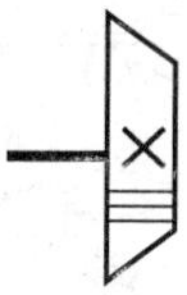	
	2)　斜齿			
	3)　弧齿		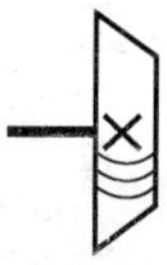	

表 5（续）

条　号	名　称	基本符号	可用符号	附　注
8.2.3	齿轮传动 （不指明齿线） a)　圆柱齿轮	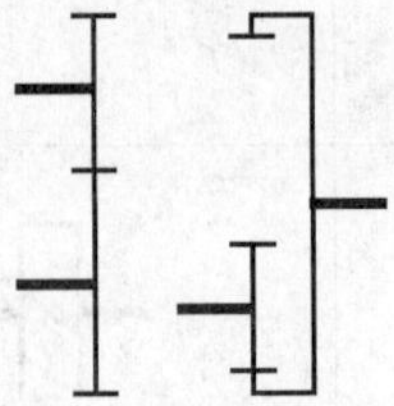	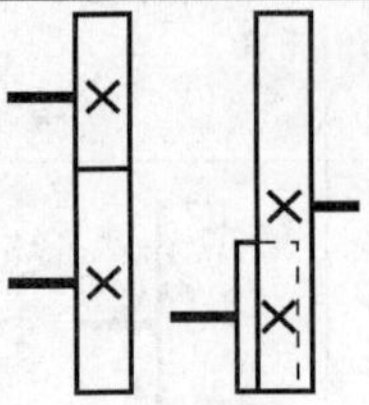	
	b)　非圆齿轮	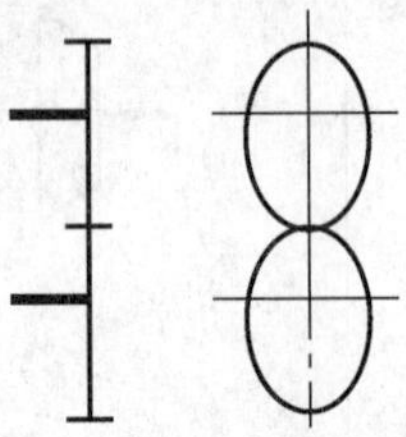	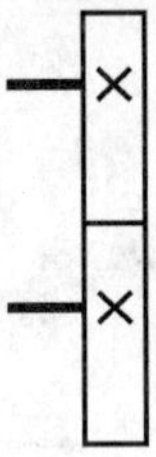	
	c)　圆锥齿轮	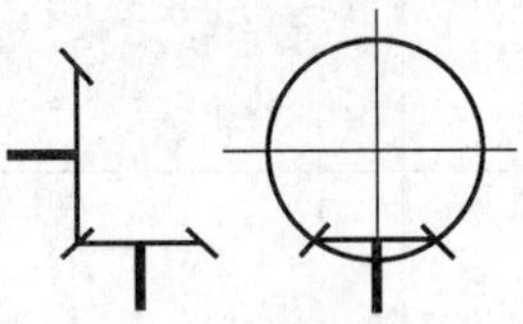	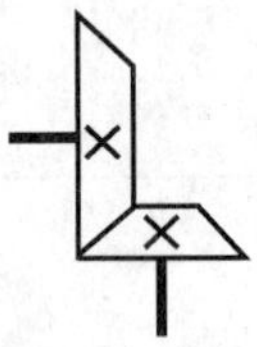	
	d)　准双曲面齿轮	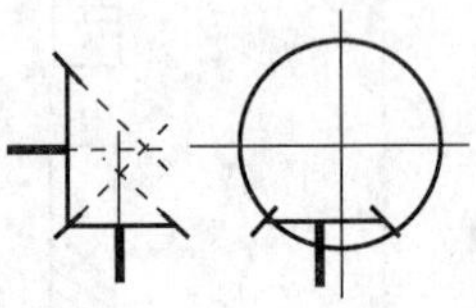	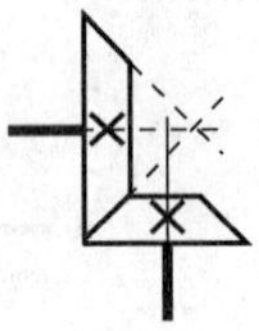	
	e)　蜗轮与 圆柱蜗杆	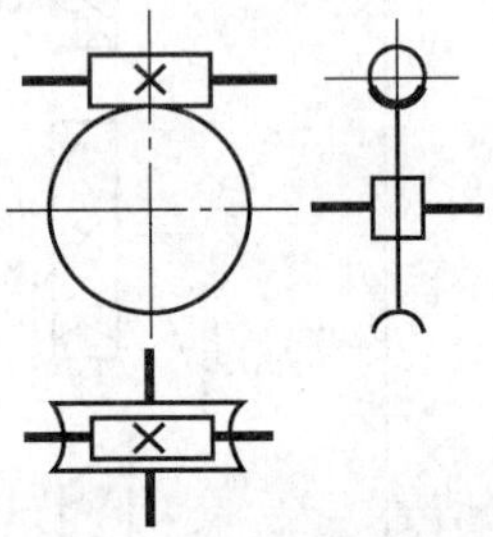	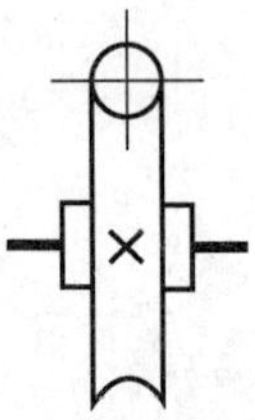	
	f)　蜗轮与球面蜗杆	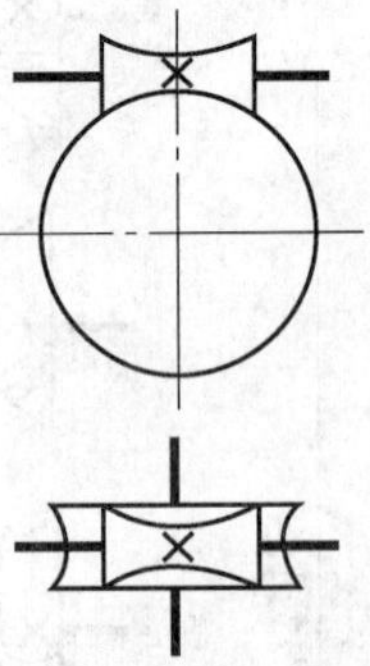	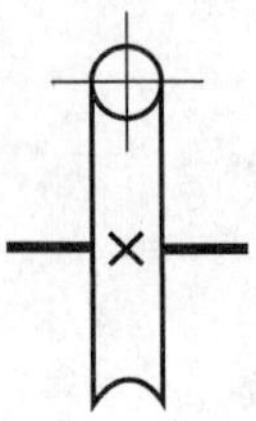	
	g)　交错轴斜齿轮	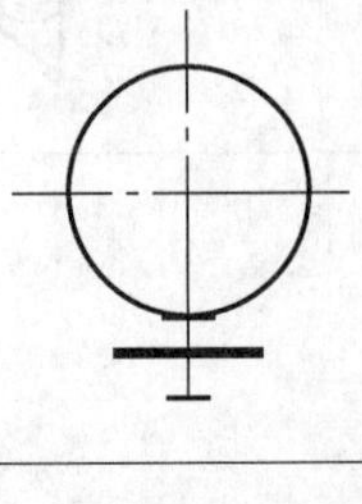	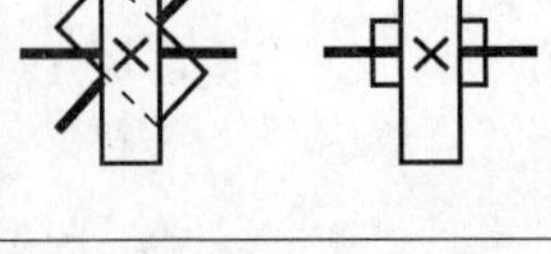	

表 5（续）

条　号	名　称	基本符号	可用符号	附　注
8.2.4	齿条传动 a)　一般表示	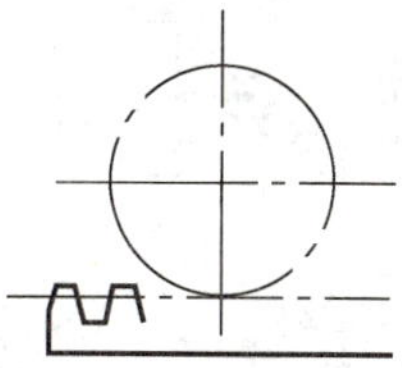	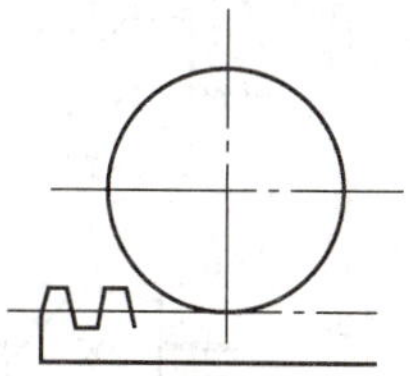	
	b)　蜗线齿条与蜗杆		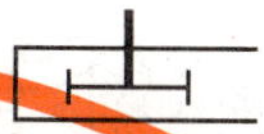	
	c)　齿条与蜗杆		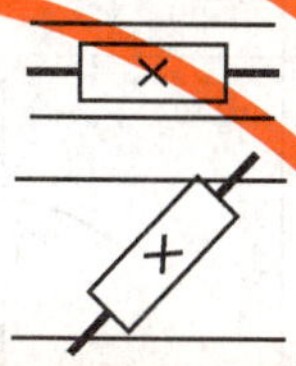	
8.2.5	扇形齿轮传动			

9　凸轮机构的简图图形符号

凸轮机构的简图图形符号见表 6。

表 6　凸轮机构的简图图形符号

条　号	名　称	基本符号	可用符号	附　注
9.1	盘形凸轮	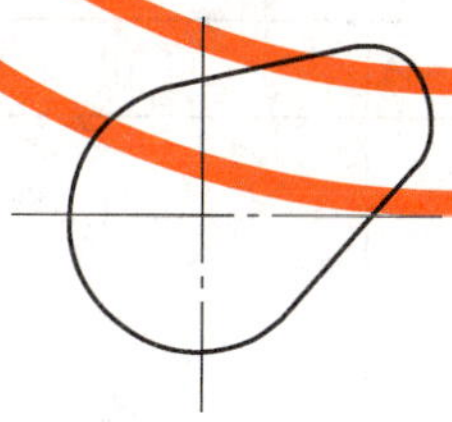		钩槽盘形凸轮 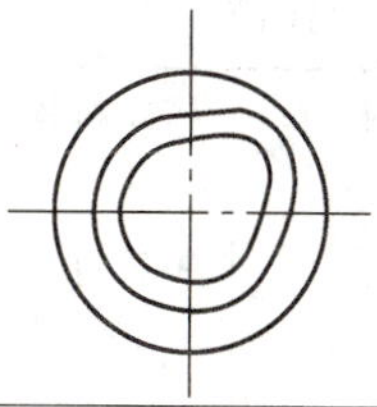
9.2	移动凸轮	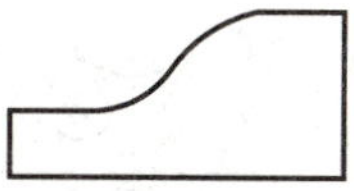		
9.3	与杆固接的凸轮	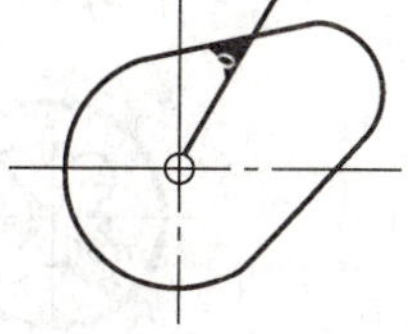		可调连接 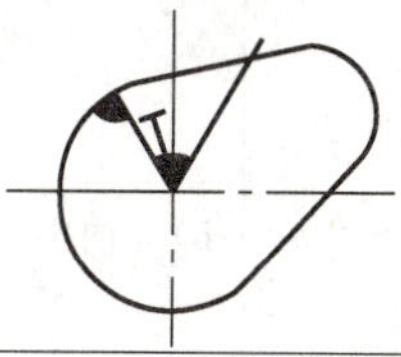

表 6（续）

条　号	名　称	基本符号	可用符号	附　注
9.4	空间凸轮 a）　圆柱凸轮	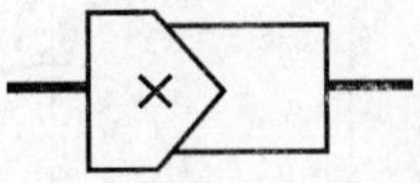	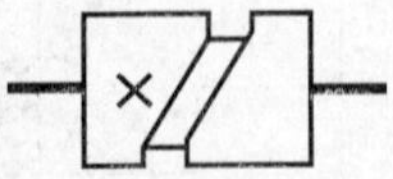	
	b）　圆锥凸轮	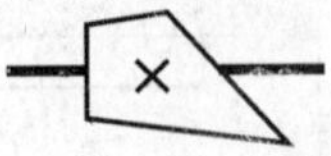	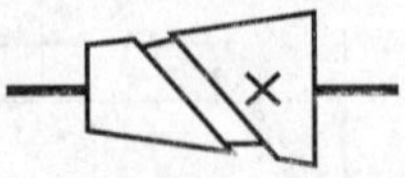	
	c）　双曲面凸轮	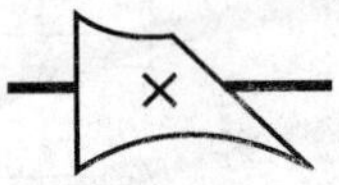	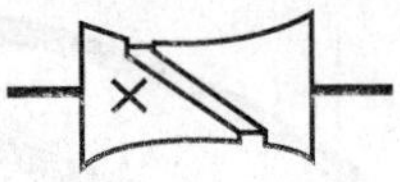	
9.5	凸轮从动杆 a）　尖顶从动杆	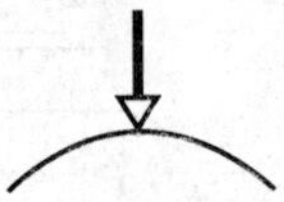		在凸轮副中，凸轮从动杆的符号 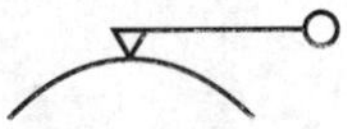
	b）　曲面从动杆	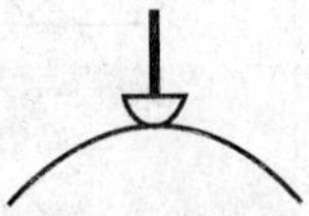		
	c）　滚子从动杆	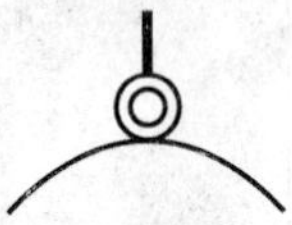		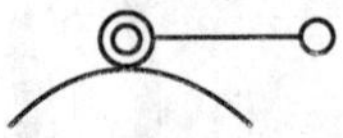
	d）　平底从动杆	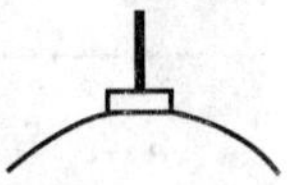		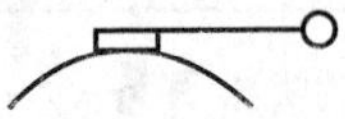

10　槽轮机构和棘轮机构的简图图形符号

槽轮机构和棘轮机构的简图图形符号见表 7。

表 7　槽轮机构和棘轮机构的简图图形符号

条　号	名　称	基本符号	可用符号	附　注
10.1	槽轮机构—— 一般符号	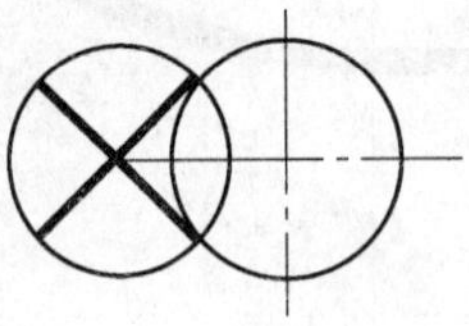		
	a）　外啮合	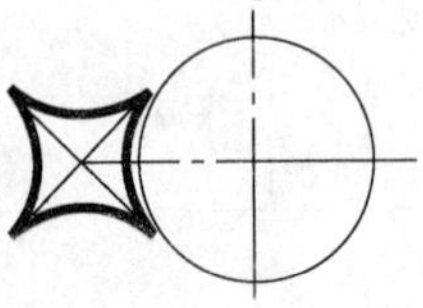	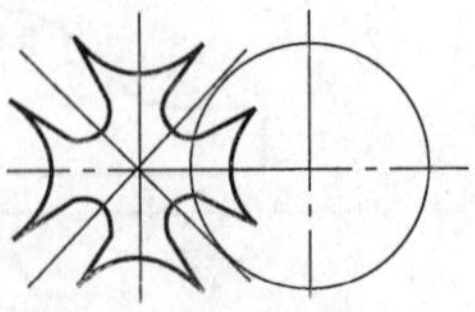	
	b）　内啮合	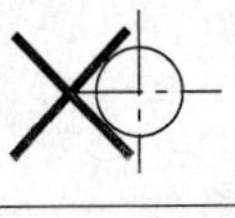		

表 7（续）

条　号	名　称	基本符号	可用符号	附　注
10.2	棘轮机构			
	a)　外啮合	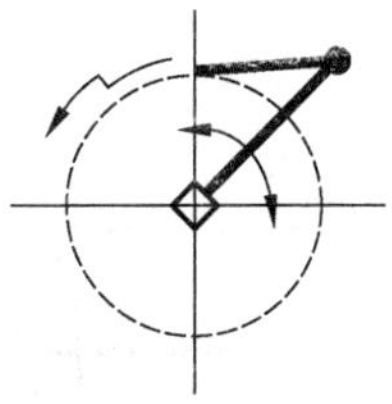	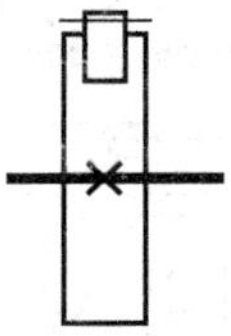 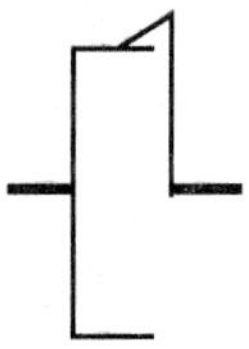	
	b)　内啮合	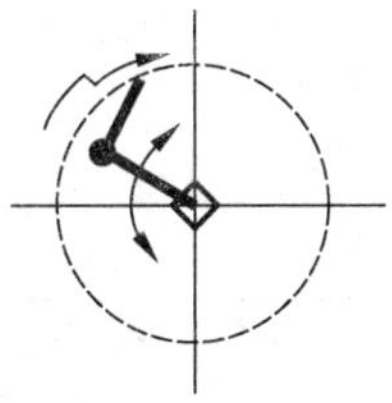	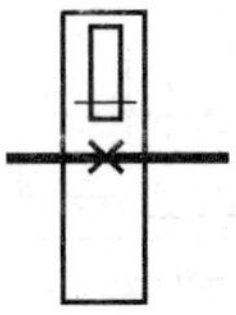 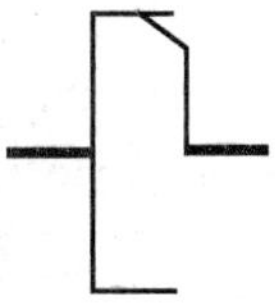	
	c)　棘齿条啮合	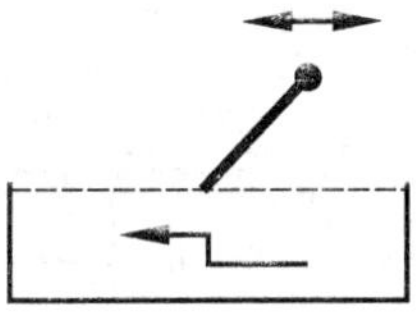		

11　联轴器、离合器及制动器的简图图形符号

联轴器、离合器及制动器的简图图形符号见表 8。

表 8　联轴器、离合器及制动器的简图图形符号

条　号	名　称	基本符号	可用符号	附　注
11.1	联轴器—— 一般符号(不指明类型)			
11.1.1	固定联轴器	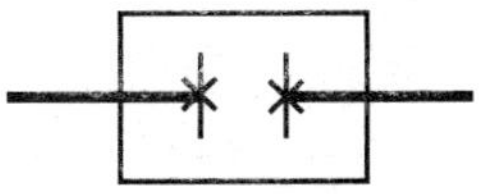		
11.1.2	可移式联轴器	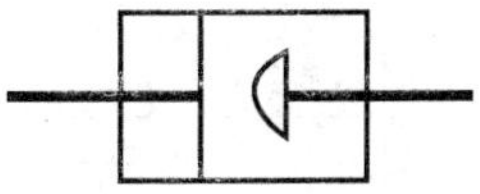		
11.1.3	弹性联轴器	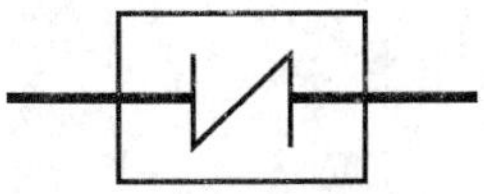		

表 8（续）

条 号	名 称	基本符号	可用符号	附 注
11.2	可控离合器	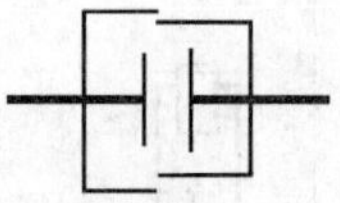		对于 11.2、11.3 及 11.4，当需要表明操纵方式时，可使用下列符号： M——机动的； H——液动的； P——气动的； E——电动的（如电磁）。 例：具有气动开关启动的单向摩擦离合器 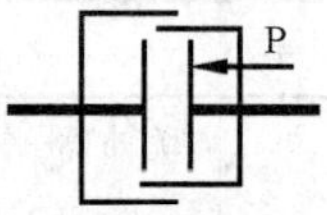
11.2.1	啮合式离合器 a） 单向式 b） 双向式	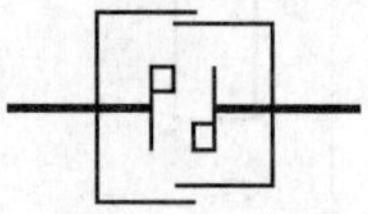 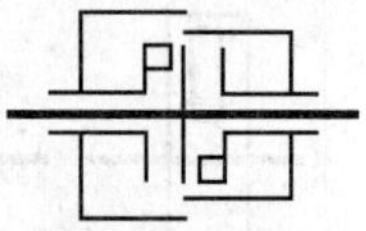	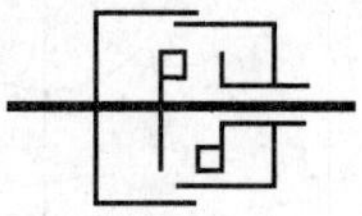	
11.2.2	摩擦离合器 a） 单向式 b） 双向式	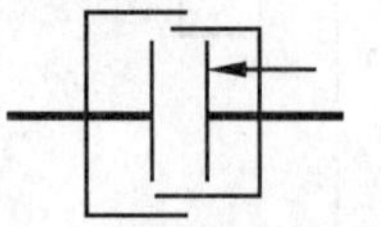 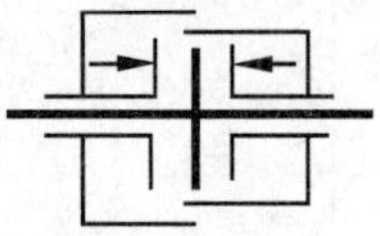	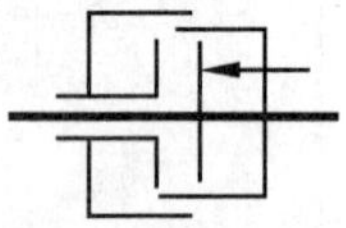 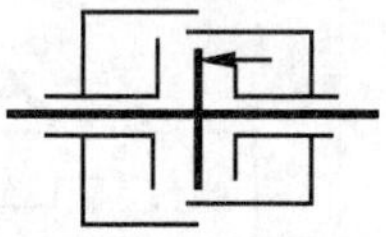	
11.2.3	液压离合器——一般符号	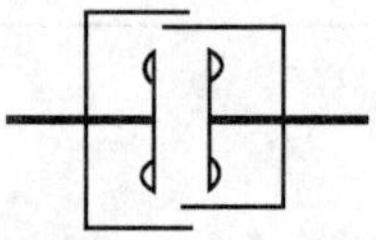		
11.2.4	电磁离合器	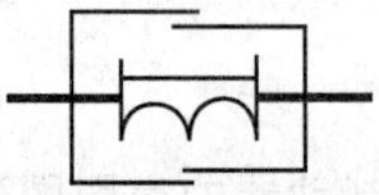		
11.3	自动离合器——一般符号	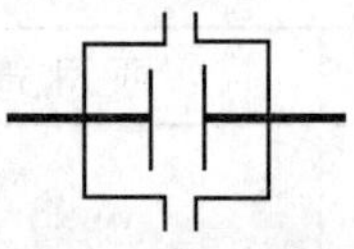		
11.3.1	离心摩擦离合器	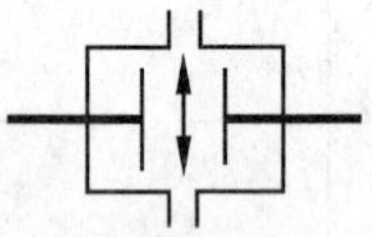		
11.3.2	超越离合器	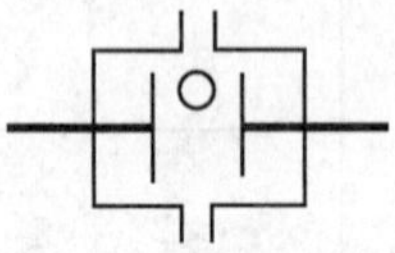		
11.3.3	安全离合器 a） 带有易损元件 b） 无易损元件	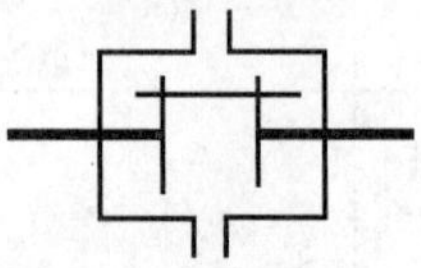 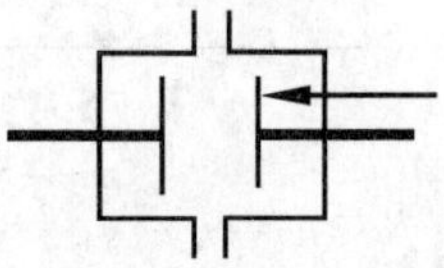		

表 8（续）

条 号	名 称	基本符号	可用符号	附 注
11.4	制动器—— 一般符号			不规定制动器外观

12 其他机构及其组件简图图形符号

其他机构及其组件简图图形符号见表 9。

表 9 其他机构及其组件简图图形符号

条 号	名 称	基本符号	可用符号	附 注
12.1	带传动——一般符号(不指明类型)	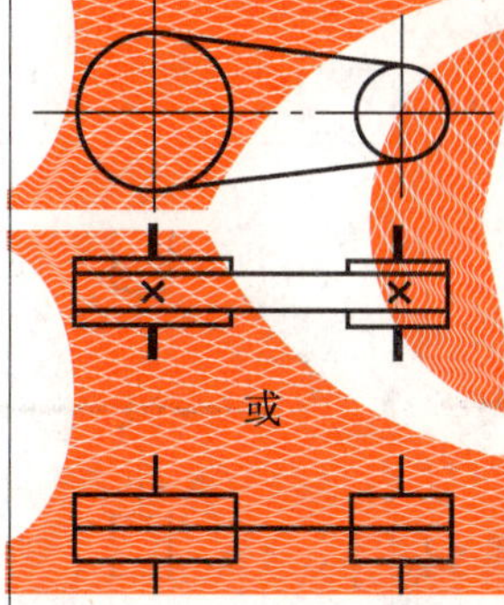		若需指明皮带类型可采用下列符号： 三角带  圆带  同步齿形带  平带  例：三角带传动 
12.2	轴上的宝塔轮	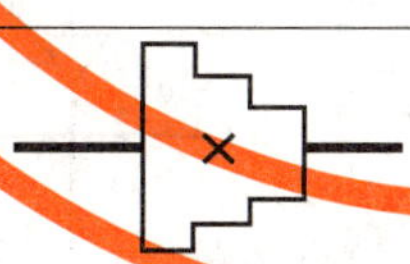		
12.3	链传动——一般符号(不指明类型)	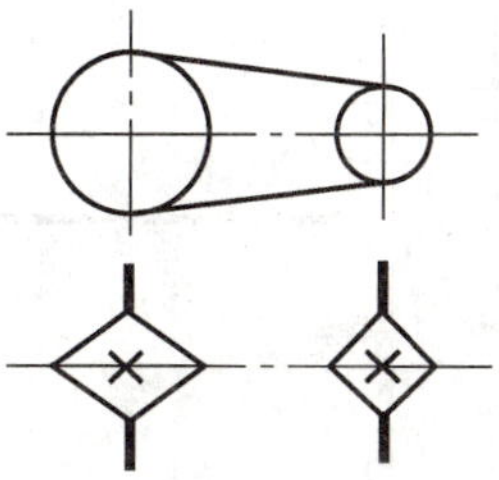		若需指明链条类型，可采用下列符号： 环形链  滚子链 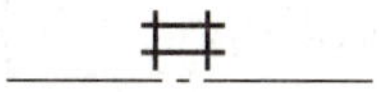 无声链  例：无声链传动 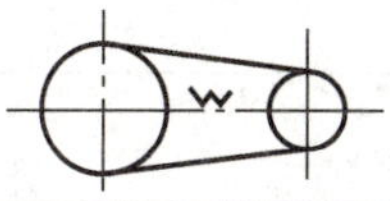

表 9（续）

条　号	名　称	基本符号	可用符号	附　注
12.4 12.4.1	螺杆传动 整体螺母	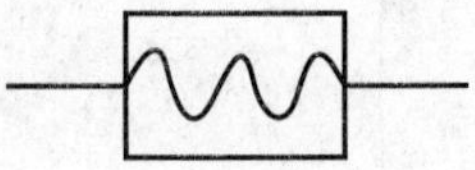		
12.4.2	开合螺母	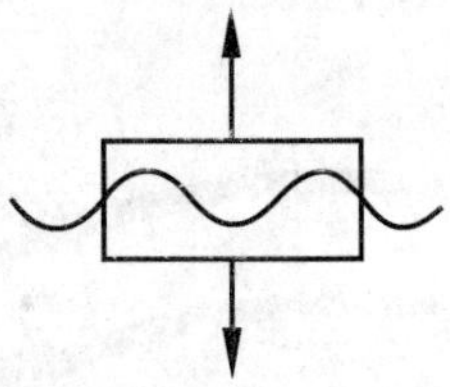	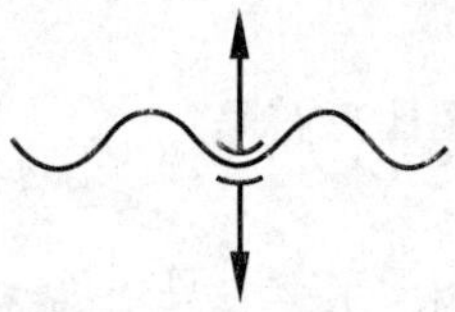	
12.4.3	滚珠螺母		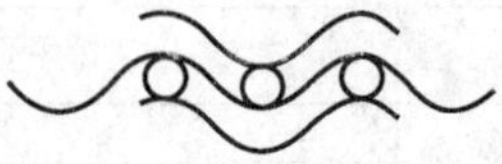	
12.5	挠性轴			可以只画一部分 
12.6	轴上飞轮	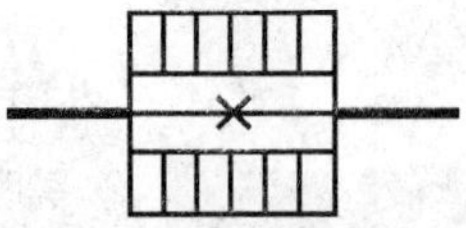	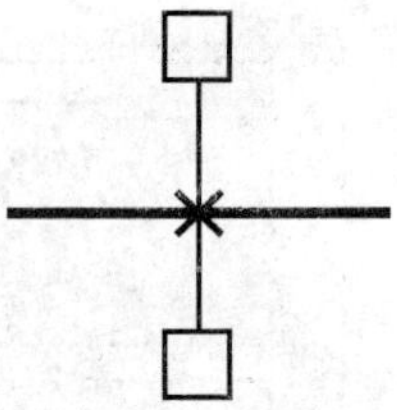	
12.7	分度头	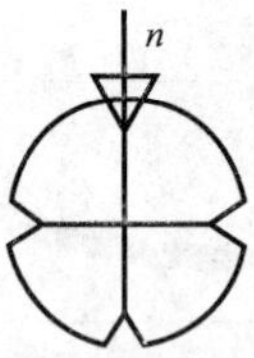	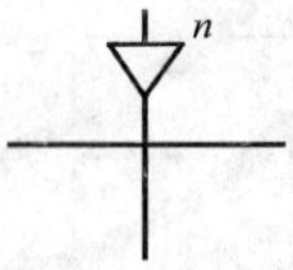	n 为分度数
12.8 12.8.1	轴承 向心轴承 a)　滑动轴承		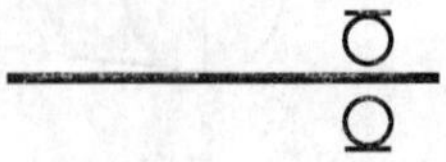	
	b)　滚动轴承	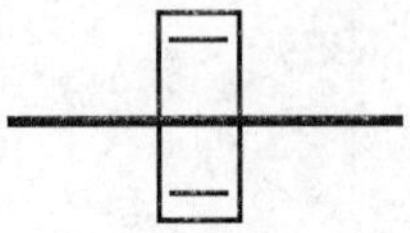		

表 9（续）

条 号	名 称	基本符号	可用符号	附 注
12.8.2	推力轴承 a） 单向	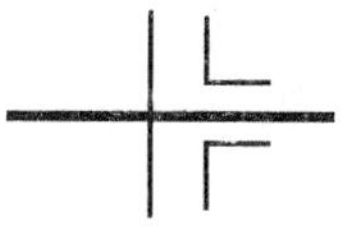		若有需要，可指明轴承型号
	b） 双向	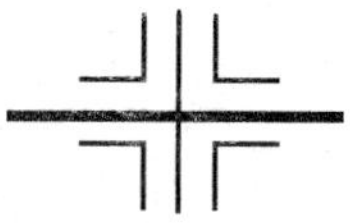		
	c） 滚动轴承	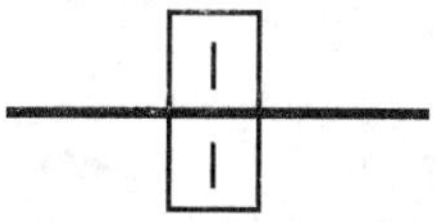		
12.8.3	向心推力轴承 a） 单向	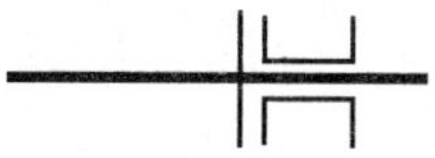		
	b） 双向	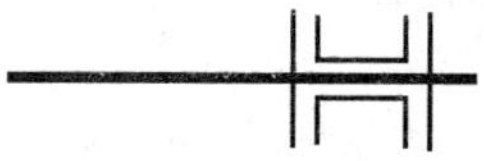		
	c） 滚动轴承	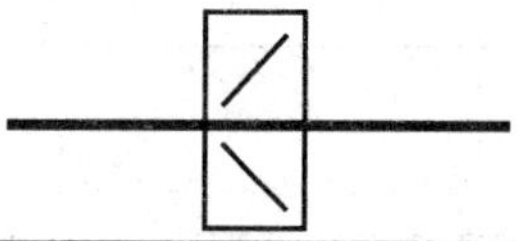		
12.9	弹簧 a） 压缩弹簧	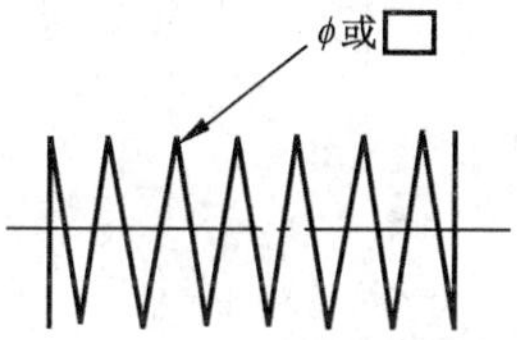 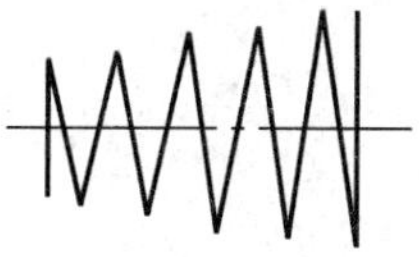		弹簧的符号详见 GB/T 4459.4
	b） 拉伸弹簧	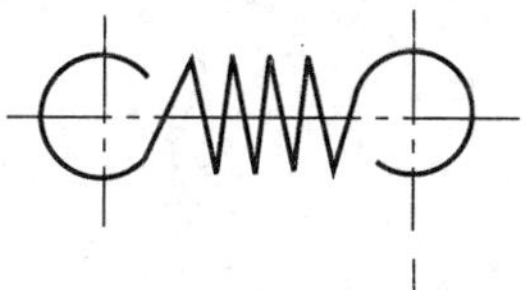		
	c） 扭转弹簧	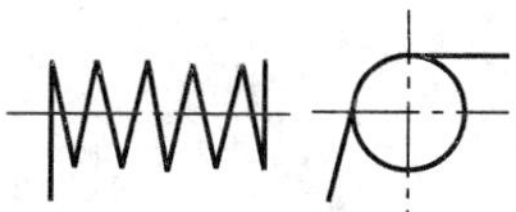		
	d） 碟形弹簧	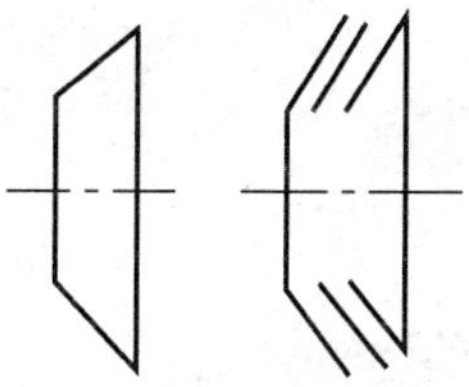		

表 9（续）

条 号	名 称	基本符号	可用符号	附 注
12.9	e) 截锥涡卷弹簧	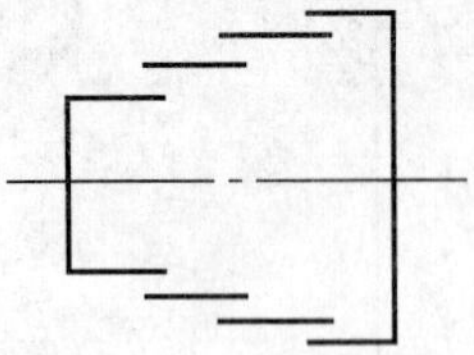		弹簧的符号详见 GB/T 4459.4
	f) 涡卷弹簧	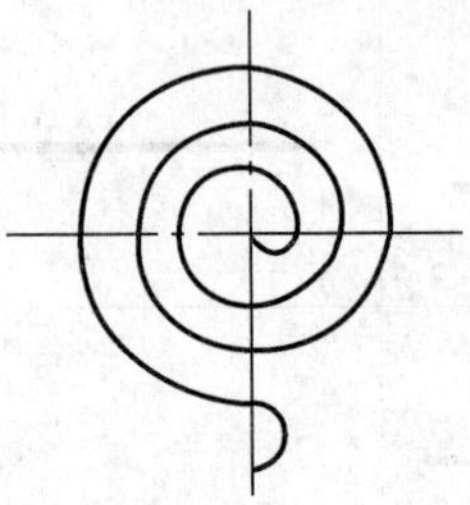		
	g) 板状弹簧	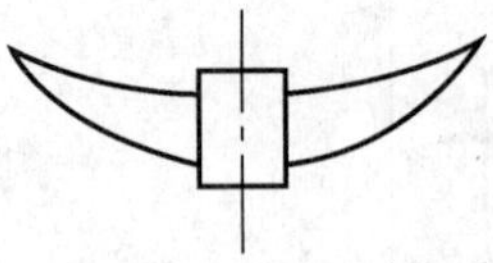		

ICS 83.060
G 40

中华人民共和国国家标准

GB/T 4497.2—2013
代替 GB/T 13250—1991

橡胶 全硫含量的测定 第2部分：过氧化钠熔融法

Rubber—Determination of total sulfur content—Part 2:Sodium peroxide fusion method

(ISO 6528-2:1992,MOD)

2013-07-19 发布　　2013-12-01 实施

中华人民共和国国家质量监督检验检疫总局
中国国家标准化管理委员会 发布

前　言

GB/T 4497《橡胶 全硫含量的测定》分为三个部分：

——第1部分：氧瓶燃烧法；

——第2部分：过氧化钠熔融法；

——第3部分：熔炉燃烧法。

本部分为GB/T 4497的第2部分。

本标准按照GB/T 1.1—2009给出的规则起草。

本部分代替GB/T 13250—1991《硫化橡胶中总硫量的测定　过氧化钠熔融法》。本部分与GB/T 13250—1991相比主要变化如下：

——修改了标准名称；

——修改了标准号；

——增加了警告词；

——增加了对试剂和水的纯度的要求(见第3章)；

——增加了盐酸溶液和乙酸溶液的配制方法描述(见3.6和3.9)；

——修改了分析步骤的细节性描述(见5.1至5.3，1991版的5.1至5.4)；

——将"150 mL(8滴)"改为"150 mg(8滴)"(见5.2，1991版的5.1)；

——增加了试验报告部分(见第7章)。

本部分使用重新起草法修改采用国际标准ISO 6528-2：1992《橡胶　总硫量的测定　第2部分：过氧化钠熔融法》。本部分与ISO 6528-2：1992的主要技术差异及原因为：

——删掉了气体点火式氧弹部分(ISO 6528-2：1992的5.2)，因为气体点火式氧弹安全性差，已被淘汰。

本标准由中国石油和化学工业联合会提出。

本标准由全国橡胶与橡胶制品标准化技术委员会通用试验方法分会(SAC/TC 35/SC 2)归口。

本标准起草单位：国家橡胶及乳胶制品质量监督检验中心、北京橡胶工业研究设计院。

标准起草人：华建坤、郑向前、丁晓英、谢君芳。

本标准的历次版本发布情况为：

——GB/T 13250—1991。

橡胶　全硫含量的测定　第2部分：过氧化钠熔融法

警告——使用本标准的人员应有正规实验室工作的实践经验。本标准并未指出所有可能的安全问题，使用者有责任采取适当的安全和健康措施，并保证符合国家有关法规规定的条件。

1　范围

本标准规定了用过氧化钠熔融法测定橡胶制品中的总硫含量的方法。

本标准适用于以天然橡胶、氯丁橡胶、丁苯橡胶、顺丁橡胶、聚异戊二烯橡胶、乙丙橡胶、丁腈橡胶为原料的橡胶、橡胶制品及硬质橡胶中(包括无机填料中所含的硫)总硫含量测定。

2　原理

橡胶试样和少量乙二醇在氧弹中与过氧化钠发生氧化反应，使硫转化为可溶性硫酸盐，再加沉淀剂氯化钡，生成硫酸钡沉淀，用重量法测定硫含量。

警告：当使用这种方法时应注意到所有有关健康和安全的注意事项。

不遵守本标准的规定或仪器使用说明，可能会产生爆炸。

3　试剂与溶液

3.1　在分析过程中，应使用分析纯级别的试剂和二级水。

3.2　乙二醇。

3.3　颗粒状过氧化钠(遇水即爆燃，应干燥存放)。

3.4　无水碳酸钠(GB/T 639)。

3.5　无水碳酸钙。

3.6　盐酸(ρ=1.18 g/mL)。

3.7　盐酸溶液(1+4)：1体积的盐酸(ρ=1.18 g/mL)加入到4体积的水中。

3.8　氯化钡溶液：50 g/L，将50 g二水合氯化钡($BaCl_2 \cdot 2H_2O$)溶于水中，再加0.5 mL盐酸(ρ=1.18 g/mL)，用水稀释至1 L。

3.9　铜铁试剂溶液：60 g/L，溶解6 g铜铁试剂(N-亚硝基苯胲胺)于100 mL水中；

3.10　乙酸溶液(1+20)：1体积的乙酸(ρ=1.05 g/mL)加入到20体积的水中。

3.11　硝酸银溶液：17 g/L，溶解1.7 g硝酸银于100 mL水中。

4　仪器与设备

4.1　分析天平：精确到0.1 mg。

4.2　氧弹：电子点火式。

4.3　镍坩埚：容量为30 mL。

4.4　马弗炉：控温 600 ℃±25 ℃。

4.5　坩埚式过滤器：G4。

5　分析步骤

5.1　试样

称取 0.05 g～0.30 g（精确到 0.000 1 g）剪碎或碾碎的橡胶试样。

5.2　氧化

用氧弹（4.2）氧化试样（具体应按照制造商说明书进行安全操作）。将 5.1 中试样放入底部铺有 7.0 g～7.5 g 的过氧化钠（3.3）的镍坩埚（4.3）中，加约 150 mg（8 滴）乙二醇（3.2），再加入 7.0 g～7.5 g 过氧化钠（3.3），用玻璃棒搅拌混合，然后将坩埚放到氧弹（4.2）的坩埚架上，接上点火电热丝后，立即盖严氧弹盖，最后接通电源，即完成氧化反应。

过氧化钠一定要与水隔离。操作过程中，如空气湿度过大，可在上层过氧化钠上面加一层 1 mm 厚的无水碳酸钠（3.4），以防止过氧化钠吸水而发生爆燃。

5.3　测定

5.3.1　在空气或水中将氧弹的温度降至室温（在水中冷却时，应注意不要把水弄到接口处），开盖，取出坩埚，观察过氧化钠是否反应完全，如无黄白色过氧化钠颗粒剩余，则将它放入一个盛有 100 mL 水的 600 mL 烧杯中（如发现过氧化钠反应不完全，此试验即作废，取出的坩埚不要直接放在水中，应把它放在干沙上，在至少 2 m 以外的安全距离用水冲洗，否则，将会引起爆炸）。立即用玻璃表面皿盖好，同时用水洗涤氧弹内壁并将洗涤液与上述溶液合并，加热烧杯及内容物，等反应完成后取出坩埚并用水冲洗。

5.3.2　缓缓滴入盐酸溶液（3.7），调节 pH 值到 4（用 pH 试纸测试）。加热至沸腾，然后用慢速定量滤纸将溶液过滤到另一个 600 mL 的烧杯中，用 20 mL 乙酸溶液（3.10）洗涤滤纸。如没有滤渣，可直接按 5.3.4 进行。

5.3.3　若有滤渣，则将其连同滤纸一起移到镍坩埚（4.3）中，灰化后，加入 0.5 g 碳酸钠（3.4）和 0.5 g 碳酸钙（3.5），在 900 ℃～1 000 ℃下加热到明显熔融，冷却后连坩埚（4.3）一起放入一盛有 100 mL 水的 200 mL 烧杯中，加热到 50 ℃左右，保持 10 min 后再过滤，用水洗涤滤渣，并用盐酸溶液（3.7）调节滤液的 pH 到 4，冷却，然后一边搅拌一边加 5 mL 铜铁试剂溶液（3.9），以使钛盐沉淀，静置 30 min 后过滤，用水洗涤，滤液与 5.3.2 得到的滤液合并在一起。

5.3.4　把混合滤液稀释到 300 mL，加热至沸腾，在不断搅拌下缓缓滴加 10 mL 热氯化钡溶液（3.8），停放 5 min，再用滴管沿容器壁滴加氯化钡溶液（3.8）于上层清液中，无浑浊表明沉淀已完全，否则，应继续加氯化钡溶液（3.8），直至沉淀完全为止，停放 4 h 以上，然后用在 600 ℃恒重过的坩埚式过滤器（4.5）过滤，收集沉淀，并用温水洗涤至滤出液滴入硝酸银溶液（3.11）无白色沉淀。将坩埚式过滤器放入 150 ℃的烘箱中干燥 20 min 后，移入 600 ℃的马弗炉（4.4）中，加热 30 min 取出，放在干燥器中冷却至室温后称重，精确至 0.000 1 g。重复加热称重步骤，直至连续两次称重的质量之差低于 0.000 3 g。

5.4　空白试验

不加试样，其他步骤同 5.2～5.3。

6 分析结果的表达

6.1 计算

用质量分数表示的总硫含量 w，单位以%表示，按式(1)计算：

$$w=\frac{(m_2-m_1)\times 0.1374}{m}\times 100\% \qquad (1)$$

式中：

m ——试样的质量，单位为克(g)；

m_1 ——空坩埚式过滤器的质量，单位为克(g)；

m_2 ——经空白试验校正后的坩埚式过滤器及内容物的质量，单位为克(g)；

0.137 4——硫酸钡换算成硫的换算因数。

如重现性满足6.2的要求，则最少取两次测试结果的算术平均值作为试验结果。

6.2 重现性

本方法的重现性数据如下：

表1 数据的重现性

总硫含量测定平均值(质量分数)/%	与平均值的偏差/%
<1	±0.1
1~5	±0.2
>5	±0.3

7 试验报告

试验报告应包括以下内容：

a) 本标准名称及编号；

b) 能够完整描述样品的所有细节；

c) 在试验过程中出现的异常现象；

d) 测试结果；

e) 试验日期。

ICS 83.060
G 40

中华人民共和国国家标准

GB/T 4498.1—2013
代替 GB/T 4498—1997

橡胶 灰分的测定 第1部分:马弗炉法

Rubber—Determination of ash— Part 1:Muffle furnace method

(ISO 247:2006,Rubber—Determination of ash,MOD)

2013-12-31 发布 2014-09-01 实施

中华人民共和国国家质量监督检验检疫总局
中国国家标准化管理委员会 发布

前　言

GB/T 4498《橡胶　灰分的测定》分为两个部分：

——第1部分：马弗炉法；

——第2部分：热重分析法。

本部分为GB/T 4498的第1部分。

本部分按照GB/T 1.1—2009给出的规则起草。

本部分代替GB/T 4498—1997《橡胶　灰分的测定》，与GB/T 4498—1997相比，除编辑性修改外主要技术变化如下：

——修改了标准名称；

——修改了规范性引用文件中的引用标准(见第2章，1997版的第2章)；

——仪器中增加了分析天平(见5.1)；

——增加了试样的大小和通入空气的时间(见7.1、7.2)；

——增加了直接灰化法(见7.1)；

——增加了混炼胶的允许差(见9.3)。

本部分使用重新起草法修改采用ISO 247:2006《橡胶　灰分的测定》。本部分与ISO 247:2006的主要技术性差异及原因如下：

——修改了标准名称；

——规范性引用文件一章所列的国际标准分别用采用该文件的我国国家标准代替(见第2章)；

——仪器中增加了分析天平、调温电炉(见5.1、5.4)；

——增加了试样的大小和通入空气的时间，易于操作(见7.1、7.2)；

——增加了直接灰化法，易于操作(见7.1)；

——增加了方法的允许差，提高可操作性(见第9章)。

本部分由中国石油和化学工业联合会提出。

本部分由全国橡胶与橡胶制品标准化技术委员会(SAC/TC 35)归口。

本部分起草单位：中国石油天然气股份有限公司石油化工研究院、中国热带农业科学院农产品加工研究所。

本部分主要起草人：李晓银、卢光、杨芳、吴毅、翟月勤、魏玉丽、孙丽君、李淑萍。

本部分所代替标准的历次版本发布情况：

——GB 4498—84；GB/T 4498—1997；

——GB 6736—86；

——GB 8085—87。

橡胶 灰分的测定
第1部分:马弗炉法

警告——使用本标准的人员应熟悉正规实验室操作规程。本标准无意涉及因使用本标准可能出现的所有安全问题。制定相应的安全和健康规程并确保符合国家法规是使用者的责任。

1 范围

GB/T 4498 的本部分规定了测定生橡胶、混炼胶和硫化橡胶灰分的两种方法。除下列所述限制外,本部分适用于 GB/T 5576 中的 M、N、O、R 和 U 类的生橡胶、混炼胶或硫化橡胶。

——方法 A 不适用于测定含氯、溴或碘的各种混炼胶和硫化橡胶的灰分。

——方法 B 适用于测定含有氯、溴或碘的混炼胶或硫化橡胶,但不适用于未混炼橡胶。

——含锂和氟的化合物可能会与石英坩埚反应生成挥发性化合物,致使灰分的测定结果偏低。灰化含氟橡胶和锂聚合橡胶应使用铂坩埚。

本部分不涉及解释因混炼胶或硫化橡胶中的无机配合剂而产生的灰分。这是分析工作者的责任,他们应该了解各种橡胶配合剂在高温下的行为。

这两种方法不一定能得到相同的结果,因此在试验报告中应说明所用的方法。

2 规范性引用文件

下列文件对于本文件的应用是必不可少的。凡是注日期的引用文件,仅注日期的版本适用于本文件。凡是不注日期的引用文件,其最新版本(包括所有的修改单)适用于本文件。

GB/T 5576 橡胶和胶乳 命名法(GB/T 5576—1997,idt ISO 1629:1996)

GB/T 15340 天然、合成生胶取样及其制样方法(GB/T 15340—2008,ISO 1795:2000,IDT)

GB/T 24131 生橡胶 挥发分含量的测定(GB/T 24131—2009,ISO 248:2005,MOD)

3 方法概要

3.1 方法 A

将已称量试样放入坩埚中,在调温电炉(或本生灯)上加热。待挥发性的分解产物逸去后,将坩埚转移到马弗炉中继续加热直至含碳物质被全部烧尽,并达到质量恒定。

3.2 方法 B

将已称量试样放入坩埚中,在硫酸存在下用调温电炉(或本生灯)加热,然后放入马弗炉内灼烧,直至含碳物质被全部烧尽,并达到质量恒定。

4 试剂

硫酸(仅用于方法 B):分析纯,$\rho=1.84\ g/cm^3$。

5 仪器

5.1 分析天平:能够精确至 0.1 mg。

5.2 坩埚:容积约为 50 mL 的瓷坩埚、石英坩埚或铂坩埚。对于合成生橡胶,可用每克试样至少 25 mL 容积的坩埚。

5.3 耐热隔热板:100 mm×100 mm,厚度约 5 mm,中心开有放坩埚(5.2)的圆孔。使坩埚约三分之二的部分露于此板之下。

注:可使用石棉板。

5.4 调温电炉或本生灯。

5.5 马弗炉:装有烟道并能控制通入炉内的气流(可以用炉门开度的大小来调节)。备有温控装置,使炉温保持在 550 ℃±25 ℃或 950 ℃±25 ℃。

6 取样与试样制备

6.1 天然生橡胶试样应从按 GB/T 15340 制得的均匀化胶样中切取。合成生橡胶试样应从按 GB/T 24131 测定完挥发分后的干胶中切取。

6.2 混炼胶试样应用手工剪碎。

6.3 硫化橡胶试样应在开炼机上压成薄片或压碎,也可用手工剪碎。

6.4 混炼胶和硫化橡胶试样应具有代表性。

7 操作步骤

7.1 方法 A

将清洁而规格适当的空坩埚(5.2)放在温度为 550 ℃±25 ℃的马弗炉(5.5)内加热约 30 min,取出放入干燥器中冷却至室温,称量,精确至 0.1 mg。根据估计的灰分量,称取约 5 g 生橡胶试样或 1 g～5 g 混炼胶或硫化橡胶试样,精确至 0.1 mg,剪成边长不大于 5 mm 的颗粒。将试样放入耐热隔热板(5.3)上的坩埚内。在通风橱中,用调温电炉(或本生灯)(5.4)慢慢加热坩埚,避免试样着火。如果试样因溅出或溢出而损失,必须重新取试样,按照上述步骤重新试验。

将橡胶分解炭化后,逐渐升高温度直至挥发性分解物质排出,留下干的炭化残余物。将盛有残余物的坩埚移入炉温 550 ℃± 25 ℃马弗炉中,加热 1 h 后微启炉门通入足量的空气使残余物氧化。

继续加热直至炭化残余物变成灰为止。从炉中取出坩埚,放入干燥器中冷却至室温,称量,精确至 0.1 mg。将此坩埚再放入 550 ℃±25 ℃的马弗炉中加热约 30 min,取出放入干燥器中冷却至室温,再称量,精确至 0.1 mg。对于生橡胶,前后两次质量之差不应大于 1 mg 为质量恒定,对于混炼胶和硫化橡胶,不应大于灰分的 1%。如果达不到此要求,重新加热、冷却、称量,直至连续两次称量结果之差符合上述要求为止。

对于生橡胶和部分混炼胶、硫化橡胶,可采用直接灰化法。将已称量试样用直径为 11 cm～15 cm 的定量滤纸包裹,置于预先在 550 ℃±25 ℃恒重的坩埚内,将坩埚直接放入温度为 550 ℃±25 ℃马弗炉中,迅速关闭炉门,加热 1 h 后微启炉门通入足量的空气,继续加热直至含碳物质被全部烧尽,并达到上述质量恒定。

注:对于混炼胶和硫化橡胶,所用温度可以为 950 ℃±25 ℃。

7.2 方法 B

将清洁而规格适当的空坩埚(5.2)放在温度为 950 ℃±25 ℃的马弗炉(5.5)内加热约 30 min,取出放入干燥器中冷却至室温,称量,精确至 0.1 mg。称取 1 g～5 g 混炼胶或硫化橡胶试样,精确至 0.1 mg,剪成边长不大于 5 mm 的颗粒。将试样放入坩埚内,加入约 3.5 mL 浓硫酸,使橡胶完全润湿。将装有试样的坩埚置于耐热隔热板(5.3)孔内。在通风橱中,用调温电炉(或本生灯)(5.4)慢慢加热。如果反应开始阶段,混合物膨胀严重,则撤掉热源以避免试样的损失。

当反应变得较为缓慢时,升高温度,直到过量的硫酸挥发掉,留下干的炭化残余物为止。将盛有残余物的坩埚移入温度为 950 ℃±25 ℃的马弗炉中加热约 1 h,直到被氧化成净灰为止。从马弗炉中取出盛灰的坩埚放入干燥器中冷却至室温,称量,精确至 0.1 mg。然后再将此盛灰坩埚放入 950 ℃±25 ℃的马弗炉中,加热约 30 min 后,取出放入干燥器中冷却至室温,再称量,精确至 0.1 mg。

如果两次称量之差大于灰分的 1%,则重复加热、冷却和称量操作步骤,直至连续两次称量之差小于灰分的 1%为质量恒定。

8 结果计算

灰分含量 x 以试样的质量分数计,按式(1)进行计算:

$$x = \frac{m_2 - m_1}{m_0} \times 100\% \qquad (1)$$

式中:

m_2——坩埚与灰分质量,单位为克(g);

m_1——空坩埚质量,单位为克(g);

m_0——试样的质量,单位为克(g)。

取两次平行测定结果的平均值作为试验结果。所得结果表示至两位小数。

9 允许差

9.1 天然生橡胶

两次平行测定结果之差不大于 0.02%。

9.2 合成生橡胶

——灰分含量小于 0.07%时,两次平行测定结果之差不大于 0.02%;

——灰分含量在 0.08%～0.24%时,两次平行测定结果之差不大于 0.03%;

——灰分含量在 0.25%～1.00%时,两次平行测定结果之差不大于 0.08%。

9.3 混炼胶和硫化橡胶

——灰分含量在 1.00%～5.00%时,两次测定平行结果之差不大于 0.20%;

——灰分含量在 5.00%～10.00%时,两次测定平行结果之差不大于 0.30%;

——灰分含量在 10.00%～50.00%时,两次测定平行结果之差不大于 0.40%。

10 试验报告

试验报告应包括下列内容：

a） 本部分的编号；

b） 关于样品的详细说明；

c） 采用的方法(方法 A、直接灰化法或方法 B)；

d） 试验温度，以及方法 A 选用 950 ℃的理由；

e） 试验结果；

f） 试验日期。

ICS 61.080
Y 17

中华人民共和国国家标准

GB/T 4516—2013
代替 GB/T 4516—1995

家用缝纫机 缝厚能力测试方法

Household sewing machine—Determination of sewing capacity

(ISO 4815:1980,MOD)

2013-12-31 发布 2014-12-01 实施

中华人民共和国国家质量监督检验检疫总局
中国国家标准化管理委员会 发布

前　言

本标准按照 GB/T 1.1—2009 给出的规则起草。

本标准代替 GB/T 4516—1995《家用缝纫机　缝厚能力测试方法》。

本标准与 GB/T 4516—1995 相比，主要技术变化如下：

——对原标准“规范性引用文件”作了修改，引用了这些文件的最新版本；

——将原标准中“试料”修改为“缝料”。

本标准使用新起草法修改采用 ISO 4815：1980《家用缝纫机　缝厚能力测试方法》。

本标准与 ISO 4815：1980 的技术性差异及其原因如下：

——关于规范性引用文件，本标准做了具有技术性差异的调整，以适应我国的技术条件，调整的情况集中反映在第 2 章“规范性引用文件”中，具体调整如下：

- 增加了 GB/T 406—2008(见 3.1)；
- 增加了 GB/T 6836—2007(见 3.2)；
- 增加了 QB/T 1514—2011(见 3.3)。

——删除了 ISO 4815：1980 的第 3 章“定义”、第 4 章“原则”和附件内容，修改了图 1 和图 2 的内容。

本标准与 ISO 4815：1980 在结构上有调整，ISO 4815：1980 的第 4 章、第 5 章、第 6 章、第 7 章、第 8 章、第 9 章分别调整为本标准的 4.1、第 3 章、4.2、4.3、第 5 章、第 6 章。

本标准由中国轻工业联合会提出。

本标准由全国缝制机械标准化技术委员会(SAC/TC 152)归口。

本标准主要起草单位：国家缝纫机质量监督检验中心、上海市缝纫机研究所、浙江新飞跃缝纫机股份有限公司。

本标准主要起草人：王伟刚、张维青、叶普昌。

本标准首次发布于 1995 年。

家用缝纫机
缝厚能力测试方法

1 范围

本标准规定了家用缝纫机缝厚能力测试方法的缝料和器具、测试方法、测试要求和测试报告。

本标准适用于电动机驱动的家用缝纫机，也可用于手动或脚踏驱动的家用缝纫机。

2 规范性引用文件

下列文件对于本文件的应用是必不可少的。凡是注日期的引用文件，仅注日期的版本适用于本文件。凡是不注日期的引用文件，其最新版本(包括所有的修改单)适用于本文件。

GB/T 406—2008 棉本色布

GB/T 6836—2007 缝纫线

QB/T 1514—2011 家用缝纫机 机针

3 缝料和器具

3.1 缝料

按 GB/T 406—2008 中规定的卡其(中特)，将其裁成长 200 mm，宽 90 mm 的缝料。

3.2 缝线

按 GB/T 6836—2007 中规定的 14 tex/3 丝光处理的 ZS 捻向棉线。

3.3 机针

按 QB/T 1514—2011 中规定的 Nm 80 机针。

4 测试方法

4.1 测试原则

以规定的缝纫速度、缝线、机针和缝料，进行缝厚试验，并逐次增加缝料的层数，直到不能达到本标准第 5 章测试各项要求为止，其缝合的缝料层数，就是被测缝纫机的缝厚能力。

4.2 测试条件

4.2.1 按照制造厂使用说明书的规定，装上和线缝相对应的随机供应的机针和压脚。

4.2.2 按照制造厂使用说明书的规定，调节压脚的压力。压脚压力的调节应符合下列要求：

a) 如果在使用说明书中未规定具体数值，而有供使用时调节的压脚压力调节装置时，则压脚放下位置时的压力应调节到 18 N±1 N；

b) 如果没有调节装置，或者虽有调节装置却非使用者调节的、则保持制造厂出厂时所固定的原状。

4.2.3 如果有送料牙高低调节装置，把送料牙调节到最高一档。没有这种装置，则保持制造厂出厂时所固定的原状。

4.2.4 按照制造厂使用说明书的规定，调节线的张力，使针、梭两线连锁在两层缝料之间。并调节线迹长度在 3 mm±0.15 mm。

4.3 测试程序

4.3.1 将两层缝料叠齐后，置于压脚和针板之间(图 1)。

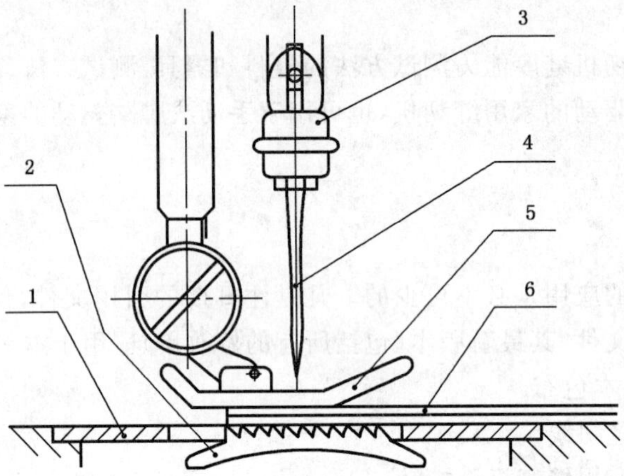

说明：

1——针板；

2——送料牙；

3——针夹；

4——机针；

5——压脚；

6——缝料。

图 1

4.3.2 转动上轮，直到机针刺入缝料，其位置离缝料长边 10 mm(图 2)。

单位为毫米

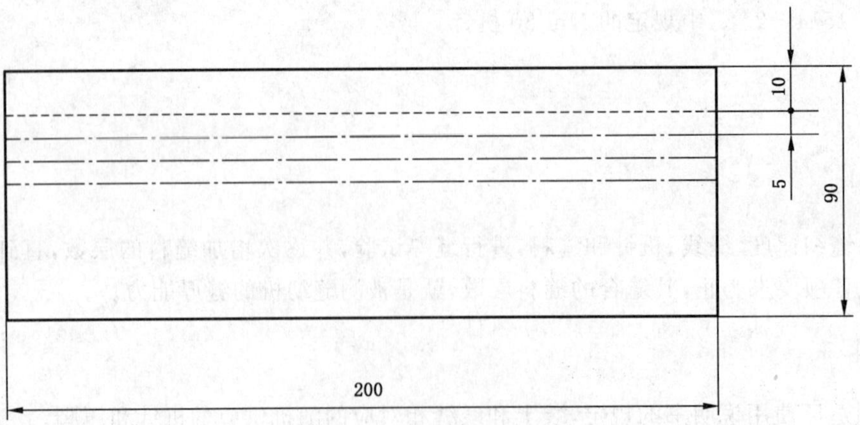

图 2

4.3.3 以 200 针/min～500 针/min 的缝纫速度，平行于缝料长边缝纫 150 mm。

4.3.4 测定实际线迹长度。

4.3.5 在原试料下再加一层缝料，离上次线缝一边(见图 2)约 5 mm 将它们缝合在一起，而不改变 4.2 和 4.3.3 规定和条件。

4.3.6 再测量实际线迹长度。

4.3.7 继续 4.3.5 和 4.3.6 测试程序。

4.3.8 缝纫过程中，机针穿刺缝料时，不得借外力帮助。

4.3.9 如果缝纫结果未达到第 5 章 c)、d)、e)中的任一项要求时，则允许调换机针后对该项目再重复一次上述缝纫。

4.3.10 当发现有下列情况时，即可认为测试已经完毕：

a) 机针不能刺过缝料层；
b) 不能满足本标准第 5 章的 a)、b)的要求；
c) 按 4.3.9 要求重复测试时，仍不能达到第 5 章中 c)、d)、e)规定的要求；
d) 第 5 章中 c)、d)、e)三项中有两项或两项以上要求不能达到。

5 测试要求

测试要求应符合下列内容：

a) 针夹未触及压脚；
b) 线迹长度的缩短不大于 20%；
c) 没有跳针现象；
d) 没有断线现象；
e) 没有断针现象。

6 测试报告

测试报告应包括下列内容：

a) 本标准的编号；
b) 被测缝纫机的型号和编号；
c) 缝纫机测试速度；
d) 缝料、缝线和机针的规格；
e) 测试结果值：能缝最大缝料层数；
f) 制造厂厂名；
g) 测试年、月、日；
h) 测试者姓名。

必要时可附有试验中止的原因。

ICS 61.080
Y 17

中华人民共和国国家标准

GB/T 4517—2013
代替 GB/T 4517—1995

家用缝纫机 送料方向稳定性测试方法

Household sewing machine—Determination of directional stability

(ISO 4817:1984,NEQ)

2013-12-31 发布　　　　2014-12-01 实施

中华人民共和国国家质量监督检验检疫总局
中国国家标准化管理委员会　发布

前 言

本标准按照 GB/T 1.1—2009 给出的规则起草。

本标准代替 GB/T 4517—1995《送料方向稳定性测试方法》。

本标准与 GB/T 4517—1995 相比，主要变化如下：

——对原标准“规范性引用文件”作了修改，引用了这些文件的最新版本；

——将原标准中“试料”修改为“缝料”。

本标准使用重新起草法参考 ISO 4817：1984《家用缝纫机　送料方向稳定性（偏移）测试方法》编制，与 ISO 4817：1984 的一致性程度为非等效。

本标准由中国轻工业联合会提出。

本标准由全国缝制机械标准化技术委员会（SAC/TC 152）归口。

本标准主要起草单位：国家缝纫机质量监督检验中心、上海市缝纫机研究所、浙江新飞跃缝纫机股份有限公司。

本标准主要起草人：王伟刚、张维青、叶普昌。

本标准首次发布于 1995 年。

家用缝纫机
送料方向稳定性测试方法

1 范围

本标准规定了家用缝纫机在不穿线状态下缝纫时的送料方向稳定性测试方法的缝料和器具、测试方法、测试要求和测试报告。

本标准适用于电动机驱动的家用缝纫机，也可用于手动或脚踏驱动的家用缝纫机。

2 规范性引用文件

下列文件对于本文件的应用是必不可少的。凡是注日期的引用文件，仅注日期的版本适用于本文件。凡是不注日期的引用文件，其最新版本(包括所有的修改单)适用于本文件。

GB/T 406—2008 棉本色布

QB/T 1514—2011 家用缝纫机 机针

3 缝料和器具

3.1 缝料

按 GB/T 406—2008 中规定的平布(中特)，将其裁成无皱折缝料 10 块，其长 200 mm，宽 60 mm。边长必须沿经线方向，在缝料的中央画一条标志色线，同缝料的长边相平行。

3.2 机针

按 QB/T 1514—2011 中规定的 Nm80 机针。

3.3 坐标纸

以毫米为单位的 4 号坐标纸，中央开孔，使送料机构和压脚的送料动作不受阻碍。

3.4 器具

精度为 0.02 mm 的游标卡尺。

4 测试方法

4.1 测试原则

每台被测缝纫机应测试 5 次，对于能够形成 Z 字形线缝的家用缝纫机，先以直形线缝测试 5 次，然后调节到 Z 字形线缝，再测试五次。分别计算其平均偏移量 P。

4.2 测试条件

4.2.1 按照制造厂使用说明书的规定，装上和线缝相对应的随机供应的机针和压脚。

4.2.2 按照制造厂使用说明书的规定,调节压脚的压力。

压脚压力的调节应符合下列要求:

a) 如果在使用说明书中未规定具体数值,而有供使用时调节的压脚压力调节装置时,则压脚放下位置时的压力应调节到 18 N±1 N;

b) 如果没有调节装置,或者虽有调节装置却非使用者调节的、则保持制造厂出厂时所固定的原状。

4.2.3 扩大支承缝料的作业面,使坐标纸和缝料必须完全平坦地安放在作业面上,坐标纸固定于作业平面,其纵向线条平行于理论送料方向。

4.2.4 针距调节到下列数值:

a) 直形线缝状态:1 mm±0.1 mm;

b) Z 字形线缝状态:

——直针距 0.5 mm±0.05 mm;

——横针距 4 mm±0.4 mm。

4.2.5 每次测试前,须换新机针。

4.3 测试程序

4.3.1 将单层缝料置于送料构件和针板之间的坐标纸上,用手转动上轮,使机针刺入缝料中央的色线上。Z 字形线缝状态时,则以左侧作为第一针刺在色线上(图 1),使缝料的长边平行于坐标纸的纵向线条后,放下压脚。

4.3.2 以(700±35)针/min 的缝速,把试料输送 150 mm。缝速达不到 700 针/min 时,则按被测缝纫机能够达到的最高稳定缝速来测试。在测试过程中,操作者不允许接触缝料,要让其自然地向前移动。

4.3.3 用游标卡尺测量机针穿刺缝料最后的针孔与色线的垂直距离。

5 测试结果的表示

5.1 测得图示结果值 A 或 B(误差<±0.25 mm),详见图 1。

5.2 测量五次测试所得的偏移量 $A_1 \cdots A_5$ 或 $B_1 \cdots B_5$,计算算术平均值 P_A 或 P_B。

6 测试报告

测试报告应包括下列内容:

a) 本标准的编号;

b) 被测缝纫机的型号和编号;

c) 缝纫机测试速度;

d) 缝料和机针的规格;

e) 直形线缝状态下测试的结果值 P_A 或 P_B。

f) Z 字形线缝状态下测试的结果值 P_A 或 P_B。

g) 制造厂厂名;

h) 测试年、月、日;

i) 测试者姓名。

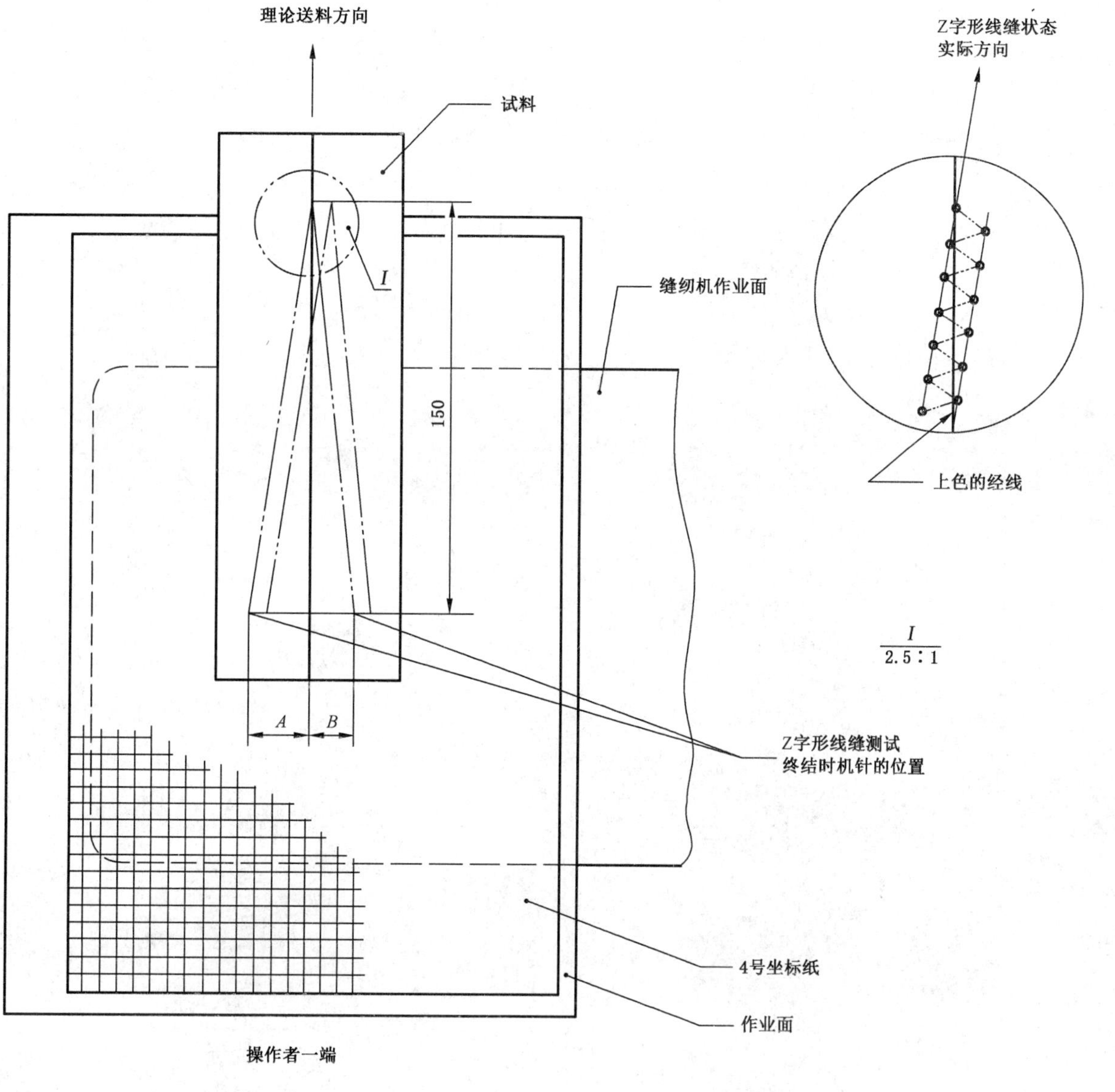
理论送料方向
试料
I
150
缝纫机作业面
A
B
Z字形线缝测试
终结时机针的位置
4号坐标纸
作业面
操作者一端
Z字形线缝状态
实际方向
上色的经线
I
2.5∶1

图 1

ICS 61.080
Y 17

中华人民共和国国家标准

GB/T 4518—2013
代替 GB 4518—1984

家用缝纫机　缝料层潜移量测试方法

Household sewing machine—Determination of creep of one ply of material over another

(ISO 4818:1984,NEQ)

2013-12-31 发布　　2014-12-01 实施

中华人民共和国国家质量监督检验检疫总局
中国国家标准化管理委员会　发布

前　言

本标准按照 GB/T 1.1—2009 给出的规则起草。

本标准代替 GB 4518—1984《家用缝纫机　缝料层潜移量测试方法》。

本标准与 GB 4518—1984 相比，主要变化如下：

——增加了第 2 章“规范性引用文件”；

——原名词、术语中“潜移量”修改为“缝料层潜移量”；

——原标准“原则”章节中“用同样方式进行四次”修改为“用同样方式进行 3 次”；

——将原标准中“试料”修改为“缝料”；

——原标准“试料和器具”章节中增加了“器具：精度为 0.02 mm 的游标卡尺”的内容。

本标准使用重新起草法参考 ISO 4818：1984《家用缝纫机　缝料层潜移量测试方法》编制，与 ISO 4818：1984 的一致性程度为非等效。

本标准由中国轻工业联合会提出。

本标准由全国缝制机械标准化技术委员会（SAC/TC 152）归口。

本标准起草单位：上海市缝纫机研究所、国家缝纫机质量监督检验中心、上海鲍麦克斯电子科技有限公司。

本标准主要起草人：王伟刚、张维青、徐蔚曾。

本标准首次发布于 1984 年。

家用缝纫机　缝料层潜移量测试方法

1　范围

本标准规定了家用缝纫机两层缝料叠在一起进行缝纫时的缝料层潜移量测试方法的缝料和器具、测试方法、测试要求和测试报告。

本标准适用于电动驱动的家用缝纫机，也适用于手摇或脚踏驱动的家用缝纫机。

2　规范性引用文件

下列文件对于本文件的应用是必不可少的。凡是注日期的引用文件，仅注日期的版本适用于本文件。凡是不注日期的引用文件，其最新版本(包括所有的修改单)适用于本文件。

GB/T 406—2008　棉本色布

GB/T 6836—2007　缝纫线

GB/T 30420.1—2013　缝纫机术语　第1部分：基础术语

QB/T 1514—2011　家用缝纫机　机针

3　术语和定义

GB/T 30420.1—2013 界定的术语和定义适用于本文件。为了方便使用，以下重复列出了GB/T 30420.1—2013 中的某些术语和定义。

3.1

潜移　creep

两层缝料叠在一起在缝纫机上进行缝纫时，一层缝料相对于另一层缝料逐渐缩短的现象。

3.2

缝料层潜移量　creep of one-ply of material over another

按规定的试验方法，两层相同缝料叠齐缝纫后，一层缝料相对于另一层缝料缩短量。

[GB/T 30420.1—2013，定义 5.1.7]

4　原则

在叠在一起的相同缝料长边上，相隔规定的距离剪两个切口，然后以规定的缝纫速度将其缝合在一起，测量上下层试料在第二个切口位置上的相互位移距离，即为缝料层潜移量。用同样方式进行3次，测量各次结果的缝料层潜移量，计算其算术平均值，就是被测缝纫机的缝料层潜移量。

5　缝料和器具

5.1　缝料：按附录A中规定的未经洗涤、无皱折的棉织物6块，宽90 mm，长600 mm，在缝料的中央有一根和长边平行而顺沿经线的色线。

5.2　缝线：按附录A中规定的三股棉线。

5.3 机针：按 QB/T 1514—2011 中规定的 Nm80 机针。

5.4 器具：精度为 0.02 mm 的游标卡尺。

6 测试前的准备工作

6.1 按制造厂说明书的规定，装上和线缝相对应的随机供应的针板和压脚。

6.2 按制造厂说明书的规定，调节压脚的压力。压脚压力的调节应符合下列要求：

a) 如果在使用说明书中没有规定压脚压力具体数值，而有供使用时调节的压脚压力调节装置时，则压脚放下时的压力应调节到 18 N±1 N；

b) 没有压脚压力调节装置，或者虽有但不作为使用者调节的，则按制造厂出厂时调节好的原状。

6.3 扩大支承缝料的作业面，使整块缝料在测试过程中，始终平直地安置在作业平面上。

6.4 把缝纫机调节到形成直线缝状态。

6.5 线迹长度调节到(2.5±0.25)mm。

6.6 缝纫两层缝料，调整针线的张力，使针、梭两线连锁在两层缝料之间。

7 测试顺序

7.1 将两层缝料叠齐，放入压脚和针板之间，用手拨转上轮，使机针刺入缝料中央的色线，然后放下压脚。

7.2 沿色线向前缝纫约 20 mm。

7.3 摊平缝料，如图所示在缝料的右侧长边上，剪一个长约 3 mm 的切口作标记，然后在离第一个切口的 500 mm 处再剪一个切口作标记，见图 1。

单位为毫米

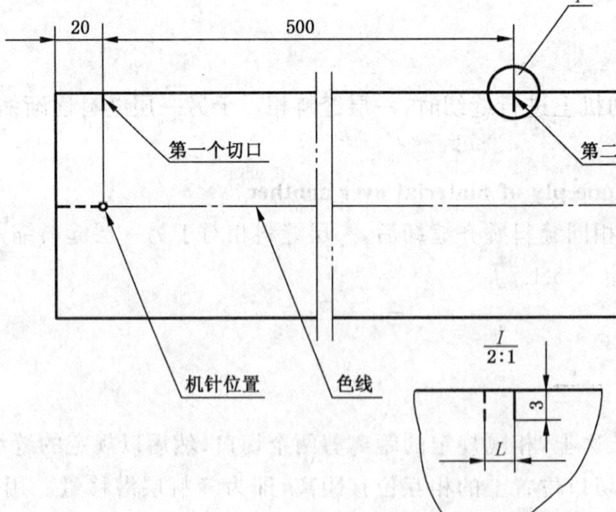

图 1

7.4 以手轻轻引导缝料，以(700±35)针/min 的速度，继续沿色线缝纫到缝料终端。如果最高缝纫速度达不到 700 针/min 时，则按被测机器能够达到稳定的最高速度来进行测试。

7.5 按上述顺序重复测试 3 次。

8 测试结果的表示

每次测试后，测量上下层缝料在第二个切口位置上的相互位移距离，即潜移量 L_1，L_2，L_3，求得其算术平均值 P(mm)，即为被测缝纫机的潜移量。

9 测试报告

测试报告应包括下列内容：

a) 本标准的编号；
b) 每次测量后量得的潜移量 L_1，L_2，L_3；
c) 平均潜移量 P；
d) 如果缝纫速度达不到本标准规定的速度时，应写明被测缝纫机实际测试速度；
e) 如果测试时的缝料、缝线不符合本标准附录 A 规定的要求时，应写明代用品的规格和原因，以及同本标准规定的区别；
f) 被测缝纫机的型号及编号；
g) 生产厂厂名；
h) 测试年、月、日；
i) 测试者姓名。

附 录 A
（规范性附录）
缝料和器具

A.1 缝料

作为缝料的棉织物按 GB/T 406—2008 的规定，应具有下列特性：

a) 织物状态：漂白、未上浆、有上色的经线；
b) 成分：纯棉；
c) 原纱号数：
——经 290 dtex，
——纬 290 dtex；
d) 密度：
——经 275.5 根/dm，
——纬 267.5 根/dm；
e) 无浆干重：161.4 g/m^2；
f) 编织：平布。

A.2 缝线

测试用的缝线按 GB/T 6836—2007 的规定，应符合下列要求：

a) 白色；

b) 丝光处理过；

c) Z 捻向；

d) 规格：50/3 SZ(≈125 dtex3)。

ICS 21.100.20
J 11

中华人民共和国国家标准

GB/T 4604.2—2013/ISO 5753-2:2010

滚动轴承 游隙 第2部分:四点接触球轴承的轴向游隙

Rolling bearings—Internal clearance—
Part 2: Axial internal clearance for four-point-contact ball bearings

(ISO 5753-2:2010,IDT)

2013-09-18 发布　　2014-06-01 实施

中华人民共和国国家质量监督检验检疫总局
中国国家标准化管理委员会　发布

前　言

GB/T 4604《滚动轴承　游隙》分为两个部分：

——第1部分：向心轴承的径向游隙；

——第2部分：四点接触球轴承的轴向游隙。

本部分为GB/T 4604的第2部分。

本部分按照GB/T 1.1—2009给出的规则起草。

本部分使用翻译法等同采用ISO 5753-2:2010《滚动轴承　游隙　第2部分：四点接触球轴承的轴向游隙》。

与本部分中规范性引用的国际文件有一致性对应关系的我国文件如下：

——GB/T 6930—2002　滚动轴承　词汇(ISO 5593:1997,IDT)；

——GB/T 7811—2007　滚动轴承　参数符号(ISO 15241:2001,IDT)。

本部分由中国机械工业联合会提出。

本部分由全国滚动轴承标准化技术委员会(SAC/TC 98)归口。

本部分起草单位：洛阳轴承研究所有限公司、瓦房店轴承集团有限责任公司、常熟长城轴承有限公司、中山市盈科轴承制造有限公司。

本部分主要起草人：李飞雪、林秀清、姚进、王冰、邵彦。

引　言

四点接触球轴承是滚道设计成可在两个方向承受轴向载荷的单列向心角接触球轴承。

轴向游隙值适用于可在两个方向承受纯轴向载荷的轴承，但该轴承处于未安装或未预紧以及不承受任何外载荷(即不施加测量载荷)状态下。

与轴承结构和检验方法有关，由于检验的不确定性，测量结果可能会有一些离散，希望测量者和用户对此予以考虑。

滚动轴承 游隙
第2部分:四点接触球轴承的轴向游隙

1 范围

GB/T 4604的本部分规定了接触角为35°的四点接触球轴承的轴向游隙值。

本部分适用于四点接触球轴承。

2 规范性引用文件

下列文件对于本文件的应用是必不可少的。凡是注日期的引用文件,仅注日期的版本适用于本文件。凡是不注日期的引用文件,其最新版本(包括所有的修改单)适用于本文件。

GB/T 4199—2003 滚动轴承 公差 定义(ISO 1132-1:2000,IDT)

ISO 5593 滚动轴承 词汇(Rolling bearings—Vocabulary)

ISO 15241 滚动轴承 参数符号(Rolling bearings—Symbols for quantities)

3 术语和定义

GB/T 4199—2003和ISO 5593界定的术语和定义适用于本文件。

注:为便于本文件的使用,下列定义被转述。

3.1

轴向游隙 axial internal clearance

G_a

〈能承受两个方向轴向载荷、非预紧状态下的轴承〉不承受任何外载荷,一套圈相对另一套圈从一个轴向极限位置移到相反的极限位置的轴向距离的算术平均值。

注1:该平均值包括套圈相互角位置不同以及滚动体组相对套圈角位置不同时套圈的位移量。

注2:为保证测量的有效性,在套圈彼此相对的每一极限轴向位置,其相对径向位置和滚动体组相对滚道的位置确保一套圈相对另一套圈处于极限轴向位置。

[GB/T 4199—2003,定义8.2.1]

3.2

四点接触球轴承 four-point-contact ball bearing

承受纯径向载荷时,每个承载球与每个滚道有两点接触的单列角接触球轴承。

注1:轴承承受纯轴向载荷时,每个球与每个滚道只有一点接触。

注2:尽管该轴承的公称接触角一般不超过45°,但常被用作推力轴承。

注3:根据ISO 5593:1997中定义01.05.09修改。

4 符号

ISO 15241给出的以及下列符号适用于本文件。

除另有说明外,表1中所示符号(游隙值符号除外)和数值均表示公称尺寸。

d:内圈内径

G_a:轴向游隙

α:接触角

5 四点接触球轴承的轴向游隙

内径不大于 1 000 mm 的四点接触球轴承的轴向游隙值见表 1。

表 1 接触角为 35°的四点接触球轴承

单位为微米

d mm		G_a							
		2 组		N 组		3 组		4 组	
>	≤	min.	max.	min.	max.	min.	max.	min.	max.
10	18	15	65	50	95	85	130	120	165
18	40	25	75	65	110	100	150	135	185
40	60	35	85	75	125	110	165	150	200
60	80	45	100	85	140	125	175	165	215
80	100	55	110	95	150	135	190	180	235
100	140	70	130	115	175	160	220	205	265
140	180	90	155	135	200	185	250	235	300
180	220	105	175	155	225	210	280	260	330
220	260	120	195	175	250	230	305	290	360
260	300	135	215	195	275	255	335	315	390
300	350	155	240	220	305	285	370	350	430
350	400	175	265	245	330	310	400	380	470
400	450	190	285	265	360	340	435	415	510
450	500	210	310	290	390	365	470	445	545
500	560	225	335	315	420	400	505	485	595
560	630	250	365	340	455	435	550	530	645
630	710	270	395	375	500	475	600	580	705
710	800	290	425	405	540	520	655	635	770
800	900	315	460	440	585	570	715	695	840
900	1 000	335	490	475	630	615	770	755	910

ICS 83.080.20
G 32

中华人民共和国国家标准

GB/T 4615—2013
代替 GB/T 4615—2008

聚氯乙烯　残留氯乙烯单体的测定　气相色谱法

Poly(vinyl chloride)—Determination of residual vinyl chloride monomer—Gas-chromatographic method

(ISO 6401:2008, Plastics—Poly(vinyl chloride)—Determination of residual vinyl chloride monomer—Gas-chromatographic method, MOD)

2013-11-12 发布　　　　2014-05-01 实施

中华人民共和国国家质量监督检验检疫总局
中国国家标准化管理委员会　发布

前　言

本标准按照 GB/T 1.1—2009 给出的规则编写。

本标准代替 GB/T 4615—2008《聚氯乙烯树脂　残留氯乙烯单体含量的测定　气相色谱法》，与 GB/T 4615—2008 相比，主要技术变化如下：

——修改了标准的中文名称；

——调整了标准的适用范围(2008 年版的第 1 章，本版第 1 章)；

——增加了"规范性引用文件"一章；

——增加了"术语和定义"一章；

——增加了"警示语"；

——调整了标准的结构并删除了方法 B；

——修改了"称样量及溶剂体积"、"操作步骤"和"氯乙烯标准溶液制备"等技术内容(本版的第 8 章)；

——增加了"精密度"一章；

——修改了附录 A(本版的附录 A)；

——修改了附录 B(本版的附录 B)；

——增加了附录 C；

——增加了附录 D。

本标准使用重新起草法修改采用 ISO 6401:2008《塑料 聚氯乙烯 残留氯乙烯单体的测定 气相色谱法》。

本标准与 ISO 6401:2008 相比在结构上有较多的调整，附录 C 中列出本标准与 ISO 6401:2008 相比章条编号变化对照一览表。

本标准与 ISO 6401:2008 相比存在技术性差异，附录 D 中给出了相应技术性差异及原因的一览表。

为了便于使用，本标准还做了下列编辑性修改：

——以"μg/g"代替"mg/kg"作为试样中残留氯乙烯单体含量的单位；

——增加了附录 C，给出了本标准与 ISO 6401:2008 相比章条编号变化对照一览表；

——增加了附录 D，给出了本标准与 ISO 6401:2008 的技术性差异及原因的一览表。

本标准由中国石油和化学工业联合会提出。

本标准由全国塑料标准化技术委员会聚氯乙烯树脂产品分会(SAC/TC 15/SC 7)归口。

本标准起草单位：新疆中泰化学股份有限公司、锦西化工研究院有限公司。

本标准主要起草人：谭琛、梁斌、石阳秋、王小红。

本标准所代替标准的历次版本发布情况为：

——GB/T 4615—1984、GB/T 4615—2008。

聚氯乙烯 残留氯乙烯单体的测定 气相色谱法

警告：使用本标准的人员应具有正规实验室工作的实践经验。本标准并未指出所有可能的安全问题。使用者有责任采取适当的安全和健康措施，并保证符合国家有关法规规定的条件。

1 范围

本标准规定了以液上顶空气相色谱法测定聚氯乙烯中残留氯乙烯单体含量的方法。

本标准适用于聚氯乙烯树脂及其复合物中氯乙烯单体含量的测定，检出范围为0.1 μg/g～3.0 μg/g。

2 规范性引用文件

下列文件对于本文件的应用是必不可少的。凡是注日期的引用文件，仅注日期的版本适用于本文件。凡是不注日期的引用文件，其最新版本(包括所有的修改单)适用于本文件。

GB/T 2035 塑料术语及其定义(GB/T 2035—2008,ISO 472:1999,IDT)

3 术语和定义

GB/T 2035中界定的术语和定义适用于本文件。

4 原理

将聚氯乙烯试样溶解/溶胀于N,N′-二甲基乙酰胺溶剂中，采用顶空气相色谱法测定试样中氯乙烯含量。

5 仪器

一般实验室仪器及下述仪器：

5.1 气相色谱仪(GC)。

5.2 氢火焰离子化检测器(FID)。

5.3 气相色谱柱，所用的色谱柱应能使试样中的杂质与氯乙烯完全分开，0.01 mg/L的氯乙烯溶液所获得的信号至少应是基线噪声的3倍。适宜的色谱柱样例参见附录A中的表A.1，也可选择其他同等效果的色谱柱。

5.4 数据处理系统，用于采集数据及处理气相色谱信号。

5.5 恒温器，可控制在(70±1)℃。

5.6 玻璃瓶，容积30 mL，具硅橡胶隔垫及金属螺旋密封帽。

5.7 玻璃管形瓶，常用的容积为(22.5±0.5)mL，具硅橡胶隔垫及金属螺旋密封帽。

5.8 玻璃吸管，容积25 mL和10 mL。

5.9 微量注射器，容积500 μL和100 μL或其他适宜的体积。

5.10 玻璃气密注射器，容积10 mL，或其他适宜的体积。

5.11 天平,精确至0.1 mg。

5.12 天平,精确至0.01 g。

6 试剂和材料

所用试剂均为分析纯试剂。

6.1 氯乙烯,纯度大于99.5%。氯乙烯气体钢瓶应具注射器接头。

警告——氯乙烯是一种有害物质,常温下是气体。制备其溶液时宜在通风橱中进行。

6.2 *N*,*N*′-二甲基乙酰胺,密度 ρ=0.937 g/mL,测试条件下不应含有与氯乙烯的色谱保留时间相同的任何杂质。

警告——*N*,*N*′-二甲基乙酰胺是有害物质。

6.3 检测器气体和载气,应使用高纯气体以满足气相色谱分析的需要。

7 试样制取及贮存

所取试样应具有代表性。氯乙烯具有挥发性,贮存的树脂样品中可能存在浓度梯度。可在取样前将样品冷却,但应避免湿气冷凝。制备试样时应尽可能地快速进行以使残留单体的损失最小。样品于实验室间交换或贮存时,应完全充满于玻璃瓶或管形瓶中并密封。

8 步骤

8.1 氯乙烯标准溶液的配制

8.1.1 氯乙烯标准溶液,氯乙烯浓度约1 600 mg/L。

用玻璃吸管(5.8)向30 mL玻璃瓶(5.6)中加入25 mL *N*,*N*′-二甲基乙酰胺(6.2),以硅橡胶隔垫密封并压帽,称重,精确至0.1 mg。用经预冲洗的气密注射器(5.10)经隔垫向 *N*,*N*′-二甲基乙酰胺中注射适量的氯乙烯气体(6.1),注射时应保持注射器针头末端在液面以下,定义此溶液为溶液A。

以另一只30 mL玻璃瓶重复上述过程,所得溶液定义为溶液B。

将溶液A和溶液B置于室温下2 h,使氯乙烯被完全吸收。再次称重玻璃瓶,精确至0.1 mg,计算加入的氯乙烯单体的质量。依据钢瓶压力,每个标准溶液中氯乙烯的质量约为40 mg。通过计算得到溶液A和溶液B中氯乙烯的浓度,以mg/L表示。可将上述溶液保存于冰箱中。

8.1.2 氯乙烯标准溶液,氯乙烯的浓度约32 mg/L。

以玻璃吸管向30 mL玻璃瓶中加入25 mL *N*,*N*′-二甲基乙酰胺,以硅橡胶隔垫密封并压帽。以适宜的注射器(5.9)移取500 μL的溶液A经隔垫注入瓶中,所得的标准溶液定义为溶液C。

以溶液B重复上述过程,所得的标准溶液定义为溶液D。

计算溶液C和溶液D中氯乙烯的浓度,以mg/L表示。

8.1.3 氯乙烯标准溶液,氯乙烯浓度约为0 mg/L~0.3 mg/L。

取7只玻璃管形瓶(5.7),用玻璃吸管向其中各加入10 mL *N*,*N*′-二甲基乙酰胺,以100 μL的注射器分别移取0 μL,20 μL,40 μL,50 μL,60 μL,80 μL和100 μL的溶液C至各管形瓶中,以硅橡胶隔垫密封并压帽。

另取两只玻璃管形瓶(5.7)加入10 mL *N*,*N*′-二甲基乙酰胺,向其中各加入20 μL的溶液D,所得氯乙烯标准溶液的浓度约为0.06 mg/L,以隔垫密封并压帽。此两标准溶液定义为比对溶液。

8.1.4 校准工作曲线的制备

绘制上述七个氯乙烯标准溶液(8.1.3)中氯乙烯含量与对应的峰面积间的曲线图,氯乙烯含量以

mg/L表示。以两比对溶液验证标准曲线的准确性。典型的氯乙烯单体标准溶液的响应谱图参见附录B中的图B.1。

注：标准曲线应定期进行核验。

8.2 试样溶液的制备

称取1 g样品(复合材料切割成细小碎片)，精确至0.01 g，置于玻璃管形瓶(5.7)中，加入10 mL N,N'-二甲基乙酰胺，使试样溶解/溶胀，以硅橡胶隔垫密封并压帽。

8.3 测定

将装有氯乙烯标准溶液(8.1.3)和试样溶液(8.2)的管形瓶置于恒温器中，于70 ℃下恒温30 min以上。采用自动进样装置或手动采用气密注射器(5.10)迅速取出1 mL液上气体，进样分析。

9 结果表示

试样中残留氯乙烯的含量按式(1)计算：

$$c_{RVCM}=\frac{c\times 10}{m} \qquad \cdots\cdots(1)$$

式中：

c_{RVCM}——试样中残留氯乙烯含量的数值，单位为毫克每千克(μg/g)；

c ——由校准曲线计算的测试溶液中氯乙烯含量的数值，单位为毫克每升(mg/L)；

m ——试样质量的数值，单位为克(g)。

每一试样进行两次测定，以两次测定值的算术平均值为测试结果。

10 精密度

由于未获得足够的实验室数据，本标准未规定方法的精密度。若获得足够的符合要求的数据，将在下版标准中增加精密度的说明。

11 试验报告

试验报告至少应包含下列内容：

a) 采用本标准；

b) 试样的完整性标识；

c) 单次测定值及其算数平均值；

d) 与本标准的差异；

e) 试验人员和日期等。

附 录 A
（资料性附录）
用于氯乙烯单体测定的适宜的色谱柱

A.1 适宜的色谱柱（见表 A.1）

表 A.1 适宜的色谱柱

柱	长度 m	直径 mm	柱的类型	柱温 ℃
1	2～3	3～4	填充柱（β,β'－氧二丙腈－硅油Ⅲ）	50
2	30.00	0.53	多孔层空心柱（二乙烯基苯多孔均聚物）	150

A.2 使用柱 1 时色谱仪操作条件

A.2.1 各部温度

色谱柱，(50±0.5)℃；

检测室，(120±1)℃；

汽化室，(110±1)℃。

A.2.2 气体流量

氮气，30 mL/min；

氢气，50 mL/min；

空气，350 mL/min～400 mL/min。

附　录　B
(资料性附录)
典型的氯乙烯单体校准溶液的响应谱图

B.1　典型的氯乙烯单体校准溶液的响应谱图(如图 B.1)

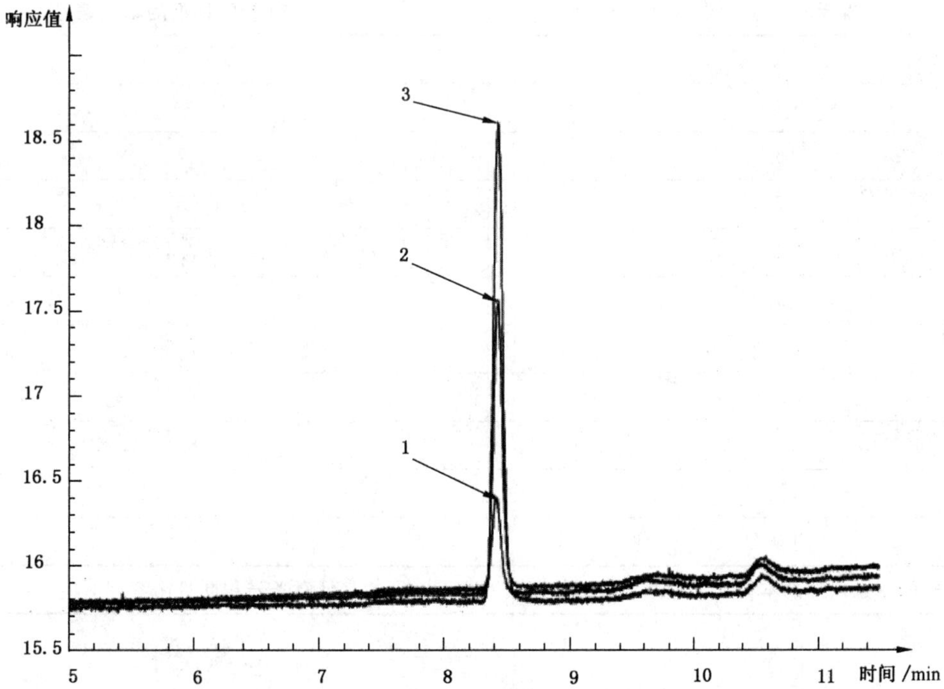

说明：

1——0.06 mg/L 的氯乙烯；

2——0.19 mg/L 的氯乙烯；

3——0.31 mg/L 的氯乙烯。

使用附录 A 中柱 2 时色谱仪操作条件：

a)　传输管温度：150 ℃；

b)　柱箱升温程序：80 ℃恒温 2 min，80 ℃～170 ℃，速率 5 ℃/min，170 ℃～230 ℃，速率 20 ℃/min。上述条件下，氯乙烯于 8.4 min 时流出。建议顶空进样器的操作参数为：

　1)　进样器温度：150 ℃；

　2)　加压时间：1.0 min；

　3)　针刺时间：0.1 min；

　4)　进样时间：0.5 min。

图 B.1　使用附录 A 的柱 2 于 *N*,*N*′-二甲基乙酰胺中氯乙烯标准溶液的典型响应谱图

附　录　C
（资料性附录）
本标准与 ISO 6401:2008 相比的结构变化情况

本标准与 ISO 6401:2008 相比，章条编号发生了变化，具体对照情况如表 C.1。

表 C.1　本标准与 ISO 6401:2008 的章条编号对照情况

本标准章条编号	对应 ISO 标准的章条编号
5	6
5.12	—
6	7
7	5
8.1.1	7.4
8.1.2	7.5
8.1.3	7.6
8.1.4	8.4
8.2	8.1
附录 C	—
附录 D	—
注：表中的章条以外的本标准其他章条编号与 ISO 6401:2008 的其他章条号相同且内容相对应。	

附　录　D
（资料性附录）
本标准与 ISO 6401:2008 的技术性差异及其原因

表 D.1 给出了本标准与 ISO 6401:2008 的技术性差异及其原因的一览表。

表 D.1　本标准与 ISO 6401:2008 的技术性差异及其原因

本标准的章条编号	技术性差异	原因
封面	修改了标准的中英文名称	ISO 6401:2008 的名称结构为四段式，不符合 GB/T 1.1—2009 对标准名称的要求
2	引用了一项等同于国际标准的我国国家标准	适合我国国情，符合 GB/T 1.1—2009 对规范性引用文件的要求
5.1	增加了具有手动进样装置的气相色谱仪	适合我国国情
5.12	增加了一项精度为 0.01 g 的天平要求	完全能够满足检测的准确性且方便使用
8	删除了 ISO 6401:2008 中 8.2 和 8.3 中的顶空进样操作参数	标准中不需要
8.3	将气液平衡时间调整为 30 min 以上	经充分试验证明试样恒温 30 min 以上就可以达到充分的气液平衡，结果准确，提高检测效率
附录 A	修改了 ISO 6401:2008 中附录 A 的内容	提供了一种适宜的气相色谱柱及相应的色谱条件，适合我国国情
附录 B	将 ISO 6401:2008 中 8.2 和 8.3 中顶空进样参数调整到附录 B 中	依据标准需要

ICS 13.260
K 09

中华人民共和国国家标准

GB 4706.109—2013/IEC 60335-2-108:2008

家用和类似用途电器的安全 电解槽的特殊要求

Household and similar electrical appliances—Safety—Particular requirements for electrolysers

(IEC 60335-2-108:2008,IDT)

2013-12-31 发布　　　　2015-07-01 实施

中华人民共和国国家质量监督检验检疫总局
中国国家标准化管理委员会　发布

前　言

本部分的全部技术内容为强制性。

GB 4706《家用和类似用途电器的安全》由若干部分组成。

——第1部分:通用要求;

——其他部分为特殊要求。

本部分是GB 4706的第109部分。

本部分按照GB/T 1.1给出的规则起草。

本部分应与GB 4706.1—2005《家用和类似用途电器的安全　第1部分:通用要求》配合使用。

本部分使用翻译法等同采用IEC 60335-2-108:2008《家用和类似用途电器的安全　第2-108部分:电解槽的特殊要求》。

与本部分中规范性引用的国际文件有一致性对应关系的我国文件如下:

——GB/T 1690—2010　硫化橡胶或热塑性橡胶　耐液体试验方法(ISO 1817:2005,MOD)

——GB 3836.8—2003　爆炸性气体环境用电气设备　第8部分:"n"型电气设备(IEC 60079-15:2001,MOD)

本部分进行了编辑性修改。

本部分由中国轻工业联合会提出。

本部分由全国家用电器标准化技术委员会(SAC/TC 46)归口。

本部分主要起草单位:中国家用电器研究院、合肥荣事达三洋电器股份有限公司、杭州神林电子有限公司、宁波新乐电器有限公司、松下家电研究开发(杭州)有限公司、上海出入境检验检疫局机电产品检测技术中心、广州威凯检测技术有限公司。

本部分主要起草人:朱焰、金友华、王华、刘民、邬烈勤、贾春耕、章稼新、陈灿坤。

引　言

本部分所认可的是家用和类似用途电器按照制造商的使用说明要求，并在正常条件下使用时，对器具的电气、机械、热、火灾以及辐射等危险防护的一个国际可接受水平，它也包括了使用中预计可能出现的非正常情况，并且考虑电磁干扰对于器具安全运行的影响方式。

在制定本部分时已经尽可能地考虑了 IEC 60364 中规定的要求，以使得器具在连接到电网时与电气布线规则的要求协调一致。但是各国的电器布线规则可能是不同的。

如果某一器具的多项功能涉及到 IEC 60335 系列中不同部分的特殊要求，则只要是在合理的情况下，相关的特殊要求标准要分别适用于每一功能。如果适用，应考虑到这一功能对其他功能的影响。

注 1：指技术委员会确定器具在负责确定标准第 2 部分中，对于器具涉及通用要求以外，不需要特殊要求的问题。

当特殊要求不包括第 1 部分中有关危险的附加要求时，第 1 部分适用。

注 2：指当 IEC 60335 系列标准已经考虑到器具发展过程中所遇到的危险，标准以外涉及的危险情况并不适用，例如，很多器具的表面温度，例如 ISO 13732-1 对于热表面的要求，不适用在第 1 或第 2 部分标准中。

如果，在试验时发现器具有损害标准安全原则的其他特征，则认为该器具不符合本部分要求。

一个器具使用了本部分的要求以外的材料或结构形式，该产品可以按照本部分中这些要求的意图进行检查和试验。如果查明其基本等效，则可以判定其符合本部分要求。

对于电解槽，选择按照本部分进行试验，并且不需要把对整机进行试验作为先决条件。例如参考 IEC 60335 第 2 部分的第 24 章，无论如何，如果符合本部分要求的电解槽安装在器具上，器具的相关试验可以适当减少，如果有，包括保护系统或控制系统，应符合本部分要求。

特别是结构细致检查和试验可以分别在不同的电解槽上进行，因此，当电解槽应用在不同的器具上时，需要的视检和试验可以相应省略。

家用和类似用途电器的安全 电解槽的特殊要求

1 范围

GB 4706.1—2005 中该章由下述内容代替。

本部分适用于家用和类似用途的器具中,可使洗涤水电解产生作为洗涤剂的低黏性电离液体,额定电压不超过 250V 的电解槽的安全。在正常使用中可能产生的最不利条件下,对电解槽单独进行试验。

注 101:可能包含电解槽的器具举例:

——洗衣机(GB 4706.24);

——洗碗机(GB 4706.25);

——用于卫生目的产生电解水的器具。

注 102:本部分不能代替带有电解槽器具特殊要求中的相关部分,然而,符合本部分的电解槽,不必进行器具特殊要求中整机或部件的相关试验。如果电解槽的控制系统与器具控制系统连接在一起,需要在最终产品上进行附加试验,带有电解槽的器具标准判定结论的附加要求导则在附录 BB 中给出。

注 103:以下事实应当引起注意:

——对于用在车辆、船舶或航空器上的器具,可能需要附加要求;

——全国性的卫生保健部门、全国性劳动保护部门、全国性供水管理部门以及类似的部门都对器具规定了附加要求。

注 104:本部分不适用于:

——专门为工业用途设计的器具;

——在特殊环境中使用的器具,例如存在腐蚀性气体或爆炸性气体(尘埃、蒸气或煤气)的环境。

2 规范性引用文件

下列文件对于本文件的应用是必不可少的。凡是注日期的引用文件,仅注日期的版本适用于本文件,凡是不注日期的引用文件,其最新版本(包括所有的修改单)适用于本文件。

GB 4706.1—2005 中该章除下述内容外,均适用。

增加:

GB/T 2423.18—2000 电工电子产品环境试验 第 2 部分:试验方法 试验 Kb:盐雾,交变(氯化钠溶液)(IEC 60068-2-52:1996,IDT)

ISO 1817:2005 硫化橡胶或热塑性橡胶 耐液体试验方法(Rubber vulcanized—Determination of the effect of liquids)

IEC 60079-15:2001 爆炸性气体环境用电气设备 第 8 部分:“n”型电气设备(Electrical apparatus for explosive gas atmospheres—Part 15: Construction, test and marking of type of protection,“n”electrical apparatus)

3 术语和定义

下列术语和定义适用于本文件。

GB 4706.1—2005 中该章除下述内容外,均适用。

3.1.9 代替：

正常工作 normal operation

电解槽在下述条件下运行：

如果电解槽由使用者注水，注水量和类型应符合电解槽使用说明书要求。

通过电解槽的水，温度保持在 10 ℃～25 ℃范围内。

3.101

电解槽 electrolyser

产生电解洗涤水的装置。

4 一般要求

GB 4706.1—2005 中该章适用。

5 试验的一般条件

GB 4706.1—2005 中该章除下述内容外，均适用。

5.101 电解槽按电动器具进行试验。

6 分类

GB 4706.1—2005 中该章除下述内容外，均适用。

修改：

电解槽应为Ⅰ类、Ⅱ类或Ⅲ类器具；如果额定电压不超过 150 V，可以是 0 类器具。

6.101 电解槽分为：

——电解槽接线端子打算直接与器具电源软线连接；或

——电解槽接线端子不打算直接与器具电源软线连接。

注 1：在以上两种类型中，电解槽在交付过程中可随机附带或不附带电源软线；

注 2：对于电解槽接线端子能够直接与器具电源软线连接，也可以不通过电源软线，直接与器具接线端子连接。

通过视检和相关试验确定是否合格。

7 标志和说明

GB 4706.1—2005 中该章除下述内容外，均适用。

7.1 修改：

额定输入功率或电流不必标识。

7.5 不适用。

7.7 不适用。

7.12 代替：

使用说明书应包括电解槽容纳电解液的体积和详细说明，并详细说明发生的化学反应。

注：详细介绍所用电解液，例如，电解液通用名称或制造商的产品编号。

8 对触及带电部件的防护

GB 4706.1—2005 中该章适用。

9 电动器具的启动

GB 4706.1—2005 中该章不适用。

10 输入功率和电流

GB 4706.1—2005 中该章不适用。

11 发热

GB 4706.1—2005 中该章除下述内容外,均适用。

11.7 代替:

电解槽运行至稳定状态建立。

12 空章

13 工作温度下的泄漏电流和电气强度

GB 4706.1—2005 中该章适用。

14 瞬态过电压

GB 4706.1—2005 中该章适用。

15 耐潮湿

GB 4706.1—2005 中该章适用。

16 泄漏电流和电气强度

GB 4706.1—2005 中该章适用。

17 变压器和相关电路的过载保护

GB 4706.1—2005 中该章适用。

18 耐久性

GB 4706.1—2005 中该章不适用。

19 非正常工作

GB 4706.1—2005 中该章适用。

20 稳定性和机械危险

GB 4706.1—2005 中该章适用。

21 机械强度

GB 4706.1—2005 中该章适用。

22 结构

GB 4706.1—2005 中该章除下述内容外,均适用。

22.6 增加:

合成橡胶部件应能够承受附录 AA 规定的老化试验,试验过程中不应有泄露现象发生。

修改:

用电解槽中洗涤水制成有颜色的溶液代替有颜色的水。

22.101 电解槽在结构上应具有一个直径至少 5 mm 或宽度至少 3 mm,面积不小于 20 mm^2,并保持与大气相通的孔。该孔应设置在正常使用中不会被堵塞的位置。

通过视检和测量确定其是否合格。

22.102 在正常使用过程中,电解槽发生化学反应并产生氢气的下述区域不应达到危险值:

——在正常或非正常使用中产生电弧或火花部位安装的电气元件,除非这些部件通过 IEC 60079-15:2001 ⅡC 类气体的试验;或

——含有可以暴露在释放的氢气中,并且在正常或非正常使用中表面温度超过 460 ℃的部件。

通过视检和测量正常和非正常使用时相应表面温度,并进行下列试验:

在正常使用状态下电解槽运行一个周期。

从试验开始直至结束,连续测量相关部位的氢气浓度,用在试验过程中测得的氢气最大浓度,减去事先测得的本底浓度。

测量值不应超过氢气可燃下限值(LFL)的 50%。

注 1:氢气的 LFL 是 4%(体积分数);

注 2:使用的气体浓度检测仪器,例如利用红外感应技术,具有快速的反应速度,一般为 2 s 或 3 s,并且不过度影响试验结果;

注 3:如果使用气体色谱仪,应在限定区域取样 2 mL,每隔 30 s 取一次;

注 4:不排除使用不对试验结果造成过度影响的其他仪器。

22.103 电解槽正常使用时,其化学反应不应造成洗涤水由于 pH 值变化而产生腐蚀性。

通过 GB/T 2423.18—2000 Kb 严酷程度 2 级的盐雾试验确定是否合格。如果 pH 值高于 GB/T 2423.18—2000的规定值,试验溶液 pH 值应约等于正常使用时洗涤水的 pH 值。

试验前,带有涂层的外壳应用硬钢针在其表面上刮蹭,针头端部为 40°的圆锥形,尖端圆周半径为 0.25 mm±0.02 mm。针头保持在与水平面 80°~85°,施加 10 N±0.5 N 的轴向力。针头沿绝缘表面以大约 20 mm/s 的速率滑行,进行 5 次刮蹭,长度至少 5 mm,位置离边缘 5 mm。

试验后，电解槽不应有任何不符合本部分要求的现象发生，特别是不符合第 8 章和第 27 章要求的损坏，涂层不应破裂和剥落等。

23 内部布线

GB 4706.1—2005 中该章适用。

24 元件

GB 4706.1—2005 中该章适用。

25 电源连接和外部软线

GB 4706.1—2005 中该章适用。

26 外部导线用接线端子

GB 4706.1—2005 中该章适用。

27 接地措施

GB 4706.1—2005 中该章适用。

28 螺钉和连接

GB 4706.1—2005 中该章适用。

29 电气间隙、爬电距离和固体绝缘

GB 4706.1—2005 中该章除下述内容外，均适用。

29.2 代替：

由于电解液的使用，微观环境为 3 级污染，并且应使绝缘的 CTI 值不小于 250，除非绝缘封装或其位置使得绝缘在电解槽的正常使用中不可能暴露到污染环境中。

30 耐热和耐燃

GB 4706.1—2005 中该章除下述内容外，均适用。

30.2.2 不适用。

31 防锈

GB 4706.1—2005 中该章适用。

32 辐射、毒性和类似危险

GB 4706.1—2005 中该章除下述内容，均适用。

增加：

电解槽化学反应产生臭氧浓度不应过大。

通过下述试验，确定是否合格：

在一个密闭的房间内进行试验，房间的尺寸为 2.5 m×3.5 m×3.0 m，墙壁表面覆盖聚乙烯板。

房间保持温度约 25 ℃，相对湿度约 50%。电解槽按使用说明书要求，在正常工作条件下运行一个周期。

臭氧取样位置应位于 22.101 规定出气孔外 10 mm 的位置，试验开始时先测量本底臭氧浓度，然后将试验中测得的最大浓度减去本底臭氧浓度。

臭氧浓度百分比应不超过 5×10^{-6}。

附 录

GB 4706.1—2005 中该章除下述内容外,均适用。

附 录 AA
(规范性附录)
合成橡胶部件的老化试验

合成橡胶部件的老化试验,将试样浸泡在用电解槽洗涤液制成的高温溶液中,测量浸泡前、后的试验样品硬度和体积变化。

每个部件至少用 3 个样品进行试验,样品和试验程序按照 ISO 1817:2005 规定,并进行以下修改。

4 试验液体

试验溶液使用符合第 11 章试验条件的电解液。

每升溶液中浸泡的试验样块总质量不超过 100 g,试验样块应完全浸入,并且其整个表面自由浸没在溶液中。试验期间,试验样块不能直接暴露到日光下。不同化合物的试验样块不能同时浸泡在相同的溶液中。

5 试验样块

5.4 试验样块的预处理

温度为 23 ℃± 2 ℃,相对湿度为 50%±5%。

6 浸入试验溶液中

6.1 温度

试验样块浸入后,溶液在 1 h 内加热至 75 ℃～80 ℃,并保持该温度,每 24 h 更换溶液,以相同的方式加热。

注:为避免溶液过度蒸发,推荐使用密闭系统或类似方法更新溶液。

6.2 持续时间

试验样块浸泡总的时间周期为 48 h～49 h。

到时后将试验样块立即浸入保持在环境温度的新溶液中,样块浸泡 45 min±15 min。

样块取出后,用 15 ℃±5 ℃的清水漂洗试验样块,然后用吸墨纸擦干。

7 程序

7.2 体积变化

试验样块体积增加值不应超过浸泡前测量值的 10 %。

7.6 硬度变化

微硬度试验适用。

试验样块的硬度变化值不应超过 8 IRHD,表面不应变黏,不应出现视检能看到的破裂或其他损坏。

附 录 BB
（资料性附录）
带有电解槽的器具标准判定结论的附加要求导则

下列信息需在带有电解槽的终端产品标准中给出详细规定：

——使用说明书中应规定在使用中避免堵塞电解槽出气孔方法；

——22.17 适用于在使用过程中防止堵塞电解槽出气孔的限距装置；

——22.102 适用于终端产品的检验，检查关键部位的氢气聚集；

——22.103 适用于终端产品的检验，检查电解水不应对关键部件造成腐蚀。

参 考 文 献

GB 4706.1—2005 中该章除下述内容外，均适用。

增加：

［1］ GB 4706.24 家用和类似用途电器的安全 洗衣机的特殊要求

［2］ GB 4706.25 家用和类似用途电器的安全 洗碗机的特殊要求

［3］ ISO 13732-1 热环境的人类工效学 人对表面接触的反应的评定方法 第1部分：制热表面（Ergonomics of the thermal environment—Methods for the assessment of human responses to contact with surfaces—Part 1：Hot surfaces）

ICS 59.080.30
W 04

中华人民共和国国家标准

GB/T 4744—2013
代替 GB/T 4744—1997

纺织品　防水性能的检测和评价　静水压法

Textiles—Testing and evaluation for water resistance—Hydrostatic pressure method

(ISO 811-1981, Textile fabrics—Determination of resistance to water penetration—Hydrostatic pressure test, MOD)

2013-10-10 发布　　2014-05-01 实施

中华人民共和国国家质量监督检验检疫总局
中国国家标准化管理委员会　发布

前 言

本标准按照 GB/T 1.1—2009 给出的规则起草。

本标准代替 GB/T 4744—1997《纺织织物 抗渗水性测定 静水压试验》，本标准与 GB/T 4744—1997 相比，主要差异如下：

——修改了标准名称；

——修改了第 1 章适用范围；

——增加了第 3 章，其后章条编号顺延；

——删除了 5.3 中的水压上升速率 1.00 kPa/min±0.05 kPa/min；

——将第 6 章的两条合并和简化；

——第 7 章中增加了有接缝试样的取样；

——8.2、8.3 和 8.4 分别增加了注，删除了 8.4 的读数精度；

——增加了 9.2；

——删除了附录 A。

本标准使用重新起草法修改采用 ISO 811:1981《纺织织物 抗渗水性的测定 静水压试验》。本标准与 ISO 811:1981 相比，主要差异如下：

——修改了标准名称；

——修改了第 1 章适用范围；

——增加了第 3 章，其后章条编号顺延；

——简化了第 4 章原理；

——修改了第 5 章中条的编号，删除了 5.3 中的水压上升速率 1.00 kPa/min±0.05 kPa/min；

——第 7 章中增加了有接缝试样的取样；

——第 8 章修改为分条表述，8.2、8.3 和 8.4 中分别增加了注，删除了 8.4 的读数精度；

——9.1 中增加了同一样品不同类型试样的结果表达；

——增加了 9.2；

——第 10 章增加了列项 b)、i) 和 j)；

——删除了附录 A。

本标准由中国纺织工业联合会提出。

本标准由全国纺织品标准化技术委员会基础标准分技术委员会(SAC/TC 209/SC 1)归口。

本标准起草单位：纺织工业标准化研究所、纺织工业科学技术发展中心、温州市大荣纺织仪器有限公司。

本标准主要起草人：王欢、王国建、郑宇英、张孟胜。

本标准所代替标准的历次版本发布情况为：

——GB 4744—1984；

——GB/T 4744—1997。

纺织品 防水性能的检测和评价 静水压法

1 范围

本标准规定了采用静水压试验测定织物防水性能的方法，并给出了防水性能的评价。

本标准适用于各类织物（包括复合织物）及其制品。

2 规范性引用文件

下列文件对于本文件的应用是必不可少的。凡是注日期的引用文件，仅注日期的版本适用于本文件。凡是不注日期的引用文件，其最新版本（包括所有的修改单）适用于本文件。

GB/T 6529 纺织品 调湿和试验用标准大气（GB/T 6529—2008，ISO 139:2005，MOD）

3 术语和定义

下列术语和定义适用于本文件。

3.1

防水性能 water resistance

织物抵抗被水润湿和渗透的性能。织物防水性能的表征指标有沾水等级、抗静水压等级、水渗透量等。

3.2

抗静水压等级 hydrostatic pressure rating

织物抵抗被水渗透的程度。

3.3

织物正面 face

在制成品中，作为外部可见的表面。

4 原理

以织物承受的静水压来表示水透过织物所遇到的阻力。在标准大气条件下，试样的一面承受持续上升的水压，直到另一面出现三处渗水点为止，记录第三处渗水点出现时的压力值，并以此评价试样的防水性能。

5 仪器

5.1 静水压仪应能以下列方式夹持试样：

a) 试样水平夹持，且不鼓起；

b) 从试样上面或下面承受持续上升水压的试验面积为 100 cm^2；

c) 试验过程中，夹持装置不漏水；

d) 试样在夹持装置中不滑移；

e) 尽量降低试样在夹持装置边缘渗水的可能性。

5.2 与试样接触的试验用水宜是蒸馏水或去离子水，温度保持为(20±2)℃或(27±2)℃。试验用水及温度应在报告中注明(水温较高会得出较低的水压值，其影响的大小因织物不同而异)。

5.3 水压上升速率应为 6.0 kPa/min±0.3 kPa/min(60 cm H_2O/min±3 cm H_2O/min)。

5.4 压力计与试验头连接，压力读数精度不大于 0.05 kPa(0.5 cm H_2O)。

6 调湿与试验用大气

调湿和试验用大气按 GB/T 6529 的规定执行。经相关方同意，调湿和试验可在室温或实际环境下进行。

7 试样

取样后，尽量减少对试样的处理，避免用力折叠。除调湿外不作任何处理(如熨烫)。在织物不同部位裁取至少 5 块试样，试样尺寸应能满足试验面积的要求，试样尽可能具有代表性。可不剪下试样进行测试。

不应在有很深褶皱或折痕的部位进行试验。如需测定接缝处静水压值，宜使接缝位于试样的中间位置。

8 步骤

8.1 每个试样使用洁净的蒸馏水或去离子水进行试验。

8.2 擦净夹持装置表面的试验用水，夹持调湿后的试样，使试样正面与水面接触。夹持试样时，确保在测试开始前试验用水不会因受压而透过试样。

注：如果无法确定织物正面，单面涂层织物涂层一面与水面接触，其他织物两面分别测试，分别报出结果。

8.3 以 6.0 kPa/min±0.3 kPa/min(60 cm H_2O/min±3 cm H_2O/min)的水压上升速率对试样施加持续递增的水压，并观察渗水现象。

注：如果选用其他水压上升速率，例如 1.0 kPa/min，在报告中注明。

8.4 记录试样上第三处水珠刚出现时的静水压值。不考虑那些形成以后不再增大的细微水珠，在织物同一处渗出的连续性水珠不作累计。如果第三处水珠出现在夹持装置的边缘，且导致第三处水珠的静水压值低于同一样品其他试样的最低值，则剔除此数据，增补试样另行试验，直到获得正常试验结果为止。

注：试验时如果出现织物破裂水柱喷出或复合织物出现充水鼓起现象，记录此时的压力值，并在报告中说明试验现象。

9 结果和评价

9.1 结果表达

以 kPa(cmH_2O)表示每个试样的静水压值及其平均值 P，保留一位小数。对于同一样品的不同类型试样(例如，有接缝试样和无接缝试样)分别计算其静水压平均值。

9.2 防水性能评价

如果需要，按照表 1 给出样品的抗静水压等级或防水性能评价。对于同一样品的不同类型试样，分别给出抗静水压等级或防水性能评价。

表 1 抗静水压等级和防水性能评价

抗静水压等级	静水压值 P/kPa	防水性能评价
0 级	$P<4$	抗静水压性能差
1 级	$4\leqslant P<13$	具有抗静水压性能
2 级	$13\leqslant P<20$	
3 级	$20\leqslant P<35$	具有较好的抗静水压性能
4 级	$35\leqslant P<50$	具有优异的抗静水压性能
5 级	$50\leqslant P$	
注：不同水压上升速率测得的静水压值不同，表 1 的防水性能评价是基于水压上升速率 6.0 kPa/min 得出。		

10 试验报告

试验报告应包括以下内容：

a） 说明试验是按本标准进行的；

b） 样品描述；

c） 所用大气条件；

d） 试验用水温度；

e） 试样上面或下面施加水压；

f） 水压上升速率；

g） 试样的测试面；

h） 每个试样的静水压值及平均值；

i） 如果需要，给出抗静水压等级或防水性能评价；

j） 试验中任何偏离本标准的细节及异常现象。

ICS 73.040
D 27

中华人民共和国国家标准

GB/T 4757—2013
代替 GB/T 4757—2001

煤粉(泥)实验室单元浮选试验方法

Methods for the batch flotation testing of fine coal

2013-12-17 发布

2014-05-01 实施

中华人民共和国国家质量监督检验检疫总局
中国国家标准化管理委员会 发布

前　言

本标准按照 GB/T 1.1—2009 给出的规则起草。

本标准代替 GB/T 4757—2001《煤粉(泥)实验室单元浮选试验方法》,本标准与 GB/T 4757—2001 相比,主要变化如下:

——修改了规范性引用文件(见第 2 章,2001 年版的第 2 章);

——删除了 3.4.3 和 7.5.5(2001 年版的 3.4.3 和 7.5.5);

——修改了浮选剂用量单位(见 6.1.4 和 6.1.5,2001 年版的 6.1.4 和 6.1.5);

——删除了第 8 章(2001 年版的第 8 章)。

本标准由中国煤炭工业协会提出。

本标准由全国煤炭标准化技术委员会(SAC/TC 42)归口。

本标准起草单位:煤炭科学研究总院唐山研究院、天地(唐山)矿业科技有限公司。

本标准主要起草人:石焕、史英祥、程宏志、李红旗、张孝钧、安文华。

本标准所代替标准的历次版本发布情况为:

——GB/T 4757—1984、GB/T 4757—2001。

煤粉(泥)实验室单元浮选试验方法

1 范围

本标准规定了煤粉(泥)实验室单元浮选试验的煤样、试验设备和用具、试验煤样与浮选剂用量计算、可比性浮选试验和浮选参数试验。

本标准适用于烟煤和无烟煤。

2 规范性引用文件

下列文件对于本文件的应用是必不可少的。凡是注日期的引用文件,仅注日期的版本适用于本文件。凡是不注日期的引用文件,其最新版本(包括所有的修改单)适用于本文件。

GB/T 211 煤中全水分的测定方法(ISO 589:2003,NEQ)

GB/T 212 煤的工业分析方法(ISO 11722:1999,ISO 1171:1997,ISO 562:1998,NEQ)

GB/T 213 煤的发热量测定方法(ISO 1928:1995,MOD)

GB/T 214 煤中全硫的测定方法(GB/T 214—2007,ISO 334:1992,NEQ)

GB/T 477 煤炭筛分试验方法(GB/T 477—2008,ISO 1953:1994,MOD)

GB/T 30047 煤粉(泥)可浮性评定方法

MT/T 180 选煤厂浮选工艺效果评定方法

MT/T 808 选煤厂技术检查

MT/T 320 煤芯煤样可选性试验方法

3 煤样

3.1 采自煤芯煤样

按照 MT/T 320 第 5 章规定缩取筛分产品中粒度小于 0.5 mm 的煤粉,质量不少于 1 kg。

3.2 采自煤层煤样或生产煤样

按照 GB/T 477 进行筛分试验后,分别缩取自然级和破碎级中粒度小于 0.5 mm 的煤粉,并按其占原煤比例掺和,其质量不少于 10 kg。

3.3 采自选煤厂浮选入料

按照 MT/T 808 第 3 章的规定,采取未添加任何浮选药剂的浮选入料,总质量不少于 10 kg。

3.4 分析化验与存放

3.4.1 按 GB/T 211、GB/T 212、GB/T 213 和 GB/T 214 标准有关规定进行以下项目(根据需要可适当增减)的分析:

水分(M_t,M_{ad})、灰分(A_d)、全硫($S_{t,d}$)、发热量($Q_{net,ar}$)。

3.4.2 按 GB/T 477 规定进行小筛分试验。

3.4.3 试验煤样干燥至空气干燥状态后,置于密闭容器内存放,存放地点要保持干燥,存放时间不超过

10个月。

4 试验设备和用具

4.1 试验设备

浮选机:容积1.5 L,结构要求见附录A。

4.2 试验用具

试验用具见表1。

表1 试验用具

序号	名 称	单位	数量	规 格
1	计时装置	台	1	量程:0～10 min;精度:1 s
2	微量注射器	只	2	容量:0.5 mL; 分度值:0.02 mL
3	微量注射器	只	2	容量:0.25 mL; 分度值:0.01 mL
4	微量进样器	只	2	容量:0.1 mL; 分度值:0.002 mL
5	微量进样器	只	2	容量:0.025 mL; 分度值:0.000 5 mL
6	电子天平	台	1	最大称量:2 000 g;感量:0.01 g
7	鼓风干燥箱	台	1	0 ℃～300 ℃,温度可调
8	大盆	个	50	容量:3 L～6 L
9	中、小盆	个	50	容量:1.5 L～2.5 L
10	大量杯	个	2	容量:2 L
11	中量杯	个	2	容量:1 L
12	洗瓶	个	2	容量:1 L

5 试验煤样与浮选剂用量计算

5.1 试验煤样质量的计算

试验煤样的质量按式(1)计算:

$$W=\frac{V\times C}{100-M_{ad}}\times 100 \qquad \cdots\cdots(1)$$

式中:

W ——试验用煤样质量,单位为克(g);

V ——浮选机槽体容积,单位为升(L);

C ——矿浆浓度,单位为克每升(g/L);

M_{ad}——试验用煤样空气干燥基水分,%。

5.2 浮选剂用量计算

当需要时,可按下式把浮选剂的用量换算成以“g/t”表示:

$$q=\frac{V\times d\times 10^{6}}{W} \qquad \cdots\cdots(2)$$

式中：

q ——浮选剂用量，单位为克每吨(g/t)；

V ——加入浮选剂的体积，单位为立方厘米(cm^3)；

W ——试验用煤样质量，单位为克(g)；

d ——浮选剂密度，单位为克每立方厘米(g/cm^3)。

6 可比性浮选试验

6.1 试验条件

6.1.1 水质：蒸馏水或离子交换水，也可使用自来水。

6.1.2 矿浆温度：(20±10)℃。

6.1.3 矿浆浓度：(100±1)g/L。

6.1.4 捕收剂及其单位消耗量：正十二烷，(1 000±1)mL/t 干煤。

6.1.5 起泡剂及其单位消耗量：4-甲基-2-戊醇，(100±1) mL/t 干煤。

6.1.6 浮选机叶轮转速：1 800 r/min。

6.1.7 浮选机叶轮直径：60 mm。

6.1.8 浮选机单位充气量：$0.25m^3/(m^2\cdot min)$。

6.2 试验步骤

6.2.1 向浮选槽内加水至第二标线，开动并调试浮选机，使叶轮转速、单位充气量达到规定值，停机，关闭进气阀门，放完浮选槽内的水。

6.2.2 向浮选槽内加水至第一标线，开动浮选机后向槽内加入称量好的煤样(精确至 0.1 g)，搅拌至煤样全部润湿后，再加水使矿浆液面达到第二标线。

6.2.3 搅拌 2 min 后向矿浆液面下加入捕收剂。再过 1 min 后向矿浆液面下加入起泡剂。

6.2.4 搅拌 10 s 后，打开进气阀门，同时开始刮泡(人工刮泡或机械刮泡)，应随着泡沫层厚度的变化全槽宽收取精矿泡沫(切勿刮出矿浆)，控制补水速度，使矿浆液面在整个刮泡期间保持恒定。刮泡后期应用洗瓶将浮选槽壁的颗粒冲洗至矿浆中。

6.2.5 刮泡至 3 min 后，停止刮泡，关闭进气阀门及搅拌电机，将尾煤放至盆内。沉积在浮选槽下部的颗粒要清洗至尾煤盆中。粘在刮板及浮选槽唇边、槽壁的颗粒应收至精煤产品中。

6.2.6 向浮选槽加入清水，并开动浮选机搅拌清洗直至浮选槽干净为止，放至盛放尾煤的容器内。

6.2.7 将各产物分别脱水后置于不超过 75 ℃的鼓风干燥箱中进行干燥。冷却至空气干燥状态后分别称量，测定灰分，必要时测定硫分。

6.2.8 试验原始记录可参考附录 B 的表 B.1。

6.2.9 重复试验一次(平行试验)。

6.3 试验结果整理

6.3.1 试验结果记录

将所得结果分别记录于附录 C(资料性附录)所示的表 C.1 中，以精煤和尾煤质量之和作为 100%，分别计算其产率。

6.3.2 试验允许差值

6.3.2.1 质量损失

质量损失不得超过3%。

6.3.2.2 灰分允许差值

灰分允许差值应符合以下规定：

a) 当煤样(浮选入料)灰分小于20%时，与计算原煤灰分的相对差值不得超过±5%；

b) 当煤样(浮选入料)灰分大于或等于20%时，与计算原煤灰分的绝对差值不得超过±1%。

6.3.3 平行试验

两次平行试验的精煤产率允许误差应≤1.6%。精煤灰分允许误差：当精煤灰分≤10%时，绝对误差≤0.4%；当精煤灰分大于10%时，绝对误差≤0.5%。

7 浮选参数试验

7.1 概述

分四个阶段进行试验：浮选剂选择试验，浮选条件选择试验，分次加药试验及流程试验。除给出的外，其余试验条件均同第6章，宜采用正交设计进行浮选参数试验。各阶段试验完成后应进行鉴定试验。

7.2 浮选剂选择试验

7.2.1 基本要求：成分稳定、无毒无害(符合环保标准)、来源丰富、价格低廉、性能良好，能得到符合质量要求的精煤及尾煤产品。

7.2.2 宜采用表2所列浮选剂品种和用量(可根据实际情况增减)进行试验。

表2 浮选剂品种及其用量

浮选剂种类	浮选剂名称	用量范围 mL/t	备注
捕收剂	−10# 轻柴油或 0# 轻柴油	500～1 250	轻柴油密度：0.82 g/cm³～0.85 g/cm³
	煤油		煤油密度：0.78 g/cm³～0.80 g/cm³
起泡剂	GF油	50～200	密度：0.88 g/cm³～0.90 g/cm³；羟基：≥160 mg/g(以KOH计)；颜色：深褐
	LF油		密度：0.84 g/cm³～0.86 g/cm³；羟基：≥180 mg/g(以KOH计)；颜色：浅黄
	仲辛醇		辛醇含量不少于87%

7.2.3 试验原始记录可参考附录B的表B.1，试验结果参照表B.2整理。

7.2.4 根据试验目的，采用浮选精煤灰分、浮选精煤产率和MT/T 180规定的浮选完善指标 η_{wf} 综合评价试验结果，优选浮选剂配方。

7.2.5 需考察浮选剂对精煤脱水的影响时，测定泡沫精煤浓度，作为选择浮选剂的条件之一。

7.2.6 对选用的浮选剂品种及用量进行验证试验。

7.3 浮选条件选择试验

7.3.1 本组试验在确定了浮选剂品种及用量的基础上进行。宜进行下列条件试验(可根据实际情况，增减试验条件及试验水平)：

a) 矿浆浓度:50 g/L、75 g/L、100 g/L、125 g/L;

b) 单位充气量:0.15 $m^3/(m^2 \cdot min)$、0.25 $m^3/(m^2 \cdot min)$、0.35$m^3/(m^2 \cdot min)$。单位充气量与空气流量的换算关系见表 3;

c) 叶轮转速:1 600 r/min、1 800 r/min、2 000r/min。

表 3 单位充气量与空气流量换算表

单位充气量/[$m^3/(m^2 \cdot min)$]		0.15	0.25	0.35
空气流量	m^3/h	0.10	0.17	0.23
	L/min	1.67	2.75	3.85

7.3.2 按 7.2.4 选择最佳条件。进行正交试验结果分析,得出最佳浮选条件,进行验证试验后确定。

7.4 分次加药试验及流程试验

7.4.1 分次加药方法

浮选剂分次加药试验分 A、B 两组进行。

A 组试验药剂分两次进行添加，以 A_1、A_2 分别表示两次加药量。A_1 量与 A_2 量比值可选择总药量的 70%∶30%,或 50%∶50%,或 30%∶70%中的一种进行。加入 A_1 后,浮选 1 min,加入 A_2,再浮选 2 min,完成 A 组试验。

B 组试验药剂分两次进行添加，以 B_1、B_2 分别表示两次加药量。B_1 量应与 A_1 量相同,B_2 量应与 A_2 量相同。加入 B_1 后,浮选 2 min,加入 B_2,再浮选 2 min,完成 B 组试验。

7.4.2 分次加药操作方法

在第一段浮选时间后,计时器增设第 2 次加药操作和搅拌时间 20 s。刮泡至第一段浮选时间结束后,同时停止刮泡器和关闭进气阀门,向矿浆液面下第二次加入药剂,搅拌至 20 s 时,同时打开进气阀门,开始刮泡至浮选完为止。

7.4.3 流程试验

当一次浮选流程不能选出符合质量要求的产品时,应进行流程试验。按产品要求进行粗选精煤的精选试验或中煤精选试验。

7.4.4 精选试验方法

将需精选的泡沫产品全部倒入浮选槽内,开动浮选机,加水至矿浆液面达第二标线,搅拌 30 s 后打开进气阀门,刮泡 2 min。

如精选不完全,可按 7.4.2 加入少量药剂,刮泡至浮选完为止。

7.4.5 验证试验

按所得到的最佳试验结果,分别进行分次加药试验和流程试验的验证试验。试验结果记录可参照附录 B 的表 B.1 和表 B.2。

7.5 鉴定试验(浮选速度试验)

7.5.1 采用7.2、7.3、7.4确定的最佳条件进行鉴定试验，浮选时间为5 min，分批收取泡沫精煤产物1～产物6，各产物的接取时间依次为0.25 min、0.25 min、0.5 min、1 min、1 min、2 min，尾煤为产物7。试验记录参照附录B的表B.3。鉴定试验结果记入附录C中的表C.2。

7.5.2 重复最佳条件试验，分选出最终产品分析所需试样。

7.5.3 对最终产品测定其矿浆浓度(P)、灰分(A_d)、水分(M_{ad})、硫分($S_{t,d}$)、发热量($Q_{net,ar}$)、挥发分(V_{daf})、黏结指数($G_{R.I}$)或胶质层指数(X,Y)(后三项只限于精煤)。

7.5.4 按照GB/T 477进行最终产品(精煤和尾煤)粒度分析。尾煤试样不得少于50 g，筛分级别至少为4级：≥0.25 mm、0.25 mm～0.125 mm 、0.125 mm～0.045 mm和<0.045 mm。

7.6 试验结果整理及表述

7.6.1 试验结果整理按6.3执行。

7.6.2 对最佳浮选参数及试验结果做简单综述。

7.6.3 根据产品分析结果解释浮选试验结果。

7.6.4 用浮选速度试验结果绘制可浮性曲线图(图1)。

7.6.5 按照GB/T 30047评定煤粉(泥)的可浮性。

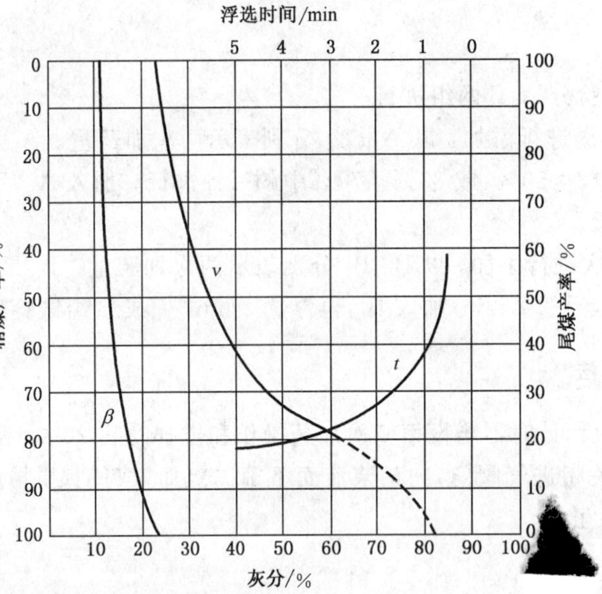

β——精煤产率-灰分曲线；

ν——尾煤产率-灰分曲线；

t——浮选时间(t)-精煤产率曲线。

图1 可浮性曲线示意图

附　录　A
（规范性附录）
选煤实验室用单槽浮选机规格要求

单位为毫米

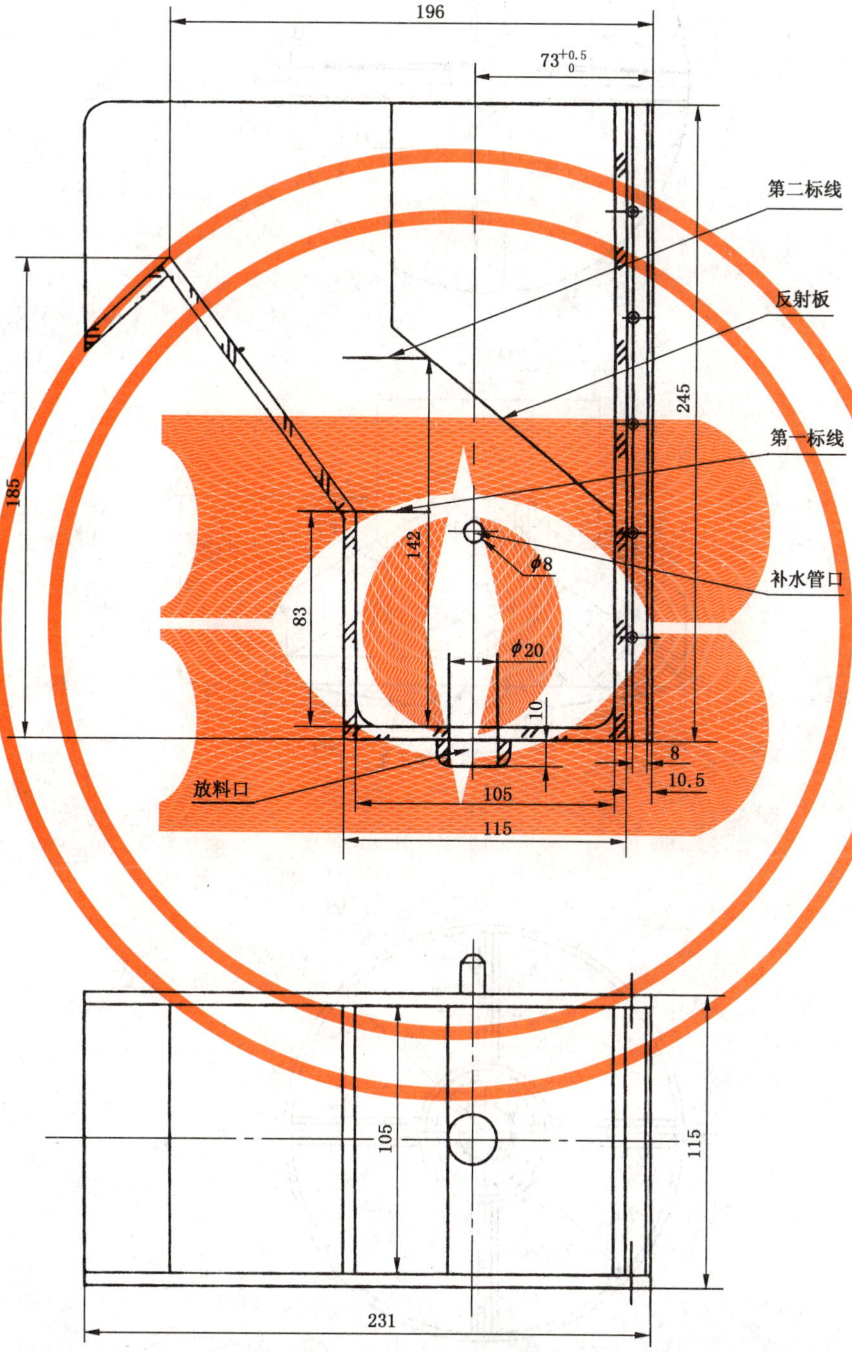

图 A.1　浮选槽

单位为毫米

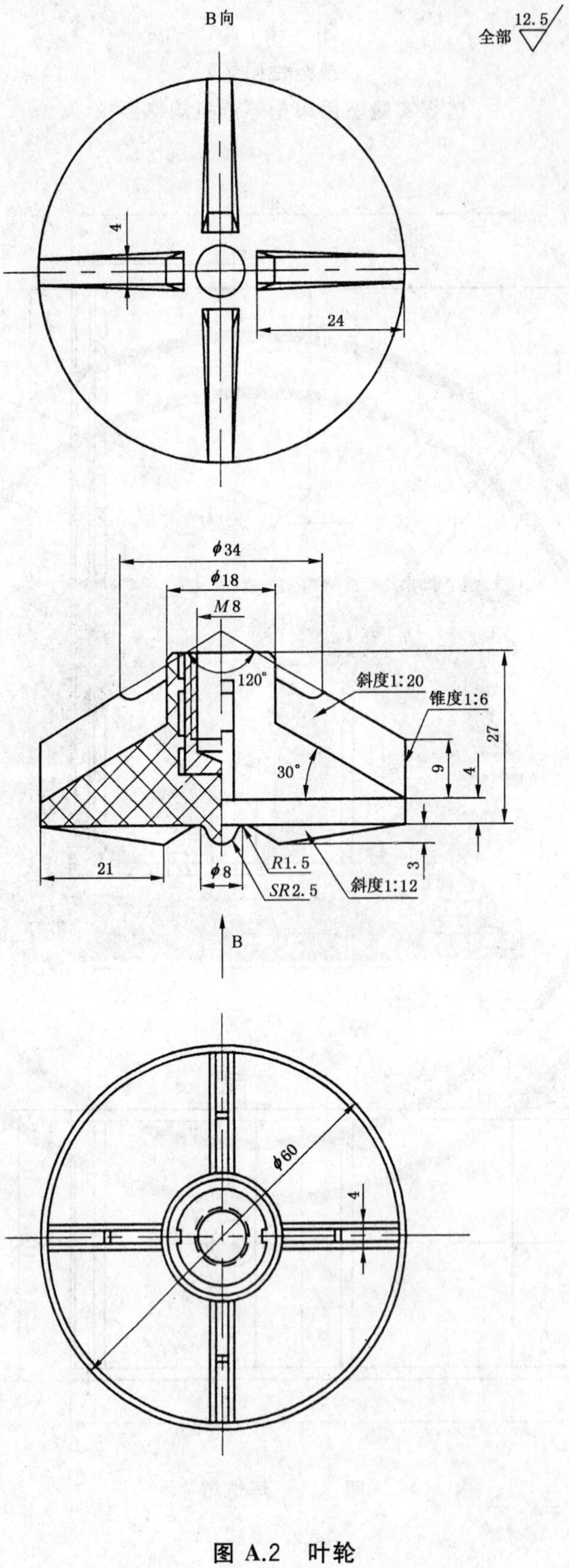

注：所有圆角为 $R1.5$

图 A.2 叶轮

单位为毫米

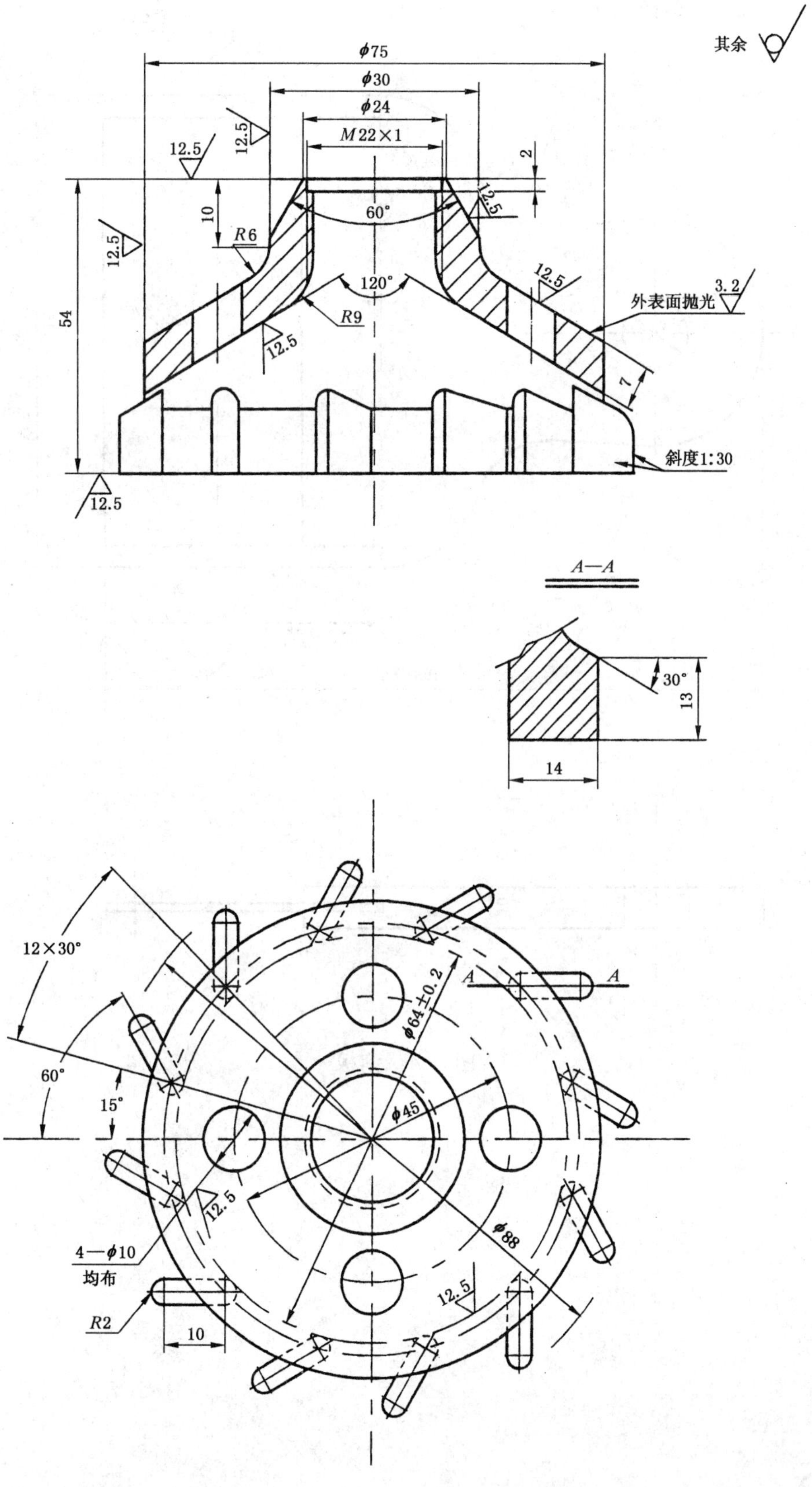
其余
ϕ75
ϕ30
ϕ24
M22×1
2
12.5
10
60°
R6
120°
R9
54
3.2
外表面抛光
7
斜度1:30
A—A
30°
13
14
12×30°
60°
15°
ϕ64±0.2
ϕ45
ϕ88
4—ϕ10
均布
R2
10
A

图 A.3 定子

单位为毫米

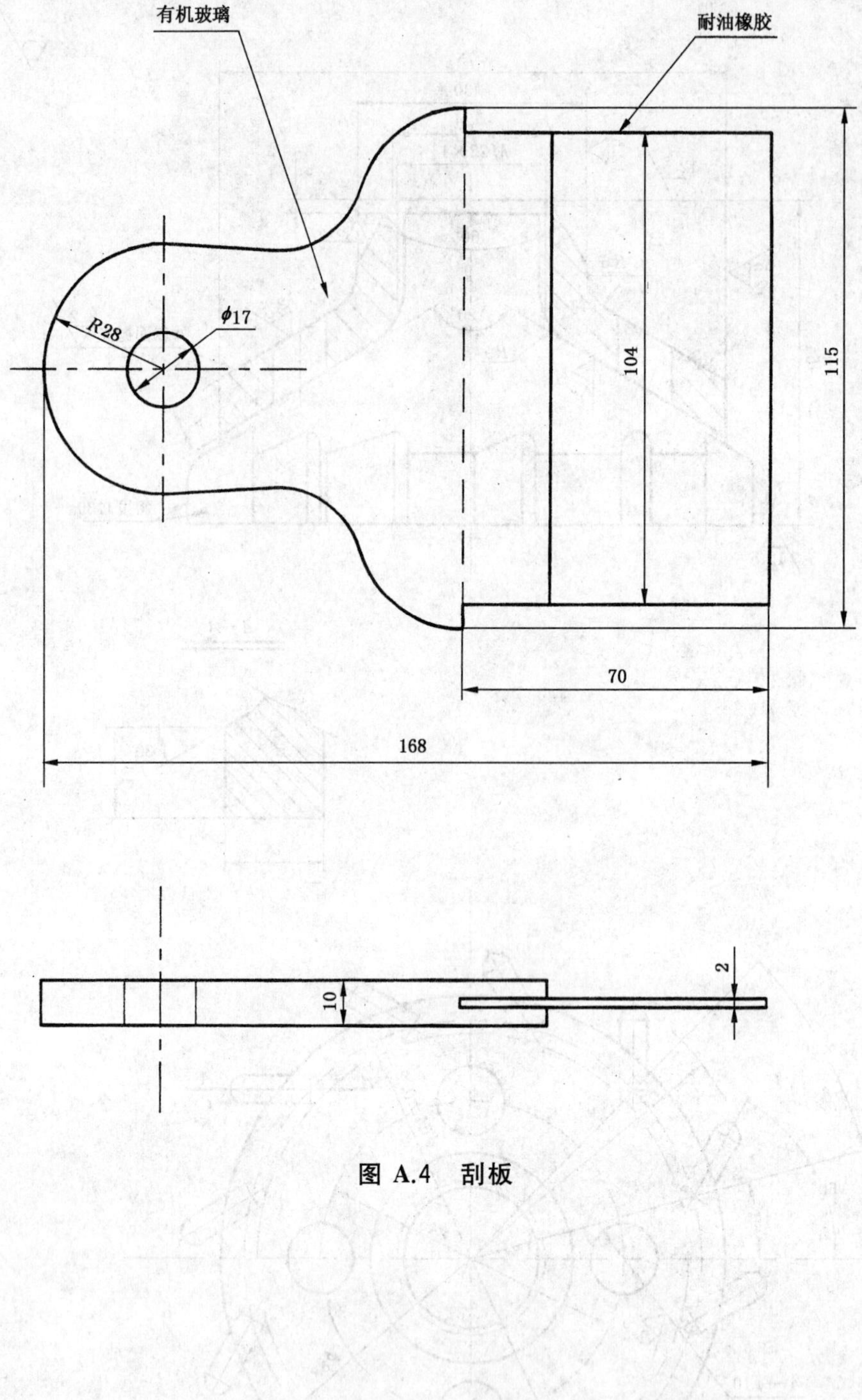

图 A.4　刮板

附　录　B
（资料性附录）
试验记录表

表 B.1　单元浮选试验原始记录

试验编号：＿＿＿＿＿＿　　煤样名称：＿＿＿＿＿＿　　煤样粒度：＿＿＿＿＿＿ mm　　浮选机容积：＿＿＿＿＿＿ L

试验日期：＿＿＿＿＿＿　　矿浆预搅拌时间：＿＿＿＿ min　　矿浆与捕收剂接触时间：＿＿＿＿ min

序号	固定条件	可变条件				精煤						尾煤						计算入料		
						产品编号	盘号	质量 W/g	产率 γ/%	灰分 A_d/%	硫分 $S_{t,d}$/%	产品编号	盘号	质量 W/g	产率 γ/%	灰分 A_d/%	硫分 $S_{t,d}$/%	质量 W/g	灰分 A_d/%	硫分 $S_{t,d}$/%

表 B.2 单元浮选试验结果

序号	试验条件							浮选精煤			浮选尾煤			计算结果			
	矿浆浓度 g/L	充气速率 $m^3/(m^2 \cdot min)$	叶轮转速 r/min	捕收剂		起泡剂		产率 γ/%	灰分 A_d/%	硫分 $S_{t,d}$/%	产率 γ/%	灰分 A_{ad}/%	硫分 $S_{t,d}$/%	计算入料灰分 A_d/%	计算入料硫分 $S_{t,d}$/%	浮选完善指标 η_{wf}/%	精煤数量指数 η_{Lf}/%
				名称	用量 g/t	名称	用量 g/t										

表 B.3 浮选速度试验结果

试验编号：______ 煤样名称：________ 煤样粒度：______ mm 浮选机容积：______ L 叶轮转速：______ r/min 单位充气量：______ $m^3/(m^2 \cdot min)$

入料浓度：______ 捕收剂名称及单位消耗量：____________ mL/t 捕收剂名称及单位消耗量：______________ mL/t 试验日期：____________

产品编号	盘号	浮选产品	浮选时间 min	质量 W/g	产率 γ/%	灰分 A_d/%	硫分 $S_{t,d}$/%	累计产率 $\Sigma\gamma$/%	平均灰分 A_d/%	平均硫分 $S_{t,d}$/%
		第一精煤	0.25							
		第二精煤	0.25							
		第三精煤	0.50							
		第四精煤	1.00							
		第五精煤	1.00							
		第六精煤	2.00							
		尾　煤	—							
		合　计	5.00							

附　录　C
（资料性附录）
单元浮选试验结果

表 C.1　可比性浮选试验结果

煤样名称：＿＿＿＿＿＿　采样日期：＿＿＿＿＿＿　试验日期：＿＿＿＿＿＿
煤样灰分：＿＿＿＿＿＿%　煤样硫分：＿＿＿＿＿＿%　煤样粒度：＿＿＿＿＿＿mm

产品名称	精煤				尾煤				计算入料			
指标	质量 W/g	产率 γ/%	灰分 A_d/%	硫分 $S_{t,d}$/%	质量 W/g	产率 γ/%	灰分 A_d/%	硫分 $S_{t,d}$/%	质量 W/g	产率 γ/%	灰分 A_d/%	硫分 $S_{t,d}$/%
试验结果 1												
试验结果 2												
综合结果												
试验误差												

表 C.2　最佳浮选参数及试验结果

序号	最佳浮选参数		最佳浮选参数试验结果			
	参　　数	数值	名称	产率 γ/%	灰分 A_d/%	硫分 $S_{t,d}$/%
1	捕收剂名称及消耗量/(mL/t)		入料			
2	起泡剂名称及消耗量/(mL/t)		精煤			
3	矿浆浓度/(g/L)		中煤			
4	浮选机单位充气量/[m^3/(m^2 · min)]		尾煤			
5	浮选机叶轮转速/(r/min)		泡沫精煤浓度 P/%			
6	加药方式		浮选完善指标 η_{wf}/%			
7	浮选流程		可燃体回收率 E_c/%			

ICS 73.120
J 77

中华人民共和国国家标准

GB/T 4774—2013
代替 GB/T 4774—2004

过滤与分离　名词术语

Terminology of filtration and separation

2013-12-17 发布　　　　2014-10-01 实施

中华人民共和国国家质量监督检验检疫总局
中国国家标准化管理委员会　发布

前言

本标准按照 GB/T 1.1—2009 给出的规则起草。

本标准代替 GB/T 4774—2004《分离机械　名词术语》,与 GB/T 4774—2004 相比,主要变化如下:

——修改了标准名称(见封面,2004 年版封面);

——删除了过滤介质部分的某些术语(见 2004 年版:5.1.4.2,5.1.4.5 到 5.1.8,5.1.6.9,5.1.10,5.1.11,5.1.12.2,5.1.14);

——删除了过滤机部分的某些术语(见 2004 年版:4.1.14.4,4.1.19,4.1.20,4.2.25);

——删除了过滤器部分的某些术语(见 2004 年版：4.1.31,7.2.13);

——删除了旋流器部分的某些术语(见 2004 年版：7.2.13)；

——删除了膜过滤部分的某些术语(见 2004 年版：6.3.6,6.3.11,6.1.16,6.1.17);

——增加了过程与原理部分的某些术语(见 2.11,2.15,2.17,2.35,2.36);

——增加了物料性质部分的某些术语(见 3.4,3.12 到 3.34,3.40,3.41,3.47,3.48,共 27 条)；

——增加了预处理技术部分的某些术语(见 4.3.3,4.3.4,4.3.6,4.3.7,4.3.9, 4.3.10,共 6 条);

——增加了助过滤技术部分的某些术语(见 5.1,5.3,5.4,5.4,5.5,5.7 到 5.14,共 13 条);

——增加了过滤介质部分的某些术语(见 6.3,6.4.7 到 6.4.12,6.6,6.6.2 到 6.6.12, 6.7.2,6.7.3,6.7.5到6.7.10，6.8.1 到 6.8.4,6.9.1,6.9.3,6.9.4,6.9.5,6.9.7, 6.9.9 到 6.9.14,6.9.16,6.9.17,6.9.20到 6.9.25,共 50 条);

——增加了后处理技术部分的某些术语(见 7.1,7.6 到 7.14,共 9 条);

——增加了离心机部分的某些术语(见 8.1.5,8.2.8 到 8.2.17,8.3.17.3,共 12 条);

——增加了离心萃取机部分的某些术语(见从 9.1.1 到 9.3.3,共 22 条);

——增加了过滤机部分的某些术语(见 10.1.9.1.2,10.1.12,10.1.15,10.1.16.4,10.17.2,10.1.19,10.1.26,10.1.29,10.4.18,10.4.31,10.4.50,共 11 条);

——增加了过滤器部分的某些术语(见 11.5 到 11.10,共 6 条);

——增加了旋流器部分的某些术语(见 12.2.16,12.2.17,12.2.18,12.2.19)；

——增加了膜过滤部分的某些术语 (见 13.1.3,13.1.10,13.2.2,13.2.4,13.2.5,13.2.6,13.3，13.3.8,13.3.9, 13.3.12,13.3.13，13.3.17,13.3.19,共 13 条);

——增加了参考文献(见参考文献第 13 到第 22)。

请注意本文件某些内容可能涉及专利。本文件的发布机构不承担识别这些专利的责任。

本标准由中国机械工业联合会提出。

本标准由全国分离机械标准化技术委员会(SAC/TC 92)归口。

本标准负责起草单位:上海化工研究院、合肥通用机械研究院、天津大学、四川大学。

本标准参加起草单位:山东景津环保设备有限公司、厦门厦迪亚斯环保过滤技术有限公司、石家庄工大化工设备有限公司、重庆江北机械有限责任公司。

本标准起草人:都丽红、张德友、许莉、陈志、王士勇、周进、康勇、褚良银、李文苹、李秋萍、朱企新、李建明。

本标准所代替标准的历次版本发布情况为:

——GB/T 4774—1984、GB/T 4774—2004。

过滤与分离　名词术语

1　范围

本标准规定了连续相为液相的过滤与分离过程专业基础及相关设备的构造、性能通用术语。

本标准适用于液固分离原理与过程，物料性质，预处理技术（包括增浓、澄清、沉降、气浮、凝聚与絮凝、助滤技术等），过滤介质，后处理技术（包括洗涤，脱液等），膜过程；以及离心机，分离机，离心萃取设备，过滤机，压榨过滤设备，过滤器，膜过滤，气浮设备，旋流器等机械、设备与零部件及有关操作过程控制、机械结构等的设计、生产；也适用于过滤与分离过程与设备的科研、教学等领域。

本标准不包括实验室用离心机及气体过滤器。

2　过程与原理

2.1

过滤　filtration

在外力作用下悬浮液中的液体透过过滤介质，固体颗粒及其他物质被截留，使固体颗粒及其他物质与液体分离的操作。

2.2

滤饼过滤　cake filtration；surface filtration

滤液通过过滤介质，颗粒等固相物被截留在过滤介质表面形成滤饼的过滤，也称表面过滤。

2.3

真空过滤　vacuum filtration

用抽真空形成的压差作为过滤推动力的过程。

2.4

加压过滤　pressure filtration

对过滤部件内部施加高于大气压的外加压力，此压力与过滤部件外部压力的压差作为过滤推动力的过滤过程。

2.5

离心过滤　centrifugal filtration

以离心惯性力为过滤推动力的过滤过程，在离心惯性力作用下，使滤液穿过滤饼与过滤介质，实现固液分离。

2.6

重力过滤　gravity filtration

利用过滤介质表面或滤饼上的液层高度作为过滤推动力实现的过滤过程。

2.7

动态过滤　dynamic filtration；cross-flow filtration

在压力、离心惯性力或其他外力作用下，料浆与过滤面呈平行或旋转的剪切运动，滤液垂直穿过过滤介质，使过滤介质表面处于无滤饼或薄层滤饼状态过滤，又称“交叉流过滤”、“错流过滤”。

2.8

终端过滤　dead-end filtration

悬浮液是以流到过滤介质为其流动终端而进行的过滤过程。

2.9

电场过滤　electric field filtration

采用直流电场，使带电荷的颗粒向远离过滤介质的方向迁移，防止滤饼生成和过滤性能下降，即为电场过滤。

2.10

高梯度磁过滤　high gradient magnetic filtration

施加磁场，以强化过滤过程的过滤。

2.11

粒状层过滤　granular bed filtration

以砂、活性炭等粒状物形成多孔的粒状层为过滤介质，截留悬浮粒子的过滤。

2.12

吸附过滤　adsorption filtration

过滤介质同时能进行化学吸附及(或)物理吸附、脱色和机械截留的过滤过程。

2.13

压榨过滤　expression filtration

挤压滤饼，使滤饼受压缩和孔隙减小，挤压出滤饼内液体的过滤及脱水操作。

2.14

深层过滤　depth bed filtration

澄清过滤　clarifying filtration

将稀薄料浆通过一定厚度的粒状床层或纤维滤材，固体颗粒被截于介质内部的孔隙中，在介质表面一般不形成滤饼，目的是去除固体杂质获得澄清液。

2.15

滤芯过滤　cartridge filtration

将过滤介质制成管状(或筒状)的过滤元件进行过滤。

2.16

沉降　settling，sedimentation

悬浮在流体中的粒子由于受质量力、离心惯性力或静电力的作用，沿力场方向在流体中运动的现象。

2.17

重力沉降　gravity sedimentation

在重力场中，重相在流体中沉降，将轻相与重相进行分离的操作。

2.18

离心沉降　centrifugal sedimentation

有密度差的固-液，液-液或液-液-固混合物，在离心惯性力作用下进行沉降分离。

2.19

分离因数　"g" number；G-forces；relative centrifugal force

离心机的基本参数。它是离心加速度与重力加速度的比值，也是离心沉降速度与重力沉降速度的比值。

2.20

浓缩　thickening，concentrating

从悬浮液中除去部分液体，使悬浮液固含量提高的过程。

2.21

压榨比 expression ratio

压榨开始和压榨到一定时间后滤饼厚度之差，与压榨开始和压榨终了时滤饼厚度之差的比值。压榨比表示了压密程度。

2.22

机械压榨 mechanical expression

施加外力使料浆或滤饼中的液相由于颗粒位移而被挤出。

2.23

筛分脱水 screening dewatering

物料以薄层通过筛子表面时发生水分与颗粒的分离过程，也是在重力场或离心惯性力场中进行过滤的过程。

2.24

筛分 screening

利用筛子使悬浮液中不同粒径的颗粒分离的过程。

2.25

处理能力 throughput

单位时间内分离机械所分离悬浮液(或乳浊液)的体积或重量。

2.26

生产能力 filtrate flow rate;cake formation rate

单位时间内分离机械能分离出的干固体重量或滤液重量。

2.27

分离效率 separation efficiency

若以固相回收率表示，分离出的固相颗粒总重量与进入系统的固相颗粒总重量之比称总效率。对某些分离设备有级效率与总效率之分。也可用液相回收率表示。

2.28

过滤推动力 driving force of filtration

使过滤过程能够进行而在滤饼(包括过滤介质)两侧建立的压力差。

2.29

过滤压力 filter pressure drop

加压过滤过程中过滤机内的压力。

2.30

过滤真空度 vacuum

表示处于真空状态下过滤机内维持低于周围大气压的稀薄气体状态，等于大气压力与真空过滤机过滤元件内部压力之差。

2.31

过滤速率 filtration rate;filtrate flux

单位时间内通过单位过滤面积上的滤液量。

2.32

操作循环 operating cycle

分离机械从某工序到该工序下一次重复之前的所有各工序构成全过程称为操作循环，又称为操作周期。

2.33

恒压过滤　constant pressure filtration

过滤压力保持不变的过滤过程。

2.34

恒速过滤　constant rate filtration

过滤速率保持不变的过滤过程。

2.35

先恒速后恒压过滤　constant rate followed by constant pressure filtration

过滤时，在前阶段由于介质阻力较小可能呈现近似恒速过滤，随着滤饼增厚，阻力加大，供料近似于恒压，就形成恒压过滤。

2.36

变压、变速过滤　variable pressure and variable rate filtration

整个过滤操作中，过滤压强和过滤速率都不断发生变化的过程。

2.37

加料时间　feeding time

间歇分离过程，每次分离时，往分离机械中加入物料所需的时间。

2.38

卸料时间　discharging time

从分离机械中卸出滤饼(或滤渣)所需的时间。

2.39

压榨压密　expression consolidation

压榨进入压密阶段，滤饼层压缩、压密，固体颗粒也同时向液体排出面移动。

2.40

过滤面积　filtration area

过滤过程中能截留固体颗粒和透过滤液的面积。

3　物料性质

3.1

物料　material

用过滤与分离的方法分离的对象(如悬浮液、乳浊液等)的统称。

3.2

悬浮液（料浆）　suspension

悬浮液泛指固体分散在液体中的分散物系。

3.3

悬浮液浓度　suspension concentration

单位体积悬浮液中的固体质量(质量浓度)。

3.4

固液比　solid-to-liquid ratio

悬浮液中固相和液相的质量之比。

3.5

乳浊液　emulsion

一种液体以很细的液滴分散于另一种(或数种)与之互不相溶的液体中所形成的乳状液。

3.6

乳浊液浓度 emulsion concentration

乳浊液中所含分散相的质量百分数。

3.7

胶体 colloid

粒径在 0.1 μm～0.001 μm 的粒子分散在另一介质中所形成的非均相高度分散物系。

3.8

牛顿流体 Newtonian fluid

流体流动时高剪应力与剪切速度服从牛顿粘性定律的流体，如气体、水和大多数纯液体均属于牛顿流体。

3.9

非牛顿流体 non-Newtonian fluid

凡流体流动时流体力学特性不服从牛顿粘性定律的流体均称非牛顿流体。

3.10

滤液 filtrate

悬浮液过滤时透过过滤介质流出的液体。

3.11

澄清液 clarified effluent

沉降操作分离出的液体。

3.12

液体密度 liquid density

单位体积液体的质量。

3.13

黏度 viscosity

液体流动时，液体分子间产生内摩擦的性质，称为液体的黏性。黏性的大小用黏度表示，是用来表征液体性质相关的阻力因子。

3.14

滤液浊度 filtrate turbidity

滤液中悬浮物对光线透过时所发生的阻碍程度。

3.15

澄清液含固量 solid content of clarified effluent

单位体积澄清液所含固体的质量。

3.16

表面张力 surface tension

液体表面层由于分子引力不均衡而产生的沿表面作用于任一界线上的张力。

3.17

挥发度 volatility

表示某种纯粹物质(液体或固体)在一定温度下蒸气压的大小。具有较高蒸气压的物质称做易挥发物，较低的称做难挥发物。

3.18

表面水 surface water

水的极性很强，表面张力很大，如果与之共存的固体颗粒也具有极性，则水极易在颗粒表面形成水化膜,即“表面水”。

3.19

接触角　contact angle

接触角是指在气、液、固三相交点处所作的气-液界面的切线穿过液体与固-液交界线之间的夹角,是表示润湿程度的量度。

3.20

粒径　particle size

粒子大小(粒径)是重要的物理性质之一。对于形状规则,大小均匀的球形颗粒,可取其直径作为粒径。大小形状不一的粒子,必须按一定方法确定其粒径。

3.21

当量粒径　equivalent grain size

当被测颗粒的某种物理特性或物理行为与某一直径的同质球体(或组合)最相近时,就把该球体的直径(或组合)作为被测颗粒的等效粒径。

3.22

粒度分布　particle size distribution

粒径从最小到最大由不同比例组成,称为粒度分布,以不同粒径颗粒占颗粒总量的百分数表示。

3.23

粒子形状　shape of particle

流体中颗粒的形状,有针状、角状、树枝状、圆球状、片状、不规则状等,但形状很难量化,可按不同的形状因子加以修正。

3.24

滤饼龟裂　filter cake cracking

滤饼孔隙率不均匀,厚度不一致,在一定的操作压力下,滤饼即产生纵向或横向沟流,称滤饼龟裂。

3.25

比表面积　specific surface

单位体积或单位质量颗粒的总表面积,其单位是 m^2/m^3 或 m^2/g。

3.26

密度　density

某种物质单位体积的质量称为这种物质的密度。

3.27

真密度(无内外孔)　true density

某种物质单位真体积的质量。物质的真体积指在绝对密实状态下的体积内固体物质的实际体积,不包括内部空隙。

3.28

表观颗粒密度(无外孔)　apparent particle density

单位体积(含材料实体及闭口孔隙体积)物质颗粒的干质量,也称作视密度。

3.29

颗粒密度(有内外孔)　effective particle density

粉体质量除以包括开口细孔与封闭细孔在内的颗粒体积所求得的密度。

3.30

松装密度(疏填充密度)　loose packed bulk density

在规定条件下粉末自由填充时单位容积的质量。

3.31

振实密度　tap density

在规定条件下容器中的粉末经振实所测得的密度。

3.32

两相密度差　density difference of two-phase

非均相物系中分散相和连续相密度的差值。

3.33

亲水粒子　hydrophilic particle

表面易被水润湿的粒子。

3.34

疏水粒子　hydrophobic particle

与水相互排斥，不易被润湿的粒子。

3.35

绝对疏水粒子　absolute hydrophobic particle

疏水性极强，不能被水润湿的粒子。

3.36

滤饼　filter cake

过滤过程中悬浮液经过滤得到的固体浓缩物。

3.37

沉渣　sediment;sludge

沉降操作中由沉降分离得到的固体沉淀物称作沉渣。

3.38

ζ-电位　Zeta potential

带电的粒子在液体中发生相对运动时，两相间产生相对运动的滑移面上的电位称为ζ-电位。

3.39

滤饼厚度　cake thickness

过滤结束后，过滤介质表面到滤饼表面的厚度。

3.40

孔隙率　porosity

颗粒物料层中，颗粒与颗粒间的空隙体积(含开口孔隙)与整个颗粒物料层体积(堆积体积)之比。

3.41

滤饼阻力　filter cake resistance

滤饼过滤中由滤饼产生的对液相的阻力。

3.42

滤饼比阻　specific cake resistance

衡量滤饼过滤阻力的参数，有质量比阻和体积比阻。质量比阻是单位面积上滤饼干固体质量的阻力；体积比阻是单位体积上滤饼的过滤阻力。

3.43

可压缩性滤饼　compactible cake

在压力作用下，孔隙率发生变化，比阻亦随之增加的滤饼称为可压缩滤饼。

3.44

不可压缩性滤饼　incompactible cake

在一定压力范围内滤饼比阻与过滤压力无关的滤饼，称为不可压缩滤饼。

3.45

滤饼压缩指数　compactibility index

表征滤饼压缩性或膨胀性的参数，可根据已知的过滤比阻与作用在滤饼上的压差之间的关系确定。

3.46

滤饼含液量　moisture content of cake

滤饼(或滤渣)中所含液体的质量百分数。

3.47

滤液含固量　solid content of filtrate

单位体积滤液中所含固体的质量。

4　预处理技术

4.1　沉降与增浓

4.1.1

干涉(扰)沉降　hindered settling

当颗粒直径与容器直径之比大于1∶200或悬浮液中颗粒的浓度大于0.2%(体积)，此时颗粒与器壁或颗粒间存在干涉现象。颗粒的浓度越高，干涉越大。此种沉降称为干涉沉降。

4.1.2

自由沉降　free settling

悬浮在流体中的微小颗粒借本身重力作用而独立沉降时，称为自由沉降。

4.1.3

浓缩

增浓　thickening

增稠

借重力或离心力作用来浓缩稀薄悬浮液的操作。

4.1.4

斜板沉降槽　settling under inclined surfaces

采用平板或管状的斜面构成了在一个相对较小的体积内可以提供很大的沉降面积，是一种过程强化的高效重力沉降装置。

4.1.5

重力浓缩机　gravity thickener

重力浓缩机是在重力场中实现悬浮液浓缩设备。

4.1.6

长锥形浓缩器　deep-cone thickeners

在长锥形浓缩器中，固体颗粒受到聚集和压缩，当颗粒达到容器底部形成微粒层，锥形底部的微粒受到压缩，被挤压的更紧。

4.1.7

重力浓缩　gravity concentration

重力浓缩是借悬浮液中的固体颗粒在重(质量)力作用下发生沉降而提高悬浮液浓度。

4.1.8

澄清器　clarifier

澄清器是去除浓度低于15%(质量分数)的悬浮液中固体的设备，澄清过滤的指标是澄清度。

4.1.9

间歇沉降　batch settling

悬浮液加入沉降槽后，经一定时间的沉降，上层清液和下部浓相分开，这个过程称为间歇沉降。

4.1.10

连续沉降　continuous settling

将悬浮液连续加入沉降槽中，同时分别连续排出上层清液和下部浓相，称为连续沉降。

4.2　气浮分离

4.2.1

气浮分离法　floatation

气浮分离法又称“浮选法”，是利用高度分散的微小气泡作为载体去除悬浮液或溶胶体系中的悬浮物，使悬浮物随气泡浮升到液面而分离的方法

4.2.2

电解气浮　electrolytic flotation

在以水为连续介质的固液两相体系中置入阴阳两极，在直流电场的作用下，正、负两极周围产生的氧和氢的微气泡粘附于悬浮颗粒上，并挟其浮出液面从而实现分离的一种浮选技术。

4.2.3

布气气浮　dispersed-air flotation

利用机械剪切刀，将混合于水中的空气粉碎成微细气泡进行气浮的一种方法，又称“散气浮选”。

4.2.4

溶气气浮　dissolved-air flotation

空气在一定压力下溶于固液或液液非均相体系中并呈饱和状态，使其上部的空气压力降低，空气以微小的气泡从水中析出捕集液相中的分散粒子并带出液面的浮选方法。

4.2.5

真空溶气气浮　vacuum dissolved-air flotation

空气在常压或加压条件下溶入水中，而在负压条件下析出的浮选方法。

4.2.6

加压溶气气浮　pressure dissolved-air flotation

空气在加压条件下溶于水中，在常压条件下以微气泡的形式释放出来的气浮方法。

4.2.7

全溶气加压溶气气浮　full flow of pressure dissolved-air flotation

对全部入流废水进行加压溶气，再经减压释放装置进入气浮池进行固液分离的一种浮选流程。

4.2.8

部分溶气加压溶气气浮　split-flow of pressure dissolved-air flotation

将部分入流废水进行加压溶气，其余废水直接送入气浮池，比全溶气流程省电，溶气罐体积较小，但承压较大。

4.2.9

回流加压溶气气浮　recycle-flow of pressure dissolved-air flotation

将部分气浮出水进行回流加压溶气，入流废水直接送入气浮池。适用于含悬浑物浓度高的废水的固液分离。

4.2.10

溶气罐　dissolved-air tank

溶气气浮前将气体溶入固液体系中的一种容器。

4.2.11

浮选池　flotation cell/tank

固液两相或液液两相实现气浮分离的一种装置。

4.3　凝聚与絮凝

4.3.1

絮凝　flocculation

通过加入有机高分子物质(包括有机高分子电解质)使悬浮液或溶胶中的微细粒子形成较大的絮状颗粒团的过程。也称为“混凝”。

4.3.2

絮凝剂　flocculant;flocculation agent

将悬浮液或溶胶中的微细颗粒聚集在一起的有机高分子物质,对液相中的悬浮颗粒产生吸附、架桥,聚集成颗粒团。有合成、天然和生物絮凝剂。

4.3.3

生物絮凝　bioflocculation;microbil flocculation

利用微生物的代谢产物将悬浮液或溶胶中的微细颗粒聚集成颗粒团的过程。

4.3.4

生物絮凝剂　bioflocculant;microbil flocculant

由微生物产生的代谢产物,主要成分有糖类物质、多肽、蛋白质和DNA类物质以及脂类物质等。

4.3.5

凝聚　coagulation

含微细颗粒的悬浮液(溶胶)经加入无机电解质压缩双电层使胶体等微细颗粒接近而形成颗粒团的过程。

4.3.6

异向凝聚　perikinetic coagulation

由颗粒间的热运动引起的相互碰撞而凝聚的过程称为异向凝聚。

4.3.7

同向凝聚　orthokinetic coagulation

悬浮液或溶胶体系中颗粒在层流或湍流剪切力(速度梯度)作用下相互碰撞而凝聚的过程,称为同向凝聚。

4.3.8

凝聚剂　coagulant;coagulation agent

悬浮液或溶胶体系中为使固体颗粒发生凝聚所添加的无机电解质(包括无机聚合电解质)。也有称为“絮凝剂”、“无机絮凝剂”或“混凝剂”。

4.3.9

絮凝体(絮团)　floc

絮凝过程中借助絮凝剂形成的颗粒团,有时也泛指凝聚过程中形成的颗粒团。

4.3.10

表面活性剂　surfactant

在很低浓度或用量很小时即可显著降低溶剂或液体(一般为水的)表面张力从而改变体系表面状态的物质。

5 助过滤技术

5.1

助过滤 enhanced filtration

用加入助滤剂的方法,强化难过滤物料过滤的过程,称为助过滤。

5.2

助滤剂 filter aid

能够强化难过滤物料过滤过程的物质统称为助滤剂,有化学助滤剂和介质型助滤剂。

5.3

介质性助滤剂 particulate filter aid

多孔性、细小颗粒状或纤维状的惰性物质,预敷在过滤介质表面和/或掺入悬浮液中以改善过滤过程。

5.4

化学助滤剂 chemical filter aid

将凝聚剂、絮凝剂、酶制剂及表面活性剂等预处理物质统称为化学助滤剂。

5.5

硅藻土 diatomites

硅藻是一种单细胞藻类,硅藻土是以硅藻遗骸(壳体)为主的一种生物沉积岩。经过加工后可作为助滤剂。

5.6

珍珠岩 perlite

珍珠岩是指由火山喷发的酸性熔岩急速冷却而成的玻璃质岩石,经过加工后可作为助滤剂。

5.7

石棉 asbestos

石棉经粉碎、分级而制成的纤维可作为助滤剂。

5.8

纤维素 cellulose,lignose

纤维素助滤剂以木浆为原料,经特殊加工而得。

5.9

碳素 carbon

碳素是把含有沥青、焦炭等碳素的原料粉碎,在600 ℃左右急剧加热膨胀,再烧掉挥发分经粉碎、分级而得的一种助滤剂。

5.10

活性炭 activated carbon

活性炭是黑色粉末状或颗粒状的无定形碳。它是一种多孔碳,堆积密度低,比表面积大,可作为助滤剂,同时还有吸附作用。

5.11

稻壳灰 rice hull ash

稻壳燃烧后具有多微孔结构,是一种非晶硅粉状材料,具有高过滤速率、过滤效率和吸附性能的新型助滤剂。

5.12

预敷过滤 precoat filtration

过滤前预先进行助滤剂悬浮液的循环,形成由助滤剂组成的疏松预敷层后再进行过滤的过程。

5.13

掺浆过滤 admix filtration

将助滤剂按一定比例加入料浆后再进行过滤,以改善滤饼结构的过程。

5.14

预敷+掺浆过滤 admix-precoat filtration

过滤前预先进行助滤剂悬浮液的循环,形成由助滤剂组成的疏松预敷层,再将助滤剂按一定比例加入料浆进行过滤的过程。

6 过滤介质

6.1

过滤介质 filter media

过滤过程中使液体(或气体)透过而截留固体颗粒(或其他固相物)的可渗透性材料。

6.2

深层型过滤介质 depth type filter media

深层过滤用的过滤介质,如滤芯、颗粒状过滤床层等。过滤过程中,固体颗粒或其他杂质的截留主要发生在过滤介质内。

6.3

表面型过滤介质 surface type filter media

过滤过程靠表面截留悬浮液中固相物形成滤饼的过滤介质。

6.4

松散型过滤介质 loose filter media

由固体颗粒形成床层后,通过床层截留悬浮液中固相物,这类固体颗粒称为松散型过滤介质。

6.5

滤布 filter cloth/fabric

过滤用的织造布、非织造布等过滤介质。

6.5.1

织造滤布(机织滤布) woven filter cloth

用纤维状物质,如合成纤维、棉、麻、丝、毛等织造成的过滤介质。

6.5.2

单丝机织滤布 mono-filament woven filter cloth/fabric

由单根长丝机织成的滤布。

6.5.3

复丝机织滤布 multi-filament woven filter cloth/fabric

由数根长丝捻成线后机织而成的滤布。

6.5.4

双层复合滤布 double layer composite fabric;double layer filter fabric

由两层不同织造方法或不同纱线直径织造的机织滤布。

6.5.5

非织造滤布(无纺布)　non woven filter cloth

定向或随机排列的纤维,通过摩擦、抱合或粘合或者这些方法组合而成的片状、纤网或絮垫,用来作为过滤介质使用。

6.5.6

滤毡　filter felt

滤毡主要由合成纤维或合成纤维与天然纤维的混合物构成。

6.5.7

针刺滤毡　needle felt

针刺滤毡是根据要得到滤毡的厚度和密度将若干层梳理好的纤维一层层叠放在一起,通过传送装置送到针刺装置并针刺压制成型。

6.5.8

防静电滤布　anti-static filter cloth

可以消除静电的滤布。

6.5.9

滤带　filter belt

由一定宽度和长度的滤布与接头组成的环形带。

6.5.10

涂膜滤布　film filter cloth

在滤布表面涂上一层多孔膜,提高截留精度、改善卸饼性能的过滤介质。

6.5.11

滤袋　filter bags

用滤布做成袋状的过滤元件,用于袋式过滤器,多用无纺布制成。

6.5.12

亲油性纤维过滤介质　oleophilic fiber bundle filter media

用改性的亲油疏水纤维制成的过滤介质。

6.5.13

微孔薄膜复合滤布　the compound membrane filter cloth

将一层孔隙很小的有机膜与常规织造或非织造滤布复合在一起改变滤布孔径与表面状况的滤布。

6.6

滤网　filter screen;strainer

用金属丝(或板、条)加工、具有一定大小和数量的孔可用于过滤的过滤介质。

6.6.1

编织网　woven mesh filter cloth

由金属丝或塑料丝用编织方法制成的滤网。

6.6.2

金属丝网　woven or sintered metal wire cloth

用金属丝编织或编织后烧结的多孔网。

6.6.3

方孔网　square or rectangular mesh screen

网孔呈正方形或长方形的网。

6.6.4

板网　perforated metal

有众多小孔或窄缝隙的板状滤网。

6.6.5

衬网　support screen

用来支承过滤介质的粗网。

6.6.6

底网　slotted screen

用于支承衬网的大孔格网。

6.6.7

筛网　screen;sieve;bolting cloth

筛的组成部分,一般用金属丝编织而成,也有用板材(或其他材料)加工呈圆形、方形、矩形的孔。

6.6.8

条网　slotted screen

由特定截面形状的金属条拼合而成的网。

6.6.9

网条　wire or profile wire

用于组成条网、具有特定截面形状的金属条。

6.6.10

曲筛　curved sieve

对悬浮液中的颗粒进行分级的弯曲形的条网。

6.7

滤芯　filter element;filter cartridge

将过滤介质制成管状的过滤元件。

6.7.1

微孔钛滤芯　sintered titanium filter element

由钛粉末烧结成的管状过滤介质。

6.7.2

均质型滤芯　homogeneous type filter element

滤芯的孔隙比较均匀,主要有烧结金属粉末、编织金属网、烧结金属纤维加工而成,过滤精度在3 μm～50 μm之间。

6.7.3

非均质型滤芯　non-homogenous type filter element

滤芯内外两侧的孔隙直径不相等,流体进入侧的孔径较大而流出侧的孔径较小,这种滤芯的结构是通过两种不同孔径的膜来实现的。

6.7.4

黏合型滤芯　bonding type filter element

用合成纤维或天然纤维压制成具有一定厚度和孔隙率的构件,然后将树脂渗透到构件的纤维层内,树脂干燥后就形成轻质多孔具有自支撑层结构的黏合型滤芯。

6.7.5

缠绕型滤芯　wound type filter element

将短纤维缠绕到一根中心柱上,等缠绕厚度达到要求时,将中心柱抽出并对中空纤维柱定型,此即缠绕式滤芯。

6.7.6

流线过滤式滤芯　streamline filter element

由一系列较薄的硬质圆盘叠压到一起而成的，两个圆盘间有一定的间距，圆盘中间有流体流出的通道。

6.7.7

烧结筒状滤芯　sintered candle filter

烧结成筒状的滤芯，这种滤芯刚性较好，具有自支撑作用，如烧结金属、烧结塑料、多孔陶瓷、打孔金属板构成的滤芯。

6.7.8

折褶式滤芯　pleated filter element

滤芯的内部和外部均由刚性多孔材料支撑，单层或多层褶皱过滤介质一般是由纤维素滤纸、非织造过滤介质或膜构成。

6.7.9

蜂房绕线式滤芯　honeycomb winding filter element

由纺织纤维精密缠绕在多孔骨架上的深层过滤元件，控制滤层缠绕密度及滤孔形状可制成不同过滤精度的滤芯。

6.7.10

熔喷纤维滤芯　melt blown fiber filter element

采用熔融或喷洒黏合剂的方法将一种或几种材质的纤维固结于一体而制成不同规格和过滤精度的过滤滤芯。

6.7.11

活性炭纤维柱式滤芯　activated carbon fiber candle filter element

由活性炭纤维加载体制作而成，具有良好的吸附和脱色功能，也能有效吸附重金属离子、部分放射性物质。

6.7.12

楔形滤芯　wedge wire filter element

滤芯由一根连续的三角截面的金属细丝以螺旋的方式缠绕在支撑骨架上，或是由三角截面的金属细丝平行排列在圆柱状的支撑骨架上而成，金属细丝间的距离为液体过滤的流道，小于间距的固体颗粒即被截留。

6.8　烧结过滤介质

6.8.1

金属纤维烧结毡　sintered metal fiber felt

用金属纤维无序、均布然后压紧，再高温烧结成的多孔过滤介质。

6.8.2

金属粉末烧结过滤介质　sintered metal powder filter media

利用特定粒度和形状的金属粉末烧结成型的多孔材料。粉末的粒度范围一般为 0.5 μm～100 μm。

6.8.3

金属丝网烧结过滤介质　sintered woven wire mesh filter media

用金属丝网进行烧结使网上所有经纬线接触点熔成牢固连接的滤材。

6.8.4

陶瓷过滤元件　ceramic filter element

由陶瓷制成的多孔过滤介质(滤管，滤板)。

6.8.5

多孔陶瓷过滤介质　porous ceramic filter media

一种由相互贯通或封闭的孔洞构成网络结构的固体陶瓷材料,用于过滤过程。

6.8.6

陶瓷膜过滤介质　ceramic membrane filter media

由数层陶瓷材料组成,可以分为支撑层、过渡层和过滤层。支撑层由粗孔陶瓷组成,过渡层由细孔陶瓷组成,过滤层由铝或锆的氧化物组成材质比较致密。

6.8.7

泡沫陶瓷过滤介质　ceramic foam filter media

一种外形像泡沫状的多孔陶瓷,泡沫陶瓷和泡沫塑料结构基本类似,具有三维孔道结构。

6.8.8

复合烧结金属过滤介质　composite sintered metal filter media

由几种结构、性能不同的金属材料烧结成的多孔体。其复合的层数一般根据所处理的物理性质而定。

6.8.9

泡沫状多孔金属过滤介质　porous metal foam filter media

是在聚氨酯发泡材料表面电镀一层金属物质,在高温下聚氨酯熔融去除,最后剩下泡沫状金属材料。

6.8.10

烧结塑料粉末过滤介质　sintered plastic powder filter media

由热塑性塑料粉末铸模,并烧结成各种形状的滤材。

6.9　其他过滤介质

6.9.1

纤维束过滤介质　fiber bundle filter media

用纤维束制作的过滤介质。

6.9.2

双层过滤介质　duallayer filter media

由两组经线(或纬线)分别与两组纬线(或经线)交织形成相互重叠的上、下两层而织成的过滤介质。

6.9.3

石棉/纤维素滤板　asbestos;cellulose filter plate

含有一定比例的石棉和纤维素,可以有很高的过滤表面,纤维素在其中主要调整滤板的密度、孔隙率和透过度。

6.9.4

无石棉滤板　non-asbestos filter plate

由极细纤维、细硅藻土以及作为电荷载体的合成聚合物(带正电荷的树脂)混制而成。

6.10　过滤介质特性及参数

6.10.1

再生效率　regeneration efficiency

再生后滤材透水阻力与其清洁状态下透水阻力比值的百分数。

6.10.2

鼓泡孔径　bubble point pore size

过滤介质一侧的气体穿过过滤介质孔隙到另一侧的液体中产生气泡,然后测量和计算出的过滤介质孔径。

6.10.3

最大鼓泡孔径　maximum bubbling pore size

当气体穿过过滤介质最大孔隙在另一侧液体中产生第一串气泡时，通过测量试样两侧的压差和液体表面张力而计算出的孔径。

6.10.4

沸腾孔径　boil bubbling pore size

当过滤介质绝大部分孔径被气体打开，产生的气泡最多，液体表面呈沸腾状态时测得的孔径。

6.10.5

鼓泡孔径比　bubbling pore size ratio

沸腾孔径与最大孔径的比值。

6.10.6

透气速率　air permeability

在一定压差下，单位时间内通过单位面积过滤介质的气体量。

6.10.7

透气阻力　air resistance

洁净空气垂直通过单位面积过滤介质所受到的阻力。

6.10.8

透水速率　permeat flux rate

过滤介质在规定压差下单位时间内通过单位面积试样的水的体积。

6.10.9

透水阻力　water flow resistance

蒸馏水垂直通过单位面积滤布试样所受到的阻力。

6.10.10

最大透过粒径　maximum bleed through particle size

将有一定粒径分布范围的悬浮液进行过滤，比滤布孔径小的粒子透过孔隙进入滤液，滤液中最大粒子的直径表示滤布的最大透过粒径，也称最小截留粒径。

6.10.11

捕集能力　capture efficiency

在初始过滤时，滤布截留最小粒子的能力，用最小粒子粒径表示。

6.10.12

截留精度　rejection rate；particle-stopping power

过滤精度

截留精度是指过滤初始阶段滤布对颗粒的截留能力，可用最大透过粒径或最小截留粒径表示。

6.10.13

多次通过法　multi-pass-method

试验液在通过过滤介质时保持液流及污染度始终不变的循环运行的试验方法。

6.10.14

单次通过法　single-pass-method

试验液一次通过过滤介质后不再循环的过滤性能试验方法。

6.10.15

堵塞　blocking

blinding

过滤过程中由颗粒、胶状物及其他物质将过滤介质的孔隙堵塞或减小的现象。

6.10.16

污染负荷　contamination load

过滤介质经过多次循环使用后，单位面积内所滞留的固体质量。

6.10.17

粘着应力　adhesion stress

过滤过程完成后，滤饼粘附在滤布上，需要一定的外力才能使滤饼脱离滤布，单位面积上的滤饼脱离滤布所需的力，称为粘着应力。

6.10.18

滤饼可剥落性　cake discharge properties；cake release-properties

滤饼从过滤介质上剥落的难易程度。

6.10.19

再生　regeneration

将过滤介质表面或内部固体颗粒用物理和(或)化学的方法除去，恢复或部分恢复原有的过滤性能的操作。

6.10.20

绝对再生效率　absolute regeneration efficiency

滤布再生后的透水阻力与该滤布清洁时的透水阻力之比的百分数。

6.10.21

相对再生效率　relative regeneration efficiency

滤布使用中，相邻两次再生，后一次滤布透水阻力与前一次透水阻力之比的百分数。

6.10.22

实际再生效率　actual regeneration efficiency

当相对再生效率连续 3 次满足 100%±10%时，滤布再生性能稳定，取这 3 次绝对再生效率的算术平均值。

6.10.23

滤布的密度　number of threads per unit length of filter cloth

滤布的密度为滤布在无褶皱和无张力下，每单位长度所含的经纱(或丝)根数和纬纱(或丝)根数，以根/10 cm 表示。

6.10.24

滤布的厚度　thickness of filter cloth

对织造滤布施加规定压力的两个参考板间的垂直距离。

6.10.25

耐热性　heat resistance

工业用织造滤布耐受较高温度的性能。以在高温下的强力、形态等方面发生显著变化的程度来表示。

6.11　滤布后处理

6.11.1

轧(砑)光　calendering

使滤布通过高压热辊，获得平整的表面，以利于清除滤饼。

6.11.2

热定型　heat setting

对滤布进行热处理，增加滤布的形状及尺寸的稳定性。

6.11.3

拉毛 napping

为增加滤布截留性能，对其表面进行起毛处理。

7 后处理技术

7.1

洗涤 washing

使用第二种液体(洗涤液)通过滤饼，或将滤饼再浆化后再过滤，排除滤饼中残留母液的操作。

7.2

滤饼洗涤 filter cake washing

使用另一种液体去洗掉滤饼(过滤后)中滤液的一种操作方法。

7.3

洗涤时间 washing time

洗涤滤饼所需的时间。

7.4

洗涤液 washing liquor

用于洗涤滤饼的液体。

7.5

洗涤区 washing zone

连续过滤机过滤面上洗涤滤饼的区域。

7.6

洗涤比 wash ratio

洗涤完成后，所使用洗涤液的体积与洗涤前滤饼内孔隙的总体积之比。

7.7

洗涤效率 washing efficient

洗涤比为1时，由滤饼排出的液相中所含溶质与洗涤前滤饼中所含溶质之比的百分率。

7.8

断续洗涤 “stop-start” washing

滤饼浸泡在液体中，停止洗涤一段时间，使之发生扩散过程，然后进行置换洗涤过程，必要时重复进行这两个过程。

7.9

置换洗涤 displacement washing

洗涤液直接洗涤滤饼表面，然后渗入滤饼孔隙中进行置换与传质的过程。

7.10

再化浆洗涤 reslurry washing

用新鲜洗涤液将滤饼重新化为料浆再进行过滤，去除含有溶质的洗涤液，称为再化浆洗涤。

7.11

脱液 deliquoring

过滤与洗涤过程使得滤饼基本上充满饱和液体，采用质量力、离心惯性力、加压、真空、挤压、通气及其他特殊方法将存留在滤饼内的液体部分排除的操作。

7.12

并流洗涤　multiple washing

要求滤饼洗涤很干净时，可以用干净洗液对滤饼进行 n 次洗涤，称该洗涤过程为 n 级并流洗涤。

7.13

逆流洗涤　countercurrent washing

对于 n 级逆流洗涤，用第 n 级洗涤得到的滤液作为 $n-1$ 级的洗液，依次类推，第 1 级洗涤所得滤液浓度就高，洗涤级数越多，1 级的滤液浓度越高，称该洗涤过程为逆流洗涤。

7.14

甩干时间　drying time

抽干时间

吹干时间

压榨时间

甩干、抽干、吹干或压干滤饼所需的时间。

7.15

脱水　dewatering；deliquoring

采用质量力、离心惯性力、加压、真空、挤压、通气及其他特殊方法将存留在滤饼内的液体部分排除的操作。

8　离心机

8.1

离心机　centrifuge

利用转鼓旋转产生的离心惯性力实现悬浮液、乳浊液及其他非均相物料的分离或浓缩的机器。

8.2　离心机型式

8.2.1

过滤离心机　filtering centrifuge

实现离心过滤过程的离心机。

8.2.1.1

三足式离心机　three-column centrifuge

旋转部件及机壳垂直悬挂支承在三根摆杆上，且装有弹性减振元件的立式过滤离心机。

8.2.1.2

吊袋卸料离心机　lifting bag discharge centrifuge

滤袋上口连着可拆的拦液板，下端敞口，停机后将滤饼随滤袋一起吊出转鼓后从下端敞口完全卸除的上部卸料离心机。

8.2.1.3

刮刀下卸料三足式离心机　scraper peel discharge three-column centrifuge

离心机的一种，采用刮刀卸料，滤饼从转鼓底部排出。刮刀有手动式、电动式、液动式和气动式。

8.2.1.4

平板式离心机　plate centrifuge

三足式离心机的改型，采用四点阻尼弹性支承系统，转鼓为立式，卸料方式有人工式、吊袋式和刮刀式。

8.2.1.5

上悬式离心机　top-suspended centrifuge;suspended type of batch basket centrifuge

转鼓安装在主轴下端,主轴上端悬挂的过滤离心机。

8.2.1.6

卧式刮刀卸料离心机　horizontal scraper discharge centrifuge

采用刮刀卸料的卧式过滤离心机。

8.2.1.7

虹吸刮刀卸料过滤离心机　siphon scraper discharge centrifuge

采用附加虹吸装置增加过滤推动力的刮刀卸料过滤离心机。

8.2.1.8

活塞推料离心机　pusher centrifuge

具有活塞推料的过滤离心机,按转鼓结构可分为单级式、双级式和多级式。

8.2.1.9

柱锥活塞推料离心机　pusher centrifuge with cylindrical / conical baskets

采用活塞推料的过滤离心机,转鼓为圆柱段和圆锥段组合而成。

8.2.1.10

离心卸料离心机　slipping centrifuge

采用锥形转鼓,利用转鼓的离心惯性力和物料在转鼓上的轴向分力,在移动中完成分离和卸料的过滤离心机。

8.2.1.11

振动卸料离心机　screen-bowl vibrating centrifuge

采用锥形转鼓,利用转鼓的离心惯性力和振动作用完成固液分离和卸出固体的过滤离心机。

8.2.1.12

进动卸料离心机　tumbling centrifuge

采用锥形转鼓,利用转鼓的离心惯性力和进动作用完成固液分离和卸出固体的过滤离心机。

8.2.1.13

螺旋卸料过滤离心机　scroll discharge screen centrifuge

采用螺旋卸料的过滤离心机。

8.2.1.14

翻袋卸料离心机　inverting filter centrifuge;reversible filter centrifuge

筒形滤袋前端固定,后端连着推盘,卸料时在转鼓不停止运转的情况下,推盘轴向移动,将滤袋翻转,借助惯性离心力卸除滤饼的离心机。

8.2.1.15

导向螺旋式离心机　directed flow screening centrifuge

转鼓内有可调导流通道,固相颗粒沿导流通道运动并与转鼓同速旋转的离心卸料过滤离心机。

8.2.1.16

立式离心机　vertical centrifuge

筒形转鼓安装在主轴上端,垂直驱动的过滤式离心机。

8.2.2

沉降离心机　sedimenting centrifuge

实现离心沉降过程的离心机。

8.2.2.1

螺旋卸料沉降离心机 solid-bowl scroll conveyor discharge centrifuge; decanter

采用螺旋卸料的沉降离心机。

8.2.2.1.1

逆流式螺旋卸料沉降离心机 counter-current decanter; counter-current solid-bowl scroll conveyor discharge centrifuge

螺旋卸料沉降离心机的一种，悬浮液加入转鼓的中部，在转鼓内滤饼向转鼓的小端方向运动，而澄清液向转鼓的大端方向流动。

8.2.2.1.2

并流式螺旋卸料沉降离心机 co-current decanter

螺旋卸料沉降离心机的一种，悬浮液加入转鼓的大端，在悬浮液进行分离的过程中滤饼和澄清液都向转鼓小端方向运动。

8.2.2.1.3

挤压式螺旋卸料沉降离心机 expression-type decanter

螺旋卸料沉降离心机的一种，在离心机转鼓筒锥附近的输料螺旋叶片上设置了特殊的压榨椎（或挡板等），浓缩滤渣（或污泥）被挤压通过挡板提高了脱水效率。

8.2.2.1.4

磁性螺旋卸料沉降离心机 magnetic decanter

螺旋卸料沉降离心机的一种，转鼓沉降段有磁性材料，在磁力的作用下可加速悬浮液中磁性颗粒的沉降，提高分离效率。

8.2.2.1.5

三相卧式螺旋卸料沉降离心机 three-phase decanter

实现轻液、重液、固体三相分离的螺旋卸料沉降离心机。

8.2.2.2

三足式沉降离心机 three-column solid-bowl centrifuge

采用沉降转鼓的三足式离心机。

8.2.2.3

刮刀卸料沉降离心机 solid-bowl peeler centrifuge

采用沉降转鼓的刮刀卸料离心机。

8.2.2.4

立式自动刮刀卸料高速沉降离心机 vertical solid-bowl scraper discharge centrifuge

有立式、圆筒形转鼓，采用自动刮刀卸料的高速沉降离心机。

8.2.3

分离机 separator

用于分离乳浊液或含少量固体微粒的悬浮液的立式沉降离心机，分离因数一般大于 5 000。

8.2.3.1

管式分离机 tubular separator

圆筒形、转鼓长径比大于或等于 4 的立式、人工卸料高速沉降离心机。

8.2.3.2

室式分离机 multichamber separator

转鼓内有一组不同直径的同轴圆筒将转鼓分成多个串联的同轴环形室的分离机。

8.2.3.3

碟式分离机　disc separator

转鼓中安装有一组碟片的高速沉降分离机。按排渣方式有人工排渣碟式、环阀排渣碟式、喷嘴排渣碟式和水冲排渣碟式分离机等。

8.2.4

螺旋卸料沉降—过滤离心机　solid and screen bowl scroll conveyor centrifuge

采用螺旋卸料，既有沉降转鼓又有过滤转鼓(或一个转鼓内兼有沉降段和过滤段)的离心机。

8.2.5

高速离心机　high-speed centrifuge

分离因数一般大于5 000的离心机。

8.2.6

自动离心机　automatic batch centrifuge

能自动完成全部操作过程的离心机。

8.2.7

连续离心机　continuous centrifuge

各操作工序连续进行的离心机。

8.2.8

间歇离心机　batch centrifuge

各操作工序间歇而不是连续进行的离心机。

8.2.9

密闭离心机　hermetic centrifuge

采用密封结构将机壳和转鼓内的工艺空间与外界隔离的离心机。

8.3　**过程和性能参数**

8.3.1

当量沉降面积　equivalent area of sedimentation

与重力沉降槽的沉降面积相当的沉降离心机的沉降面积，又称理论处理能力指数。

8.3.2

离心脱水　centrifugal dewatering

在离心惯性力的作用下，降低滤饼中水分的过程。

8.3.3

容渣空间　solid-holding space

转鼓内允许容纳沉渣的空间体积。

8.3.4

残余滤饼　residual heel

刮刀卸料后剩余在转鼓内壁介质上的固相物料。

8.3.5

残余滤饼去除装置　residual heel removal set

装在转鼓背面的高压气体喷射装置，用于残余滤饼的去除。

8.3.6

离心分离时间　centrifugal separation time

物料进行离心分离所需的时间。

8.3.7

冲洗滤网时间　screen rinsing time

为使滤网再生而需要冲洗滤网的时间。

8.3.8

循环时间　cycle time

完成从进料到卸料一个生产周期的时间。

8.3.9

启动时间　start time

离心机从静止到额定运行速度的时间。

8.3.10

制动刹车时间　braking time

离心机通过制动系统从额定转速到停止转动的时间。

8.3.11

在线清洗　cleaning in place;CIP

在不打开设备的情况下对离心机内部进行清洗。

8.3.12

在线消毒　sterilizing in place;SIP

在不打开设备的情况下对离心机内部进行消毒。

8.3.13

洗涤管　washing pipe

用于对脱液后的固相物料进行洗涤的部件。

8.3.14

翻盖　turn top

安装了进料、洗涤、卸料等功能部件,可以打开的盖。

8.3.15

料层控制器　overfilling sensor

用于监测物料充填状态的装置。

8.3.16

斜盘布料器　inclined filling disc

通过一倾斜的锥盘,在电机的带动下,将物料均匀地分布在转鼓壁上的进料装置。

8.3.17

气体刮刀　gas knife

装在刮刀架上的高压气体喷嘴,用于残余滤饼的去除。

8.3.18

操作水　operating water

环阀排渣碟式分离机中用于控制排渣的压力液体(通常是水)。

8.3.19

输料螺旋超前　leading scroll

螺旋卸料离心机中输料螺旋的转速大于转鼓的转速。

8.3.20

输料螺旋滞后　lagging scroll

螺旋卸料离心机中输料螺旋的转速小于转鼓的转速。

8.3.21

重液-轻液界面半径　radius of heavy liquid-light liquid interface

两相密度不同的液体进行离心分离时，转鼓内重液和轻液分界面的半径，又称“中性层半径”。

8.3.22

差转速　differential speed

螺旋卸料离心机输料螺旋转速与转鼓转速之差。

8.3.23

转鼓圆周速度　circumferential speed of basket/bowl

转鼓最大内壁处的线速度。

8.3.24

方位角　azimuth angle

进动离心机转鼓自转轴线与公转轴线间的夹角。

8.3.25

临界转速　critical speed

使回转轴系产生横向共振时的转速。

8.3.26

转鼓有效容积　effective volume of bowl

转鼓内可以容纳物料的有效空间体积。

8.3.27

最大允许装料量　permit maximum charge

装入转鼓的物料的最大允许质量。

8.3.28

转鼓壁开孔率　percentage of open hole area

过滤式转鼓的滤孔总面积占转鼓鼓壁面积的百分比。

8.3.29

转鼓半锥角　inclination angle of slope of bowl and axes

锥形转鼓母线与轴线间的夹角。

8.3.30

碟片半锥角　half the included angle of disc

碟片母线与轴线间的夹角。

8.3.31

喷嘴孔径　opening diameter of nozzle

碟式分离机排渣喷嘴的喷孔直径。

8.3.32

转鼓长径比　length-to-diameter ratio

转鼓有效长度与最大内径之比。

8.3.33

推料次数　frequency of stroke

活塞推料离心机推料器每分钟的往复推料次数。

8.3.34

推料行程　length of stroke

活塞推料离心机推料器往复运动极限位置间的距离。

8.4 结构

8.4.1

单边支承 **bearing on one side of basket;bowl**

主轴的两轴承位于转鼓同一侧的支承结构。

8.4.2

双边支承 **bearings on both sides of basket;bowl**

主轴的两轴承分别位于转鼓两侧的支承结构。

8.4.3

上悬支承 **overhead suspension**

主轴轴承位置高于转鼓质心位置的立式支承结构。

8.4.4

立式 **vertical axis**

主轴垂直于水平面的结构型式。

8.4.5

卧式 **horizontal axis**

主轴平行于水平面的结构型式。

8.4.6

上部卸料 **top discharge**

立式离心机中滤饼或滤渣从转鼓上部卸出。

8.4.7

下部卸料 **bottom discharge**

立式离心机中滤饼或滤渣从转鼓底部卸出。

8.4.8

重力卸料 **gravity-discharge**

立式离心机在转鼓降速或停车后,滤饼靠自身质量从转鼓底部卸出。

8.4.9

刮刀卸料 **scraper discharge**

利用刮刀将转鼓壁上的滤饼或滤渣刮下。

8.4.10

离心惯性力卸料 **centrifuge force discharge slip discharge**

锥形转鼓内的滤饼在离心惯性力的分力作用下,沿滤网由转鼓大端卸出。

8.4.11

振动卸料 **vibrating discharge**

锥形转鼓内的滤饼在离心惯性力的分力和振动力共同作用下,沿滤网向转鼓大端移动而卸出。

8.4.12

进动卸料 **tumbling action discharge**

作进动运动的锥形转鼓中的滤饼沿滤网向转鼓大端移动而卸出。

8.4.13

活塞推料 **pusher discharge**

在相对于转鼓作往复运动的推料器的作用下,滤饼沿转鼓轴向往前移动而卸出。

8.4.14

螺旋卸料 **solids discharge by scroll conveyor**

利用转鼓内的输料螺旋将滤饼(或沉渣)推出转鼓。

8.4.15

翻袋卸料　solids discharge by inverting the filter cloth

用机械装置将袋状滤布连同滤饼推出转鼓，并将滤布翻转而卸出滤饼。

8.4.16

人工卸料　manual discharge

用人工卸出转鼓中的滤饼(或沉渣)。

8.4.17

环阀排渣　piston discharge

转鼓壁上有操作水离心压力控制的环形阀门，转鼓在工作转速下开启环形阀门将沉渣排出。

8.4.17.1

全排渣　total discharge

排渣时先停止进料，因环阀开启时间较长，转鼓中沉渣和液体全部排空。

8.4.17.2

部分排渣　partial discharge

只让沉渣的一部分或全部排出，而液体仍留在转鼓中。

8.4.17.3

可控部分排渣　controllable partial discharge

控制活塞的启闭时间，让沉渣从零至全部受控地排出，而液体以及极少量固体仍留在转鼓中。

8.4.18

喷嘴排渣　nozzle discharge

浓缩的固-液混合物通过沿转鼓周向均布的喷嘴连续排出。

8.4.19

水冲排渣　ejecting water discharge

分离机转鼓内连续或间歇加入冲洗水，使沉渣随水排出。

8.5　主要零部件

8.5.1

过滤离心机转鼓　perforated centrifugal basket

用于过滤离心机上转鼓壁开孔的转鼓。

8.5.2

沉降转鼓　solid bowl;bowl

利用离心沉降原理进行离心分离的转鼓壁不开孔的转鼓。

8.5.3

虹吸转鼓　siphon basket

无孔的虹吸室外转鼓壁与支承滤布的有孔内转鼓之间形成环形空间，位于转鼓一端的虹吸室有孔道与环形空间相通，滤液从环形空间流入虹吸室，再由虹吸管从虹吸室排出。

8.5.4

复合转鼓　combined bowl

在不同区段能够进行离心沉降和离心沉降、离心沉降和离心过滤、离心过滤和离心过滤的转鼓。

8.5.5

双转鼓　double basket

两个尺寸和形状完全相同的转鼓互相联结鼓底而成的(刮刀卸料)离心机转鼓。

8.5.6

双级转鼓　two stage basket

两个直径不同的转鼓套装在一起组成的两个阶梯状的离心机转鼓。运行时物料逐级完成分离操作。

8.5.7

多级转鼓　multi-stage basket

多个直径不同的转鼓套装在一起组成的多个阶梯状的离心机转鼓。运行时物料逐级完成分离操作。

8.5.8

澄清型转鼓　clarifier bowl

用于液-固分离的分离机转鼓。

8.5.9

净化型转鼓　purifier bowl; separation bowl

用于液-液或液-液-固(微量)分离的分离机转鼓。

8.5.10

转鼓排渣口　sludge port

离心机或分离机转鼓上供排渣用的开口。

8.5.11

溢流挡板　overflow weir

螺旋卸料离心机转鼓大端上安装的用来限制和调节液相界面的挡板。

8.5.12

转鼓溢流口　bowl overflow

螺旋卸料离心机转鼓大端开设若干个澄清液可从此流出的口,调节溢流挡板溢流口的位置可改变滤渣含湿量和滤液含固量。

8.5.13

分离板　saparating plate

螺旋卸料离心机转鼓大端上安装的用来分隔轻液和重液的圆环形挡板。

8.5.14

主轴　shaft; spindle

与转鼓连接并带动转鼓旋转的轴。

8.5.15

进料管　feed pipe

将悬浮液或乳浊液引入离心机转鼓的导管。

8.5.16

转鼓体　bowl body

与主轴相连接的分离机转鼓零件。

8.5.17

转鼓盖　bowl hood

通过锁紧环与转鼓体相联接的分离机转鼓零件。

8.5.18

锁紧环　lock ring

将转鼓盖和转鼓体联接在一起的环形螺母或螺环。

8.5.19

碟片　disc

装在碟式分离机转鼓中使液体分成薄层，缩短沉降距离强化分离过程的碟形零件。

8.5.20

分离筒　cylinder

室式分离机转鼓中用于强化分离过程的直径不同的一组同轴圆筒。

8.5.21

向心泵　centripetal discharge pump；paring disc pump

从旋转的转鼓中导出液体，并将其部分动能转化为压力能的叶轮状装置。

8.5.22

界面调节环　gravity disc

又称"比重环"，装在碟式分离机转鼓重液出口处，用于调节转鼓内重液-轻液界面位置的环状零件。

8.5.23

排渣活塞　discharge piston

环阀排渣碟式分离机转鼓中由操作水离心压力控制可作轴向移动启闭排渣口的零件。

8.5.24

排渣喷嘴　discharge nozzle

喷嘴排渣碟式分离机转鼓上有排出浓缩固-液混合物的小孔的零件。

8.5.25

卸料刮刀　discharge scraper；discharge knife；scraper；peeler

从旋转的转鼓上刮下滤饼或滤渣的带刃刮板。按刮刀形状可分为窄刮刀、宽刮刀、螺旋形刮刀等。按运动方式可分为旋转刮刀和提升刮刀。

8.5.26

拦液板　lip ring

位于转鼓一端的环形板，与转鼓壁和另一端的转鼓底共同构成转鼓的有效容积。

8.5.27

撇液管　skimming pipe

从旋转的转鼓中导出液体，使液体的部分动能转化为压力能的管子。

8.5.28

差速器　gearbox；different speed case

使转鼓与输料螺旋间产生转速差的传动装置。

8.5.29

输料螺旋　scroll conveyor

位于螺旋卸料离心机转鼓中使滤饼或滤渣沿转鼓轴向运动的螺旋形部件。

8.5.30

螺旋卸料离心机过载保护器　overload release

输料螺旋超载时使其卸载，并切断离心机驱动电动机电源的保护装置。

8.5.31

推料器　pusher

活塞推料离心机中推动滤饼层沿转鼓轴向移动的部件。

8.5.32

自转轴 rotating shaft

驱动进动离心机转鼓作自转运动的轴。

8.5.33

公转轴　revolving shaft

驱动进动离心机转鼓作公转运动的轴。

8.5.34

进动头　tumbling head

将转鼓公转运动和自转运动合成进动运动的部件。

8.5.35

激振器　vibrator unit

使振动卸料离心机转鼓产生振动的装置。

8.5.36

摆杆　link pod

三足式离心机中用于悬挂离心机主体部分,使其能在柱脚上自由摆动的杆状零件。

8.5.37

摆杆缓冲弹簧　damping spring

装在三足式离心机摆杆上的弹簧。

8.5.38

柱脚　suspension column

三足式离心机中通过摆杆支承离心机主体部分的三根支柱。

8.5.39

翼板　wing

管式分离机转鼓中沿周向均布的、使物料与转鼓同步旋转的几片长筋板。

8.5.40

隔振器　vibration isolation set

放置在离心机与基础之间以减小机器运转中产生的干扰力系对建筑物带来的不良影响的弹性元件。

8.5.41

加料分布器　feed distributor

使进入离心机转鼓的物料分布均匀并有加速物料作用的装置。

8.5.42

复合油缸　combination hydro-cylinder

在活塞推料离心机运转中能自动改变压力油的流向,使推料活塞在旋转的同时又能自动作往复运动的液压装置。

9　离心萃取机

9.1　离心萃取机分类

9.1.1

离心萃取机　centrifugal extractor;centrifugal contactor

利用机件旋转产生的动能和离心惯性力实现互不相溶的轻、重两液相混合传质和分离的机器。

9.1.2

单级离心萃取机　monostage centrifugal extractor

离心萃取机内料液与萃取剂完成一次混合过程和分离过程。

9.1.3

桨叶式离心萃取机　blade centrifugal extractor

离心萃取机的混合室内装有桨叶，依靠桨叶的搅拌作用使两相混合。

9.1.4

环隙式离心萃取机　annual centrifugal extractor

依靠转鼓外壁和外壳内壁之间的柱形环隙实现两相液体的混合和传质的离心萃取机。

9.1.5

多级离心萃取机　multistage centrifugal extractor

离心萃取机内料液与萃取剂完成多次混合过程和分离过程。

9.1.6

芦崴式离心萃取机　Luwesta centrifugal extractor

一种多级离心萃取机，转鼓内装有随转鼓旋转的系列环形盘，中央的空心轴上也装有系列固定不转的环形盘。轻、重液相在离心力的作用下在旋转盘和环形盘交互形成的腔内逆流运行并多次混合和传质。

9.1.7

波德式离心萃取机　Pod centrifugal extractor

多级离心萃取机的一种，转鼓内装有多层带筛孔的同心圆筒，轻相经圆筒筛孔形成的通道引入转鼓内壁，重相进到转鼓中心部位，在离心力作用下向鼓壁运动，轻相被挤向中心，实现两液相逆流并多次混合和传质。

9.1.8

室式离心萃取器　Alfa-Laval centrifugal extractor

室式离心萃取器与波德式离心萃取器结构相似，为立式结构，转鼓内有多层同心圆筒，圆筒上开有小孔。两液相在离心惯性力作用下在同心圆筒间的夹道内逆向流动，并通过交叉排列的小孔多次混合和传质。

9.2　过程和性能参数

9.2.1

液液萃取　liquid-liquid extraction

用溶剂分离和提取液体混合物中的组分的过程。

9.2.2

离心萃取　centrifugal extraction

利用离心力场中使密度不同而又互不混溶的两种液体相互混合进行传质并且分离的萃取过程。

9.2.3

逆流萃取　countercurrent extraction

含有被萃取物的水相及有机相分别从多级或多台离心萃取机的两端流入，以相反方向流动，进行连续多次接触分层而达到分离的目的。

9.2.4

错流萃取　cross-current extraction

萃取过程中使被处理相溶液经过连续几次萃取，每次萃取都加入新鲜的有机溶剂，每经过一次萃取，称为一个萃取级。

9.2.5

溶剂　solvent

又称溶媒。能溶解气体、固体、液体而成为均匀混合物的一种液体。

9.2.6

溶质　solute

溶液中被溶剂溶解的物质。

9.2.7

萃取剂　extractant

在萃取过程中所选择的溶剂。

9.2.8

萃取相比　solvent phase;aqueous phase

一般用于液液萃取中,是表示萃取效果的参数之一。指的是有机相与水相的体积比。

9.2.9

萃取相　extraction phase

萃取操作中所得到的溶液,其组成主要是萃取剂和溶质。

9.2.10

萃余相　extraction raffinate

经溶剂萃取后余留下来的混合物液相,包括未被溶剂萃出的所有物质及在萃取过程中溶入其中的少量溶剂,也称为贫溶剂相。

9.2.11

萃取效率　extraction efficiency

在有机相中被萃物质的量与被萃总物质量之比。

9.2.12

乳化　emulsification

一种液体以极微小液滴均匀地分散在互不相溶的另一种液体中的现象。

9.3　主要零部件

9.3.1

轻相堰板　light phase weir

离心萃取机转鼓中用来限制轻相界面的圆环形板。

9.3.2

重相堰板　heavy phase weir

离心萃取机转鼓中用来限制重相界面的圆环形板。

9.3.3

混合室　mixing chamber

离心萃取机中轻重两相相互混合传质的腔体。

10　过滤机

10.1　机种

10.1.1

过滤机　filter

用于进行过滤过程的机器。

10.1.2

转鼓真空过滤机　rotary-drum vacuum filter

绕水平轴线慢速转动的圆筒形转鼓作为过滤部件进行真空过滤的机器。

10.1.2.1

外滤面转鼓真空过滤机　external rotary-drum vacuum filter

转鼓外圆筒面为过滤面的转鼓真空过滤机。

10.1.2.1.1

绳索卸料转鼓真空过滤机　rotary-drum vacuum filter with string discharge

采用绳索卸料的转鼓真空过滤机。

10.1.2.1.2

折带卸料转鼓真空过滤机　rotary-drum vacuum filter with belt discharge

采用折带卸料的外滤面转鼓真空过滤机。

10.1.2.1.3

钢丝卸料转鼓真空过滤机　rotary-drum vacuum filter with wire discharge

采用钢丝卸料的转鼓真空过滤机。

10.1.2.1.4

辊子卸料转鼓真空过滤机　rotary-drum vacuum filter with roll discharge

采用辊子卸料的转鼓真空过滤机。

10.1.2.1.5

刮刀卸料转鼓真空过滤机　rotary-drum vacuum filter with scraper discharger

采用刮刀卸料的转鼓真空过滤机。

10.1.2.1.6

无格式转鼓真空过滤机　single-compartment filter

转鼓不分格的外滤面转鼓真空过滤机。

10.1.2.2

内滤面转鼓真空过滤机　internal rotary-drum vacuum filter

转鼓内圆筒面为过滤面的转鼓真空过滤机。

10.1.2.3

上部加料转鼓真空过滤机　top feed drum vacuum filter

悬浮液加在转鼓上部的转鼓真空过滤机。

10.1.2.4

密闭式转鼓真空过滤机　enclosed vacuum drum filter

转鼓等主要部件封闭在气密性机壳中的转鼓真空过滤机。

10.1.2.5

双转鼓真空过滤机　twin-drum rotary vacuum filter

两个互相平行并靠在一起的转鼓组成的真空过滤机。两转鼓反向旋转，悬浮液加在两转鼓之间。

10.1.3

圆盘真空过滤机　rotary disc filter

水平轴上的一个或数个过滤圆盘作为过滤部件的真空过滤机。

10.1.4

转台真空过滤机　rotary table filter

水平圆形滤盘为过滤部件的真空过滤机。

10.1.5

翻盘真空过滤机　tilting-pan filter;tilting pan rotary filter

由多个扇形滤盘组成水平滤盘的真空过滤机。滤盘上表面为过滤面，滤盘能绕本身轴线翻转卸除滤饼。

10.1.6

带式真空过滤机　horizontal vacuum belt filter

水平方向运动的滤带下方抽真空、滤带上表面为过滤面的真空过滤机。过滤机的一端加料，另一端卸料。

10.1.6.1

移动室带式真空过滤机　reciprocating tray horizontal vacuum belt filter

真空室与滤带同速向前运动的带式真空过滤机。真空室移至一定距离后室内与大气相通同时真空室快速退回到起点，而后真空室抽真空又与滤带同速向前运动，如此反复。

10.1.6.2

间歇运动带式真空过滤机/固定室带式真空过滤机　fixed tray horizontal vacuum belt filter

真空室固定、滤带间歇运动的带式真空过滤机。过滤时滤带静止，真空室抽真空，经一定时间后真空室内与大气相通，同时滤带往前运动一段距离。滤带停止后真空室抽真空又开始过滤，如此反复。

10.1.6.3

橡胶带式真空过滤机　rubber horizontal vacuum belt filter

橡胶带支撑滤带并带动滤带同速环形运动的带式真空过滤机。滤液通过滤带进入橡胶带中沟槽上的孔进入真空箱。

10.1.7

真空叶滤机　vacuum leaf filter

由一组并联在一起并与真空系统相联的滤叶组成的间歇操作真空过滤机。

10.1.8

板框压滤机　filter press，plate and frame filter press

由滤框、过滤介质和滤板交替排列组成滤室的加压过滤机。

10.1.9

自动板框压滤机　automatic plate and frame filter press

能自动完成某些操作工序的板框压滤机。

10.1.10

厢式压滤机　recessed plate filter press；chamber filter press

由厢式滤板和过滤介质交替排列组成滤室的加压过滤机。

10.1.10.1

自动厢式压滤机　automatic recessed plate filter press；automatic chamber filter press

能自动完成某些操作工序的厢式压滤机。

10.1.10.1.1

卧式自动厢式压滤机　horizontal recessed plate automatic filter press；horizontal automatic chamber filter press

滤板沿水平方向排列的自动厢式压滤机。

10.1.10.1.2

立式自动厢式隔膜压滤机　vertical automatic chamber filter press

滤板沿底座向上垂直方向排列的隔膜压滤机。

10.1.11

全自动压滤机　full automatic filter press

能自动完成全部操作过程的压滤机。

10.1.12

全自动隔膜压滤机 full automatic filter press with membrane expression

具有自动滤饼压榨功能的全自动压滤机。

10.1.13

高悬梁自动压滤机 top beam automatic filter press

滤板垂挂在压滤机上悬梁,拉板装置在上悬梁拉板卸饼,自动完成操作过程的压滤机。

10.1.14

旋叶压滤机 rotary filter press

由多个滤室组成的连续加压过滤机。每个滤室中有旋转叶轮使滤板上的滤饼厚度保持恒定。悬浮液逐一通过各室滤去部分液体,最后成为滤饼连续排出。

10.1.15

管式压滤机 tube filter press

由两个同心管组成的压滤机。外管内侧装压榨隔膜,内管管壁开滤孔并覆盖过滤介质,两管之间的环形空间为滤室。内管下移后用压缩空气反吹卸除滤饼。

10.1.16

管状式压滤机 tubular filter press

滤管安装在压力容器内,由管壁开出液孔并覆盖过滤介质,滤饼由压缩空气反吹卸除。

10.1.17

加压叶滤机 pressure leaf filter;pressure plate filter

一组并联滤叶装在密闭机壳内组成的过滤机。悬浮液在压力作用下加入机壳内,固体截留在滤叶表面,液体透过滤叶排出。

10.1.17.1

卧式滤叶移出式加压叶滤机 horizontal pressure removable leaf filter; horizontal removable plate filter

卸料时滤叶从机壳中移出的人工卸料加压叶滤机。

10.1.17.2

卧式机壳剖分式加压叶滤机 horizontal bottom discharge pressure leaf filter;sweetland filter

卸料时剖分式机壳的下半部打开的人工卸料加压叶滤机。

10.1.17.3

卧式滤叶旋转加压叶滤机 horizontal rotary filter

装在水平轴上的圆形滤叶缓慢转动的加压叶滤机。滤饼用压缩空气反吹卸除,并用螺旋输送器排出机外。

10.1.17.4

芬达过滤机 Funda filter

装在垂直轴上的圆形滤叶组成的叶滤机。滤叶的上表面为过滤面,轴和滤叶封在机壳内。卸料时轴以一定速度旋转,滤饼在离心惯性力作用下从滤叶上脱落。

10.1.17.5

立式自动冲洗卸料加压叶滤机 vertical plate/leaf pressure filter with automatic washing

机壳内有一组冲洗喷头、卸料时将滤叶上的滤饼冲洗掉并排出机外的加压叶滤机。

10.1.17.6

振荡卸料加压叶滤机 vibration discharge plate/leaf pressure filter

用机械振动卸除滤饼的加压叶滤机。

10.1.18

转鼓加压过滤机　rotary-drum pressure filter

转鼓密封在机壳中，用机壳内压缩气体压力产生过滤推动力进行加压过滤的转鼓过滤机。

10.1.18.1

分隔式转鼓加压过滤机　rotary pressure filter

一种连续加压过滤机。转鼓密封在同心的圆筒形机壳中相对机壳转动，转鼓与机壳间的环形空间用密封装置分隔为过滤、洗涤、干燥、卸料和清洗等多个独立的区域。

10.1.18.2

牡蛎式转鼓加压过滤机　hi-bar oyster filter

转鼓密封在机壳中，用机壳内压缩气体压力产生过滤推动力进行加压过滤的转鼓过滤机。机壳为牡蛎壳式结构，分为上下两部分，下壳固定，上壳可翻开。

10.1.19

带式压榨过滤机　belt filter press

物料被夹在两条滤带之间，滤带在一系列辊子间运动并受挤压和剪切作用使液体透过滤带排出，滤饼在两滤带分开后卸除的连续过滤机。

10.1.20

钢带式压榨过滤机　steel-belt filter press

装有为增加滤带间压榨力而附加设置的钢制(或复合材料制成的)加压带的带式压榨过滤机。

10.1.21

浓缩(增浓)过滤机　filter thickener

滤去悬浮液中的部分液体，提高悬浮液浓度的过滤机。

10.1.21.1

圆盘真空浓缩(增浓)过滤机　fully submerged vacuum disc filter

圆盘全部浸入悬浮液中的圆盘真空过滤机。

10.1.21.2

浓缩(增浓)压滤机　filter-press thickener

由特殊滤板组成的压滤机，滤板上有螺旋形流道，悬浮液在压力作用下沿螺旋形流道流动时部分液体通过滤布被滤去，成为增浓的悬浮液排出。

10.1.21.3

带式浓缩(增浓)过滤机　belt thickener

悬浮液通过重力作用经滤带滤去部分液体，提高悬浮液浓度的过滤机。

10.1.21.4

转筒浓缩(增浓)过滤机　drum thickener

悬浮液通过重力作用经过转筒筒体上过滤介质滤去部分液体，提高悬浮液浓度的过滤机。

10.1.22

预敷层过滤机　precoat filter

过滤面上预敷助滤剂层，并以该助滤剂层为过滤介质进行过滤的过滤机。

10.1.22.1

预敷转鼓真空过滤机　precoat rotary-drum vacuum filter

转鼓表面预敷助滤剂后进行过滤的转鼓真空过滤机。

10.1.22.2

预敷叶滤机　precoat leaf filter; precoat plate filter

滤叶表面预敷助滤剂层后进行过滤的叶滤机。

10.1.23

陶瓷过滤机　capillary ceramic filter

过滤(洗涤、脱水)和卸料在过滤机上或过滤面的不同区域内同时完成的以陶瓷圆盘(片)作为过滤介质的过滤机。

10.1.24

筒式加压过滤机　cartridge pressure filter

以滤芯作为过滤介质装在圆筒容器内的加压过滤机。

10.1.25

盘式加压过滤机　disc pressure filter

将数个圆盘作为过滤元件密封在压力容器内,用压力容器内的压缩气体压力产生过滤推动力进行连续加压过滤的过滤机。

10.1.26

罐式过滤-干燥机　tank type filtrating and drying machine;Nutsche filter-dryer

在密封容器内安装有过滤介质可实现加压过滤和干燥过程的装置。

10.1.27

罐式结晶-过滤-干燥机　tank type crystallizer-filter-dryer;triple integration machine

结晶、过滤、干燥三个过程在一个容器内依次完成。

10.1.28

搅拌罐式过滤-洗涤-干燥机　agitated tank type filter-washer-dryer

过滤、洗涤、干燥过程在一个带搅拌的容器内依次完成。

10.1.29

带式过滤-洗涤-干燥机　belt filtrating-washing-drying machine

在滤带上不同区域内依次完成过滤、洗涤、干燥的带式装置。

10.1.30

连续操作过滤机　continuous filter

能够实现连续进料、过滤、洗涤、脱液和卸料等工序的过滤机。

10.1.31

超声波过滤机　ultrasonic filter

一种利用超声波震荡器发出的超声波在过滤介质表面产生的空穴作用,从而防止固相颗粒堆积在过滤介质表面堵塞过滤介质使过滤连续进行的过滤装置。

10.1.32

螺旋压榨过滤机　expression press

一种通过螺旋输送压榨过滤的过滤机,螺旋轴为锥形,螺旋外侧有筒形滤网,悬浮液进入后,随着螺旋输送过程中,体积不断缩小,液相被挤压出,从过滤网流出。

10.2　过程和性能参数

10.2.1

滤室　filter chamber

加压过滤机中进行过滤的空间。

10.2.2

滤室容积　volume of filter chamber

滤室内容纳滤饼的最大空间。

10.2.3

过滤区 filtering zone

连续过滤机过滤面上过滤悬浮液的区域。

10.2.4

洗涤区 washing zone

连续过滤机过滤面上洗涤滤饼的区域。

10.2.5

干燥区 drying zone

连续过滤机过滤面上去除滤饼中液体的区域。

10.2.6

卸料区 discharge zone

连续过滤机过滤面上卸除滤饼的区域。

10.2.7

死区 dead zone

过滤机过滤面不参与过滤过程的区域。

10.3 结构

10.3.1

明流式 open delivery of filtrate

板框压滤机或厢式压滤机每块滤板过滤出的滤液各自直接排出机外的结构。

10.3.1.1

明流单向洗涤 one-way open delivery washing

洗涤液通过进料通道,穿透滤饼后从每块滤板直接排出机外的结构

10.3.1.2

明流双进双出洗涤 reversible open delivery washing

压滤机中有两个洗涤通道,两个洗涤通道从奇数板进洗涤液,洗涤后的洗涤液由偶数板直接排出机外的洗涤结构。

10.3.1.3

明流交叉洗涤 cross open delivery washing

压滤机中有两个洗涤通道,一个洗涤通道从奇数板进洗涤液洗涤,洗涤后的洗涤液由偶数板直接排除;另一个洗涤通道从偶数板进洗涤液洗涤,洗涤后的洗涤液由奇数板直接排出机外的洗涤结构。

10.3.2

暗流式 closed delivery of filtrate

板框压滤机或厢式压滤机每块滤板滤出的滤液在机内通道汇集后排出的结构。

10.3.2.1

暗流单向洗涤 one-way closed delivery washing

洗涤液通过进料通道,穿透滤饼后由机内通道汇集后排出机外的洗涤结构。

10.3.2.2

暗流双进双出洗涤 reversible closed delivery washing

压滤机中有两个洗涤通道,同时从两个洗涤通道进洗涤液洗涤,透过滤饼后汇集于另两个出液通道排出机外的洗涤结构。

10.3.2.3

暗流交叉洗涤　cross closed delivery washing

压滤机中有两个洗涤通道，一个洗涤通道从奇数板进洗涤液洗涤，洗涤后的洗涤液由偶数板进入机内通道汇集后排出；另一个洗涤通道从偶数板进洗涤液洗涤，洗涤后的洗涤液由奇数板进入机内通道汇集后排出机外的洗涤结构。

10.3.3

滤板手动压紧　hand-turned screw closure

板框(或厢式)压滤机的滤板、过滤介质和滤框可分别采用手动机械(通过螺旋或齿轮传动)和手动液压(通过手动液压泵)压紧两种形式。

10.3.4

滤板机械压紧　power-driven closure

板框(或厢式)压滤机滤板、过滤介质和滤框用电动机驱动的机械装置压紧。

10.3.5

滤板液压压紧　hydraulic closure

板框(或厢式)压滤机滤板、过滤介质和滤框用液压装置压紧。

10.3.6

悬挂式　overhead suspension；overhand beam suspension

压滤机的滤板悬挂在上部横梁上的结构形式。

10.3.7

侧梁式　side bar suspension

板框(或厢式)压滤机的滤板和滤框支承在压滤机两侧的两横梁上的结构形式。

10.3.8

滤布固定式　fixed cloth type

卸除滤饼时，滤布与滤板无相对移动的板框(或厢式)压滤机结构形式。

10.3.9

单块滤布移动式　separate cloth travelling type

卸除滤饼时，各滤板的滤布分别相对滤板移动的厢式压滤机结构形式。

10.3.10

无端滤布移动式　endless cloth travelling type

板框(或厢式)压滤机各滤板的滤布联成一条无端滤带，卸除滤饼时滤带相对滤板移动的结构形式。

10.3.11

过滤机刮刀卸料　knife discharge

用刮刀从过滤表面刮落滤饼的卸料方式。

10.3.12

折带卸料　belt discharge

在转鼓过滤机卸料区滤布离开转鼓表面从小直径的辊子上绕过，改变滤布曲率使滤饼从滤布上剥落的卸料方式。

10.3.13

绳索卸料　string discharge

一组互相保持一定距离的无端绳索缠在卸料辊和转鼓上并随转鼓一起转动，在转鼓卸料区绳索连同滤饼离开转鼓表面，当绳索绕过小直径辊时滤饼从绳索上剥落。

10.3.14

辊子卸料　roll discharge

靠近转鼓表面的卸料辊旋转线速度与转鼓相同而旋转方向相反，滤饼从转鼓表面粘附到卸料辊上，再由刮刀从卸料辊上刮下。

10.3.15

钢丝卸料　wire discharge

转鼓过滤机用一根张紧的钢丝将滤饼从转鼓上卸下的卸料方式。

10.3.16

离心卸料　cake discharge by centrifugal force

叶滤机的滤叶快速旋转，滤饼受离心惯性力作用从滤叶上脱落的卸料方式。

10.3.17

冲洗卸料　sluicing,discharge

用水反冲滤布或直接冲洗滤饼的卸料方式。

10.3.18

叶滤机振荡卸料　vibrating discharge

在振荡装置的作用下滤饼从滤叶上脱落的卸料方式。

10.3.19

单面压榨脱水　one side dewatering with expression filtration

仅有一面有压榨隔膜对滤饼进行压榨脱水的过程。

10.3.20

双面压榨脱水　two sided dewater with expression filtration

两边都具有压榨隔膜对滤饼进行压榨脱水的过程。

10.4　主要零部件

10.4.1

过滤机转鼓　filter drum

绕本身轴线慢速旋转的开孔圆筒形过滤部件。

10.4.1.1

外滤面转鼓　drum

外圆筒面为过滤面的转鼓。

10.4.1.2

内滤面转鼓　drum with the filter medium placed on the inner surface

内圆筒面为过滤面的转鼓。

10.4.2

滤浆槽　filter tank

过滤机中盛放悬浮液的贮槽。

10.4.3

集液盘　receiving liquid pan

压滤机中用于收集滤布毛细渗漏水或滤布冲洗水的盘式机构或小车。又称“接液盘”。

10.4.4

翻板　reverse turning plate

安装于压滤机下部用于导流滤布毛细渗漏水或滤布冲洗水的可翻转板式结构。

10.4.5

穿流　penetrate airstream

使气流快速穿透滤饼,用以置换滤饼颗粒间滤液的脱水方法。

10.4.6

分配头　special rotary valve air distributor

过滤面绕轴线旋转的连续过滤机的自动错气装置。

10.4.7

固定错气盘　stationary part

固定在分配头体上不转动的圆盘形零件。

10.4.8

转动错气盘　wear plate

固定在转鼓上随转鼓旋转的圆盘形分配头零件,工作时与固定错气盘相对滑动。

10.4.9

搅拌器　agitator

使滤浆槽中悬浮液不产生沉积的搅拌装置。

10.4.10

刮刀　scraper

从过滤机过滤面上刮下滤饼的条状薄板。

10.4.11

过滤圆盘　filter disc

由扇形滤板组成的圆盘形过滤部件。

10.4.12

扇形滤板　sector

内有液体通道,表面覆盖过滤介质的扇形零件。

10.4.13

滤盘　pan

扇形浅盘状的单面过滤部件,可绕本身对称轴线翻转。

10.4.14

分隔装置　partitioning device

分隔式转鼓加压过滤机中将转鼓与机壳间环形空间分隔为几个互不相通的区间的装置。

10.4.15

卸料辊　discharge roll

将滤饼从滤布上粘卷到自身表面上并将滤饼卸除的辊子。

10.4.16

滤板　filter plate

过滤机中用于支托滤布,表面有网状或条状滤液导槽的板状零件。

10.4.17

进料板　feeding plate

压滤机中位于头板与尾板之间,用于沟通进料管与滤室,使料浆顺利进入滤室的板状结构。

10.4.18

压紧板　movable heavy end piece

板框(或厢式)压滤机中可在横梁上移动,在压紧装置作用下压紧滤板和滤框的零件。

10.4.19

止推板　stationary heavy end piece

板框(或厢式)压滤机中和横梁固定联结,与压紧板一道压紧滤板和滤框的零件。

10.4.20

滤框　filter frame

板框压滤机中与滤板构成滤室的框形零件。

10.4.21

厢式滤板　recessed plate

两侧内凹的滤板,构成厢式压滤机滤室的零件。

10.4.22

压榨隔膜　expression diaphragm

装于压滤机滤室内、用于挤压滤饼的弹性膜片。

10.4.23

隔膜滤板　diaphragm plate

隔膜与基板通过熔焊或者组装成一体的滤板。

10.4.24

主梁　horizontal bar

板框(或厢式)压滤机中用于支承或悬挂压紧板、止推板、滤板和滤框的水平梁(包括悬梁和侧梁两种形式)。

10.4.25

滤液阀　outlet cock

滤板上控制滤液排出的阀门。

10.4.26

止推板墙板　head plate

安装于压滤机止推板的半腔室滤板。

10.4.27

压紧板墙板　end plate

安装于压滤机压紧板的半腔室滤板。

10.4.28

压紧装置　closing device

板框(或厢式)压滤机中压紧滤板和滤框的装置。有手动压紧装置、机械压紧装置和液压压紧装置。

10.4.29

滤布悬挂装置　filter cloth suspension device

厢式压滤机中固定并张紧滤布的装置。

10.4.30

滤布振打装置　vibrator

敲击滤板或滤布悬挂装置使滤布抖动以振落滤饼的装置。

10.4.31

滤布曲张装置　filter cloth varix device

厢式压滤机中拉开滤板能使滤布产生一定倾角并产生抖动的装置。

10.4.32

滤板拉板装置　plate shifting device

板框(或厢式)压滤机中将滤板和滤框按顺序逐块移动到预定位置的装置。

10.4.33

剥离辊 discharge roller

使滤饼与滤布分离的小辊。

10.4.34

滤布卷绕辊 tensioning and winding roll

在外力作用下可转动的辊子，卸料时卷绕滤布，使滤布绕剥离辊运动。

10.4.35

螺旋卸料器 cake-removal screw

从转台真空过滤机的过滤面上卸除滤饼的螺旋输送器。

10.4.36

叶轮 thin cake turbine

旋叶压滤机滤室中两侧有刮板(或无刮板)的叶轮。

10.4.37

滤叶 filter leaf;filter plate

由边框、衬网、滤布等组成的扁平过滤部件。

10.4.38

压榨辊 pressure roller

带式压榨过滤机中用于挤压两滤带间的滤饼的辊子。

10.4.39

滤布(带)驱动辊 drive roller

带动滤布(带)运动的辊子。

10.4.40

平整辊 leveling roller

使滤布横向张紧的托辊，辊子表面半根有左螺纹沟槽，另半根有右螺纹沟槽。

10.4.41

张紧辊 tensioning roller

使滤布或滤带张紧的辊子。

10.4.42

滤带(布)纠偏装置 filter belt centering device

过滤机上纠正滤带(布)跑偏的装置。

10.4.43

洗布装置 filter cloth cleaning device

清洗过滤介质(滤布)，使过滤介质再生的装置。

10.4.44

滤饼洗涤装置 cake washing device

洗涤滤饼的装置。

10.4.45

滤饼输送装置 cake conveyor

将过滤面上卸下的滤饼输出过滤机外的装置。

10.4.46

驱动装置 drive mechanism

为过滤机的运行提供和传递动力的装置。

10.4.47

卸料装置　discharge device

从过滤面卸下滤饼的装置。

10.4.48

过滤元件　filter element

起过滤作用的部件。

10.4.49

自动冲洗　automatic back-flushing

过滤过程中对滤布(带)自动进行冲洗。

10.4.50

滤布冲洗车　filter cloth washing car

安装在压滤机机架上,能够实现对滤布自动冲洗,使滤布过滤性能获得再生的行走小车。

11　过滤器

11.1

纤维深层过滤器　fibrous depth filters

以纤维为过滤介质,将若干纤维束以一定密度排列于器内,形成松散的过滤层过滤器。

11.2

磁力过滤器　magnetic separator

在均匀磁场中,截留料浆中弱磁性颗粒的过滤器。

11.3

活性炭过滤器　activated carbon filter

以活性炭为过滤介质进行吸附与过滤的深层过滤器。

11.4

重力过滤器　gravity nutsche filter

过滤器中有一多孔滤板,上覆滤布,利用滤布上或滤饼上物料液层从底部到顶部的液位位差作为推动力的过滤设备。

11.5

袋式过滤器　bag filter

以滤袋作为过滤元件的加压过滤器。过滤器内部由孔板或框架形网篮支撑着过滤袋,液体进入滤袋过滤后流出,杂质被拦截在过滤袋内部,滤袋可更换或清洗。

11.6

滤芯式过滤器　cartridge filter;candle filter

滤芯式过滤器是以滤芯作为过滤元件的加压过滤器。

11.7

管道过滤器　pipe strainer

安装在管道上,以滤筐作为过滤元件的加压过滤器。用来消除介质中的杂质,以保护阀门及设备的正常使用。根据结构型式分为Y型、T型和篮式过滤器。

11.8

盘式过滤器　pan filter

以滤盘或滤板作为过滤元件的加压过滤器。

11.9

自清洗过滤器　self-clean filter

通过吸污式、刷式、转臂反冲、刮盘方式实现过滤元件的自动清洗再生的过滤设备。

11.10

无菌过滤器　sterilizing filter

一种非纤维微孔膜过滤器,可以过滤掉细菌等微生物,一般过滤精度达 0.2 μm。

11.11

脉冲式反冲洗过滤器　pulsejet candle filter

通过脉冲喷气反冲洗多滤芯单元的过滤器。

12 旋流器

12.1 操作参数和性能参数

12.1.1

溢流　overflow

从溢流管排出的流体。

12.1.2

底流　underflow

从底流管排出的流体。

12.1.3

循环流　circulation flow

在内旋流和外旋流之间循环流动的流体。

12.1.4

内旋流　inner vortex or helical flow

在空气柱与零轴速包络面之间的流体。

12.1.5

外旋流　outer vortex or helical flow

在零轴速包络面与旋流器壁之间的流体。

12.1.6

短路流　short-circuit flow

经顶盖附近区域绕过溢流管外壁,未经分离而直接进入溢流的物料或称“盖下流”。

12.1.7

零轴速包络面　locus of zero vertical velocity;LZVV

由流体轴向速度为零的空间点组成的包络面。

12.1.8

空气柱　air core

在旋流器轴心处高速旋转的柱状空气强制涡。

12.1.9

旋流器压力降　pressure drop

旋流器进口压力与出口(通常为溢流口)压力之差。

12.1.10

溢流浓度　overflow concentration

溢流中分散相的浓度。

12.1.11

底流浓度　underflow concentration

底流中分散相的浓度。

12.1.12

分流比　flow ratio

底流与进料的体积流量之比。

12.1.13

分离总效率　total separation efficiency

底流中固体物料质量流量与进料中固体物料的质量流量之比。

12.1.14

修正总效率　reduced total efficiency

修正总效率是扣除旋流器作为简单三通管所造成的分离效果后的旋流器分离总效率。

12.1.15

级效率　grade efficiency

级效率是指某一级别粒度颗粒的分离效率。

12.1.16

修正级效率　reduced grade efficiency

修正级效率是扣除作为简单三通管所造成的分离效果后的旋流器级效率。

12.1.17

分离粒度　cut size

分割粒径

等概率粒度

进料中某一粒度的颗粒中有50%被分离进入底流，另外50%则被进入溢流，这种分离时具有等概率特性的颗粒粒度被称为分离粒度 d_{50}。

12.1.18

分离精度　sharpness of separation

指级效率曲线或修正级效率曲线上50%效率对应处曲线的陡度。

12.1.19

级效率曲线　grade efficiency curve

以颗粒粒径为横坐标、级效率为纵坐标作成的关系曲线。

12.2　结构

12.2.1

旋流器　hydrocyclone

一种离心沉降分离器，由一个进口，上、下两个出口，主体由圆柱段和圆锥段两部分组成。又称“水力旋流器”或“旋液分离器”。

12.2.2

溢流管　vortex finder；overflow pipe

固定在旋流器顶盖中央的溢流排出管。

12.2.3

顶盖　top wall

旋流器柱段顶部端盖。

12.2.4

柱段器壁 cylinder wall

旋流器柱形空间的外壁。

12.2.5

锥段器壁 cone wall

旋流器锥形空间的外壁。

12.2.6

柱段长度 length of cylinder part

从旋流器顶盖至柱锥交界处的距离。

12.2.7

旋流器锥角 cone angle of hydrocyclone

旋流器锥段的锥顶角。

12.2.8

底流管 underflow pipe

固定在锥段底部的底流排出管。

12.2.9

进料管 inlet pipe

旋流器切向进入圆柱内的管道。

12.2.10

旋流器直径 hydrocyclone diameter

旋流器柱段直径。

12.2.11

溢流口直径 diameter of vortex finder

溢流管内径。

12.2.12

进料口直径 inlet diameter

进料管内径。

12.2.13

底流口直径 underflow outlet diameter

底流管最小内径。

12.2.14

溢流管插入深度 depth of vortex finder

旋流器内溢流管末端至顶盖的距离。

12.2.15

排口比 diameter ratio of apex to vortex finder

底流口与溢流口直径之比。

12.2.16

旋流器组 hydrocyclone cluster

多个单体旋流器并联使用的组合,又称旋流站。

12.2.17

进料分配器 slurry distributor

将来料均匀分配到各单体旋流器的容器。

12.2.18

溢流箱　overflow launder

将各单体旋流器溢流收集在一起的箱体。

12.2.19

底流箱　underflow launder

将各单体旋流器底流收集在一起的箱体。

13　膜过滤

13.1　分类及膜器

13.1.1

膜分离过程　membrane separation process

用天然或人工制造的具有选择透过能力的薄膜，以膜两侧存在的外界能量或化学位差(如压力差、浓度差、电位差等)为推动力，对双组分或多组分体系进行分离、分级、提纯或富集的过程。

13.1.2

交叉流膜过滤　cross flow membrane filtration

又称错流膜过滤，料液平行于膜表面流动，并有高剪切力使膜面不断更新的膜过滤。

13.1.3

终端膜过滤　dead-end membrane filtration

料液垂直于膜表面流动的膜过滤。

13.1.4

微滤　micro-filtration；MF

以压力差为推动力，用于滤除溶液中粒径在 0.1 μm～10 μm 之间微小颗粒和细菌等。

13.1.5

超滤　ultra-filtration；UF

以压力差为推动力，截留粒径在几纳米至几十纳米(相对分子质量在 1 000～3 000 000)颗粒的膜过滤。一般用于溶液中大分子物质、胶体等的分离、分级或脱除。

13.1.6

纳滤　nano-filtration；NF

纳滤是介于反渗透与超滤之间的一种膜分离技术。用纳米膜进行过滤的过程，截留组分为 1 nm 左右(相对分子质量在 200～1 000)的溶质。主要用于脱高价离子、水软化、溶液脱色、净化和浓缩。

13.1.7

反渗透　reverse osmosis；RO

用反渗透膜选择性透过溶剂而截留离子物质的性质，以膜两侧静压差为推动力，克服溶剂的渗透压，使溶剂通过反渗透膜实现对液体混合物分离的膜过程。主要用于从水溶液中脱除溶解盐。

13.1.8

渗析　dialysis；D

用浓度梯度为推动力，依靠溶解扩散筛分将水与溶质分离的膜过程。又称为“浓差渗析”。主要用于从水溶液中脱除无机酸和盐。

13.1.9

电渗析　electro dialysis；ED

以电位差为推动力，经离子膜逆向传递将水与溶盐分离。主要用于从水溶液中脱除酸、碱和盐。

13.1.10

电去离子 electrodeionization

又称填充床电渗析，是在电渗析器的隔膜之间装填阴阳离子交换树脂、将电渗析与离子交换结合起来的一种水处理技术。

13.1.11

渗透汽化 pervaporation;PV

又称“渗透蒸发”，是指液体混合物在膜两侧组分的蒸汽分压差的推动下透过膜并蒸发，达到分离的一种膜分离方法。主要用于水－有机物的分离。

13.1.12

膜萃取 membrane extraction

将膜过程和液-液萃取过程结合的一种膜分离方法。

13.1.13

膜蒸馏 membrane distillation

膜蒸馏是一种新型膜分离过程。热的待处理水溶液中的水在膜的一侧表面汽化，水蒸气通过膜孔传递到膜的另一侧重新冷凝为水。膜蒸馏过程的推动力是膜面两侧的水蒸气分压差。

13.1.14

电膜滤 electro membrane filtration

将直流电场作用于滤膜两侧，荷电微粒或大分子溶质在电场力作用下受到与向膜面沉积方向相反的电荷力作用，可减小或消除浓差极化现象。

13.1.15

旋转管式膜过滤器 rotary tubular membrane filtration

内外筒均为膜管，内筒旋转，料液从两筒间环隙通过，清液从膜壁流入内筒而导出，流体产生Taylor 漩涡强化了过滤过程。

13.1.16

板框式膜滤器 plate and frame membrane filter

与板框式压滤机相似，使用平板滤膜，既可以用滤板及滤板相间多层叠合，也可以是板框合一的厢式结构。

13.1.17

管式膜滤器 tubular membrane filter

有内压(或外压)管式膜件串联成的膜滤器，也有如列管换热器一样将管式膜件并联使用构成的管式膜滤器。

13.1.18

螺旋卷绕式膜滤器 spiral wound membrane filter

用平板膜元件、支撑体与间隔体等间隔重叠放置再绕卷构成的卷式膜面制成的膜滤器。

13.1.19

中空纤维式膜滤器 hollow fibre membrane filter

将中空纤维膜束集装在一个耐压管内做成的中空纤维膜滤器。

13.2 工艺参数

13.2.1

膜通量 membrane flux

单位时间内单位膜面积上透过的滤液体积量或质量。

13.2.2

截留率　rejection;solute retention

反映膜对溶质拦截能力的指标，有表观截留率和实际截留率。表观截留率是进料液和渗透液的溶质浓度差与进料液溶质浓度的比值;实际截留率是膜面处溶质浓度和渗透液的溶质浓度差与膜面处料液溶质浓度的比值。

13.2.3

截留分子量　molecular weight cut off;MWCO

90%的某一分子量的高分子物质在过滤时不能通过膜孔所对应的分子量。

13.2.4

选择性　selectivity

膜对双组分或多组分料液中某种特定组分的分离能力。不同的膜过程,选择性有不同的定义。

13.2.5

分离因子　separation factor

渗透汽化膜分离过程选择性的指标之一。A组分对B组分的分离因子等于渗透液A组分与B组分质量浓度之比乘以料液B组分与A组分质量浓度之比。

13.2.6

浓缩因子　enrichment factor

渗透汽化膜分离过程选择性指标之一。A组分的浓缩因子等于渗透液A组分质量浓度与料液A组分质量浓度的比值。

13.2.7

理想分离系数　ideal separation factor

气体膜分离过程有关选择性的具体指标,A组分对B组分的理想分离系数指在相同温度、压力差条件下,单一气体A透过膜的通量与单一气体B透过膜的通量之比。

13.2.8

实际分离系数　true separation factor

对于两组分气体膜分离过程,A组分对B组分的实际分离系数等于气体A透过膜的通量除以其分压差与气体B透过膜的通量除以其分压差之比。

13.2.9

浓差极化　concentration polarization

膜过滤中,膜表面截留积累的微粒或大分子溶质浓度比料浆主体浓度高得多,这种现象称浓差极化。

13.2.10

膜污染　membrane fouling

膜过滤过程中微粒、胶体粒子或溶质分子与膜有物理、化学作用,它们在膜面或膜孔内吸附或沉积造成膜孔堵塞、变小,并使膜分离效果下降的现象。

13.2.11

膜再生技术　membrane regeneration technology

采用去除膜表面或膜孔中溶质吸附层,并保护膜结构不受损伤,使膜基本恢复性能。

13.3　膜元件

13.3.1

微滤膜　MF membrane

膜孔径在 0.1 μm～10 μm 之间的多孔分离膜。

13.3.2

超滤膜　UF membrane

膜孔径在 5 nm～100 nm 之间的多孔分离膜。

13.3.3

反渗透膜　RO membrane

可截留单价离子而使水分子透过的致密分离膜。

13.3.4

纳滤膜　nano-filtration membrane

孔径在 0.6 nm～5 nm 之间的多孔分离膜。

13.3.5

多孔支撑体　porous support/substrate

在复合膜中对表层膜起支撑增强作用，本身具有大孔以避免增加分离阻力的多孔物质。

13.3.6

复合膜　composite membrane

起分离作用的超薄皮层和多孔支撑层复合在一起的膜。

13.3.7

均质膜　homogeneous membrane

由一种膜材料制成的、截面均匀一致的分离膜。有致密均质膜、微孔均质膜和离子交换膜。

13.3.8

非对称膜　asymmetric membrane

致密的或具有微小细孔的选择性透过薄层支撑在多孔支撑体上形成的膜。包括相转化膜和复合膜。

13.3.9

相转化膜　phase inversion membrane

利用成膜聚合物溶液在非溶剂或温度变化作用下聚合物固化析出形成的多孔膜。

13.3.10

无机膜　inorganic membrane

用无机材料（如金属、陶瓷等）制成的膜。

13.3.11

有机膜 organic membrane

用有机高分子材料制成的分离膜。

13.3.12

有机-无机杂化膜　organic-inorganic hybrid membrane

将纳米无机颗粒掺入高分子膜制成的分离膜。

13.3.13

有机-无机复合膜　organic-inorganic composite membrane

将高分子材料制成的分离薄层覆盖在多孔无机支撑体上或者是将无机物涂层附着在高分子材料制成的支撑体上而制成的分离膜。

13.3.14

板式膜　plate membrane

两张膜一组构成夹层结构，膜的原料侧相对，由此构成原料腔室和渗透物腔室。采用密封环和两个端板将一系列这样的膜组安装在一起构成膜器件。

13.3.15

卷式膜　wound membrane

将制好的平板膜密封成信封状膜袋，两膜袋之间衬间隔材料再卷绕在多孔管上而形成膜卷，装入圆筒型压力容器内形成的膜器件。

13.3.16

管式膜　tubular membrane

呈管状、管径一般在 1 cm 以上、以管壁为分离介质的膜。

13.3.17

中空纤维膜　hollow fibre membrane

内径为 25 μm～350 μm、外径为 80 μm～1 000 μm 的管状分离膜。

13.3.18

陶瓷膜　ceramic membrane

用陶瓷材料制成的膜。

13.3.19

毛细管膜　capillary membrane

内径为 0.5 mm～6 mm 的管状分离膜。

13.3.20

双极性膜　bipolar membrane

由层压在一起的两层阴离子膜及两者之间的中间支撑介质组成的膜堆。

索　引

中文索引

F

G

K

L

M

N

P

Q

R

S

T

英文索引

A

B

C

D

E

F

G

H

N

O

P

R

S

U

V

W

Z

参 考 文 献

[1] 余国琮.化学工程辞典[M].北京:化学工业出版社,1999

[2] (日)化学工学协会.化学工学便览.改订第四版、第五版、丸善株式会社、昭和53年,1995

[3] 时钧,汪宗鼎,余国琮,陈敏桓.化学工程手册第二版下卷,[M].北京:化学工业出版社,1996

[4] 机械工程手册编辑委员会.机械工程手册(第二版):第12卷,[M].北京:北京机械工业出版社,1997

[5] 余国琮.化工机械工程手册:第3卷,[M].北京:化学工业出版社,2002

[6] 王松汉,等.石油化工设计手册:第3卷,[M].北京:化学工业出版社,2002

[7] 科学出版社名词室.英汉化学化工词汇(第四版),[M].北京:科学出版社,2000

[8] 李昭仁,等译.化学工程手册下册,[M].台湾:台湾图书有限公司,1985

[9] 国外有关分离机械样本

[10] 时钧,袁权,高丛楷.膜技术手册,[M].北京:化学工业出版社,2001

[11] 张荣善.散料输送与贮存,[M].北京:化学工业出版社,1994

[12] 吕维明等.固液过滤技术,[M].台湾:中国台湾高立图书有限公司,2004

[13] 汤鸿霄.无机高分子絮凝理论与絮凝剂,[M].北京:中国建筑工业出版社,2006

[14] 汤鸿霄.水体颗粒物和难降解有机物的特性与控制技术原理·上卷,水体颗粒物,[M].北京:中国环境科学出版社,2000

[15] 郑怀礼.生物絮凝剂与絮凝技术,[M].北京:化学工业出版社,2004

[16] 马放.环境生物制剂的开发与应用,[M].北京:化学工业出版社,2004

[17] 赵国玺.表面活性剂物理化学(第三版),[M].北京:北京大学出版社,2004

[18] 木村尚史,中尾真一.分离技术——膜分离,[M].东京:大日本图书出版社,1997

[19] Perry's Chemical Engineer's Hand Book. 7 th ed.下册.[M].北京:科学出版社,2002.P18-1~133

[20] A.Rushton et "Solid-Liquid Filtration and Separation Technology"英国 WILEY-VCH 2000

[21] R.J.Wakeman et"FILTRATION Equipment Selection Modelling and Process Simulation"英国 ELSEVIER ADVANCED TECHNOLOGY 1999

[22] R.J.Wakeman "Dictionary of Filtration and Separation"英国 2008.10

[23] F.M.Tiller and Weenping Li"THEORY AND PRACTICE OF SOLID/LIQUID SEPARATION"Fourth edition 美国 University of Houston 2002

[24] (德)R Rautenbach.膜工艺——组件和装置设计基础,[M].王乐夫,译.北京:化学工业出版社,1998

中华人民共和国国家标准

GB 4789.7—2013

食品安全国家标准

食品微生物学检验　副溶血性弧菌检验

2013-11-29 发布　　　　2014-06-01 实施

中华人民共和国
国家卫生和计划生育委员会　发布

前　言

本标准代替 GB/T 4789.7—2008《食品卫生微生物学检验　副溶血性弧菌检验》。

本标准与 GB/T 4789.7—2008 相比，主要变化如下：

——修改了标准的中文名称；

——修改了范围；

——修改了设备和材料；

——修改了培养基和试剂；

——修改了样品制备过程；

——修改了检验程序。

食品安全国家标准
食品微生物学检验　副溶血性弧菌检验

1　范围

本标准规定了食品中副溶血性弧菌(*Vibrio parahaemolyticus*)的检验方法。

本标准适用于食品中副溶血性弧菌的检验。

2　设备和材料

除微生物实验室常规灭菌及培养设备外,其他设备和材料如下:

a)　恒温培养箱:36 ℃±1 ℃;

b)　冰箱:2 ℃～5 ℃、7 ℃～10 ℃;

c)　恒温水浴箱:36 ℃±1 ℃;

d)　均质器或无菌乳钵;

e)　天平:感量 0.1 g;

f)　无菌试管:18 mm×180 mm、15 mm×100 mm;

g)　无菌吸管:1 mL(具 0.01 mL 刻度)、10 mL(具 0.1 mL 刻度)或微量移液器及吸头;

h)　无菌锥形瓶:容量 250 mL、500 mL、1 000 mL;

i)　无菌培养皿:直径 90 mm;

j)　全自动微生物生化鉴定系统;

k)　无菌手术剪、镊子。

3　培养基和试剂

3.1　3%氯化钠碱性蛋白胨水:见附录 A 中 A.1。

3.2　硫代硫酸盐-柠檬酸盐-胆盐-蔗糖(TCBS)琼脂:见 A.2。

3.3　3%氯化钠胰蛋白胨大豆琼脂:见 A.3。

3.4　3%氯化钠三糖铁琼脂:见 A.4。

3.5　嗜盐性试验培养基:见 A.5。

3.6　3%氯化钠甘露醇试验培养基:见 A.6。

3.7　3%氯化钠赖氨酸脱羧酶试验培养基:见 A.7。

3.8　3%氯化钠 MR-VP 培养基:见 A.8。

3.9　3%氯化钠溶液:见 A.9。

3.10　我妻氏血琼脂:见 A.10。

3.11　氧化酶试剂:见 A.11。

3.12　革兰氏染色液:见 A.12。

3.13　ONPG 试剂:见 A.13。

3.14 Voges-Proskauer(V-P)试剂:见 A.14。

3.15 弧菌显色培养基。

3.16 生化鉴定试剂盒。

4 检验程序

副溶血性弧菌检验程序见图 1。

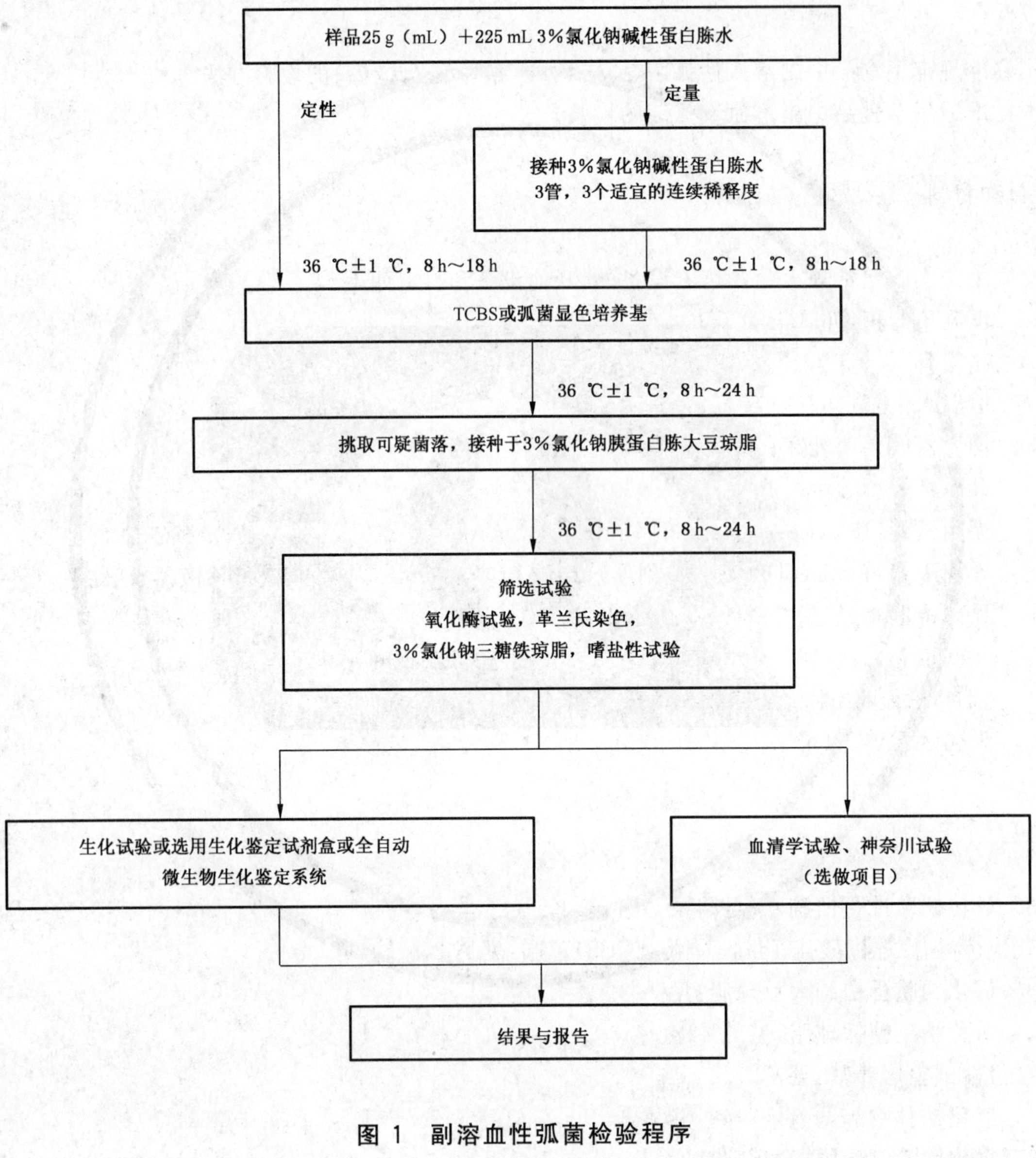

图 1 副溶血性弧菌检验程序

5 操作步骤

5.1 样品制备

5.1.1 非冷冻样品采集后应立即置 7 ℃～10 ℃冰箱保存,尽可能及早检验;冷冻样品应在 45 ℃以下不超过 15 min 或在 2 ℃～5 ℃不超过 18 h 解冻。

5.1.2 鱼类和头足类动物取表面组织、肠或鳃。贝类取全部内容物，包括贝肉和体液；甲壳类取整个动物，或者动物的中心部分，包括肠和鳃。如为带壳贝类或甲壳类，则应先在自来水中洗刷外壳并甩干表面水分，然后以无菌操作打开外壳，按上述要求取相应部分。

5.1.3 以无菌操作取样品 25 g(mL)，加入 3%氯化钠碱性蛋白胨水 225 mL，用旋转刀片式均质器以 8 000 r/min 均质 1 min，或拍击式均质器拍击 2 min，制备成 1∶10 的样品匀液。如无均质器，则将样品放入无菌乳钵，自 225 mL 3%氯化钠碱性蛋白胨水中取少量稀释液加入无菌乳钵，样品磨碎后放入 500 mL 无菌锥形瓶，再用少量稀释液冲洗乳钵中的残留样品 1 次～2 次，洗液放入锥形瓶，最后将剩余稀释液全部放入锥形瓶，充分振荡，制备 1∶10 的样品匀液。

5.2 增菌

5.2.1 定性检测

将 5.1.3 制备的 1∶10 样品匀液于 36 ℃±1 ℃培养 8 h～18 h。

5.2.2 定量检测

5.2.2.1 用无菌吸管吸取 1∶10 样品匀液 1 mL，注入含有 9 mL 3%氯化钠碱性蛋白胨水的试管内，振摇试管混匀，制备 1∶100 的样品匀液。

5.2.2.2 另取 1 mL 无菌吸管，按 5.2.2.1 操作程序，依次制备 10 倍系列稀释样品匀液，每递增稀释一次，换用一支 1 mL 无菌吸管。

5.2.2.3 根据对检样污染情况的估计，选择 3 个适宜的连续稀释度，每个稀释度接种 3 支含有 9 mL 3%氯化钠碱性蛋白胨水的试管，每管接种 1 mL。置 36 ℃±1 ℃恒温箱内，培养 8 h～18 h。

5.3 分离

5.3.1 对所有显示生长的增菌液，用接种环在距离液面以下 1 cm 内沾取一环增菌液，于 TCBS 平板或弧菌显色培养基平板上划线分离。一支试管划线一块平板。于 36 ℃±1 ℃培养 18 h～24 h。

5.3.2 典型的副溶血性弧菌在 TCBS 上呈圆形、半透明、表面光滑的绿色菌落，用接种环轻触，有类似口香糖的质感，直径 2 mm～3 mm。从培养箱取出 TCBS 平板后，应尽快(不超过 1 h)挑取菌落或标记要挑取的菌落。典型的副溶血性弧菌在弧菌显色培养基上的特征按照产品说明进行判定。

5.4 纯培养

挑取 3 个或以上可疑菌落，划线接种 3%氯化钠胰蛋白胨大豆琼脂平板，36 ℃±1 ℃培养 18 h～24 h。

5.5 初步鉴定

5.5.1 氧化酶试验：挑选纯培养的单个菌落进行氧化酶试验，副溶血性弧菌为氧化酶阳性。

5.5.2 涂片镜检：将可疑菌落涂片，进行革兰氏染色，镜检观察形态。副溶血性弧菌为革兰氏阴性，呈棒状、弧状、卵圆状等多形态，无芽胞，有鞭毛。

5.5.3 挑取纯培养的单个可疑菌落，转种 3%氯化钠三糖铁琼脂斜面并穿刺底层，36 ℃±1 ℃培养 24 h 观察结果。副溶血性弧菌在 3%氯化钠三糖铁琼脂中的反应为底层变黄不变黑，无气泡，斜面颜色不变或红色加深，有动力。

5.5.4 嗜盐性试验：挑取纯培养的单个可疑菌落，分别接种 0%、6%、8%和 10%不同氯化钠浓度的胰胨水，36 ℃±1 ℃培养 24 h，观察液体混浊情况。副溶血性弧菌在无氯化钠和10%氯化钠的胰胨水中不生长或微弱生长，在6%氯化钠和8%氯化钠的胰胨水中生长旺盛。

5.6 确定鉴定

取纯培养物分别接种含3%氯化钠的甘露醇试验培养基、赖氨酸脱羧酶试验培养基、MR-VP培养基，36 ℃±1 ℃培养 24 h～48 h 后观察结果；3%氯化钠三糖铁琼脂隔夜培养物进行 ONPG 试验。可选择生化鉴定试剂盒或全自动微生物生化鉴定系统。

6 血清学分型(选做项目)

6.1 制备

接种两管3%氯化钠胰蛋白胨大豆琼脂试管斜面，36 ℃±1 ℃培养 18 h～24 h。用含3%氯化钠的5%甘油溶液冲洗3%氯化钠胰蛋白胨大豆琼脂斜面培养物，获得浓厚的菌悬液。

6.2 K 抗原的鉴定

取一管6.1制备好的菌悬液，首先用多价K抗血清进行检测，出现凝集反应时再用单个的抗血清进行检测。用蜡笔在一张玻片上划出适当数量的间隔和一个对照间隔。在每个间隔内各滴加一滴菌悬液，并对应加入一滴K抗血清。在对照间隔内加一滴3%氯化钠溶液。轻微倾斜玻片，使各成分相混合，再前后倾动玻片 1 min。阳性凝集反应可以立即观察到。

6.3 O 抗原的鉴定

将另外一管的菌悬液转移到离心管内，121 ℃灭菌 1 h。灭菌后 4 000 r/min 离心 15 min，弃去上层液体，沉淀用生理盐水洗三次，每次 4 000 r/min 离心 15 min，最后一次离心后留少许上层液体，混匀制成菌悬液。用蜡笔将玻片划分成相等的间隔。在每个间隔内加入一滴菌悬液，将O群血清分别加一滴到间隔内，最后一个间隔加一滴生理盐水作为自凝对照。轻微倾斜玻片，使各成分相混合，再前后倾动玻片 1 min。阳性凝集反应可以立即观察到。如果未见到与O群血清的凝集反应，将菌悬液 121 ℃再次高压 1 h 后，重新检测。如果仍为阴性，则培养物的O抗原属于未知。根据表1报告血清学分型结果。

表1 副溶血性弧菌的抗原

O群	K型
1	1,5,20,25,26,32,38,41,56,58,60,64,69
2	3,28
3	4,5,6,7,25,29,30,31,33,37,43,45,48,54,56,57,58,59,72,75
4	4,8,9,10,11,12,13,34,42,49,53,55,63,67,68,73
5	15,17,30,47,60,61,68
6	18,46
7	19
8	20,21,22,39,41,70,74

表 1（续）

O 群	K 型
9	23,44
10	24,71
11	19,36,40,46,50,51,61
12	19,52,61,66
13	65

7 神奈川试验（选做项目）

神奈川试验是在我妻氏琼脂上测试是否存在特定溶血素。神奈川试验阳性结果与副溶血性弧菌分离株的致病性显著相关。

用接种环将测试菌株的3%氯化钠胰蛋白胨大豆琼脂18 h培养物点种于表面干燥的我妻氏血琼脂平板。每个平板上可以环状点种几个菌。36 ℃±1 ℃培养不超过24 h，并立即观察。阳性结果为菌落周围呈半透明环的β溶血。

8 结果与报告

根据检出的可疑菌落生化性状，报告25 g(mL)样品中检出副溶血性弧菌。如果进行定量检测，根据证实为副溶血性弧菌阳性的试管管数，查最可能数(MPN)检索表，报告每克(毫升)副溶血性弧菌的MPN值。副溶血性弧菌菌落生化性状和与其他弧菌的鉴别情况分别见表2和表3。

表 2　副溶血性弧菌的生化性状

试验项目	结　果
革兰氏染色镜检	阴性，无芽胞
氧化酶	+
动力	+
蔗糖	−
葡萄糖	+
甘露醇	+
分解葡萄糖产气	−
乳糖	−
硫化氢	−
赖氨酸脱羧酶	+
V-P	−
ONPG	−
注：+表示阳性；−表示阴性。	

表 3　副溶血性弧菌主要性状与其他弧菌的鉴别

名称	氧化酶	赖氨酸	精氨酸	鸟氨酸	明胶	脲酶	V-P	42 ℃生长	蔗糖	D-纤维二糖	乳糖	阿拉伯糖	D-甘露糖	D-甘露醇	ONPG	嗜盐性试验 氯化钠含量 %				
																0	3	6	8	10
副溶血性弧菌 (*V.parahaemolyticus*)	+	+	−	+	+	V	−	+	−	V	−	+	+	+	−	−	+	+	+	−
创伤弧菌 (*V.vulnificus*)	+	+	−	+	+	−	−	+	−	+	+	−	+	V	+	−	+	+	−	−
溶藻弧菌 (*V.alginolyticus*)	+	+	−	+	+	−	+	+	+	−	−	−	+	+	−	−	+	+	+	+
霍乱弧菌 (*V.cholerae*)	+	+	−	+	+	−	V	+	+	−	−	−	+	+	+	+	+	−	−	−
拟态弧菌 (*V.mimicus*)	+	+	−	+	+	−	−	+	−	−	−	−	+	+	+	+	+	−	−	−
河弧菌 (*V.fluvialis*)	+	−	+	−	+	−	−	V	+	+	−	+	+	+	+	−	+	+	V	−
弗氏弧菌 (*V.furnissii*)	+	−	+	−	+	−	−	−	+	−	−	+	+	+	+	−	+	+	+	−
梅氏弧菌 (*V.metschnikovii*)	−	+	+	−	+	−	+	V	+	−	−	−	+	+	+	−	+	+	V	−
霍利斯弧菌 (*V.hollisae*)	+	−	−	−	−	−	−	nd	−	−	−	+	+	−	−	−	+	+	−	−

注：+表示阳性；−表示阴性；nd 表示未试验；V 表示可变。

附 录 A
培养基与试剂

A.1 3%氯化钠碱性蛋白胨水

A.1.1 成分

蛋白胨	10.0 g
氯化钠	30.0 g
蒸馏水	1 000.0 mL

A.1.2 制法

将 A.1.1 中成分溶于蒸馏水中，校正 pH 至 8.5±0.2，121 ℃高压灭菌 10 min。

A.2 硫代硫酸盐-柠檬酸盐-胆盐-蔗糖（TCBS）琼脂

A.2.1 成分

蛋白胨	10.0 g
酵母浸膏	5.0 g
柠檬酸钠（$C_6H_5O_7Na_3 \cdot 2H_2O$）	10.0 g
硫代硫酸钠（$Na_2S_2O_3 \cdot 5H_2O$）	10.0 g
氯化钠	10.0 g
牛胆汁粉	5.0 g
柠檬酸铁	1.0 g
胆酸钠	3.0 g
蔗糖	20.0 g
溴麝香草酚蓝	0.04 g
麝香草酚蓝	0.04 g
琼脂	15.0 g
蒸馏水	1 000.0 mL

A.2.2 制法

将 A.2.1 中成分溶于蒸馏水中，校正 pH 至 8.6±0.2，加热煮沸至完全溶解。冷至 50 ℃左右倾注平板备用。

A.3 3%氯化钠胰蛋白胨大豆琼脂

A.3.1 成分

胰蛋白胨	15.0 g
大豆蛋白胨	5.0 g
氯化钠	30.0 g

琼脂	15.0 g
蒸馏水	1 000.0 mL

A.3.2 制法

将 A.3.1 中成分溶于蒸馏水中，校正 pH 至 7.3±0.2，121 ℃高压灭菌 15 min。

A.4 3%氯化钠三糖铁琼脂

A.4.1 成分

蛋白胨	15.0 g
脲蛋白胨	5.0 g
牛肉膏	3.0 g
酵母浸膏	3.0 g
氯化钠	30.0 g
乳糖	10.0 g
蔗糖	10.0 g
葡萄糖	1.0 g
硫酸亚铁（$FeSO_4$）	0.2 g
苯酚红	0.024 g
硫代硫酸钠（$Na_2S_2O_3$）	0.3 g
琼脂	12.0 g
蒸馏水	1 000.0 mL

A.4.2 制法

将 A.4.1 中成分溶于蒸馏水中，校正 pH 至 7.4±0.2。分装到适当容量的试管中。121 ℃高压灭菌 15 min。制成高层斜面，斜面长 4 cm～5 cm，高层深度为 2 cm～3 cm。

A.5 嗜盐性试验培养基

A.5.1 成分

胰蛋白胨	10.0 g
氯化钠	按不同量加入
蒸馏水	1 000.0 mL

A.5.2 制法

将 A.5.1 中成分溶于蒸馏水中，校正 pH 至 7.2±0.2，共配制 5 瓶，每瓶 100 mL。每瓶分别加入不同量的氯化钠：a）不加；b）3 g；c）6 g；d）8 g；e）10 g。分装试管，121 ℃高压灭菌 15 min。

A.6 3%氯化钠甘露醇试验培养基

A.6.1 成分

牛肉膏	5.0 g

蛋白胨	10.0 g
氯化钠	30.0 g
磷酸氢二钠($Na_2HPO_4 \cdot 12H_2O$)	2.0 g
甘露醇	5.0 g
溴麝香草酚蓝	0.024 g
蒸馏水	1 000.0 mL

A.6.2 制法

将 A.6.1 中成分溶于蒸馏水中，校正 pH 至 7.4±0.2，分装小试管，121 ℃高压灭菌 10 min。

A.6.3 试验方法

从琼脂斜面上挑取培养物接种，于 36 ℃±1 ℃培养不少于 24 h，观察结果。甘露醇阳性者培养物呈黄色，阴性者为绿色或蓝色。

A.7 3%氯化钠赖氨酸脱羧酶试验培养基

A.7.1 成分

蛋白胨	5.0 g
酵母浸膏	3.0 g
葡萄糖	1.0 g
溴甲酚紫	0.02 g
L-赖氨酸	5.0 g
氯化钠	30.0 g
蒸馏水	1 000.0 mL

A.7.2 制法

除赖氨酸以外的成分溶于蒸馏水中，校正 pH 至 6.8±0.2。再按 0.5%的比例加入赖氨酸，对照培养基不加赖氨酸。分装小试管，每管 0.5 mL，121 ℃高压灭菌 15 min。

A.7.3 试验方法

从琼脂斜面上挑取培养物接种，于 36 ℃±1 ℃培养不少于 24 h，观察结果。赖氨酸脱羧酶阳性者由于产碱中和葡萄糖产酸，故培养基仍应呈紫色。阴性者无碱性产物，但因葡萄糖产酸而使培养基变为黄色。对照管应为黄色。

A.8 3%氯化钠 MR-VP 培养基

A.8.1 成分

多胨	7.0 g
葡萄糖	5.0 g
磷酸氢二钾(K_2HPO_4)	5.0 g
氯化钠	30.0 g
蒸馏水	1 000.0 mL

A.8.2 制法

将 A.8.1 中成分溶于蒸馏水中，校正 pH 至 6.9±0.2，分装试管，121 ℃高压灭菌 15 min。

A.9 3%氯化钠溶液

A.9.1 成分

氯化钠	30.0 g
蒸馏水	1 000.0 mL

A.9.2 制法

将氯化钠溶于蒸馏水中，校正 pH 至 7.2±0.2，121 ℃高压灭菌 15 min。

A.10 我妻氏血琼脂

A.10.1 成分

酵母浸膏	3.0 g
蛋白胨	10.0 g
氯化钠	70.0 g
磷酸氢二钾(K_2HPO_4)	5.0 g
甘露醇	10.0 g
结晶紫	0.001 g
琼脂	15.0 g
蒸馏水	1 000.0 mL

A.10.2 制法

将 A.10.1 中成分溶于蒸馏水中，校正 pH 至 8.0±0.2，加热至 100 ℃，保持 30 min，冷至 45 ℃～50 ℃，与 50 mL 预先洗涤的新鲜人或兔红细胞(含抗凝血剂)混合，倾注平板。干燥平板，尽快使用。

A.11 氧化酶试剂

A.11.1 成分

N,*N*,*N'*,*N'*-四甲基对苯二胺盐酸盐	1.0 g
蒸馏水	100.0 mL

A.11.2 制法

将 *N*,*N*,*N'*,*N'*-四甲基对苯二胺盐酸盐溶于蒸馏水中，2 ℃～5 ℃冰箱内避光保存，在 7 d 之内使用。

A.11.3 试验方法

用细玻璃棒或一次性接种针挑取新鲜(24 h)菌落，涂布在氧化酶试剂湿润的滤纸上。如果滤纸在 10 s 之内呈现粉红或紫红色，即为氧化酶试验阳性。不变色为氧化酶试验阴性。

A.12 革兰氏染色液

A.12.1 结晶紫染色液

A.12.1.1 成分

结晶紫	1.0 g
95%乙醇	20.0 mL
1%草酸铵水溶液	80.0 mL

A.12.1.2 制法

将结晶紫完全溶解于乙醇中，然后与草酸铵溶液混合。

A.12.2 革兰氏碘液

A.12.2.1 成分

碘	1.0 g
碘化钾	2.0 g
蒸馏水	300.0 mL

A.12.2.2 制法

将碘与碘化钾先进行混合，加入蒸馏水少许充分振摇，待完全溶解后，再加蒸馏水至 300 mL。

A.12.3 沙黄复染液

A.12.3.1 成分

沙黄	0.25 g
95%乙醇	10.0 mL
蒸馏水	90.0 mL

A.12.3.2 制法

将沙黄溶解于乙醇中，然后用蒸馏水稀释。

A.12.4 染色法

A.12.4.1 将涂片在酒精灯火焰上固定，滴加结晶紫染色液，染 1 min，水洗。

A.12.4.2 滴加革兰氏碘液，作用 1 min，水洗。

A.12.4.3 滴加 95%乙醇脱色，约 15 s～30 s，直至染色液被洗掉，不要过分脱色，水洗。

A.12.4.4 滴加复染液，复染 1 min。水洗、待干、镜检。

A.13 ONPG 试剂

A.13.1 缓冲液

A.13.1.1 成分

磷酸二氢钠($NaH_2PO_4 \cdot H_2O$)	6.9 g

蒸馏水加至	50.0 mL

A.13.1.2 制法

将磷酸二氢钠溶于蒸馏水中，校正 pH 至 7.0。缓冲液置 2 ℃～5 ℃冰箱保存。

A.13.2 ONPG 溶液

A.13.2.1 成分

邻硝基酚-β-D-半乳糖苷(ONPG)	0.08 g
蒸馏水	15.0 mL
缓冲液	5.0 mL

A.13.2.2 制法

将 ONPG 在 37 ℃的蒸馏水中溶解，加入缓冲液。ONPG 溶液置 2 ℃～5 ℃冰箱保存。试验前，将所需用量的 ONPG 溶液加热至 37 ℃。

A.13.3 试验方法

将待检培养物接种 3%氯化钠三糖铁琼脂，36 ℃±1 ℃培养 18 h。挑取 1 满环新鲜培养物接种于 0.25 mL 3%氯化钠溶液，在通风橱中，滴加 1 滴甲苯，摇匀后置 37 ℃水浴 5 min。加 0.25 mL ONPG 溶液，36 ℃±1 ℃培养观察 24 h。阳性结果呈黄色。阴性结果则 24 h 不变色。

A.14 Voges-Proskauer(V-P)试剂

A.14.1 成分

甲液	
α-萘酚	5.0 g
无水乙醇	100.0 mL
乙液	
氢氧化钾	40.0 g
用蒸馏水加至	100.0 mL

A.14.2 试验方法

将 3%氯化钠胰蛋白胨大豆琼脂生长物接种 3%氯化钠 MR-VP 培养基，36 ℃±1 ℃培养 48 h。取 1 mL 培养物，转放到一个试管内，加 0.6 mL 甲液，摇动。加 0.2 mL 乙液，摇动。加入 3 mg 肌酸结晶，4 h 后观察结果。阳性结果呈现伊红的粉红色。

附　录　B
副溶血性弧菌最可能数(MPN)检索表

每克(毫升)检样中副溶血性弧菌最可能数(MPN)的检索见表 B.1。

表 B.1　副溶血性弧菌最可能数(MPN)检索表

阳性管数			MPN	95%可信限		阳性管数			MPN	95%可信限	
0.10	0.01	0.001		下限	上限	0.10	0.01	0.001		下限	上限
0	0	0	<3.0	—	9.5	2	2	0	21	4.5	42
0	0	1	3.0	0.15	9.6	2	2	1	28	8.7	94
0	1	0	3.0	0.15	11	2	2	2	35	8.7	94
0	1	1	6.1	1.2	18	2	3	0	29	8.7	94
0	2	0	6.2	1.2	18	2	3	1	36	8.7	94
0	3	0	9.4	3.6	38	3	0	0	23	4.6	94
1	0	0	3.6	0.17	18	3	0	1	38	8.7	110
1	0	1	7.2	1.3	18	3	0	2	64	17	180
1	0	2	11	3.6	38	3	1	0	43	9	180
1	1	0	7.4	1.3	20	3	1	1	75	17	200
1	1	1	11	3.6	38	3	1	2	120	37	420
1	2	0	11	3.6	42	3	1	3	160	40	420
1	2	1	15	4.5	42	3	2	0	93	18	420
1	3	0	16	4.5	42	3	2	1	150	37	420
2	0	0	9.2	1.4	38	3	2	2	210	40	430
2	0	1	14	3.6	42	3	2	3	290	90	1 000
2	0	2	20	4.5	42	3	3	0	240	42	1 000
2	1	0	15	3.7	42	3	3	1	460	90	2 000
2	1	1	20	4.5	42	3	3	2	1 100	180	4 100
2	1	2	27	8.7	94	3	3	3	>1 100	420	—

注 1：本表采用 3 个稀释度[0.1 g(mL)、0.01 g(mL)和 0.001 g(mL)]，每个稀释度接种 3 管。

注 2：表内所列检样量如改用 1 g(mL)、0.1 g(mL)和 0.01 g(mL)时，表内数字应相应降低 10 倍；如改用 0.01 g(mL)、0.001 g(mL)、0.000 1 g(mL)时，则表内数字应相应增加 10 倍，其余类推。

中华人民共和国国家标准

GB 4789.26—2013

食品安全国家标准
食品微生物学检验　商业无菌检验

2013-11-29 发布　　2014-06-01 实施

中华人民共和国
国家卫生和计划生育委员会　发布

前 言

本标准代替 GB/T 4789.26—2003《食品卫生微生物学检验　罐头食品商业无菌的检验》。

本标准与 GB/T 4789.26—2003 相比，主要变化如下：

——修改了标准的中文名称；

——修改了范围；

——删除了规范性引用文件；

——删除了术语和定义；

——修改了设备和材料；

——修改了培养基和试剂；

——增加了检验程序图；

——修改了检验步骤；

——修改了结果判定；

——修改了附录 A 和附录 B。

食品安全国家标准
食品微生物学检验　商业无菌检验

1　范围

本标准规定了食品商业无菌检验的基本要求、操作程序和结果判定。

本标准适用于食品商业无菌的检验。

2　术语和定义

下列术语和定义适用于本文件。

2.1　低酸性罐藏食品　low acid canned food

除酒精饮料以外,凡杀菌后平衡 pH 大于 4.6,水分活度大于 0.85 的罐藏食品,原来是低酸性的水果、蔬菜或蔬菜制品,为加热杀菌的需要而加酸降低 pH 的,属于酸化的低酸性罐藏食品。

2.2　酸性罐藏食品　acid canned food

杀菌后平衡 pH 等于或小于 4.6 的罐藏食品。pH 小于 4.7 的番茄、梨和菠萝以及由其制成的汁,以及 pH 小于 4.9 的无花果均属于酸性罐藏食品。

3　设备和材料

除微生物实验室常规灭菌及培养设备外,其他设备和材料如下:

a)　冰箱:2 ℃～5 ℃;

b)　恒温培养箱:30 ℃±1 ℃;36 ℃±1 ℃;55 ℃±1 ℃;

c)　恒温水浴箱:55 ℃±1 ℃;

d)　均质器及无菌均质袋、均质杯或乳钵;

e)　电位 pH 计(精确度 pH0.05 单位);

f)　显微镜:10～100 倍;

g)　开罐器和罐头打孔器;

h)　电子秤或台式天平;

i)　超净工作台或百级洁净实验室。

4　培养基和试剂

4.1　无菌生理盐水:见附录 A 中 A.1。

4.2　结晶紫染色液:见 A.2。

4.3　二甲苯。

4.4　含 4%碘的乙醇溶液:4 g 碘溶于 100 mL 的 70%乙醇溶液。

5 检验程序

商业无菌检验程序见图1。

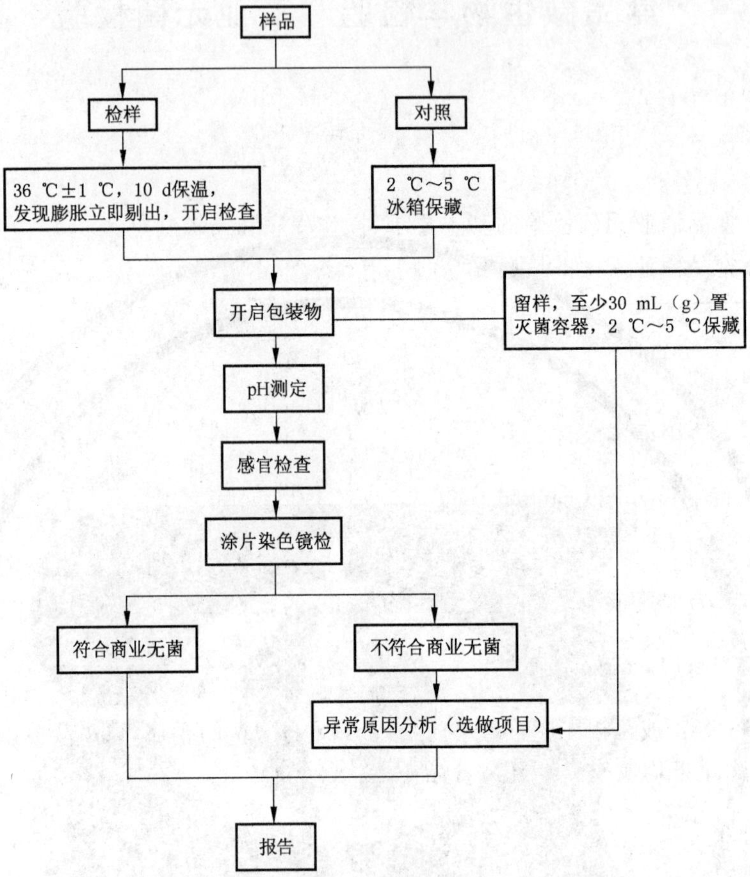

图1 商业无菌检验程序

6 操作步骤

6.1 样品准备

去除表面标签，在包装容器表面用防水的油性记号笔做好标记，并记录容器、编号、产品性状、泄漏情况、是否有小孔或锈蚀、压痕、膨胀及其他异常情况。

6.2 称重

1 kg及以下的包装物精确到1 g，1 kg以上的包装物精确到2 g，10 kg以上的包装物精确到10 g，并记录。

6.3 保温

6.3.1 每个批次取1个样品置2 ℃～5 ℃冰箱保存作为对照，将其余样品在36 ℃±1 ℃下保温10 d。保温过程中应每天检查，如有膨胀或泄漏现象，应立即剔出，开启检查。

6.3.2 保温结束时，再次称量并记录，比较保温前后样品重量有无变化。如有变轻，表明样品发生泄漏。将所有包装物置于室温直至开启检查。

6.4 开启

6.4.1 如有膨胀的样品，则将样品先置于 2 ℃～5 ℃冰箱内冷藏数小时后开启。

6.4.2 如有膨胀用冷水和洗涤剂清洗待检样品的光滑面。水冲洗后用无菌毛巾擦干。以含 4%碘的乙醇溶液浸泡消毒光滑面 15 min 后用无菌毛巾擦干，在密闭罩内点燃至表面残余的碘乙醇溶液全部燃烧完。膨胀样品以及采用易燃包装材料包装的样品不能灼烧，以含 4%碘的乙醇溶液浸泡消毒光滑面30 min后用无菌毛巾擦干。

6.4.3 在超净工作台或百级洁净实验室中开启。带汤汁的样品开启前应适当振摇。使用无菌开罐器在消毒后的罐头光滑面开启一个适当大小的口，开罐时不得伤及卷边结构，每一个罐头单独使用一个开罐器，不得交叉使用。如样品为软包装，可以使用灭菌剪刀开启，不得损坏接口处。立即在开口上方嗅闻气味，并记录。

注：严重膨胀样品可能会发生爆炸，喷出有毒物。可以采取在膨胀样品上盖一条灭菌毛巾或者用一个无菌漏斗倒扣在样品上等预防措施来防止这类危险的发生。

6.5 留样

开启后，用灭菌吸管或其他适当工具以无菌操作取出内容物至少 30 mL(g)至灭菌容器内，保存 2 ℃～5 ℃冰箱中，在需要时可用于进一步试验，待该批样品得出检验结论后可弃去。开启后的样品可进行适当的保存，以备日后容器检查时使用。

6.6 感官检查

在光线充足、空气清洁无异味的检验室中，将样品内容物倾入白色搪瓷盘内，对产品的组织、形态、色泽和气味等进行观察和嗅闻，按压食品检查产品性状，鉴别食品有无腐败变质的迹象，同时观察包装容器内部和外部的情况，并记录。

6.7 pH 测定

6.7.1 样品处理

6.7.1.1 液态制品混匀备用，有固相和液相的制品则取混匀的液相部分备用。

6.7.1.2 对于稠厚或半稠厚制品以及难以从中分出汁液的制品(如糖浆、果酱、果冻、油脂等)，取一部分样品在均质器或研钵中研磨，如果研磨后的样品仍太稠厚，加入等量的无菌蒸馏水，混匀备用。

6.7.2 测定

6.7.2.1 将电极插入被测试样液中，并将 pH 计的温度校正器调节到被测液的温度。如果仪器没有温度校正系统，被测试样液的温度应调到 20 ℃±2 ℃的范围之内，采用适合于所用 pH 计的步骤进行测定。当读数稳定后，从仪器的标度上直接读出 pH，精确到 pH 0.05 单位。

6.7.2.2 同一个制备试样至少进行两次测定。两次测定结果之差应不超过 0.1 pH 单位。取两次测定的算术平均值作为结果，报告精确到 0.05 pH 单位。

6.7.3 分析结果

与同批中冷藏保存对照样品相比，比较是否有显著差异。pH 相差 0.5 及以上判为显著差异。

6.8 涂片染色镜检

6.8.1 涂片

取样品内容物进行涂片。带汤汁的样品可用接种环挑取汤汁涂于载玻片上，固态食品可直接涂片或用少量灭菌生理盐水稀释后涂片，待干后用火焰固定。油脂性食品涂片自然干燥并火焰固定后，用二甲苯流洗，自然干燥。

6.8.2 染色镜检

对6.8.1中涂片用结晶紫染色液进行单染色，干燥后镜检，至少观察5个视野，记录菌体的形态特征以及每个视野的菌数。与同批冷藏保存对照样品相比，判断是否有明显的微生物增殖现象。菌数有百倍或百倍以上的增长则判为明显增殖。

7 结果判定

样品经保温试验未出现泄漏；保温后开启，经感官检验、pH测定、涂片镜检，确证无微生物增殖现象，则可报告该样品为商业无菌。

样品经保温试验出现泄漏；保温后开启，经感官检验、pH测定、涂片镜检，确证有微生物增殖现象，则可报告该样品为非商业无菌。

若需核查样品出现膨胀、pH或感官异常、微生物增殖等原因，可取样品内容物的留样按照附录B进行接种培养并报告。若需判定样品包装容器是否出现泄漏，可取开启后的样品按照附录B进行密封性检查并报告。

附 录 A

培养基和试剂

A.1 无菌生理盐水

A.1.1 成分

氯化钠	8.5 g
蒸馏水	1 000.0 mL

A.1.2 制法

称取 8.5 g 氯化钠溶于 1 000 mL 蒸馏水中，121 ℃高压灭菌 15 min。

A.2 结晶紫染色液

A.2.1 成分

结晶紫	1.0 g
95%乙醇	20.0 mL
1%草酸铵溶液	80.0 mL

A.2.2 制法

将 1.0 g 结晶紫完全溶解于 95%乙醇中，再与 1%草酸铵溶液混合。

A.2.3 染色法

将涂片在酒精灯火焰上固定，滴加结晶紫染液，染 1 min，水洗。

附 录 B

异常原因分析(选做项目)

B.1 培养基和试剂

B.1.1 溴甲酚紫葡萄糖肉汤

B.1.1.1 成分

蛋白胨	10.0 g
牛肉浸膏	3.0 g
葡萄糖	10.0 g
氯化钠	5.0 g
溴甲酚紫	0.04 g(或1.6%乙醇溶液2.0 mL)
蒸馏水	1 000.0 mL

B.1.1.2 制法

将除溴甲酚紫外的各成分加热搅拌溶解,校正pH至7.0±0.2,加入溴甲酚紫,分装于带有小倒管的试管中,每管10 mL,121 ℃高压灭菌10 min。

B.1.2 庖肉培养基

B.1.2.1 成分

牛肉浸液	1 000.0 mL
蛋白胨	30.0 g
酵母膏	5.0 g
葡萄糖	3.0 g
磷酸二氢钠	5.0 g
可溶性淀粉	2.0 g
碎肉渣	适量

B.1.2.2 制法

B.1.2.2.1 称取新鲜除脂肪和筋膜的碎牛肉500 g,加蒸馏水1 000 mL和1 moL/L氢氧化钠溶液25.0 mL,搅拌煮沸15 min,充分冷却,除去表层脂肪,澄清,过滤,加水补足至1 000 mL,即为牛肉浸液。加入B.1.2.1除碎肉渣外的各种成分,校正pH至7.8±0.2。

B.1.2.2.2 碎肉渣经水洗后晾至半干,分装15 mm×150 mm试管约2 cm～3 cm高,每管加入还原铁粉0.1 g～0.2 g或铁屑少许。将B.1.2.2.1配制的液体培养基分装至每管内超过肉渣表面约1 cm。上面覆盖溶化的凡士林或液体石蜡0.3 cm～0.4 cm。121 ℃灭菌15 min。

B.1.3 营养琼脂

B.1.3.1 成分

蛋白胨	10.0 g

牛肉膏	3.0 g
氯化钠	5.0 g
琼脂	15.0 g～20.0 g
蒸馏水	1 000.0 mL

B.1.3.2 制法

将除琼脂以外的各成分溶解于蒸馏水内，加入 15%氢氧化钠溶液约 2 mL，校正 pH 至 7.2～7.4。加入琼脂，加热煮沸，使琼脂溶化。分装烧瓶或 13 mm×130 mm 试管，121 ℃高压灭菌 15 min。

B.1.4 酸性肉汤

B.1.4.1 成分

多价蛋白胨	5.0 g
酵母浸膏	5.0 g
葡萄糖	5.0 g
磷酸二氢钾	5.0 g
蒸馏水	1 000.0 mL

B.1.4.2 制法

将 B.1.4.1 中各成分加热搅拌溶解，校正 pH 至 5.0±0.2，121 ℃高压灭菌 15 min。

B.1.5 麦芽浸膏汤

B.1.5.1 成分

麦芽浸膏	15.0 g
蒸馏水	1 000.0 mL

B.1.5.2 制法

将麦芽浸膏在蒸馏水中充分溶解，滤纸过滤，校正 pH 至 4.7±0.2，分装，121 ℃灭菌 15 min。

B.1.6 沙氏葡萄糖琼脂

B.1.6.1 成分

蛋白胨	10.0 g
琼脂	15.0 g
葡萄糖	40.0 g
蒸馏水	1 000.0 mL

B.1.6.2 制法

将各成分在蒸馏水中溶解，加热煮沸，分装在烧瓶中，校正 pH 至 5.6±0.2，121 ℃高压灭菌 15 min。

B.1.7 肝小牛肉琼脂

B.1.7.1 成分

肝浸膏	50.0 g

小牛肉浸膏	500.0 g
脲蛋白胨	20.0 g
新蛋白胨	1.3 g
胰蛋白胨	1.3 g
葡萄糖	5.0 g
可溶性淀粉	10.0 g
等离子酪蛋白	2.0 g
氯化钠	5.0 g
硝酸钠	2.0 g
明胶	20.0 g
琼脂	15.0 g
蒸馏水	1 000.0 mL

B.1.7.2 制法

在蒸馏水中将各成分混合。校正 pH 至 7.3±0.2，121 ℃灭菌 15 min。

B.1.8 革兰氏染色液

B.1.8.1 结晶紫染色液

B.1.8.1.1 成分

结晶紫	1.0 g
95%乙醇	20.0 mL
1%草酸铵水溶液	80.0 mL

B.1.8.1.2 制法

将 1.0 g 结晶紫完全溶解于 95%乙醇中，再与 1%草酸铵溶液混合。

B.1.8.2 革兰氏碘液

B.1.8.2.1 成分

碘	1.0 g
碘化钾	2.0 g
蒸馏水	300.0 mL

B.1.8.2.2 制法

将 1.0 g 碘与 2.0 g 碘化钾先行混合，加入蒸馏水少许充分振摇，待完全溶解后，再加蒸馏水至 300 mL。

B.1.8.3 沙黄复染液

B.1.8.3.1 成分

沙黄	0.25 g
95%乙醇	10.0 mL
蒸馏水	90.0 mL

B.1.8.3.2 制法

将 0.25 g 沙黄溶解于乙醇中，然后用蒸馏水稀释。

B.1.8.4 染色法

B.1.8.4.1 涂片在火焰上固定，滴加结晶紫染液，染 1 min，水洗。
B.1.8.4.2 滴加革兰氏碘液，作用 1 min，水洗。
B.1.8.4.3 滴加 95%乙醇脱色约 15 s～30 s，直至染色液被洗掉，不要过分脱色，水洗。
B.1.8.4.4 滴加复染液，复染 1 min，水洗、待干、镜检。

B.2 低酸性罐藏食品的接种培养(pH 大于 4.6)

B.2.1 对低酸性罐藏食品，每份样品接种 4 管预先加热到 100 ℃并迅速冷却到室温的庖肉培养基内；同时接种 4 管溴甲酚紫葡萄糖肉汤。每管接种 1 mL(g)～2 mL(g)样品(液体样品为 1 mL～2 mL，固体为 1 g～2 g，两者皆有时，应各取一半)。培养条件见表 B.1。

表 B.1 低酸性罐藏食品(pH>4.6)接种的庖肉培养基和溴甲酚紫葡萄糖肉汤

培养基	管数	培养温度 ℃	培养时间 h
庖肉培养基	2	36±1	96～120
庖肉培养基	2	55±1	24～72
溴甲酚紫葡萄糖肉汤	2	55±1	24～48
溴甲酚紫葡萄糖肉汤	2	36±1	96～120

B.2.2 经过表 B.1 规定的培养条件培养后，记录每管有无微生物生长。如果没有微生物生长，则记录后弃去。
B.2.3 如果有微生物生长，以接种环沾取液体涂片，革兰氏染色镜检。如在溴甲酚紫葡萄糖肉汤管中观察到不同的微生物形态或单一的球菌、真菌形态，则记录并弃去。在庖肉培养基中未发现杆菌，培养物内含有球菌、酵母、霉菌或其混合物，则记录并弃去。将溴甲酚紫葡萄糖肉汤和庖肉培养基中出现生长的其他各阳性管分别划线接种两块肝小牛肉琼脂或营养琼脂平板，一块平板作需氧培养，另一平板作厌氧培养。培养程序见图 B.1。

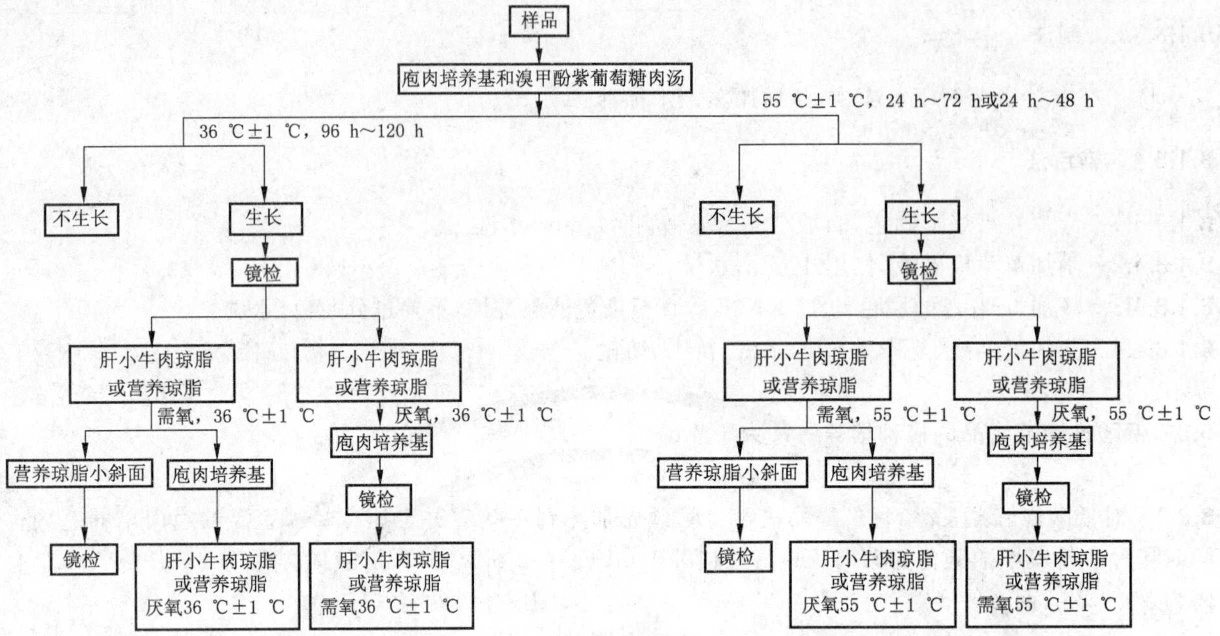

图 B.1 低酸性罐藏食品接种培养程序

B.2.4 挑取需氧培养中单个菌落，接种于营养琼脂小斜面，用于后续的革兰氏染色镜检；挑取厌氧培养中的单个菌落涂片，革兰氏染色镜检。挑取需氧和厌氧培养中的单个菌落，接种于庖肉培养基，进行纯培养。

B.2.5 挑取营养琼脂小斜面和厌氧培养的庖肉培养基中的培养物涂片镜检。

B.2.6 挑取纯培养中的需氧培养物接种肝小牛肉琼脂或营养琼脂平板，进行厌氧培养；挑取纯培养中的厌氧培养物接种肝小牛肉琼脂或营养琼脂平板，进行需氧培养。以鉴别是否为兼性厌氧菌。

B.2.7 如果需检测梭状芽胞杆菌的肉毒毒素，挑取典型菌落接种庖肉培养基作纯培养。36 ℃培养5 d，按照 GB/T 4789.12 进行肉毒毒素检验。

B.3 酸性罐藏食品的接种培养(pH 小于或等于 4.6)

B.3.1 每份样品接种 4 管酸性肉汤和 2 管麦芽浸膏汤。每管接种 1 mL(g)～2 mL(g)样品(液体样品为 1 mL～2 mL，固体为 1 g～2 g，两者皆有时，应各取一半)。培养条件见表 B.2。

表 B.2 酸性罐藏食品(pH≤4.6)接种的酸性肉汤和麦芽浸膏汤

培养基	管数	培养温度 ℃	培养时间 h
酸性肉汤	2	55±1	48
酸性肉汤	2	30±1	96
麦芽浸膏汤	2	30±1	96

B.3.2 经过表 B.2 中规定的培养条件培养后，记录每管有无微生物生长。如果没有微生物生长，则记录后弃去。

B.3.3 对有微生物生长的培养管，取培养后的内容物的直接涂片，革兰氏染色镜检，记录观察到的微生物。

B.3.4 如果在 30 ℃培养条件下在酸性肉汤或麦芽浸膏汤中有微生物生长，将各阳性管分别接种 2 块营养琼脂或沙氏葡萄糖琼脂平板，一块作需氧培养，另一块作厌氧培养。

B.3.5 如果在 55 ℃培养条件下，酸性肉汤中有微生物生长，将各阳性管分别接种 2 块营养琼脂平板，一块作需氧培养，另一块作厌氧培养。对有微生物生长的平板进行染色涂片镜检，并报告镜检所见微生物型别。培养程序见图 B.2。

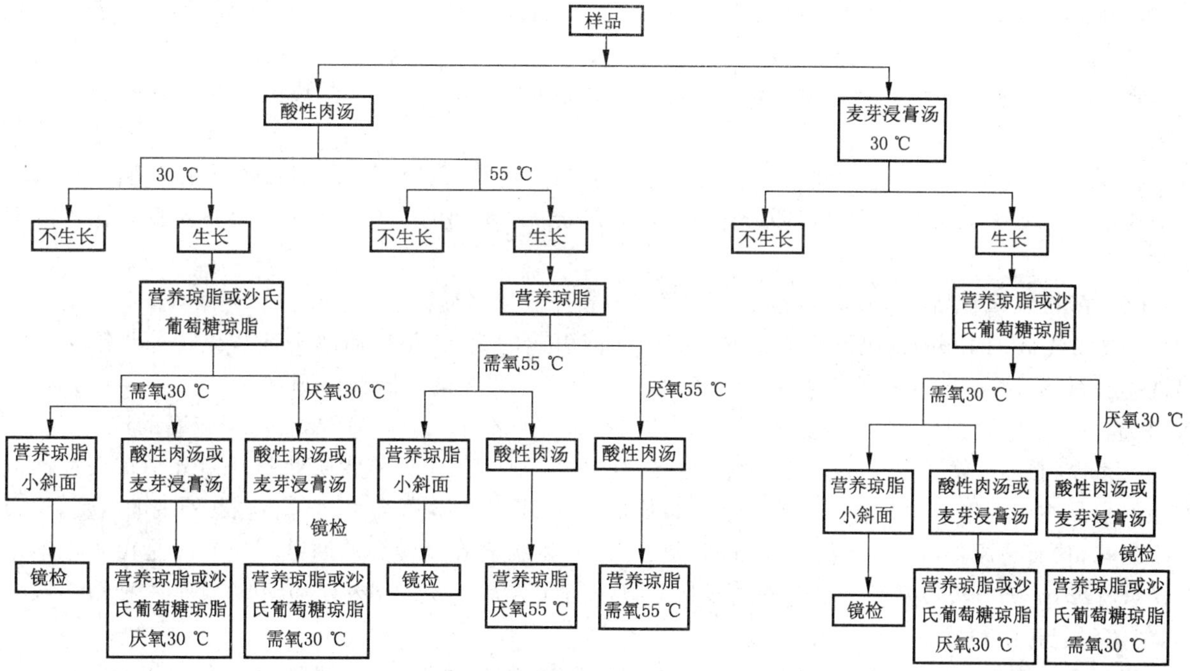

图 B.2 酸性罐藏食品接种培养程序

B.3.6 挑取 30 ℃需氧培养的营养琼脂或沙氏葡萄糖琼脂平板中的单个菌落，接种营养琼脂小斜面，用于后续的革兰氏染色镜检。同时接种酸性肉汤或麦芽浸膏汤进行纯培养。

挑取 30 ℃厌氧培养的营养琼脂或沙氏葡萄糖琼脂平板中的单个菌落，接种酸性肉汤或麦芽浸膏汤进行纯培养。

挑取 55 ℃需氧培养的营养琼脂平板中的单个菌落，接种营养琼脂小斜面，用于后续的革兰氏染色镜检。同时接种酸性肉汤进行纯培养。

挑取 55 ℃厌氧培养的营养琼脂平板中的单个菌落，接种酸性肉汤进行纯培养。

B.3.7 挑取营养琼脂小斜面中的培养物涂片镜检。挑取 30 ℃厌氧培养的酸性肉汤或麦芽浸膏汤培养物和 55 ℃厌氧培养的酸性肉汤培养物涂片镜检。

B.3.8 将 30 ℃需氧培养的纯培养物接种于营养琼脂或沙氏葡萄糖琼脂平板中进行厌氧培养，将 30 ℃厌氧培养的纯培养物接种于营养琼脂或沙氏葡萄糖琼脂平板中进行需氧培养，将 55 ℃需氧培养的纯培养物接种于营养琼脂中进行厌氧培养，将 55 ℃厌氧培养的纯培养物接种于营养琼脂中进行需氧培养，以鉴别是否为兼性厌氧菌。

B.3.9 结果分析。

B.3.9.1 如果在膨胀的样品里没有发现微生物的生长，膨胀可能是由于内容物和包装发生反应产生氢气造成的。产生氢气的量随储存的时间长短和存储条件而变化。填装过满也可能导致轻微的膨胀，可以通过称重来确定是否由于填装过满所致。

在直接涂片中看到有大量细菌的混合菌相，但是经培养后不生长，表明杀菌前发生的腐败。由于密闭包装前细菌生长的结果，导致产品的 pH、气味和组织形态呈现异常。

B.3.9.2 包装容器密封性良好时，在 36 ℃培养条件下若只有芽胞杆菌生长，且它们的耐热性不高于肉毒梭菌（*Clostridium botulinum*），则表明生产过程中杀菌不足。

B.3.9.3 培养出现杆菌和球菌、真菌的混合菌落，表明包装容器发生泄漏。也有可能是杀菌不足所致，但在这种情况下同批产品的膨胀率将很高。

B.3.9.4 在 36 ℃或 55 ℃溴甲酚紫葡萄糖肉汤培养观察产酸产气情况，如有产酸，表明是有嗜中温的微生物（如嗜温耐酸芽胞杆菌）或者嗜热微生物[如嗜热脂肪芽胞杆菌（*Bacillus stearothermophilus*）]生长。

在 55 ℃的庖肉培养基上有细菌生长并产气，发出腐烂气味，表明样品腐败是由嗜热的厌氧梭菌所致。

在 36 ℃庖肉培养基上生长并产生带腐烂气味的气体，镜检可见芽胞，表明腐败可能是由肉毒梭菌、生孢梭菌（*C. sporogenes*）或产气荚膜梭菌（*C. perfringens*）引起的。有需要可以进一步进行肉毒毒素检测。

B.3.9.5 酸性罐藏食品的变质通常是由于无芽胞的乳杆菌和酵母所致。

一般 pH 低于 4.6 的情况下不会发生由芽胞杆菌引起的变质，但变质的番茄酱或番茄汁罐头并不出现膨胀，但有腐臭味，伴有或不伴有 pH 降低，一般是由于需氧的芽胞杆菌所致。

B.3.9.6 许多罐藏食品中含有嗜热菌，在正常的储存条件下不生长，但当产品暴露于较高的温度（50 ℃～55 ℃）时，嗜热菌就会生长并引起腐败。嗜热耐酸的芽胞杆菌和嗜热脂肪芽胞杆菌分别在酸性和低酸性的食品中引起腐败但是并不出现包装容器膨胀。在 55 ℃培养不会引起包装容器外观的改变，但会产生臭味，伴有或不伴有 pH 的降低。番茄、梨、无花果和菠萝等类罐头的腐败变质有时是由于巴斯德梭菌（*C. pasteurianum*）引起。嗜热解糖梭状芽胞杆菌（*C. thermosaccharolyticum*）就是一种嗜热厌氧菌，能够引起膨胀和产品的腐烂气味。

嗜热厌氧菌也能产气，由于在细菌开始生长之后迅速增殖，可能混淆膨胀是由于氢气引起的还是嗜热厌氧菌产气引起的。化学物质分解将产生二氧化碳，尤其是集中发生在含糖和一些酸的食品如番茄酱、糖蜜、甜馅和高糖的水果的罐头中。这种分解速度随着温度上升而加快。

B.3.9.7 灭菌的真空包装和正常的产品直接涂片，分离出任何微生物应该怀疑是实验室污染。为了证实是否实验室污染，在无菌的条件下接种该分离出的活的微生物到另一个正常的对照样品，密封，在 36 ℃培养 14 d。如果发生膨胀或产品变质，这些微生物就可能不是来自于原始样品。如果样品仍然是平坦的，无菌操作打开样品包装并按上述步骤做再次培养；如果同一种微生物被再次发现并且产品是正常的，认为该产品商业无菌，因为这种微生物在正常的保存和运送过程中不生长。

B.3.9.8 如果食品本身发生混浊，肉汤培养可能得不出确定性结论，这种情况需进一步培养以确定是否有微生物生长。

B.4 镀锡薄钢板食品空罐密封性检验方法

B.4.1 减压试漏

将样品包装罐洗净，36 ℃烘干。在烘干的空罐内注入清水至容积的 80%～90%，将一带橡胶圈的有机玻璃板放置罐头开启端的卷边上，使其保持密封。启动真空泵，关闭放气阀，用手按住盖板，控制抽气，使真空表从 0 Pa 升到 6.8×10^{4} Pa（510 mmHg）的时间在 1 min 以上，并保持此真空度 1 min 以上。倾斜并仔细观察罐体，尤其是卷边及焊缝处，有无气泡产生。凡同一部位连续产生气泡，应判断为泄漏，记录漏气的时间和真空度，并标注漏气部位。

B.4.2 加压试漏

将样品包装罐洗净，36 ℃烘干。用橡皮塞将空罐的开孔塞紧，将空罐浸没在盛水玻璃缸中，开动空气压缩机，慢慢开启阀门，使罐内压力逐渐加大，直至压力升至 6.8×10^4 Pa 并保持 2 min。仔细观察罐体，尤其是卷边及焊缝处，有无气泡产生。凡同一部位连续产生气泡，应判断为泄漏，记录漏气开始的时间和压力，并标注漏气部位。

中华人民共和国国家标准

GB 4789.28—2013

食品安全国家标准
食品微生物学检验
培养基和试剂的质量要求

2013-11-29 发布　　　　2014-06-01 实施

中华人民共和国
国家卫生和计划生育委员会　发布

前　言

本标准代替 GB/T 4789.28—2003《食品卫生微生物学检验　染色法、培养基和试剂》。

本标准与 GB/T 4789.28—2003 相比，主要变化如下：

——删除了培养基和试剂的配方和配制方法。

——增加了培养基和试剂的质量控制方法和指标。

食品安全国家标准
食品微生物学检验
培养基和试剂的质量要求

1 范围

本标准规定了食品微生物学检验用培养基和试剂的质量要求。

本标准适用于食品微生物学检验用培养基和试剂的质量控制。

2 术语和定义

2.1 质量控制

为满足质量要求所采取的技术操作和活动。

2.2 培养基或试剂的批量

培养基或试剂完整的可追溯单位,是指满足产品要求(内部控制)和性能测试,产品型号和质量稳定的一定量的半成品或成品。这些产品在特定的生产周期生产,而且编号相同。

2.3 培养基及试剂的性能

在特定条件下培养基对测试菌株的反应。

2.4 培养基

液体、半固体或固体形式的、含天然或合成成分,用于保证微生物繁殖(含或不含某类微生物的抑菌剂)、鉴定或保持其活力的物质。

2.5 纯化学培养基

由已知分子结构和纯度的化学成分配制而成的培养基。

2.6 未定义和部分定义的化学培养基

全部或部分由天然物质、加工过的物质或其他不纯的化学物质构成的培养基。

2.7 固体培养基

在液体培养基中加入一定量固化物(如:琼脂、明胶等),加热至100 ℃溶解,冷却后凝固成固体状态的培养基。

倾注到平皿内的固体培养基一般称之为"平板";倒入试管并摆放成斜面的固体培养基,当培养基凝固后通常称作"斜面"。

2.8 半固体培养基

在液体培养基中加入极少量固化物(如:琼脂、明胶等),加热至100 ℃溶解,冷却后凝固成半固体状态的培养基。

2.9 运输培养基

在取样后和实验室处理前保护和维持微生物活性且不允许明显增殖的培养基。

运输培养基中通常不允许包含使微生物增殖的物质，但是培养基应能保护菌株(如：缓冲甘油-氯化钠溶液运输培养基)。

2.10 保藏培养基

用于在一定期限内保护和维持微生物活力，防止长期保存对其的不利影响，或使其在长期保存后容易复苏的培养基(如：营养琼脂斜面)。

2.11 悬浮培养基

将测试样本的微生物分散到液相中，在整个接触过程中不产生增殖或抑制作用(如：磷酸盐缓冲液)。

2.12 复苏培养基

能够使受损或应激的微生物修复，使微生物恢复正常生长能力，但不一定促进微生物繁殖的培养基。

2.13 增菌培养基

通常为液体培养基，能够给微生物的繁殖提供特定的生长环境。

2.14 选择性增菌培养基

能够允许特定的微生物在其中繁殖，而部分或全部抑制其他微生物生长的培养基(如：TTB 培养基)。

2.15 非选择性增菌培养基

能够保证多种微生物生长的培养基(如：营养肉汤)。

2.16 分离培养基

支持微生物生长的固体或半固体培养基。

2.17 选择性分离培养基

支持特定微生物生长而抑制其他微生物生长的分离培养基(如：XLD 琼脂)。

2.18 非选择性分离培养基

对微生物没有选择性抑制的分离培养基(如：营养琼脂)。

2.19 鉴别培养基(特异性培养基)

能够进行一项或多项微生物生理和(或)生化特性鉴定的培养基(如：麦康凯琼脂)。

注：能够用于分离培养的鉴别培养基被称作分离(鉴别)培养基(如：XLD 琼脂)。

2.20 鉴定培养基

能够产生一个特定的鉴定反应而通常不需要进一步确证实验的培养基(如：乳糖发酵管)。

注：用于分离的鉴定培养基被称为分离(鉴定)培养基。

2.21 计数培养基

能够对微生物定量的选择性(如:MYP琼脂)或非选择性培养基(如:平板计数琼脂)。

注:计数培养基可包含复苏和(或)增菌培养基的特性。

2.22 确证培养基

在初步复苏、分离和(或)增菌阶段后对微生物进行部分或完全鉴定或鉴别的培养基(如:BGLB肉汤)。

2.23 商品化即用型培养基

以即用形式或融化后即用形式置于容器(如:平皿、试管或其他容器)内供应的液体、固体或半固体培养基:

——完全可即用的培养基;

——需重新融化的培养基(如用于平板倾注技术);

——使用前需重新融化并分装(如倾注到平皿)的培养基;

——使用前需重新融化,添加物质并分装的培养基(如:TSC培养基和Baird Parker琼脂)。

2.24 商品化脱水合成培养基

使用前需加水和进行处理的干燥培养基,如:粉末、小颗粒、冻干等形式:

——完全培养基;

——不完全培养基,使用的时候需加入添加剂。

2.25 自制培养基

依据完整配方的具体成分配制的培养基。

2.26 试剂

用于食品微生物检验的染色剂和培养基配套试剂。

2.27 测试菌株

通常用于培养基性能测试的微生物。

注:测试菌株根据其来源不同(见2.29~2.32)可进行进一步定义。

2.28 标准菌株

直接从官方菌种保藏机构获得并至少定义到属或种的水平的菌株。按菌株特性进行分类和描述,最好来源于食品或水的菌株。

2.29 标准储备菌株

将标准菌株在实验室转接一代后得到的一套完全相同的独立菌株。

2.30 储备菌株

从标准储备菌株转接一代获得的培养物。

2.31 工作菌株

由标准储备菌株、储备菌株或标准物质(经证明或未经证明)转接一代获得的菌株。

注:标准物质是指在均一固定的浓度中含有具活性的定量化菌种,经证明的标准物是指其浓度已经证明。

3 培养基及试剂质量保证

3.1 证明文件

3.1.1 生产企业提供的文件

生产企业应提供以下资料(可提供电子文本):

——培养基或试剂的各种成分、添加成分名称及产品编号;

——批号;

——最终 pH (适用于培养基);

——储存信息和有效期;

——标准要求及质控报告;

——必要的安全和(或)危害数据。

3.1.2 产品的交货验收

对每批产品,应记录接收日期,并检查:

——产品合格证明;

——包装的完整性;

——产品的有效期;

——文件的提供。

3.2 贮存

3.2.1 一般要求

应严格按照供应商提供的贮存条件、有效期和使用方法进行培养基和试剂的保存和使用。

3.2.2 脱水合成培养基及其添加成分的质量管理和质量控制

脱水合成培养基一般为粉状或颗粒状形式包装于密闭的容器中。用于微生物选择或鉴定的添加成分通常为冻干物或液体。培养基的购买应有计划,以利于存货的周转(即掌握先购先用的原则)。实验室应保存有效的培养基目录清单,清单应包括以下内容:

——容器密闭性检查;

——记录首次开封日期;

——内容物的感官检查。

开封后的脱水合成培养基,其质量取决于贮存条件。通过观察粉末的流动性、均匀性、结块情况和色泽变化等判断脱水培养基的质量的变化。若发现培养基受潮或物理性状发生明显改变则不应再使用。

3.2.3 商品化即用型培养基和试剂

应严格按照供应商提供的贮存条件、有效期和使用方法进行保存和使用。

3.2.4 实验室自制的培养基

在保证其成分不会改变条件下保存,即避光、干燥保存,必要时在 5 ℃±3 ℃冰箱中保存,通常建议平板不超过 2 周~4 周,瓶装及试管装培养基不超过 3 个月~6 个月,除非某些标准或实验结果表明保质期比上述的更长。

建议需在培养基中添加的不稳定的添加剂应即配即用，除非某些标准或实验结果表明保质期更长；含有活性化学物质或不稳定性成分的固体培养基也应即配即用，不可二次融化。

培养基的贮存应建立经验证的有效期。观察培养基是否有颜色变化、蒸发（脱水）或微生物生长的情况，当培养基发生这类变化时，应禁止使用。

培养基使用或再次加热前，应先取出平衡至室温。

3.3 培养基的实验室制备

3.3.1 一般要求

正确制备培养基是微生物检验的最基础步骤之一，使用脱水培养基和其他成分，尤其是含有有毒物质（如：胆盐或其他选择剂）的成分时，应遵守良好实验室规范和生产厂商提供的使用说明。培养基的不正确制备会导致培养基出现质量问题（见附录 A）。

使用商品化脱水合成培养基制备培养基时，应严格按照厂商提供的使用说明配制。如重量（体积）、pH、制备日期、灭菌条件和操作步骤等。

实验室使用各种基础成分制备培养基时，应按照配方准确配制，并记录相关信息，如：培养基名称和类型及试剂级别、每个成分物质含量、制造商、批号、pH、培养基体积（分装体积）、无菌措施（包括实施的方式、温度及时间）、配制日期、人员等，以便溯源。

3.3.2 水

实验用水的电导率在 25 ℃时不应超过 25 μS/cm（相当于电阻率≥0.4 MΩcm），除非另有规定要求。

水的微生物污染不应超过 10^3 CFU/mL。应按 GB 4789.2，采用平板计数琼脂培养基，在 36 ℃±1 ℃培养 48 h±2 h 进行定期检查微生物污染。

3.3.3 称重和溶解

小心称量所需量的脱水合成培养基（必要时佩戴口罩或在通风柜中操作，以防吸入含有有毒物质的培养基粉末），先加入适量的水，充分混合（注意避免培养基结块），然后加水至所需的量后适当加热，并重复或连续搅拌使其快速分散，必要时应完全溶解。含琼脂的培养基在加热前应浸泡几分钟。

3.3.4 pH 的测定和调整

用 pH 计测 pH，必要时在灭菌前进行调整，除特殊说明外，培养基灭菌后冷却至 25 ℃时，pH 应在标准 pH±0.2 范围内。一般使用浓度约为 40 g/L（约 1 mol/L）的氢氧化钠溶液或浓度约为 36.5 g/L（约 1 mol/L）的盐酸溶液调整培养基的 pH。如需灭菌后进行调整，则使用灭菌或除菌的溶液。

3.3.5 分装

将配好的培养基分装到适当的容器中，容器的体积应比培养基体积最少大 20%。

3.3.6 灭菌

3.3.6.1 一般要求

培养基应采用湿热灭菌法（3.3.6.2）或过滤除菌法（见 3.3.6.3）。

某些培养基不能或不需要高压灭菌，可采用煮沸灭菌，如 SC 肉汤等特定的培养基中含有对光和热敏感的物质，煮沸后应迅速冷却，避光保存；有些试剂则不需灭菌，可直接使用（参见相关标准或供应商使用说明）。

3.3.6.2 湿热灭菌

湿热灭菌在高压锅或培养基制备器中进行，高压灭菌一般采用121 ℃±3 ℃灭菌15 min，具体培养基按食品微生物学检验标准中的规定进行灭菌。培养基体积不应超过1 000 mL，否则灭菌时可能会造成过度加热。所有的操作应按照标准或使用说明的规定进行。

灭菌效果的控制是关键问题。加热后采用适当的方式冷却，以防加热过度。这对于大容量和敏感培养基十分重要，如：含有煌绿的培养基。

3.3.6.3 过滤除菌

过滤除菌可在真空或加压的条件下进行。使用孔径为0.2 μm的无菌设备和滤膜。消毒过滤设备的各个部分或使用预先消毒的设备。一些滤膜上附着有蛋白质或其他物质(如抗生素)，为了达到有效过滤，应事先将滤膜用无菌水润湿。

3.3.6.4 检查

应对经湿热灭菌或过滤除菌的培养基进行检查，尤其要对pH、色泽、灭菌效果和均匀度等指标进行检查。

3.3.7 添加成分的制备

制备含有有毒物质的添加成分(尤其是抗生素)时应小心操作(必要时在通风柜中操作)，避免因粉尘的扩散造成实验人员过敏或发生其他不良反应；制备溶液时应按产品使用说明操作。

不要使用过期的添加剂；抗生素工作溶液应现用现配；批量配制的抗生素溶液可分装后冷冻贮存，但解冻后的贮存溶液不能再次冷冻；厂商应提供冷冻对抗生素活性影响的有关资料，也可由使用者自行测定。

3.4 培养基的使用

3.4.1 琼脂培养基的融化

将培养基放到沸水浴中或采用有相同效果的方法(如高压锅中的层流蒸汽)使之融化。经过高压的培养基应尽量减少重新加热时间，融化后避免过度加热。融化后应短暂置于室温中(如2 min)以避免玻璃瓶破碎。

融化后的培养基放入47 ℃～50 ℃的恒温水浴锅中冷却保温(可根据实际培养基凝固温度适当提高水浴锅温度)，直至使用，培养基达到47 ℃～50 ℃的时间与培养基的品种、体积、数量有关。融化后的培养基应尽快使用，放置时间一般不应超过4 h。未用完的培养基不能重新凝固留待下次使用。敏感的培养基尤应注意，融化后保温时间应尽量缩短，如有特定要求可参考指定的标准。

倾注到样品中的培养基温度应控制在约45 ℃左右。

3.4.2 培养基的脱氧

必要时，将培养基在使用前放到沸水浴或蒸汽浴中加热15 min；加热时松开容器的盖子；加热后盖紧，并迅速冷却至使用温度(如：FT培养基)。

3.4.3 添加成分的加入

对热不稳定的添加成分应在培养基冷却至47 ℃～50 ℃时再加入。无菌的添加成分在加入前应先放置到室温，避免冷的液体造成琼脂凝结或形成片状物。将加入添加成分的培养基缓慢充分混匀，尽快分装到待用的容器中。

3.4.4 平板的制备和储存

倾注融化的培养基到平皿中，使之在平皿中形成厚度至少为 3 mm（直径 90 mm 的平皿，通常要加入 18 mL～20 mL 琼脂培养基）。将平皿盖好皿盖后放到水平平面使琼脂冷却凝固。如果平板需储存，或者培养时间超过 48 h 或培养温度高于 40 ℃，则需要倾注更多的培养基。凝固后的培养基应立即使用或存放于暗处和（或）5 ℃±3 ℃冰箱的密封袋中，以防止培养基成分的改变。在平板底部或侧边做好标记，标记的内容包括名称、制备日期和（或）有效期。也可使用适宜的培养基编码系统进行标记。

将倒好的平板放在密封的袋子中冷藏保存可延长储存期限。为了避免冷凝水的产生，平板应冷却后再装入袋中。储存前不要对培养基表面进行干燥处理。

对于采用表面接种形式培养的固体培养基，应先对琼脂表面进行干燥：揭开平皿盖，将平板倒扣于烘箱或培养箱中（温度设为 25 ℃～50 ℃）；或放在有对流的无菌净化台中，直到培养基表面的水滴消失为止。注意不要过度干燥。商品化的平板琼脂培养基应按照厂商提供的说明使用。

3.5 培养基的弃置

所有污染和未使用的培养基的弃置应采用安全的方式，并且要符合相关法律法规的规定。

4 质控菌株的保藏及使用

4.1 一般要求

为成功保藏及使用菌株，不同菌株应采用不同的保藏方法，可选择使用冻干保藏、利用多孔磁珠在－70 ℃保藏、使用液氮保藏或其他有效的保藏方法。

4.2 商业来源的质控菌株

对于从标准菌种保藏中心或其他有效的认证的商业机构获得原包装的质控菌株，复苏和使用应按照制造商提供的使用说明进行。

4.3 实验室制备的标准储存菌株

用于性能测试的标准储存菌株（见附录 B 的图 B.1），在保存和使用时应注意避免交叉污染，减少菌株突变或发生典型的特性变化；标准储备菌株应制备多份，并采用超低温（－70 ℃）或冻干的形式保存。在较高温度下贮存时间应缩短。

标准储存菌株用作培养基的测试菌株时应在文件中充分描述其生长特性。

标准储存菌株不应用来制备标准菌株。

4.4 储存菌株

储存菌株通常从冻干或超低温保存的标准储存菌株进行制备（见图 B.2）。

制备储存菌株应避免导致标准储存菌株的交叉污染和（或）退化。制备储存菌株时，应将标准储存菌株制成悬浮液转接到非选择培养基中培养，以获得特性稳定的菌株。

对于商业来源的菌株，应严格按照制造商的说明执行。

储存菌株不应用来制备标准储存菌株或标准菌株。

4.5 工作菌株

工作菌株由储存菌株或标准储存菌株制备。

工作菌株不应用来制作标准菌株、标准储存菌株或储存菌株。

5 培养基和试剂的质量要求

5.1 基本要求

5.1.1 培养基和试剂

培养基和试剂的质量由基础成分的质量、制备过程的控制、微生物污染的消除及包装和储存条件等因素所决定。

供应商或制备者应确保培养基和试剂的理化特性满足相关标准的要求，以下特性的质量评估结果应符合相应的规定：

——分装的量和(或)厚度；

——外观，色泽和均一性；

——琼脂凝胶的硬度；

——水分含量；

——20 ℃～25 ℃的 pH；

——缓冲能力；

——微生物污染。

培养基和试剂的各种成分、添加剂或选择剂应进行适当的质量评价。

5.1.2 基础成分

国家标准中提到的培养基通常可以直接使用。但因其中一些培养基成分(见附录 C)质量不稳定，可允许对其用量进行适当的调整，如：

——根据营养需要改变蛋白胨、牛肉浸出物、酵母浸出物的用量；

——根据所需凝胶作用的效果改变琼脂的用量；

——根据缓冲要求决定缓冲物质用量；

——根据选择性要求决定胆盐、胆汁抽提物和脱氧胆酸盐、抗菌染料的用量；

——根据抗生素的效价决定其用量。

5.2 微生物学要求

5.2.1 概论

培养基和试剂应达到附录 D 质量控制标准的要求，其性能测试方法按 6.1 执行。实验室使用商品化培养基和试剂时，应保留生产商按 3.1.1 提供的资料，并制定验收程序，如需进行验证，可按 6.2 执行，并应达到附录 E 质量控制标准要求。

5.2.2 微生物污染的控制

按批量的不同选择适量的培养基在适当条件下培养，测定其微生物污染。生产商应根据每种平板或液体培养基的数量，规定或建立其污染限值，并记录培养基成分、制备要素和包装类型。

分别从初始和最终制备的培养基中抽取或制备至少一个(或 1%)平板或试管，置于 37 ℃培养 18 h 或按特定标准中规定的温度时间进行培养。

本条款只适用于即用型培养基。

5.2.3 生长特性

5.2.3.1 一般要求

选择下列方法对每批成品培养基或试剂进行评价：

——定量方法；

——半定量方法；

——定性方法。

采用定量方法时，应使用参考培养基(见附录D)进行对照；采用半定量和定性方法时，使用参考培养基或能得到“阳性”结果的培养基进行对照有助于结果的解释。参考培养基应选择近期批次中质量良好的培养基或是来自其他供应商的具有长期稳定性的批次培养基或即用型培养基。

5.2.3.2 测试菌株

测试菌株是具有其代表种的稳定特性并能有效证明实验室特定培养基最佳性能的一套菌株。测试菌株主要购置于标准菌种保藏中心，也可以是实验室自己分离的具有良好特性的菌株。实验室应检测和记录标准储备菌株的特性；或选择具有典型特性的新菌株，使用时应引起注意；最好使用从食品或水中分离的菌株。

对不含指示剂或选择剂的培养基，只需采用一株阳性菌株进行测试；对含有指示剂或选择剂的培养基或试剂，应使用能证明其指示或选择作用的菌株进行试验；复合培养基(如需要加入添加成分的培养基)需要以下列菌株进行验证：

——具典型反应特性的生长良好的阳性菌株；

——弱阳性菌株(对培养基中选择剂等试剂敏感性强的菌株)；

——不具有该特性的阴性菌株；

——部分或完全受抑制的菌株。

5.2.3.3 生长率

按规定用适当方法将适量测试菌株的工作培养物接种至固体、半固体和液体培养基中。

每种培养基上菌株的生长率应达到所规定的最低限值(见附录D、附录E)。

5.2.3.4 选择性

为定量评估培养基的选择性，应按照规定以适当方法将适量测试菌株的工作培养物接种至选择性培养基和参考培养基中，培养基的选择性应达到规定值(见附录D、附录E)。

5.2.3.5 生理生化特性(特异性)

确定培养基的菌落形态学、鉴别特性和选择性，或试剂的鉴别特性，以获得培养基或试剂的基本特性(见附录D、附录E)。

5.2.3.6 性能评价和结果解释

若按照规定的所有测试菌株的性能测试达到标准，则该批培养基或试剂的性能测试结果符合规定。若基本要求和微生物学要求均符合规定，则该批培养基或试剂可被接受。

6 培养基和试剂性能测试方法

6.1 生产商及实验室自制培养基和试剂的质量控制的测试方法

6.1.1 非选择性分离和计数固体培养基的目标菌生长率定量测试方法

6.1.1.1 平板的制备与保存

倾注融化的培养基到平皿中，使之在平皿中形成一个至少 3 mm 厚的琼脂层（直径 90 mm 的平皿通常要加入 18 mL～20 mL 琼脂培养基），需添加试剂的培养基，应使培养基冷却至 47 ℃～50 ℃后才添加试剂。倾注后将平板放到水平平面，使琼脂冷却凝固。凝固后的培养基应立即使用或存放于暗处和（或）2 ℃～8 ℃冰箱的密封袋中，在有效期内使用。使用前应对琼脂表面进行干燥，但应注意不要过度干燥。

6.1.1.2 工作菌悬液的制备

将标准储备菌株接种到非选择性肉汤培养过夜或采用其他方法，制备 10 倍系列稀释的菌悬液。生长率测试常用每平板的接种水平为 20 CFU～200 CFU。

6.1.1.3 接种

选择合适稀释度的工作菌悬液 0.1 mL，均匀涂布接种于待测平板和参比平板。每一稀释度接种两个平板。可使用螺旋平板法（见附录 F）或倾注法进行接种，并按标准规定的培养条件培养平板。

6.1.1.4 计算

选择菌落数适中的平板进行计数，按式(1)计算生长率。

$$P_R = \frac{N_S}{N_O} \quad \cdots\cdots(1)$$

式中：

P_R——生长率；

N_S——待测培养基平板上得到的菌落总数；

N_O——参比培养基平板上获得的菌落总数（该菌落总数应≥100 CFU）。

参比培养基的选择：一般细菌采用 TSA，一般霉菌和酵母采用沙氏葡萄糖琼脂，对营养有特殊要求的微生物采用适合其生长的不含抑菌剂或抗生素的培养基。

6.1.1.5 结果解释

目标菌在培养基上应呈现典型的生长。非选择性分离和计数固体培养基上目标菌的生长率应不小于 0.7。

6.1.2 选择性分离和计数固体培养基的测试方法

6.1.2.1 目标菌生长率定量测试方法

6.1.2.1.1 平板的制备与保存

按照 6.1.1.1 中要求进行。

6.1.2.1.2 工作菌悬液的制备

按照 6.1.1.2 中要求进行。

6.1.2.1.3 接种

按照 6.1.1.3 中要求进行。

6.1.2.1.4 计算

按照 6.1.1.4 中要求进行。

6.1.2.1.5 结果解释

目标菌在培养基上应呈现典型的生长。选择性分离固体培养基上目标菌的生长率一般不小于 0.5，最低应为 0.1；选择性计数固体培养基上目标菌的生长率一般不小于 0.7。参照附录 F 培养基质量控制标准。

6.1.2.2 非目标菌（选择性）半定量测试方法

6.1.2.2.1 平板的制备与保存

按照 6.1.1.1 中要求进行。

6.1.2.2.2 工作菌悬液的制备

将标准储备菌株接种到非选择性肉汤培养过夜作为工作菌悬液。

6.1.2.2.3 接种

用 1 μL 接种环取选择性测试工作菌悬液 1 环，在待测培养基表面划六条平行直线（如图 1），同时接种两个平板，划线时可在培养基下面放一个模板图，按标准规定的培养条件培养平板。

操作时用接种环而不用接种针，接种环应完全浸入培养基中。取一满环接种物，将接种环接触容器边缘 3 次可去除多余的液体。划线时，接种环与琼脂平面的角度应为 20°～30°。接种环压在琼脂表面的压力和划线速度前后一致，整个划线应快速连续，移取液体培养物时应将接种环伸入培养液下部分以防止环上产生气泡或泡沫。

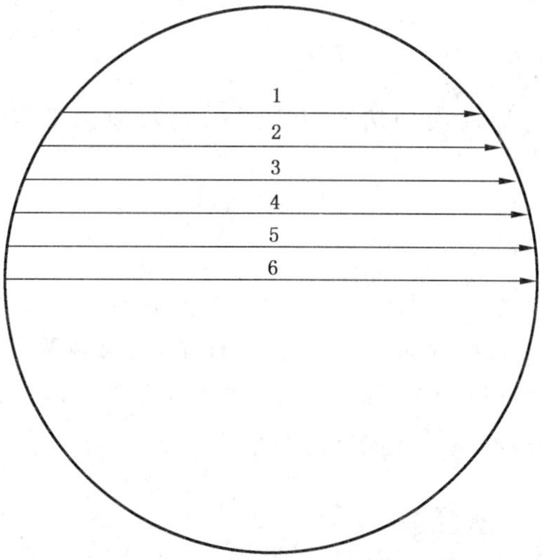

图 1 非目标菌半定量划线法接种模式图

6.1.2.2.4 计算

培养后按以下方法对培养基计算生长指数 G。每条有比较稠密菌落生长的划线则 G 为 1,每个培养皿上最多为 6 分。如果仅一半的线有稠密菌落生长,则 G 为 0.5。如果划线上没有菌落生长、生长量少于划线的一半或菌落生长微弱,则 G 为 0。记录每个平板的得分总和便得到 G。同时接种两个平板。

6.1.2.2.5 结果解释

非目标菌的生长指数 G 一般小于或等于 1,至少应达到小于 5。

6.1.2.3 非目标菌(特异性)定性测试方法

6.1.2.3.1 平板的制备与保存

按照 6.1.1.1 中要求进行。

6.1.2.3.2 工作菌悬液的制备

按照 6.1.1.2 中要求进行。

6.1.2.3.3 接种

用 1 μL 接种环取测试菌培养物在测试培养基表面划平行直线,并按标准规定的培养条件培养平板。

6.1.2.3.4 结果解释

非目标菌应有典型的菌落外观、大小和形态。

6.1.3 非选择性增菌培养基的半定量测试方法

6.1.3.1 培养基的制备

将培养基分装试管,每管 10 mL。

6.1.3.2 工作菌悬液的制备

将标准储备菌株接种到非选择性肉汤培养过夜或采用其他制备方法,制备 10 倍系列稀释的菌悬液。

6.1.3.3 接种

在装有待测培养基的试管中接种 10 CFU～100 CFU 的目标菌,每管接种量为 1 mL,接种两个平行管。同时将 1 mL 菌悬液(与试管接种同一稀释度)倾注平板,接种两个平板,作接种量计数用。按标准方法中规定的培养时间和温度进行培养(如:增菌时间为 8 h 以下,需取 10 μL 培养后的增菌液倾注到适合的培养基中,再按适合的培养时间和温度进行培养)。

6.1.3.4 结果解释

用目测的浊度值(如:0～2)评估培养基:

—— 0 表示无混浊;

—— 1 表示很轻微的混浊;

—— 2 表示严重的混浊。

目标菌的浊度值应为2。

有时可以观察到微生物生长后聚集成细胞团，沉积在试管或瓶子底部，发生这种情况时，小心振荡试管后再进行观察。

如增菌8 h以下，10 μL增菌液培养计数结果参照附录D培养基质量控制标准。

6.1.4 选择性增菌培养基的半定量测试方法

6.1.4.1 培养基的制备

将培养基分装试管，每管10 mL。

6.1.4.2 工作菌悬液的制备

按照6.1.3.2中要求进行。

6.1.4.3 接种

6.1.4.3.1 混合菌的接种

在装有待测培养基的试管中接种10 CFU～100 CFU的目标菌（特殊接菌量参照附录D培养基质量控制标准），并接种1 000 CFU～5 000 CFU的非目标菌，接种总量为1 mL，同时接种两个平行管，混匀。同时分别将目标菌菌悬液（与试管接种同一稀释度）和非目标菌菌悬液（比试管接种小10～100倍稀释度）1mL倾注平板，接种两个平板，作接种量计数用。按标准方法中规定的培养时间和温度进行培养。

6.1.4.3.2 非目标菌的接种

在装有待测培养基的试管中接种1 000 CFU～5 000 CFU的非目标菌，接种量为1 mL，同时接种两个平行管，混匀。按标准方法中规定的培养时间和温度进行培养。

6.1.4.4 培养液的接种

6.1.4.4.1 混合菌培养液的接种

用10 μL接种环取1环经培养后的混合菌培养液，划线接种到特定的选择性平板上，同时每管接种一个平板。按标准方法中规定的培养时间和温度进行培养。

6.1.4.4.2 非目标菌培养液的接种

吸取10 μL经培养后的非目标菌培养液，均匀涂布接种到非选择性平板（如：TSA）上。同时每管接种一个平板。可使用倾注法进行接种，并按标准规定的培养条件培养平板。

6.1.4.5 计算和结果解释

目标菌在选择性平板上的菌落应＞10 CFU，则表示待测液体培养基的生长率良好；非目标菌在非选择性平板上的菌落数应＜100 CFU，则表示待测液体培养基的选择性为良好。

6.1.5 选择性液体计数培养基的半定量测试方法

6.1.5.1 培养基的制备

将培养基分装试管，每管10 mL。

6.1.5.2 工作菌悬液的制备

按照 6.1.3.2 中要求进行。

6.1.5.3 接种

6.1.5.3.1 目标菌的接种

在装有待测培养基的试管中接种 10 CFU～100 CFU 的目标菌，接种总量为 1 mL，同时接种两个平行管，混匀。同时将 1 mL 菌悬液(与试管接种同一稀释度)倾注平板，接种两个平板，作接种量计数用。按标准方法中规定的培养时间和温度进行培养。

6.1.5.3.2 非目标菌的接种

在装有待测培养基的试管中接种 1 000 CFU～5 000 CFU 的非目标菌，接种总量为 1 mL，同时接种两个平行管，混匀。同时将 1 mL 菌悬液(比试管接种小 10～100 倍稀释度)倾注平板，接种两个平板，作接种量计数用。按标准方法中规定的培养时间和温度进行培养。

6.1.5.4 结果解释

用目测的浊度值(如：0～2)评估培养基：

—— 0 表示无混浊；

—— 1 表示很轻微的混浊；

—— 2 表示严重的混浊。

并记录小导管收集气体的体积比。

目标菌的浊度值应为 2，产气应为 1/3 或以上；非目标菌的浊度值应为 0 或 1，无产气现象。

注：有时可以观察到微生物生长后聚集成细胞团，沉积在试管或瓶子底部，发生这种情况时，小心振荡试管后再进行观察。

6.1.6 悬浮培养基和运输培养基的定量测试方法

6.1.6.1 培养基的制备

将培养基分装试管，每管 10 mL(有特殊要求的可选用 5 mL)。

6.1.6.2 目标菌工作菌悬液的制备

按照 6.1.3.2 中要求进行。

6.1.6.3 接种

在装有待测培养基的试管中接种 100 CFU～1 000 CFU 的目标菌，同时接种两个平行管，混匀后，立即吸取 1 mL 待测培养基混合液，参照附录 F 培养基质量控制标准选用相应的培养基倾注平板，每管待测培养基接种一个平板。按标准方法中规定的培养时间和温度培养后，进行菌落计数。

剩余已接种菌液的待测培养基置 20 ℃～25 ℃放置 45 min 后；再吸取 1 mL 倾注平板，每管培养基接种一个平板，按标准方法中规定的培养时间和温度培养后，进行菌落计数。如保存条件有特殊要求的待测培养基，参照附录 F 培养基质量控制标准要求放置或培养后再进行菌落计数。

6.1.6.4 结果观察与解释

待测培养基中的菌落数变化应在±50％内。

6.1.7 **Mueller-Hinton 血琼脂的纸片扩散测试方法（定性测试方法）**

6.1.7.1 **平板的制备与保存**

倾注融化的培养基到平皿中，使之在平皿中形成一个厚度为 4 mm～5 mm 的琼脂层。倾注后将平板放到水平平面，使琼脂冷却凝固。凝固后的培养基应立即使用或存放于暗处和（或）5 ℃±3 ℃冰箱的密封袋中，在有效期内使用。使用前应可将平板置 35 ℃温箱中或置室温层流橱中对琼脂表面进行干燥，培养基表面应湿润，但不能有水滴，培养皿也不应有水滴。

6.1.7.2 **质控菌株的复苏**

将质控菌株接种到血平板上，按标准方法中规定的培养时间和温度进行培养。检查纯度合格后，用于质控工作菌悬液的制备。

6.1.7.3 **质控菌工作菌悬液的制备**

将纯度满意的质控菌株培养物悬浮于 TSB 肉汤中，并调整浊度为 0.5 麦氏标准（约 1×10^{8} CFU/mL～2×10^{8} CFU/mL）。

6.1.7.4 **接种**

用涂布法将质控工作菌悬液接种于 MH 平板上，并贴上相应的抗生素纸片（每平板最多贴 6 片），将平板翻转后按标准方法中规定的培养时间和温度进行培养。调整菌悬液浊度与接种所有平板间的时间间隔不要超过 15 min。

6.1.7.5 **结果观察与解释**

在无反射黑色背景下，观察有无抑菌环。结果解释参照表 D.7。

6.1.8 **鉴定培养基的测试方法**

6.1.8.1 **液体培养基**

6.1.8.1.1 **培养基的制备**

将培养基分装试管，再进行灭菌和添加试剂。

6.1.8.1.2 **工作菌悬液的制备**

将标准储备菌株接种到非选择性肉汤中或采用其他制备方法，制备成 5 McFarland 浊度（约 10^{9} CFU/mL）的菌悬液。

6.1.8.1.3 **接种**

吸取 0.05 mL～0.08 mL（约 1 滴～2 滴）至待测培养基内，按标准方法中规定的培养时间和温度进行培养。

6.1.8.1.4 **结果观察与解释**

需加指示剂的试验在微生物生长良好的情况下，按顺序加入指示剂，再观察结果。结果解释参照表 D.8。

6.1.8.2 半固体培养基

6.1.8.2.1 培养基的制备

将培养基分装试管。灭菌后竖立放置,冷却后备用。

6.1.8.2.2 接种

取新鲜质控菌株斜面,用接种针挑取菌苔穿刺接种至待测培养基内。按标准方法中规定的培养时间和温度进行培养。

6.1.8.2.3 结果观察与解释

需加指示剂的试验在微生物生长良好的情况下,按顺序加入指示剂,再观察结果。结果解释参照表 D.8。

6.1.8.3 高层斜面培养基和斜面培养基

6.1.8.3.1 培养基的制备

将培养基分装试管。灭菌后摆放成高层斜面(斜面与底层高度约为 2∶3)和普通斜面(斜面与底层高度约为 3∶2),冷却后备用。

6.1.8.3.2 接种

高层斜面培养基:取新鲜质控菌株斜面,用接种针挑取菌苔穿刺接种至琼脂高层,穿刺接种完毕后,再在斜面上划"之"字形接种;斜面培养基:取新鲜质控菌株斜面,用接种环挑取菌苔在斜面上划"之"字形接种。按标准方法中规定的培养时间和温度进行培养。

6.1.8.3.3 结果观察与解释

需加指示剂的试验在微生物生长良好的情况下,按顺序加入指示剂,再观察结果。结果解释参照表 D.8。

6.1.8.4 平板培养基

6.1.8.4.1 培养基的制备

倾注灭菌融化的培养基到平皿中,使之在平皿中形成一个至少 3 mm 厚的琼脂层(直径 90 mm 的平皿通常要加入 18 mL～20 mL 琼脂培养基)。

6.1.8.4.2 接种

取新鲜质控菌株斜面,用接种环挑取菌苔在平板上划"之"字形接种,或用接种针挑取菌苔在平板上点种接种。按标准方法中规定的培养时间和温度进行培养。

6.1.8.4.3 结果观察与解释

参照表 D.8。

6.1.9 实验试剂的测试方法

6.1.9.1 实验方法

按试剂说明书进行。

6.1.9.2 结果观察与解释

参照表 D.8。

6.2 实验室使用商品化培养基和试剂的质量控制的测试方法

6.2.1 非选择性分离和计数固体培养基的半定量测试方法

6.2.1.1 平板的制备与保存

按照 6.1.1.1 中要求进行。

6.2.1.2 工作菌悬液的制备

将标准储备菌株接种到非选择性肉汤培养过夜作为工作菌悬液。

6.2.1.3 接种

用 1 μL 接种环进行平板划线(如图 2)。A 区用接种环按 0.5 cm 的间隔划 4 条平行线,按同样的方法在 B 区和 C 区划线,最后在 D 区内划一条连续的曲线。同时接种两个平板,划线时可在培养基下面放一个模板图,并按标准规定的培养条件培养平板。

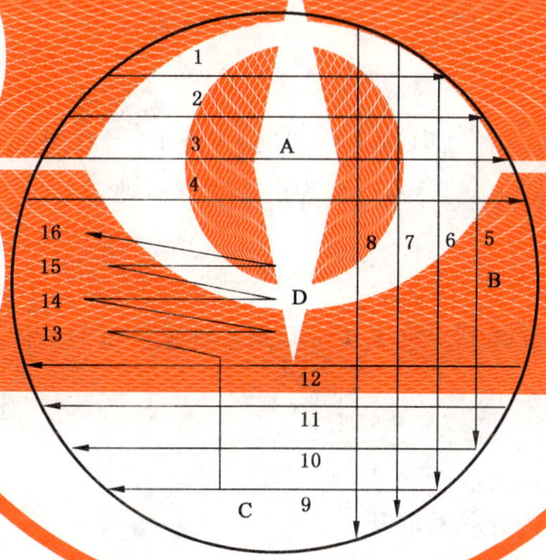

图 2 目标菌半定量划线法接种模式图

操作时用接种环而不用接种针,接种环应完全浸入培养基中。取一满环接种物,将接种环接触容器边缘 3 次可去除多余的液体。划线时,接种环与琼脂平面的角度应为 20°～30°。接种环压在琼脂表面的压力和划线速度前后一致,整个划线应快速连续,移取液体培养物时应将接种环伸入培养液下部分以防止环上产生气泡或泡沫。

通常用同一个接种环对 A～D 区进行划线,操作过程不需要对接种环灭菌。但为了得到低生长指数 G,在接种不同部分时应更换接种环或对其灭菌。

6.2.1.4 计算

培养后,评价菌落的形状、大小和生长密度,并计算生长指数 G。每条有比较稠密菌落生长的划线则 G 为 1,每个培养皿上 G 最大为 16。如果仅一半的线有稠密菌落生长,则 G 为 0.5。如果划线上没有菌落生长、生长量少于划线的一半或菌落生长微弱,则 G 为 0。记录每个平板的得分总和便得到 G。

如,菌落在 A 区和 B 区全部生长,而在 C 区有一半线生长,则 G 为 10。

6.2.1.5 结果解释

目标菌在培养基上应呈现典型的生长。目标菌的生长指数 G 大于或等于 6 时,培养基可以接受。非选择培养基的 G 值通常较高。

6.2.2 选择性分离和计数固体培养基的半定量测试方法

6.2.2.1 目标菌半定量测试方法

按照 6.2.1 中要求进行。

6.2.2.2 非目标菌(选择性)半定量测试方法

按照 6.1.2.2 中要求进行。

6.2.3 非选择性增菌培养基、选择性增菌培养基和选择性液体计数培养基的定性测试方法

6.2.3.1 培养基的制备

将培养基分装试管,每管 10 mL。

6.2.3.2 工作菌悬液的制备

将标准储备菌株接种到非选择性肉汤培养过夜,进行 10 倍系列稀释至 10^{-3},或采用其他方法,制备成 10^5 CFU/mL～10^7 CFU/mL 的菌悬液作为工作菌悬液。

6.2.3.3 接种

用 1 μL 接种环取一环工作菌悬液直接接种到用于性能测试的液体培养基中,按适合的培养时间和温度进行培养。

6.2.3.4 结果解释

用目测的浊度值(如:0～2)评估培养基:

—— 0 表示无混浊;

—— 1 表示很轻微的混浊;

—— 2 表示严重的混浊。

目标菌的浊度值应为 2,非目标菌的浊度值应为 0 或 1。

有时可以观察到微生物生长后聚集成细胞团,沉积在试管或瓶子底部,发生这种情况时,小心振荡试管后再进行观察。选择性液体计数培养基目标菌应有产气现象,非目标菌无产气现象。

6.2.4 悬浮培养基和运输培养基的定性测试方法

6.2.4.1 培养基的制备

按照 6.1.6.1 中要求进行。

6.2.4.2 工作菌悬液的制备

将标准储备菌株接种到非选择性肉汤培养过夜作为工作菌悬液。

6.2.4.3 接种

用 1 μL 接种环取一环工作菌悬液直接接种到装有待测培养基的试管中，混匀后，立即用 10 μL 接种环取一环工作菌培养物划平行线接种平板，按标准方法中规定的培养时间和温度培养；

剩余已接种菌液的待测培养基置 20 ℃～25 ℃放置 45 min 后，再用 10 μL 接种环取一环工作菌培养物划平行线接种平板，按标准方法中规定的培养时间和温度培养。如保存条件有特殊要求的待测培养基，参照附录 G 培养基质量控制标准要求放置或培养后再进行划线接种。

6.2.4.4 结果观察与解释

接种前后平板上目标菌的生长情况应均为良好。

6.2.5 Mueller-Hinton 血琼脂的测试方法

按照 6.1.7 中要求进行。

6.2.6 鉴定培养基的测试方法

按照 6.1.8 中要求进行。

6.2.7 实验试剂的测试方法

按照 6.1.9 中要求进行。

7 测试结果的记录

7.1 制造商信息

培养基制造商或供应商应按客户的要求提供培养基常规信息和相关测试菌株生长特性信息。

7.2 溯源性

按照质量体系的要求，对所有培养基性能测试的数据归档，并在有效期内进行适当的保存。建议使用测试结果记录单(见附录 G)进行文件记录并评价测试结果。

附 录 A
培养基的不正确配制出现的质量问题及原因分析

培养基的不正确配制出现的质量问题及原因分析见表 A.1。

表 A.1 常见质量问题与解答

异常现象	可能原因
培养基不能凝固	制备过程中过度加热 低 pH 造成培养基酸解 称量不正确 琼脂未完全溶解 培养基成分未充分混匀
pH 不正确	制备过程中过度加热 水质不佳 外部化学物质污染 测定 pH 时温度不正确 pH 计未正确校准 脱水培养基质量差
颜色异常	制备过程中过度加热 水质不佳 pH 不正确 外来污染 脱水培养基质量差
产生沉淀	制备过程中过度加热 水质不佳 脱水培养基质量差 pH 未正确控制 原料中的杂质
培养基出现抑制/低的生长率	制备过程中过度加热 脱水培养基质量差 水质不佳 使用成分不正确,如:成分称量不准,添加剂浓度不正确 制备容器或水中的有毒残留物
选择性差	制备过程中过度加热 脱水培养基质量差 配方使用不对 添加成分的加入不正确,如:加入添加成分时培养基过热或添加浓度错误 添加剂污染
污染	不适当的灭菌 无菌操作技术存在问题 添加剂污染

附 录 B
标准储存菌株和工作菌株的制备

B.1 图 B.1 给出了从标准菌株制备标准储存菌株的流程。

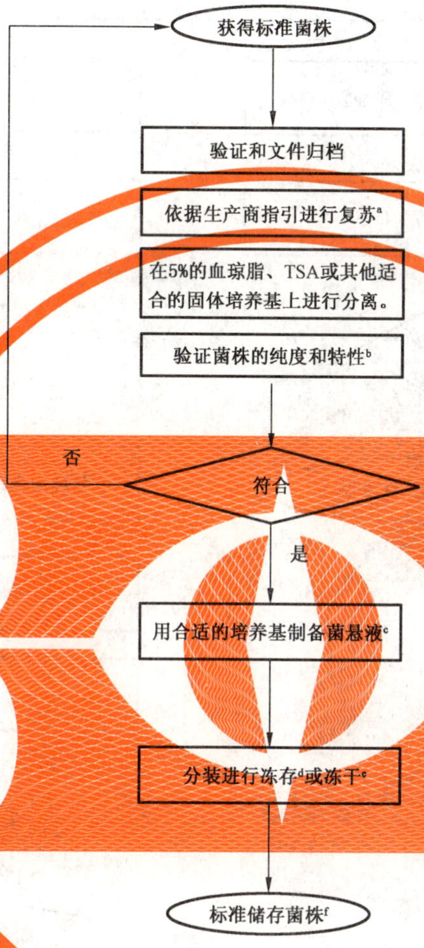

a 通常悬浮于营养肉汤中适宜时间进行复苏。

b 验证菌落形态和革兰氏染色或用生化试验进行鉴定。

c 例如，TSB 添加 10%～15%甘油作为冷冻保护培养基。

d 冻存管可含有多孔的小珠子。

e 在不高于－70 ℃低温冷冻保存可延长保存的时间。禁止采用较高的温度保存。

f 可作为工作菌株来使用。

图 B.1 制作标准储存菌株的流程图

B.2 图 B.2 给出了从标准储存菌株制备工作菌株的流程。

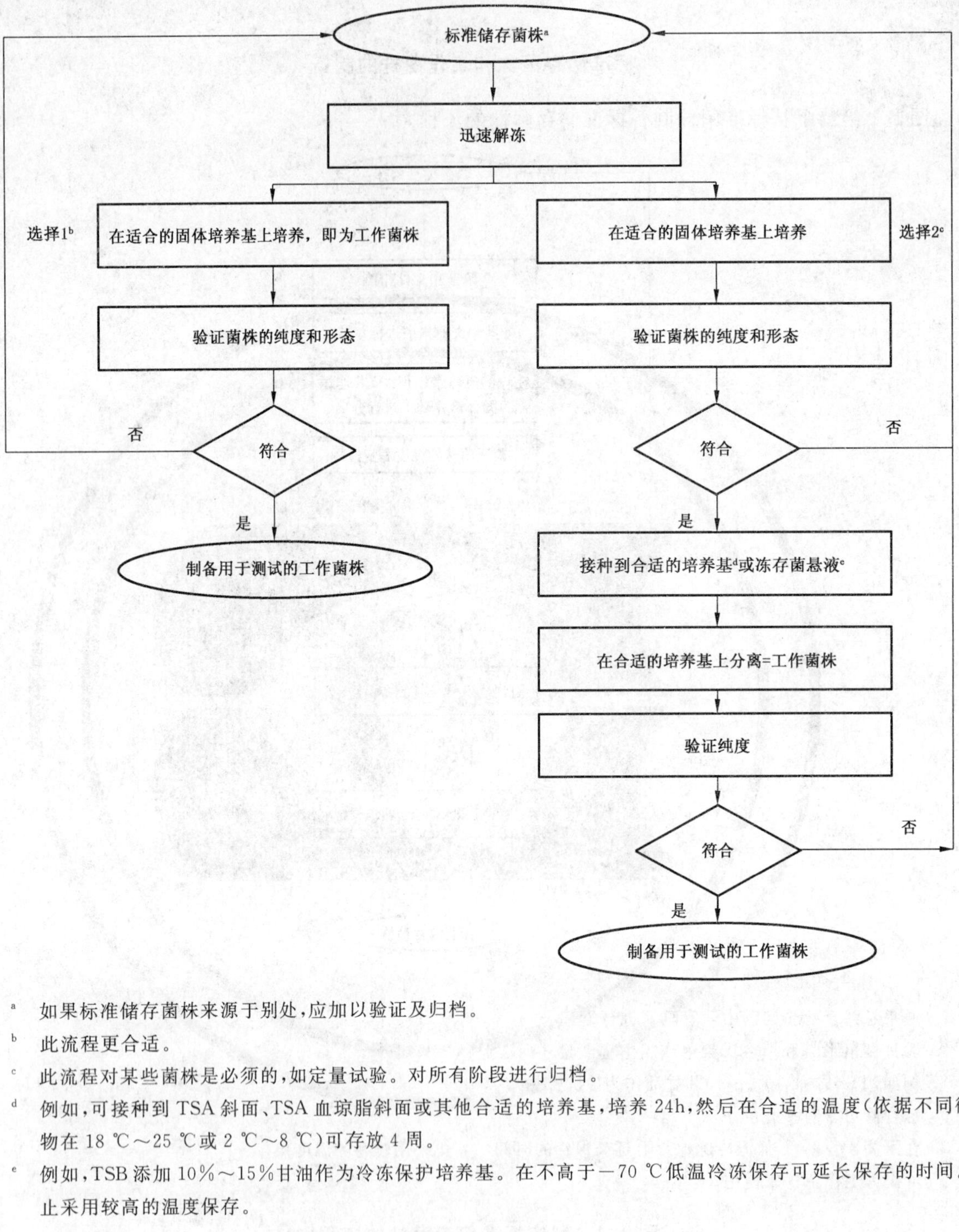

[a] 如果标准储存菌株来源于别处，应加以验证及归档。

[b] 此流程更合适。

[c] 此流程对某些菌株是必须的，如定量试验。对所有阶段进行归档。

[d] 例如，可接种到 TSA 斜面、TSA 血琼脂斜面或其他合适的培养基，培养 24h，然后在合适的温度(依据不同微生物在 18 ℃～25 ℃或 2 ℃～8 ℃)可存放 4 周。

[e] 例如，TSB 添加 10%～15%甘油作为冷冻保护培养基。在不高于－70 ℃低温冷冻保存可延长保存的时间。禁止采用较高的温度保存。

图 **B.2** 制作工作菌株的流程图

附 录 C
食品安全微生物检验标准中指定的培养基成分

C.1 蛋白胨

C.1.1 酶解酪蛋白:包括胃蛋白酶消化的酪蛋白和胰蛋白酶消化的酪蛋白与胰蛋白胨。

C.1.2 酶解大豆粉。

C.1.3 酶解动物组织:包括肉胨、胃蛋白酶消化的肉组织和胰酶消化的肉组织。

C.1.4 心酶解物。

C.1.5 酶解明胶。

C.1.6 酶解动物组织、植物组织:包括蛋白示、胨。

C.2 浸膏

C.2.1 肉浸膏。

C.2.2 脑心浸膏。

C.2.3 酵母浸膏。

C.2.4 细菌学牛胆汁。

C.2.5 胆盐。

C.2.6 3 号胆盐。

C.3 琼脂

细菌学琼脂。

C.4 其他

C.4.1 卵黄乳液。

C.4.2 脱脂奶粉。

C.4.3 酸水解酪蛋白。

附　录　D

生产商及实验室自制培养基和试剂的质量控制标准

生产商及实验室自制培养基和试剂的质量控制标准见表 D.1～表 D.9。

表 D.1　非选择性分离和计数固体培养基质量控制标准

培养基	状态	功能分类	质控指标	培养条件	质控菌株	参比培养基	方法	质控评定标准	特征性反应
胰蛋白胨大豆琼脂	固体	非选择性分离	生长率	36 ℃±1 ℃ 24 h±2 h	大肠埃希氏菌 ATCC 25922	TSA	定量	$PR \geqslant 0.7$	—
					粪肠球菌 ATCC 29212				—
MC 培养基	固体	非选择性计数	生长率	36 ℃±1 ℃ 48 h±2 h	嗜热链球菌 IFFI 6038	MC 培养基	定量	$PR \geqslant 0.7$	中等偏小，边缘光滑的红色菌落，可有淡淡的晕
MRS 培养基	固体	非选择性计数	生长率	36 ℃±1 ℃ 48 h±2 h	德氏乳杆菌保加利亚亚种 CICC6032	MRS 培养基	定量	$PR \geqslant 0.7$	圆形凸起，中等大小，边缘整齐，无色不透明
					嗜热链球菌 IFFI 6038				圆形凸起，菌落偏小，边缘整齐，无色不透明
					婴儿双歧杆菌 CICC 6069(厌氧培养)				圆形，中等大小，边缘整齐，瓷白色
3%氯化钠胰蛋白胨大豆琼脂(TSA)	固体	非选择性分离	生长率	36 ℃±1 ℃ 18 h～24 h	副溶血性弧菌 ATCC17802	3%氯化钠 TSA	定量	$PR \geqslant 0.7$	无色半透明菌落
					创伤弧菌落 ATCC 27562				
营养琼脂	固体	非选择性分离	生长率	36 ℃±1 ℃ 24 h	大肠埃希氏菌 ATCC 25922	TSA	定量	$PR \geqslant 0.7$	—
					金黄色葡萄球菌 ATCC 6538				
					枯草芽胞杆菌 ATCC6633				
含 0.6%酵母浸膏的胰酪胨大豆琼脂(TSA-YE)	固体	非选择性分离	生长率	30 ℃±1 ℃ 24 h～48 h	单核细胞增生李斯特氏菌 ATCC 19115	TSA	定量	$PR \geqslant 0.7$	—
平板计数琼脂(PCA)	固体	非选择性计数	生长率	36 ℃±1 ℃ 48 h±2 h	大肠埃希氏菌 ATCC 25922	TSA	定量	$PR \geqslant 0.7$	—
					金黄色葡萄球菌 ATCC 6538				
					枯草芽胞杆菌 ATCC 6633				

表 D.2 选择性分离和计数固体培养基质量控制标准

培养基	状态	功能分类	质控指标	培养条件	质控菌株	参比培养基	方法	质控评定标准	特征性反应
亚硫酸铋琼脂(BS)	固体	选择性分离	生长率	36 ℃±1 ℃ 40 h~48 h	伤寒沙门氏菌 CMCC(B)50071	TSA	定量	$PR \geq 0.5$	黑色菌落,有金属光泽
					鼠伤寒沙门氏菌 ATCC14028				黑色或灰绿色菌落,有金属光泽
			选择性		大肠埃希氏菌 ATCC 25922	—	半定量	$G \leq 1$	—
					粪肠球菌 ATCC 29212				
HE 琼脂	固体	选择性分离	生长率	36 ℃±1 ℃ 18 h~24 h	鼠伤寒沙门氏菌 ATCC14028	TSA	定量	$PR \geq 0.5$	绿-蓝色菌落,有黑心
					福氏志贺氏菌 CMCC(B)51572				绿-蓝色菌落
			选择性		大肠埃希氏菌 ATCC 25922	—	半定量	$G<5$	橙红色菌落,可有胆酸沉淀
					粪肠球菌 ATCC 29212			$G \leq 1$	—
木糖赖氨酸脱氧胆盐琼脂(XLD)	固体	选择性分离	生长率	36 ℃±1 ℃ 18 h~24 h	鼠伤寒沙门氏菌 ATCC14028	TSA	定量	$PR \geq 0.5$	黑色菌落
					福氏志贺氏菌 CMCC(B)51572				无色菌落,无黑心
			选择性		大肠埃希氏菌 ATCC 25922	—	半定量	$G<5$	黄色菌落
					金黄色葡萄球菌 ATCC6538			$G \leq 1$	—
沙门氏菌显色培养基	固体	选择性分离	生长率	36 ℃±1 ℃ 18 h~24 h	鼠伤寒沙门氏菌 ATCC14028	TSA	定量	$PR \geq 0.5$	按说明书判定
			特异性		大肠埃希氏菌 ATCC 25922	—	定性	—	按说明书判定
					奇异变形杆菌 CMCC(B)49005			—	按说明书判定
			选择性		粪肠球菌 ATCC 29212		半定量	$G \leq 1$	—
PALCAM 琼脂	固体	选择性分离	生长率	36 ℃±1 ℃ 24 h~48 h	单核细胞增生李斯特氏菌 ATCC19115	TSA	定量	$PR \geq 0.5$	灰绿色菌落,中心凹陷黑色,周围有黑色
			选择性		大肠埃希氏菌 ATCC 25922	—	半定量	$G \leq 1$	—
					粪肠球菌 ATCC 29212				
麦康凯琼脂(MAC)	固体	选择性分离	生长率	36 ℃±1 ℃ 20 h~24 h	大肠埃希氏菌 ATCC25922	TSA	定量	$PR \geq 0.5$	鲜桃红色或粉红色,可有胆酸沉淀
					福氏志贺氏菌 CMCC(B)51572				无色至浅粉红色,半透明棕色或绿色菌落
			选择性		金黄色葡萄球菌 ATCC6538	—	半定量	$G \leq 1$	—

表 D.2（续）

培养基	状态	功能分类	质控指标	培养条件	质控菌株	参比培养基	方法	质控评定标准	特征性反应
阪崎肠杆菌显色培养基	固体	选择性分离	生长率	36 ℃±1 ℃ 24 h±2 h	阪崎肠杆菌 ATCC29544	TSA	定量	$PR \geqslant 0.5$	按说明书判定
			特异性		普通变形杆菌 CMCC(B)49027	—	定性	—	按说明书判定
					大肠埃希氏菌 ATCC 25922			—	按说明书判定
			选择性		粪肠球菌 ATCC 29212		半定量	$G \leqslant 1$	—
CIN-1 培养基	固体	选择性分离	生长率	26 ℃±1 ℃ 48 h±2 h	小肠结肠炎耶尔森氏菌 CMCC(B)52204	TSA	定量	$PR \geqslant 0.5$	红色牛眼状菌落
			特异性		大肠埃希氏菌 ATCC 25922	—	定性	—	圆形、粉红色菌，边缘有胆汁沉淀环
			选择性		金黄色葡萄球菌 ATCC6538		半定量	$G \leqslant 1$	—
改良 Y 培养基	固体	选择性分离	生长率	26 ℃±1 ℃ 48 h±2 h	小肠结肠炎耶尔森氏菌 CMCC(B)52204	TSA	定量	$PR \geqslant 0.5$	无色透明不黏稠菌落
			特异性		大肠埃希氏菌 ATCC 25922	—	定性	—	粉红色菌落
			选择性		金黄色葡萄球菌 ATCC6538		半定量	$G \leqslant 1$	—
伊红美蓝琼脂(EMB)	固体	选择性分离	生长率	36 ℃±1 ℃ 18 h～24 h	大肠埃希氏菌 ATCC25922	TSA	定量	$PR \geqslant 0.5$	黑色菌落，具金属光泽
			特异性		鼠伤寒沙门氏菌 ATCC14028	—	定性	—	菌落呈无色、半透明
			选择性		金黄色葡萄球菌 ATCC6538	—	半定量	$G<5$	—
改良山梨醇麦康凯琼脂(CT-SMAC)	固体	选择性分离	生长率	36 ℃±1 ℃ 18 h～24 h	大肠埃希氏菌 O157:H7 NCTC12900	TSA	定量	$PR \geqslant 0.5$	无色菌落
			特异性		大肠埃希氏菌 ATCC25922	—	定性	—	粉红色菌落，周围有胆盐沉淀
			选择性		金黄色葡萄球菌 ATCC6538		半定量	$G \leqslant 1$	—
O157 显色培养基	固体	选择性分离	生长率	36 ℃±1 ℃ 18 h～24 h	大肠埃希氏菌 O157:H7N CTC12900	TSA	定量	$PR \geqslant 0.5$	按说明书判定
			特异性		大肠埃希氏菌 ATCC25922	—	定性	—	按说明书判定
			选择性		粪肠球菌 ATCC 29212		半定量	$G \leqslant 1$	—
					奇异变型杆菌 CMCC(B)49005	—	半定量	$G \leqslant 1$	—

表 D.2（续）

培养基	状态	功能分类	质控指标	培养条件	质控菌株	参比培养基	方法	质控评定标准	特征性反应
李斯特氏菌显色培养基	固体	选择性分离	生长率	36 ℃±1 ℃ 24 h～48 h	单核细胞增生李斯特氏菌 ATCC19115	TSA	定量	$PR \geqslant 0.5$	蓝绿色菌落，带白色晕环
			特异性		英诺克李斯特氏菌 ATCC33090	—	定性	—	蓝绿色菌落，无白色晕环
			选择性		大肠埃希氏菌 ATCC 25922		半定量	$G \leqslant 1$	—
					粪肠球菌 ATCC 29212				
志贺氏菌显色培养基	固体	选择性分离	生长率	36 ℃±1 ℃ 20 h～24 h	福氏志贺氏菌 CMCC(B)51572	TSA	定量	$PR \geqslant 0.5$	白色，突起，无色素沉淀圈
					痢疾志贺氏菌 CMCC(B)51105				白色，突起，有清晰环，无色素沉淀圈
			特异性		大肠埃希氏菌 ATCC 25922	—	定性	—	黄色，有清晰环，无色素沉淀圈
					产气肠杆菌 ATCC13048				绿色菌落，无环和沉淀圈
			选择性		金黄色葡萄球菌 ATCC 6538		半定量	$G \leqslant 1$	—
改良 CCD(mCCD)琼脂	固体	选择性分离	生长率	42 ℃±1 ℃ 24 h～48 h 微需氧	空肠弯曲菌 ATCC33291	无抗生素的 CCD	定量	$PR \geqslant 0.5$	菌落有光泽、潮湿、扁平，呈扩散生长倾向
			选择性	42 ℃±1 ℃ 24 h～48 h	大肠埃希氏菌 ATCC 25922	—	半定量	$G \leqslant 1$	—
					金黄色葡萄球菌 ATCC 6538				
Skirrow 琼脂	固体	选择性分离	生长率	42 ℃±1 ℃ 24 h～48 h 微需氧	空肠弯曲菌 ATCC33291	无抗生素的 CCD	定量	$PR \geqslant 0.5$	菌落灰色、扁平、湿润有光泽，呈沿接种线向外扩散倾向
			选择性	42 ℃±1 ℃ 24 h～48 h	大肠埃希氏菌 ATCC 25922	—	半定量	$G \leqslant 1$	—
					金黄色葡萄球菌 ATCC 6538				
改良纤维二糖-多黏菌素 B-多黏菌素 E(mCPC)琼脂	固体	选择性分离	生长率	39.5 ℃±0.5 ℃或 36 ℃±1 ℃ 18 h～24 h	创伤弧菌 ATCC27562	3%氯化钠 TSA	定量	$PR \geqslant 0.1$	圆型扁平，中心不透明，边缘透明的黄色菌落
			特异性		霍乱弧菌 VBO	—	定性	—	紫色菌落
			选择性		副溶血性弧菌 ATCC17802		半定量	$G \leqslant 1$	—

表 D.2（续）

培养基	状态	功能分类	质控指标	培养条件	质控菌株	参比培养基	方法	质控评定标准	特征性反应
纤维二糖-多黏菌素 E(CC)琼脂	固体	选择性分离	生长率	39 ℃～40 ℃或 36 ℃±1 ℃ 18 h～24 h	创伤弧菌 ATCC27562	3%氯化钠 TSA	定量	$PR \geqslant 0.5$	圆型扁平，中心不透明，边缘透明的黄色菌落
			特异性		霍乱弧菌 VBO	—	定性	—	紫色菌落
			选择性		副溶血性弧菌 ATCC17802		半定量	$G \leqslant 1$	—
硫代硫酸钠-柠檬酸盐-胆盐-蔗糖琼脂(TCBS)	固体	选择性分离	生长率	36 ℃±1 ℃ 18 h～24 h	副溶血性弧菌 ATCC17802	3%氯化钠 TSA	定量	$PR \geqslant 0.2$	绿色菌落
			选择性		大肠埃希氏菌 ATCC 25922	—	半定量	$G \leqslant 1$	—
弧菌显色培养基	固体	选择性分离	生长率	36 ℃±1 ℃ 18 h～24 h	副溶血性弧菌 ATCC17802	3%氯化钠 TSA	定量	$PR \geqslant 0.5$	按说明书判定
			特异性		霍乱弧菌 VBO	—	定性	—	按说明书判定
					溶藻弧菌 ATCC33787				按说明书判定
			选择性		大肠埃希氏菌 ATCC25922	—	半定量	$G \leqslant 1$	—
Baird-Parker 琼脂	固体	选择性计数	生长率	36 ℃±1 ℃ 18 h～24 h 或 45 h～48 h	金黄色葡萄球菌 ATCC 25923	TSA	定量	$PR \geqslant 0.7$	菌落黑色凸起，周围有一混浊带，在其外层有一透明圈
			特异性		表皮葡萄球菌 CMCC(B)26069	—	定性	—	黑色菌落，无混浊带和透明圈
			选择性		大肠埃希氏菌 ATCC 25922	—	半定量	$G \leqslant 1$	—
结晶紫中性红胆盐琼脂(VRBA)	固体	选择性计数	生长率	36 ℃±1 ℃ 18 h～24 h	大肠埃希氏菌 ATCC25922	TSA	定量	$PR \geqslant 0.7$	有或无沉淀环的紫红色或红色菌落
					弗氏柠檬酸杆菌 ATCC43864				
			选择性		粪肠球菌 ATCC 29212	—	半定量	$G < 5$	—
VRB-MUG 琼脂	固体	选择性计数	生长率	36 ℃±1 ℃ 18 h～24 h	大肠埃希氏菌 ATCC25922	TSA	定量	$PR \geqslant 0.7$	带有沉淀环的紫红色或红色菌落，有荧光
			特异性		弗氏柠檬酸杆菌 ATCC43864	—	定性	—	可带有沉淀环的红色菌落，无荧光
			选择性		粪肠球菌 ATCC 29212		半定量	$G < 5$	—
马铃薯葡萄糖琼脂(PDA)	固体	选择性计数	生长率	28 ℃±1 ℃ 5d	酿酒酵母 ATCC 9763	沙氏葡萄糖琼脂	定量	$PR \geqslant 0.7$	奶油色菌落
					黑曲霉 ATCC 16404				白色菌丝，黑色孢子
			选择性		大肠埃希氏菌 ATCC 25922	—	半定量	$G \leqslant 1$	—
					金黄色葡萄球菌 ATCC 6538				

表 D.2（续）

培养基	状态	功能分类	质控指标	培养条件	质控菌株	参比培养基	方法	质控评定标准	特征性反应
孟加红培养基	固体	选择性计数	生长率	28 ℃±1 ℃ 5d	酿酒酵母 ATCC 9763	沙氏葡萄糖琼脂	定量	$PR \geqslant 0.7$	奶油色菌落
					黑曲霉 ATCC 16404				白色菌丝，黑色孢子
			选择性		大肠埃希氏菌 ATCC 25922 金黄色葡萄球菌 ATCC 6538	—	半定量	$G \leqslant 1$	—
莫匹罗星锂盐(Li-Mupirocin)改良 MRS 培养基	固体	选择性计数	生长率	36 ℃±1 ℃ 48 h±2 h 厌氧培养	婴儿双歧杆菌 CICC 6069	MRS 培养基	定量	$PR \geqslant 0.7$	圆形凸起，边缘整齐，无色不透明
			选择性		德氏乳杆菌保加利亚亚种 CICC6032 嗜热链球菌 IFFI 6038	—	半定量	$G \leqslant 1$	—
甘露醇卵黄多黏菌素琼脂(MYP)	固体	选择性计数	生长率	30 ℃±2 ℃ 24 h～48 h	蜡样芽胞杆菌 CMCC(B)63303	TSA	定量	$PR \geqslant 0.7$	菌落为微粉红色，周围有淡粉红色沉淀环
			特异性		枯草芽胞杆菌 ATCC6633	—	定性	—	黄色菌落，无沉淀环
			选择性		大肠埃希氏菌 ATCC25922	—	半定量	$G \leqslant 1$	—
胰胨-亚硫酸盐-环丝氨酸琼脂(TSC)	固体	选择性计数	生长率	36 ℃±1 ℃ 20 h～24 h 厌氧培养	产气荚膜梭菌 ATCC13124	TSC	定量	$PR \geqslant 0.7$	黑色菌落
			选择性		艰难梭菌 ATCC43593	—	半定量	$G \leqslant 1$	—

表 D.3 非选择性增菌培养基质量控制标准

培养基	状态	功能分类	质控指标	培养条件	质控菌株	接种计数培养基	方法	质控评定标准
含 0.6%酵母浸膏的胰酪胨大豆肉汤(TSB-YE)	液体	非选择性增菌	生长率	30 ℃±1 ℃ 24 h～48 h	单核细胞增生李斯特氏菌 ATCC 19115	TSA	半定量	混浊度 2
液体硫乙醇酸盐培养基(FTG)	液体	非选择性增菌	生长率	36 ℃±1 ℃ 18 h～24 h	产气荚膜梭菌 ATCC13124	哥伦比亚琼脂	半定量	混浊度 2
缓冲蛋白胨水(BP)	液体	非选择性增菌	生长率	36 ℃±1 ℃ 8 h	鼠伤寒沙门氏菌 ATCC14028	TSA	半定量	取 10μL 增菌液倾注 TSA 平板 36 ℃±1 ℃培养 18 h～24 h，在 TSA 上>100CFU
脑心浸出液肉汤(BHI)	液体	非选择性增菌	生长率	36 ℃±1 ℃ 18 h～24 h	金黄色葡萄球菌 ATCC6538	TSA	半定量	混浊度 2

表 D.3（续）

培养基	状态	功能分类	质控指标	培养条件	质控菌株	接种计数培养基	方法	质控评定标准
布氏肉汤	液体	非选择性增菌	生长率	42 ℃±1 ℃ 48 h±2 h,微需氧	空肠弯曲菌 ATCC33291	无抗生素的 CCD	半定量	混浊度 1～2

表 D.4　选择性增菌培养基质量控制标准

培养基	状态	功能分类	质控指标	培养条件	质控菌株	接种计数培养基	方法	质控评定标准	特征性反应
李氏增菌肉汤(LB1,LB2)	液体	选择性增菌	生长率	30 ℃±1 ℃ 24 h	单核细胞增生李斯特氏菌 ATCC 19115 +大肠埃希氏菌 ATCC 25922 +粪肠球菌 ATCC 29212	TSA	半定量(LB2 目标菌接种量为300CFU～500CFU)	在 PALCAM 上>10 CFU,培养基变黑	灰色至黑色菌落,带有黑色晕环
			选择性		大肠埃希氏菌 ATCC 25922 粪肠球菌 ATCC29212			在 TSA 上<100 CFU	—
Bolton 肉汤	液体	选择性增菌	生长率	42 ℃±1 ℃ 24 h～48 h 微需氧培养	空肠弯曲菌 ATCC33291 +金黄色葡萄球菌 ATCC6538 +大肠埃希氏菌 ATCC25922	无抗生素的 CCD	半定量	空肠弯曲菌在改良 CCD 平板上>10 CFU	菌落呈灰白色
			选择性		金黄色葡萄球菌 ATCC6538 大肠埃希氏菌 ATCC25922	TSA		在 TSA 上<100 CFU	—
四硫磺酸钠煌绿增菌液(TTB)	液体	选择性增菌	生长率	42 ℃±1 ℃ 18 h～24 h	鼠伤寒沙门氏菌 ATCC14028 +大肠埃希氏菌 ATCC25922 +铜绿假单胞菌 ATCC 27853	TSA	半定量	在 XLD 上>10 CFU	菌落无色半透明,有黑心
			选择性		大肠埃希氏菌 ATCC 25922 粪肠球菌 ATCC29212			在 TSA 上<100 CFU	—
亚硒酸盐胱氨酸增菌液(SC)	液体	选择性增菌	生长率	36 ℃±1 ℃ 18 h～24 h	鼠伤寒沙门氏菌 ATCC14028 +大肠埃希氏菌 ATCC25922 +铜绿假单胞菌 ATCC 27853	TSA	半定量	在 XLD 上>10 CFU	菌落无色半透明,有黑心
			选择性		大肠埃希氏菌 ATCC 25922 粪肠球菌 ATCC29212			在 TSA 上<100 CFU	—

表 D.4（续）

培养基	状态	功能分类	质控指标	培养条件	质控菌株	接种计数培养基	方法	质控评定标准	特征性反应
10% 氯化钠胰酪胨大豆肉汤	液体	选择性增菌	生长率	36 ℃±1 ℃ 18 h～24	金黄色葡萄球菌 ATCC 6538 ＋大肠埃希氏菌 ATCC 25922	TSA	半定量	在 Baird-Parker 上＞10 CFU	菌落黑色凸起，周围有一混浊带，在其外层有一透明圈
			选择性		大肠埃希氏菌 ATCC 25922			在 TSA 上＜100 CFU	—
7.5%氯化钠胰酪胨大豆肉汤	液体	选择性增菌	生长率	36 ℃±1 ℃ 18 h～24	金黄色葡萄球菌 ATCC 6538 ＋大肠埃希氏菌 ATCC 25922	TSA	半定量	在 Baird－Parker 上＞10 CFU	菌落黑色凸起，周围有一混浊带，在其外层有一透明圈
			选择性		大肠埃希氏菌 ATCC 25922			在 TSA 上＜100 CFU	—
改良磷酸盐缓冲液	液体	选择性增菌	生长率	26 ℃±1 ℃ 48 h～72 h	小肠结肠炎耶尔森氏菌 CMCC(B) 52204 ＋粪肠球菌 ATCC29212 ＋铜绿假单胞菌 ATCC27853	TSA	半定量	在改良 Y 平板上＞10 CFU	菌落圆形、无色透明，不黏稠
			选择性		金黄色葡萄球菌 ATCC 6538 粪肠球菌 ATCC29212			在 TSA 上＜100 CFU	—
改良月桂基硫酸盐胰蛋白胨肉汤-万古霉素	液体	选择性增菌	生长率	44 ℃±0.5 ℃ 24 h±2 h	阪崎肠杆菌 ATCC29544 ＋大肠埃希氏菌 ATCC25922 ＋粪肠球菌 ATCC 29212	TSA	半定量	在阪崎肠杆菌显色培养基上＞10 CFU	绿-蓝色菌落或按说明书判定
			选择性		大肠埃希氏菌 ATCC 25922 粪肠球菌 ATCC 29212			在 TSA 上＜100 CFU	—
胰酪胨大豆多粘菌素肉汤	液体	选择性增菌	生长率	30 ℃±1 ℃ 24 h～48 h	蜡样芽胞杆菌 CMCC(B)63303 ＋大肠埃希氏菌 ATCC 25922	TSA	半定量	在 MYP 上＞10 CFU	菌落为微粉红色，周围有淡粉红色沉淀环
			选择性		大肠埃希氏菌 ATCC 25922			在 TSA 上＜100 CFU	—

表 D.4（续）

培养基	状态	功能分类	质控指标	培养条件	质控菌株	接种计数培养基	方法	质控评定标准	特征性反应
志贺氏菌增菌肉汤(shigella broth)	液体	选择性增菌	生长率	41.5 ℃±0.5 ℃ 18 h±2 h 厌氧培养	福氏志贺氏菌 CMCC(B)51572 +金黄色葡萄球菌 ATCC6538	TSA	半定量	在 XLD 上>10 CFU	无色至粉红色，半透明菌落
			选择性		金黄色葡萄球菌 ATCC6538			在 TSA 上<100 CFU	—
GN 增菌液	液体	选择性增菌	生长率	36 ℃±1 ℃ 8 h	福氏志贺氏菌 CMCC(B)51572 +粪肠球菌 ATCC29212	TSA	半定量	在 HE 琼脂上>10 CFU	菌落呈绿-蓝色
			选择性		粪肠球菌 ATCC29212			在 TSA 上<100 CFU	—
3%氯化钠碱性蛋白胨水	液体	选择性增菌	生长率	36 ℃±1 ℃ 8 h	副溶血性弧菌 ATCC17802 +大肠埃希氏菌 ATCC25922	3%TSA	半定量	在弧菌显色培养基平板上>10 CFU	品红色菌落或按说明书判定
			选择性		大肠埃希氏菌 ATCC25922	TSA		在 TSA 上<100 CFU	—
改良 EC 肉汤(mEC+n)	液体	选择性增菌	生长率	36 ℃±1 ℃ 18 h～24 h	大肠杆菌 O157:H7 NCTC12900 +粪肠球菌 ATCC29212	TSA	半定量	在 CT－SMAC 上>10 CFU	菌落无色，中心灰褐色
			选择性		粪肠球菌 ATCC29212			在 TSA 上<100 CFU	—
改良麦康凯(CT-MAC)肉汤	液体	选择性增菌	生长率	36 ℃±1 ℃ 17 h～19 h	大肠杆菌 O157:H7 NCTC12900 +大肠埃希氏菌 ATCC25922 +金黄色葡萄球菌 ATCC 6538	TSA	半定量	在 CT－SMAC 上>10 CFU	菌落无色，中心灰褐色
			选择性		大肠埃希氏菌 ATCC25922 金黄色葡萄球菌 ATCC 6538			在 TSA 上<100 CFU	—

表 D.5　选择性液体计数培养基质量控制标准

培养基	状态	功能分类	质控指标	培养条件	质控菌株	接种计数培养基	方法	质控评定标准
月桂基磺酸盐胰蛋白胨肉汤(LST)	液体	选择性液体计数	生长率	36 ℃±1 ℃ 24 h～48 h	大肠埃希氏菌 ATCC 25922 弗氏柠檬酸杆菌 ATCC43864	TSA	半定量	混浊度 2，且气体充满管内 1/3
			选择性		粪肠球菌 ATCC 29212			混浊度 0(不生长)

表 D.5（续）

培养基	状态	功能分类	质控指标	培养条件	质控菌株	接种计数培养基	方法	质控评定标准
煌绿乳糖胆盐肉汤(BGLB)	液体	选择性液体计数	生长率	36 ℃±1 ℃ 24 h～48 h	大肠埃希氏菌 ATCC 25922 弗氏柠檬酸杆菌 ATCC43864	TSA	半定量	混浊度 2，且气体充满管内 1/3
			选择性		粪肠球菌 ATCC 29212			混浊度 0(不生长)或混浊度 1(微弱生长)，不产气
EC 肉汤	液体	选择性液体计数	生长率	44.5 ℃±0.2 ℃ 24 h～48 h	大肠埃希氏菌 ATCC25922	TSA	半定量	混浊度 2，且气体充满管内 1/3
			选择性		粪肠球菌 ATCC 29212			混浊度 0(不生长)

表 D.6　悬浮培养基和运输培养基质量控制标准

培养基	状态	功能分类	质控指标	培养条件	质控菌株	接种计数培养基	方法	质控评定标准
磷酸盐缓冲液(PBS)	液体	悬浮培养基	生长率	20 ℃～25 ℃ 45min	大肠埃希氏菌 ATCC 25922 金黄色葡萄球菌 ATCC 6538	TSA	定量	接种前后菌落数变化在±50%
3%氯化钠溶液	液体	悬浮培养基	生长率	20 ℃～25 ℃ 45min	副溶血性弧菌 ATCC17802	3%TSA	定量	接种前后菌落数变化在±50%
0.1%蛋白胨水	液体	悬浮培养基	生长率	20 ℃～25 ℃ 45min	产气荚膜梭菌 ATCC 13124	哥伦比亚琼脂	定量	接种前后菌落数变化在±50%
缓冲甘油-氯化钠溶液	液体	运输培养基	生长率	−60 ℃ 24 h	产气荚膜梭菌 ATCC 13124	哥伦比亚琼脂	定量	接种前后菌落数变化在±50%

表 D.7　Mueller Hinton 血琼脂质量控制标准

培养基	状态	功能分类	质控指标	培养条件	质控菌株	方法	质控评定标准
Mueller Hinton 血琼脂	固体	药敏试验培养基	生化特性	36 ℃±1 ℃ 22 h±2 h，微需氧培养	空肠弯曲菌 ATCC33291	定性	头孢唑林钠纸片无抑菌圈，萘啶酮酸纸片有抑菌圈

表 D.8 鉴定培养基和实验试剂质量控制标准

培养基	状态	功能分类	质控指标	培养条件	质控菌株	方法	质控评定标准
三糖铁琼脂(TSI)	高层斜面	鉴定	生化特性	36 ℃±1 ℃ 24 h	大肠埃希氏菌 ATCC 25922	定性	生长良好,A/A;产气;不产硫化氢[a]
					肠炎沙门氏菌 CMCC(B)50335		生长良好,K/A;产气;产硫化氢[a,b]
					福氏志贺氏菌 CMCC(B)51572		生长良好,K/A;不产气;不产硫化氢
					铜绿假单胞菌 ATCC 27853		生长良好,K/K;不产气;不产硫化氢
西蒙氏柠檬酸盐培养基	斜面	鉴定	生化特性	36 ℃±1 ℃ 24 h±2 h	肺炎克雷伯氏菌 CMCC(B)46117	定性	生长良好,培养基变蓝
					宋内志贺氏菌 CMCC(B)51592		生长不良或不长 ,培养基不变色
尿素琼脂(pH7.2)	斜面	鉴定	生化特性	36 ℃±1 ℃ 24 h	普通变形杆菌 CMCC(B)49027	定性	生长良好,培养基变桃红色
					大肠埃希氏菌 ATCC 25922		生长良好,培养基变黄色
醋酸盐利用试验	斜面	鉴定	生化特性	36 ℃±1 ℃ 24 h～48 h	大肠埃希氏菌 ATCC25922	定性	阳性,培养基变蓝色
					宋内志贺氏菌 CMCC(B)51592		阴性,培养基不变色(绿色)
3%氯化钠三糖铁琼脂(TSI)	高层斜面	鉴定	生化特性	36 ℃±1 ℃ 18 h～24 h	副溶血性弧菌 ATCC17802	定性	生长良好,斜面变红,底部变黄
					溶藻弧菌 ATCC33787		生长良好,斜面和底部均变黄
改良克氏双糖	高层斜面	鉴定	生化特性	26 ℃±1 ℃ 24 h	小肠结肠炎耶尔森氏菌 CMCC(B)52204	定性	生长良好,A/A;不产气;不产硫化氢[a]
					鼠伤寒沙门氏菌 ATCC14028		生长良好,A/A;产气,产硫化氢
					福氏志贺氏菌 CMCC(B)51572		生长良好,K/A;不产气,不产硫化氢[a,b]
					粪产碱杆菌 CMCC(B)40001		生长良好,K/K;不产气,不产硫化氢
邻硝基酚 β-D 半乳糖苷培养基(ONPG)	液体	鉴定	生化特性	36 ℃±1 ℃ 24 h	肺炎克雷伯氏菌 CMCC 46117	定性	阳性,培养基变深黄色
					伤寒沙门氏菌 CMCC(B)50071		阴性,培养基无色或浅黄色
蛋白胨水(靛基质试验)	液体	鉴定 实验试剂	生化特性	36 ℃±1 ℃ 18 h～24 h	大肠埃希氏菌 ATCC 25922	定性	阳性,滴加靛基质试剂,显红色
					产气肠杆菌 ATCC13048		阴性,滴加靛基质试剂,黄色
氰化钾培养基(KCN)	液体	鉴定	生化特性	36 ℃±1 ℃ 24 h	普通变形杆菌 CMCC(B)49027	定性	生长良好,培养基混浊
					伤寒沙门氏菌 CMCC(B)50071		不生长,澄清
氰化钾对照培养基(KCN)	液体	鉴定	生化特性	36 ℃±1 ℃ 24 h	普通变形杆菌 CMCC(B)49027	定性	生长良好,培养基混浊
					伤寒沙门氏菌 CMCC(B)50071		生长良好,培养基混浊
葡萄糖铵培养基	斜面	鉴定	生化特性	36 ℃±1 ℃ 20 h～24 h	鼠伤寒沙门氏菌 ATCC14028	定性	生长良好,培养基变黄
					福氏志贺氏菌 CMCC(B)51572		不生长,培养基不变色

表 D.8（续）

培养基	状态	功能分类	质控指标	培养条件	质控菌株	方法	质控评定标准
缓冲葡萄糖蛋白胨水[甲基红(MR)和V-P试验]	液体	鉴定 实验试剂	生化特性	36 ℃±1 ℃ 48 h	大肠埃希氏菌 ATCC 25922	定性	生长良好，滴加MR试剂1滴，培养基变红。滴加V-P甲液0.5mL和乙液0.2mL，20min内液面不显红色
					产气肠杆菌 ATCC13048		生长良好，滴加MR试剂1滴，培养基不变色。滴加P甲液0.5mL和乙液0.2mL，20min内液面显红色
鼠李糖发酵管	液体	鉴定	生化特性	36 ℃±1 ℃ 24 h±2 h	单核细胞增生李斯特氏菌 ATCC 19115	定性	阳性，培养基变黄
					伤寒沙门氏菌 CMCC(B)50071		阴性，培养基颜色不变
0.5%蔗糖发酵管 0.5%纤维二糖发酵管 0.5%麦芽糖发酵管 0.5%甘露醇发酵管 0.5%水杨苷发酵管 0.5%山梨醇发酵管 0.5%棉子糖发酵管 七叶苷发酵管	液体	鉴定	生化特性	36 ℃±1 ℃ 24 h	植物乳杆菌 GIM1.140	定性	阳性，培养基变黄
					德氏乳杆菌保加利亚亚种 CICC6032		阴性，培养基紫色不变
L-赖氨酸脱羧酶培养基	液体	鉴定	生化特性	36 ℃±1 ℃，24 h±2 h以灭菌液体石蜡覆盖培养基表面	鼠伤寒沙门氏菌 ATCC14028	定性	阳性，培养基呈紫色
					普通变形杆菌 CMCC(B)49027		阴性，培养基呈黄色
L-鸟氨酸脱羧酶试验培养基	液体	鉴定	生化特性	36 ℃±1 ℃，24 h±2 h以灭菌液体石蜡覆盖培养基表面	鼠伤寒沙门氏菌 ATCC14028	定性	阳性，培养基呈紫色
					普通变形杆菌 CMCC(B)49027		阴性，培养基呈黄色
氨基酸脱羧酶对照	液体	鉴定	生化特性	36 ℃±1 ℃，24 h±2 h以灭菌液体石蜡覆盖培养基表面	与各种氨基酸脱羧酶的阳性和阴性质控菌株对应	定性	生长良好，培养基呈黄色
L-精氨酸双水解酶培养基	液体	鉴定	生化特性	36 ℃±1 ℃，24 h±2 h以灭菌液体石蜡覆盖培养基表面	鼠伤寒沙门氏菌 ATCC14028	定性	阳性，培养基呈紫色
					普通变形杆菌 CMCC(B)49027		阴性，培养基呈黄色

表 D.8（续）

培养基	状态	功能分类	质控指标	培养条件	质控菌株	方法	质控评定标准
精氨酸双水解酶对照	液体	鉴定	生化特性	36 ℃±1 ℃，24 h±2 h以灭菌液体石蜡覆盖培养基表面	鼠伤寒沙门氏菌 ATCC14028	定性	生长良好，培养基呈黄色
硝酸盐肉汤	液体	鉴定	生化特性	30 ℃±1 ℃ 24 h～48 h	蜡样芽胞杆菌 CMCC(B)63303	定性	阳性，滴加硝酸盐还原试剂甲、乙液各2滴～3滴，培养基变红棕色
					硝酸盐阴性不动杆菌 CMCC(B)25001		阴性，滴加硝酸盐还原试剂甲、乙液各2滴～3滴，培养基不变色
葡萄糖发酵管	液体	鉴定	生化特性	36 ℃±1 ℃ 24 h	大肠埃希氏菌 ATCC25922	定性	阳性，培养基变黄
					粪产碱杆菌 CMCC(B) 40001		阴性，培养基不变色
甘露醇发酵管	液体	鉴定	生化特性	36 ℃±1 ℃ 24 h	大肠埃希氏菌 ATCC25922	定性	阳性，培养基变黄色
					普通变形杆菌 CMCC(B)49027		阴性，培养基颜色不变
木糖发酵管	液体	鉴定	生化特性	36 ℃±1 ℃ 24 h	肺炎克雷伯氏菌 CMCC(B)46117	定性	阳性，培养基变黄色
					单核细胞增生李斯特氏菌 ATCC 19115		阴性，养基颜色不变
蔗糖发酵管	液体	鉴定	生化特性	36 ℃±1 ℃ 24 h	普通变形杆菌 CMCC(B)49027	定性	阳性，培养基呈黄色
					鼠伤寒沙门氏菌 ATCC14028		阴性，培养基颜色不变
纤维二糖发酵管	液体	鉴定	生化特性	36 ℃±1 ℃ 24 h	肺炎克雷伯氏菌 CMCC(B) 46117	定性	阳性，培养基呈黄色
					大肠埃希氏菌 ATCC25922		阴性，培养基颜色不变
麦芽糖发酵管	液体	鉴定	生化特性	36 ℃±1 ℃ 24 h	伤寒沙门氏菌 CMCC(B)50071	定性	阳性，培养基呈黄色
					铜绿假单胞菌 ATCC9027		阴性，培养基颜色不变
水杨苷发酵管	液体	鉴定	生化特性	36 ℃±1 ℃ 24 h	肺炎克雷伯氏菌 CMCC(B) 46117	定性	阳性，培养基变黄
					伤寒沙门氏菌 CMCC(B)50071		阴性，培养基不变色
山梨醇发酵管	液体	鉴定	生化特性	36 ℃±1 ℃ 24 h	肺炎克雷伯氏菌 CMCC(B) 46117	定性	阳性，培养基变黄色
					宋内志贺氏菌 CMCC(B)51592		阴性，培养基颜色不变
棉籽糖	液体	鉴定	生化特性	36 ℃±1 ℃ 24 h	肺炎克雷伯氏菌 CMCC (B)46117	定性	阳性，培养基呈黄色
					普通变形杆菌 CMCC(B)49027		阴性，培养基颜色不变
黏液酸利用试验	液体	鉴定	生化特性	36 ℃±1 ℃ 24 h～48 h	大肠埃希氏菌 ATCC25922	定性	阳性，培养基呈黄色
					福氏志贺氏菌 CMCC(B)51572		阴性，培养基颜色不变
含铁牛乳培养基	液体	鉴定	生化特性	46 ℃±0.5 ℃ 2 h与5 h均观察	产气荚膜梭菌 ATCC 13124	定性(接种生长旺盛的FT培养液1mL)	暴烈发酵
					大肠埃希氏菌 ATCC 25922		不发酵

表 D.8（续）

培养基	状态	功能分类	质控指标	培养条件	质控菌株	方法	质控评定标准
无盐胨水	液体	鉴定	生化特性	36 ℃±1 ℃ 24 h	霍乱弧菌 VbO	定性	生长良好，混浊
					副溶血性弧菌 ATCC17802		不生长，澄清
3%氯化钠胨水	液体	鉴定	生化特性	36 ℃±1 ℃ 24 h	副溶血性弧菌 ATCC17802	定性	生长良好，混浊
					创伤弧菌 ATCC27562		生长良好，混浊
6%氯化钠胨水	液体	鉴定	生化特性	36 ℃±1 ℃ 24 h	副溶血性弧菌 ATCC17802	定性	生长良好，混浊
					嗜水气单胞菌 As1.172		不生长，澄清
8%氯化钠胨水	液体	鉴定	生化特性	36 ℃±1 ℃ 24 h	副溶血性弧菌 ATCC17802	定性	生长良好，混浊
					创伤弧菌 ATCC27562		不生长，澄清
10%氯化钠胨水	液体	鉴定	生化特性	36 ℃±1 ℃ 24 h	溶藻弧菌 ATCC33787	定性	生长良好，混浊
					副溶血性弧菌 ATCC17802		不生长，澄清
3.0%氯化钠甘露醇	液体	鉴定	生化特性	36 ℃±1 ℃ 24 h～48 h	副溶血性弧菌 ATCC17802	定性	阳性，培养基变黄色
					普通变形杆菌 CMCC(B)49027		阴性，培养基颜色不变
3.0%氯化钠赖氨酸脱羧酶	液体	鉴定	生化特性	36 ℃±1 ℃，24 h～48 h 以灭菌液体石蜡覆盖培养基表面	副溶血性弧菌 ATCC17802	定性	阳性，培养基变紫色
					普通变形杆菌 CMCC(B)49027		阴性，培养基变黄色
3.0%氯化钠氨基酸脱羧酶对照	液体	鉴定	生化特性	36 ℃±1 ℃ 24 h～48 h	副溶血性弧菌 ATCC17802	定性	生长良好，培养基变黄色
					普通变形杆菌 CMCC(B)49027		生长良好，培养基变黄色
七叶苷发酵管	液体	鉴定	生化特性	36 ℃±1 ℃ 24 h	肺炎克雷伯氏菌 CMCC(B) 46117	定性	阳性，培养基变棕黑色
					奇异变形杆菌 CMCC(B)49005		阴性，培养基颜色不变
3.0%氯化钠 MR-VP 培养基	液体	鉴定	生化特性	36 ℃±1 ℃ 48 h	产气肠杆菌 ATCC13048	定性	MR 试验阴性，滴加 MR 试剂 1 滴培养基呈黄色
					副溶血性弧菌 ATCC17802		MR 试验阳性，滴加 MR 试剂 1 滴培养基呈红色；V-P 试验阳性，滴加 0.6mL 甲液及 0.2mL 乙液，培养基不变色
					溶藻弧菌 ATCC33787		V-P 试验阳性，滴加 0.6mL 甲液及 0.2mL 乙液，培养基呈红色
乳糖发酵管	液体	鉴定	生化特性	36 ℃±1 ℃ 24 h	大肠埃希氏菌 ATCC25922	定性	阳性，培养基变黄色
					伤寒沙门氏菌 CMCC(B)50071		阴性，培养基颜色不变

表 D.8（续）

培养基	状态	功能分类	质控指标	培养条件	质控菌株	方法	质控评定标准
Koser 氏柠檬酸盐肉汤	液体	鉴定	生化特性	36 ℃±1 ℃ 18 h～96 h	弗氏柠檬酸杆菌 ATCC43864	定性	生长良好，培养基混浊
					大肠埃希氏菌 ATCC25922		不生长，培养基澄清
SIM 动力培养基	半固体	鉴定	生化特性	36 ℃±1 ℃ 24 h～48 h	大肠埃希氏菌 ATCC25922	定性	硫化氢－ 动力＋/－ 靛基质＋
					伤寒沙门氏菌 CMCC(B)50071		硫化氢＋/－动力＋ 靛基质－
动力培养基	半固体	鉴定	生化特性	30 ℃±1 ℃ 24 h～48 h	蜡样芽胞杆菌 CMCC(B)63303	定性	阳性，扩散生长
					蕈状芽胞杆菌 ATCC10206		阴性，沿穿刺线生长
明胶培养基	固体	鉴定	生化特性	36 ℃±1 ℃ 72 h	铜绿假单胞菌 ATCC9027	定性	2 ℃～8 ℃呈液态
					大肠埃希氏菌 ATCC25922		2 ℃～8 ℃呈固态
兔血浆	固体	鉴定	生化特性	36 ℃±1 ℃ 4 h～6 h	金黄色葡萄球菌 ATCC 6538	定性（接种培养 18 h～24 h 的新鲜质控菌株肉汤 1mL）	血浆凝固
					表皮葡萄球菌 CMCC(B) 26069		血浆不凝固
酪蛋白琼脂	固体	鉴定	生化特性	30 ℃±1 ℃ 24 h	蜡样芽胞杆菌 CMCC(B)63303	定性	菌落周围有透明圈，培养基颜色由绿变蓝
					大肠埃希氏菌 ATCC 25922		菌落周围没有透明圈，培养基由绿变蓝
缓冲动力－硝酸盐培养基	固体	鉴定	生化特性	36 ℃±1 ℃ 24 h	产气荚膜梭菌 ATCC13124	定性	沿穿刺线生长，加硝酸盐还原试剂甲乙液各 2 滴变红色
					硝酸盐阴性不动杆菌 CMCC(B)25001		沿穿刺线生长，加硝酸盐还原试剂甲乙液各 2 滴不变色
					大肠埃希氏菌 ATCC 25922		扩散生长，加硝酸盐还原试剂甲乙液各 2 滴变红色
我妻氏血琼脂	固体	鉴定	生化特性	36 ℃±1 ℃ 24 h	副溶血性弧菌 ATCC33847	定性（点种接种）	菌落周围有半透明 β 溶血环
					副溶血性弧菌 ATCC17802		无溶血
血琼脂平板 哥伦比亚血琼脂	固体	鉴定	特异性	36 ℃±1 ℃ 24 h±2 h	金黄色葡萄球菌 ATCC 6538	定性（划线接种）	菌落周围有 β 溶血环
					蜡样芽胞杆菌 CMCC(B)63303		菌落周围有 α 溶血环

表 D.8（续）

培养基	状态	功能分类	质控指标	培养条件	质控菌株	方法	质控评定标准
蜜二糖	液体	鉴定	生化特性	36 ℃±1 ℃ 24 h	阪崎肠杆菌 ATCC29544	定性	阳性，培养基变黄
					小肠结肠炎耶尔森氏菌 CMCC(B)52204		阴性，培养基不变色
MUG-LST	液体	鉴定	生化特性	36 ℃±1 ℃ 18 h～24 h	大肠埃希氏菌 O157:H7 NCTC12900	定性	阴性，无荧光
					大肠埃希氏菌 ATCC25922		阳性，有荧光
革兰氏染色液	液体	实验试剂	生化特性	—	金黄色葡萄球菌 ATCC6538	定性	革兰氏阳性，紫色球状菌体
					大肠埃希氏菌 ATCC25922		革兰氏阴性，红色杆状菌体
过氧化氢试剂	液体	实验试剂	生化特性	—	单核细胞增生李斯特氏菌 ATCC19115	定性	阳性，产生气泡
					粪肠球菌 ATCC29212		阴性，无气泡产生
氧化酶试剂	纸片	实验试剂	生化特性	—	铜绿假单胞菌 ATCC9027	定性	阳性，出现紫红色至紫黑色
					大肠埃希氏菌 ATCC25922		阴性，不变色
卫矛醇发酵管	液体	鉴定	生化特性	36 ℃±1 ℃ 24 h	鼠伤寒沙门氏菌 CMCC(B)50115	定性	阳性，培养基变黄
					伤寒沙门氏菌 CMCC(B)50071		阴性，培养基不变色
丙二酸钠培养基	液体	鉴定	生化特性	36 ℃±1 ℃ 48 h	产气肠杆菌 ATCC13048	定性	阳性，培养基变蓝
					普通变形杆菌 CMCC(B)49027		阴性，培养基不变色
伦比亚琼脂	平板	鉴定	生化特性	36 ℃±1 ℃，44 h±4 h，微需氧培养	空肠弯曲菌 ATCC33291	定性 （划线接种）	生长良好
				25 ℃±1 ℃，44 h±4 h，微需氧培养			不生长
				42 ℃±1 ℃，44 h±4 h，需氧培养			不生长
马尿酸钠溶液（茚三酮试剂）	液体	鉴定 实验试剂	生化特性	36 ℃±1 ℃，水浴 2 h 或 36 ℃±1 ℃培养箱 4 h	空肠弯曲菌 ATCC33291	定性	阳性，滴加茚三酮试剂 0.2mL 在 36 ℃±1 ℃/水浴锅或培养箱 10min，出现深紫色
					结肠弯曲菌 ATCC43478		阴性，滴加茚三酮试剂 0.2mL 在 36 ℃±1 ℃/水浴锅或培养箱 10min，黄色
吲哚乙酸酯纸片	纸片	实验试剂	生化特性	—	空肠弯曲菌 ATCC33291	定性	阳性，5min～10min 内出现深蓝色

[a] A 表示产酸，培养基变黄。

[b] K 表示产碱，培养基变红。

表 D.9 质控菌株中文名和学名一览表

质控菌株中文名	质控菌株学名	质控菌株中文名	质控菌株学名
大肠埃希氏菌	*Escherichia coli*	单核细胞增生李斯特氏菌	*Listeria monocytogenes*
福氏志贺氏菌	*Shigella flexneri*	英诺克李斯特氏菌	*Listeria innocua*
痢疾志贺氏菌	*Shigella dysenteriae*	小肠结肠炎耶尔森氏菌	*Yersinia enterocolitica*
宋内志贺氏菌	*Shigella sonnei*	弗氏柠檬酸杆菌	*Citrobacter freundii*
阪崎肠杆菌	*Enterobacter sakazakii*	婴儿双歧杆菌	*Bifidobacterium infantis*
产气肠杆菌	*Enterobacter aerogenes*	德氏乳杆菌保加利亚亚种	*Lactobacillus delbrueckii* subsp. *bulgaricus*
肺炎克雷伯氏菌	*Klebsiella pneumoniae*	粪产碱杆菌	*Alcaligenes faecalis*
伤寒沙门氏菌	*Salmonella typhi*	植物乳杆菌	*Lactobacillus plantarum*
鼠伤寒沙门氏菌	*Salmonella typhimurium*	硝酸盐阴性不动杆菌	*Acinetobacter anitratum*
肠炎沙门氏菌	*Salmonella enteritidis*	创伤弧菌	*vibrio vulnificus*
奇异变形杆菌	*Proteus mirabilis*	霍乱弧菌	*Vibrio cholerae*
普通变形杆菌	*Proteus vulgaris*	副溶血性弧菌	*Vibrio parahaemolyticus*
空肠弯曲菌	*Campylobacter jejuni*	溶藻弧菌	*Vibrio alginolyticus*
结肠弯曲菌	*Campylobacter coli*	铜绿假单胞菌	*Pseudomonas aeruginosa*
嗜水气单胞菌	*Aeromonas hydrophila*	枯草芽胞杆菌	*Bacillus subtilis*
粪肠球菌	*Enterococcus faecalis*	蕈状芽胞杆菌	*Bacillus mycoides*
金黄色葡萄球菌	*Staphylococcus aureus*	产气荚膜梭菌	*Clostridium perfringens*
表皮葡萄球菌	*Staphylococcus epidermidis*	艰难梭菌	*Clostridium difficile*
嗜热链球菌	*Streptococcus thermophilus*	酿酒酵母	*Saccharomyces cerevisiae*
蜡样芽胞杆菌	*Bacillus cereus*	黑曲霉	*Aspergillus niger*

附　录　E
实验室使用商品化培养基和试剂的质量控制标准

实验室使用商品化培养基和试剂的质量控制标准见表 E.1～表 E.6。

表 E.1　非选择性分离和计数固体培养基质量控制标准

培养基	状态	功能分类	质控指标	培养条件	质控菌株	半定量质控评定标准	特征性反应
胰蛋白胨大豆琼脂	固体	非选择性分离	生长率	36 ℃±1 ℃ 24 h±2 h	大肠埃希氏菌 ATCC 25922	$G \geqslant 6$	—
					粪肠球菌 ATCC 29212		—
MC 培养基	固体	非选择性计数	生长率	36 ℃±1 ℃ 48 h±2 h	嗜热链球菌 IFFI 6038	$G \geqslant 6$	中等偏小，边缘光滑的红色菌落，可有淡淡的晕
MRS 培养基	固体	非选择性计数	生长率	36 ℃±1 ℃ 48 h±2 h	德氏乳杆菌保加利亚亚种 CICC6032	$G \geqslant 6$	圆形凸起，中等大小，边缘整齐，无色不透明
					嗜热链球菌 IFFI 6038		圆形凸起，菌落偏小，边缘整齐，无色不透明
					婴儿双歧杆菌 CICC 6069(厌氧培养)		圆形，中等大小，边缘整齐，瓷白色
3%氯化钠胰蛋白胨大豆琼脂(TSA)	固体	非选择性分离	生长率	36 ℃±1 ℃ 18 h～24 h	副溶血性弧菌 ATCC17802	$G \geqslant 6$	无色半透明菌落
					创伤弧菌落 ATCC 27562		
营养琼脂	固体	非选择性分离	生长率	36 ℃±1 ℃ 24 h	大肠埃希氏菌 ATCC 25922	$G \geqslant 6$	—
					金黄色葡萄球菌 ATCC 6538		
					枯草芽胞杆菌 ATCC6633		
含 0.6%酵母浸膏的胰酪胨大豆琼脂(TSA-YE)	固体	非选择性分离	生长率	30 ℃±1 ℃ 24 h～48 h	单核细胞增生李斯特氏菌 ATCC 19115	$G \geqslant 6$	—
平板计数琼脂(PCA)	固体	非选择性计数	生长率	36 ℃±1 ℃ 48 h±2 h	大肠埃希氏菌 ATCC 25922	$G \geqslant 6$	—
					金黄色葡萄球菌 ATCC 6538		
					枯草芽胞杆菌 ATCC 6633		

表 E.2　选择性分离和计数固体培养基质量控制标准

培养基	状态	功能分类	质控指标	培养条件	质控菌株	半定量质控评定标准	特征性反应
亚硫酸铋琼脂(BS)	固体	选择性分离	生长率	36 ℃±1 ℃ 40 h～48 h	伤寒沙门氏菌 CMCC(B)50071	$G\geqslant6$	黑色菌落，有金属光泽
					鼠伤寒沙门氏菌 ATCC14028	$G\geqslant6$	黑色或灰绿色菌落，有金属光泽
			选择性		大肠埃希氏菌 ATCC 25922	$G\leqslant1$	—
					粪肠球菌 ATCC 29212		
HE 琼脂	固体	选择性分离	生长率	36 ℃±1 ℃ 18 h～24 h	鼠伤寒沙门氏菌 ATCC14028	$G\geqslant6$	绿-蓝色菌落，有黑心
					福氏志贺氏菌 CMCC(B)51572		绿-蓝色菌落
			选择性		大肠埃希氏菌 ATCC 25922	$G<5$	橙红色菌落，可有胆酸沉淀
					粪肠球菌 ATCC 29212	$G\leqslant1$	—
木糖赖氨酸脱氧胆盐琼脂(XLD)	固体	选择性分离	生长率	36 ℃±1 ℃ 18 h～24 h	鼠伤寒沙门氏菌 ATCC14028	$G\geqslant6$	黑色菌落
					福氏志贺氏菌 CMCC(B)51572		无色菌落，无黑心
			选择性		大肠埃希氏菌 ATCC 25922	$G<5$	黄色菌落
					金黄色葡萄球菌 ATCC6538	$G\leqslant1$	—
沙门氏菌显色培养基	固体	选择性分离	生长率	36 ℃±1 ℃ 18 h～24 h	鼠伤寒沙门氏菌 ATCC14028	$G\geqslant6$	按说明书判定
			特异性		大肠埃希氏菌 ATCC 25922	—	按说明书判定
					奇异变形杆菌 CMCC(B)49005	—	按说明书判定
			选择性		粪肠球菌 ATCC 29212	$G\leqslant1$	—
PALCAM 琼脂	固体	选择性分离	生长率	36 ℃±1 ℃ 24 h～48 h	单核细胞增生李斯特氏菌 ATCC19115	$G\geqslant6$	灰绿色菌落，中心凹陷黑色，周围有黑色
			选择性		大肠埃希氏菌 ATCC 25922	$G\leqslant1$	—
					粪肠球菌 ATCC 29212		
麦康凯琼脂(MAC)	固体	选择性分离	生长率	36 ℃±1 ℃ 20 h～24 h	大肠埃希氏菌 ATCC25922	$G\geqslant6$	鲜桃红色或粉红色，可有胆酸沉淀
					福氏志贺氏菌 CMCC(B)51572		无色至浅粉红色，半透明棕色或绿色菌落
			选择性		金黄色葡萄球菌 ATCC6538	$G\leqslant1$	—
阪崎肠杆菌显色培养基	固体	选择性分离	生长率	36 ℃±1 ℃ 24 h±2 h	阪崎肠杆菌 ATCC29544	$G\geqslant6$	按说明书判定
			特异性		普通变形杆菌 CMCC(B)49027	—	按说明书判定
					大肠埃希氏菌 ATCC 25922	—	按说明书判定
			选择性		粪肠球菌 ATCC 29212	$G\leqslant1$	—

表 E.2（续）

培养基	状态	功能分类	质控指标	培养条件	质控菌株	半定量质控评定标准	特征性反应
CIN-1 培养基	固体	选择性分离	生长率	26 ℃±1 ℃ 48 h±2 h	小肠结肠炎耶尔森氏菌 CMCC(B)52204	$G \geqslant 6$	红色牛眼状菌落
			特异性		大肠埃希氏菌 ATCC 25922	—	圆形、粉红色菌，边缘有胆汁沉淀环
			选择性		金黄色葡萄球菌 ATCC6538	$G \leqslant 1$	—
改良 Y 培养基	固体	选择性分离	生长率	26 ℃±1 ℃ 48 h±2 h	小肠结肠炎耶尔森氏菌 CMCC(B)52204	$G \geqslant 6$	无色透明不黏稠菌落
			特异性		大肠埃希氏菌 ATCC 25922	—	粉红色菌落
			选择性		金黄色葡萄球菌 ATCC6538	$G \leqslant 1$	—
伊红美蓝琼脂(EMB)	固体	选择性分离	生长率	36 ℃±1 ℃ 18 h～24 h	大肠埃希氏菌 ATCC25922	$G \geqslant 6$	黑色菌落，具金属光泽
			特异性		鼠伤寒沙门氏菌 ATCC14028	—	菌落呈无色、半透明
			选择性		金黄色葡萄球菌 ATCC6538	$G < 5$	—
改良山梨醇麦康凯琼脂(CT－SMAC)	固体	选择性分离	生长率	36 ℃±1 ℃ 18 h～24 h	大肠埃希氏菌 O157:H7 NCTC12900	$G \geqslant 6$	无色菌落
			特异性		大肠埃希氏菌 ATCC25922	—	粉红色菌落，周围有胆盐沉淀
			选择性		金黄色葡萄球菌 ATCC6538	$G \leqslant 1$	—
O157 显色培养基	固体	选择性分离	生长率	36 ℃±1 ℃ 18 h～24 h	大肠埃希氏菌 O157:H7 NCTC12900	$G \geqslant 6$	按说明书判定
			特异性		大肠埃希氏菌 ATCC25922	—	按说明书判定
			选择性		粪肠球菌 ATCC 29212	$G \leqslant 1$	—
					奇异变型杆菌 CMCC(B)49005		—
李斯特氏菌显色培养基	固体	选择性分离	生长率	36 ℃±1 ℃ 24 h～48 h	单核细胞增生李斯特氏菌 ATCC19115	$G \geqslant 6$	蓝绿色菌落，带白色晕环
			特异性		英诺克李斯特氏菌 ATCC33090	—	蓝绿色菌落，无白色晕环
			选择性		大肠埃希氏菌 ATCC 25922	$G \leqslant 1$	—
					粪肠球菌 ATCC 29212		
志贺氏菌显色培养基	固体	选择性分离	生长率	36 ℃±1 ℃ 20 h～24 h	福氏志贺氏菌 CMCC(B)51572	$G \geqslant 6$	白色，突起，无色素沉淀圈
					痢疾志贺氏菌 CMCC(B)51105	—	白色，突起，有清晰环，无色素沉淀圈
			特异性		大肠埃希氏菌 ATCC 25922	—	黄色，有清晰环，无色素沉淀圈
					产气肠杆菌 ATCC13048	—	绿色菌落，无环和沉淀圈
			选择性		金黄色葡萄球菌 ATCC 6538	$G \leqslant 1$	—

表 E.2（续）

培养基	状态	功能分类	质控指标	培养条件	质控菌株	半定量质控评定标准	特征性反应
改良 CCD（mCCD）琼脂	固体	选择性分离	生长率	42 ℃±1 ℃ 24 h～48 h， 微需氧	空肠弯曲菌 ATCC33291	$G \geqslant 6$	菌落有光泽、潮湿、扁平，呈扩散生长倾向
			选择性	42 ℃±1 ℃ 24 h～48 h	大肠埃希氏菌 ATCC 25922	$G \leqslant 1$	—
					金黄色葡萄球菌 ATCC 6538	—	按说明书判定
Skirrow 琼脂	固体	选择性分离	生长率	42 ℃±1 ℃ 24 h～48 h， 微需氧	空肠弯曲菌 ATCC33291	$G \geqslant 6$	菌落灰色、扁平、湿润有光泽，呈沿接种线向外扩散倾向
			选择性	42 ℃±1 ℃ 24 h～48 h	大肠埃希氏菌 ATCC 25922	$G \leqslant 1$	—
					金黄色葡萄球菌 ATCC 6538	—	按说明书判定
改良纤维二糖-多黏菌素 B-多黏菌素 E（mCPC）琼脂	固体	选择性分离	生长率	39.5 ℃±0.5 ℃ 或 36 ℃±1 ℃ 18 h～24 h	创伤弧菌 ATCC27562	$G \geqslant 1$	圆型扁平，中心不透明，边缘透明的黄色菌落
			特异性		霍乱弧菌 VBO	—	紫色菌落
			选择性		副溶血性弧菌 ATCC17802	$G \leqslant 1$	—
纤维二糖-多黏菌素 E（CC）琼脂	固体	选择性分离	生长率	39.5 ～40 ℃ 或 36 ℃±1 ℃ 18 h～24 h	创伤弧菌 ATCC27562	$G \geqslant 6$	圆型扁平，中心不透明，边缘透明的黄色菌落
			特异性		霍乱弧菌 VBO	—	紫色菌落
			选择性		副溶血性弧菌 ATCC17802	$G \leqslant 1$	—
硫代硫酸钠-柠檬酸盐-胆盐-蔗糖琼脂（TCBS）	固体	选择性分离	生长率	36 ℃±1 ℃ 18 h～24 h	副溶血性弧菌 ATCC17802	$G \geqslant 1$	绿色菌落
			选择性		大肠埃希氏菌 ATCC 25922	$G \leqslant 1$	—
弧菌显色培养基	固体	选择性分离	生长率	36 ℃±1 ℃ 18 h～24 h	副溶血性弧菌 ATCC17802	$G \geqslant 6$	按说明书判定
			特异性		霍乱弧菌 VBO	—	按说明书判定
					溶藻弧菌 ATCC33787	—	按说明书判定
			选择性		大肠埃希氏菌 ATCC25922	$G \leqslant 1$	—

表 E.2（续）

培养基	状态	功能分类	质控指标	培养条件	质控菌株	半定量质控评定标准	特征性反应
Baird-Parker 琼脂	固体	选择性计数	生长率	36 ℃±1 ℃ 18 h～24 h 或 45 h～48 h	金黄色葡萄球菌 ATCC 25923	$G\geqslant6$	菌落黑色凸起，周围有一混浊带，在其外层有一透明圈
			特异性		表皮葡萄球菌 CMCC(B)26069	—	黑色菌落，无混浊带和透明圈
			选择性		大肠埃希氏菌 ATCC 25922	$G\leqslant1$	—
结晶紫中性红胆盐琼脂(VRBA)	固体	选择性计数	生长率	36 ℃±1 ℃ 18 h～24 h	大肠埃希氏菌 ATCC25922	$G\geqslant6$	有或无沉淀环的紫红色或红色菌落
					弗氏柠檬酸杆菌 ATCC43864		—
			选择性		粪肠球菌 ATCC 29212	$G<5$	—
VRB-MUG 琼脂	固体	选择性计数	生长率	36 ℃±1 ℃ 18 h～24 h	大肠埃希氏菌 ATCC25922	$G\geqslant6$	带有沉淀环的紫红色或红色菌落，有荧光
			特异性		弗氏柠檬酸杆菌 ATCC43864	—	可带有沉淀环的红色菌落，无荧光
			选择性		粪肠球菌 ATCC 29212	$G<5$	—
马铃薯葡萄糖琼脂(PDA)	固体	选择性计数	生长率	28 ℃±1 ℃ 5d	酿酒酵母 ATCC 9763	$G\geqslant6$	奶油色菌落
					黑曲霉 ATCC 16404		白色菌丝，黑色孢子
			选择性		大肠埃希氏菌 ATCC 25922	$G\leqslant1$	—
					金黄色葡萄球菌 ATCC 6538		
孟加红培养基	固体	选择性计数	生长率	28 ℃±1 ℃ 5d	酿酒酵母 ATCC 9763	$G\geqslant6$	奶油色菌落
					黑曲霉 ATCC 16404		白色菌丝，黑色孢子
			选择性		大肠埃希氏菌 ATCC 25922	$G\leqslant1$	—
					金黄色葡萄球菌 ATCC 6538		
莫匹罗星锂盐（Li-Mupirocin）改良 MRS 培养基	固体	选择性计数	生长率	36 ℃±1 ℃ 48 h±2 h 厌氧培养	婴儿双岐杆菌 CICC 6069	$G\geqslant6$	圆形凸起，边缘整齐，无色不透明
			选择性		德氏乳杆菌保加利亚亚种 CICC6032	$G\leqslant1$	—
					嗜热链球菌 IFFI 6038		—
甘露醇卵黄多黏菌素琼脂(MYP)	固体	选择性计数	生长率	30 ℃±2 ℃ 24 h～48 h	蜡样芽胞杆菌 CMCC(B)63303	$G\geqslant6$	菌落为微粉红色，周围有淡粉红色沉淀环
			特异性		枯草芽胞杆菌 ATCC6633	—	黄色菌落，无沉淀环
			选择性		大肠埃希氏菌 ATCC25922	$G\leqslant1$	—

表 E.2（续）

培养基	状态	功能分类	质控指标	培养条件	质控菌株	半定量质控评定标准	特征性反应
胰胨-亚硫酸盐-环丝氨酸琼脂(TSC)	固体	选择性计数	生长率	36 ℃±1 ℃ 20 h～24 h 厌氧培养	产气荚膜梭菌 ATCC13124	$G \geqslant 6$	黑色菌落
			选择性		艰难梭菌 ATCC43593	$G \leqslant 1$	—

表 E.3 非选择性增菌培养基质量控制标准

培养基	状态	功能分类	质控指标	培养条件	质控菌株	定性质控评定标准
含 0.6%酵母浸膏的胰酪胨大豆肉汤(TSB-YE)	液体	非选择性增菌	生长率	30 ℃±1 ℃,24 h～48 h	单核细胞增生李斯特氏菌 ATCC 19115	混浊度 2
液体硫乙醇酸盐培养基(FTG)	液体	非选择性增菌	生长率	36 ℃±1 ℃,18 h～24 h	产气荚膜梭菌 ATCC13124	混浊度 2
缓冲蛋白胨水(BP)	液体	非选择性增菌	生长率	36 ℃±1 ℃,18 h～24 h	鼠伤寒沙门氏菌 ATCC14028	混浊度 2
脑心浸出液肉汤(BHI)	液体	非选择性增菌	生长率	36 ℃±1 ℃,18 h～24 h	金黄色葡萄球菌 ATCC6538	混浊度 2
布氏肉汤	液体	非选择性增菌	生长率	42 ℃±1 ℃,48 h±2 h,微需氧	空肠弯曲菌 ATCC33291	混浊度 1～2

表 E.4 选择性增菌培养基质量控制标准

培养基	状态	功能分类	质控指标	培养条件	质控菌株	定性质控评定标准
四硫磺酸钠煌绿增菌液(TTB)	液体	选择性增菌	生长率	42 ℃±1 ℃ 18 h～24 h	鼠伤寒沙门氏菌 ATCC14028	浊度 2
			选择性		大肠埃希氏菌 ATCC 25922	浊度 0(不生长)
					粪肠球菌 ATCC29212	
亚硒酸盐胱氨酸增菌液(SC)	液体	选择性增菌	生长率	36 ℃±1 ℃ 18 h～24 h	鼠伤寒沙门氏菌 ATCC14028	浊度 2
			选择性		大肠埃希氏菌 ATCC 25922	浊度 0(不生长)
					粪肠球菌 ATCC29212	或浊度 1(微弱生长)
10%氯化钠胰酪胨大豆肉汤	液体	选择性增菌	生长率	36 ℃±1 ℃ 18 h～24 h	金黄色葡萄球菌 ATCC 6538	浊度 2
			选择性		大肠埃希氏菌 ATCC 25922	浊度 0(不生长)
7.5%氯化钠胰酪胨大豆肉汤	液体	选择性增菌	生长率	36 ℃±1 ℃ 18 h～24 h	金黄色葡萄球菌 ATCC 6538	浊度 2
			选择性		大肠埃希氏菌 ATCC 25922	浊度 0(不生长)

表 E.4（续）

培养基	状态	功能分类	质控指标	培养条件	质控菌株	定性质控评定标准
改良磷酸盐缓冲液	液体	选择性增菌	生长率	26 ℃±1 ℃ 48 h～72 h	小肠结肠炎耶尔森氏菌 CMCC(B) 52204	浊度 2
			选择性		金黄色葡萄球菌 ATCC 6538	浊度 0(不生长)
					粪肠球菌 ATCC29212	
改良月桂基硫酸盐胰蛋白胨肉汤-万古霉素	液体	选择性增菌	生长率	44 ℃±0.5 ℃ 24 h±2 h	阪崎肠杆菌 ATCC29544	浊度 2
			选择性		大肠埃希氏菌 ATCC 25922	浊度 0(不生长)
					粪肠球菌 ATCC29212	
胰酪胨大豆多黏菌素肉汤	液体	选择性增菌	生长率	30 ℃±1 ℃	蜡样芽胞杆菌 CMCC(B)63303	浊度 2
			选择性	24 h～48 h	大肠埃希氏菌 ATCC 25922	浊度 0(不生长)
志贺氏菌增菌肉汤(shigella broth)	液体	选择性增菌	生长率	41.5 ℃±0.5 ℃， 18 h±2 h， 厌氧培养	福氏志贺氏菌 CMCC(B)51572	浊度 2
			选择性		金黄色葡萄球菌 ATCC6538	浊度 0(不生长)
GN 增菌液	液体	选择性增菌	生长率	36 ℃±1 ℃ 18 h～24 h	福氏志贺氏菌 CMCC(B)51572	浊度 2
			选择性		粪肠球菌 ATCC29212	浊度 0(不生长) 或浊度 1(微弱生长)
3%氯化钠碱性蛋白胨水	液体	选择性增菌	生长率	36 ℃±1 ℃ 18 h～24 h	副溶血性弧菌 ATCC17802	浊度 2
			选择性		大肠埃希氏菌 ATCC25922	浊度 0(不生长) 或浊度 1(微弱生长)
改良 EC 肉汤(mEC+n)	液体	选择性增菌	生长率	36 ℃±1 ℃	大肠杆菌 O157:H7 NCTC12900	浊度 2
			选择性	18 h～24 h	粪肠球菌 ATCC29212	浊度 0(不生长)
改良麦康凯(CT-MAC)肉汤	液体	选择性增菌	生长率	36 ℃±1 ℃ 17 h～19 h	大肠杆菌 O157:H7 NCTC12900	浊度 2
			选择性		大肠埃希氏菌 ATCC25922	浊度 0(不生长) 或浊度 1(微弱生长)
					金黄色葡萄球菌 ATCC 6538	
李氏增菌肉汤(LB1，LB2)	液体	选择性增菌	生长率	30 ℃±1 ℃ 24 h	单核细胞增生李斯特氏菌 ATCC 19115	浊度 2
			选择性		大肠埃希氏菌 ATCC 25922	浊度 0(不生长)
					粪肠球菌 ATCC29212	
Bolton 肉汤	液体	选择性增菌	生长率	42 ℃±1 ℃ 24 h～48 h 微需氧培养	空肠弯曲菌 ATCC33291	浊度 2
			选择性		金黄色葡萄球菌 ATCC6538	浊度 0(不生长)
					大肠埃希氏菌 ATCC25922	

表 E.5 选择性液体计数培养基质量控制标准

培养基	状态	功能分类	质控指标	培养条件	质控菌株	定性质控评定标准
月桂基磺酸盐胰蛋白胨肉汤(LST)	液体	选择性液体计数	生长率	36 ℃±1 ℃ 24 h～48 h	大肠埃希氏菌 ATCC 25922	混浊度 2，且管内有气体
					弗氏柠檬酸杆菌 ATCC43864	
			选择性		粪肠球菌 ATCC 29212	浊度 0(不生长)
煌绿乳糖胆盐肉汤(BGLB)	液体	选择性液体计数	生长率	36 ℃±1 ℃ 24 h～48 h	大肠埃希氏菌 ATCC 25922	混浊度 2，且管内有气体
					弗氏柠檬酸杆菌 ATCC43864	
			选择性		粪肠球菌 ATCC 29212	浊度 0(不生长) 或浊度 1(微弱生长)，不产气
EC 肉汤	液体	选择性液体计数	生长率	44.5 ℃±0.2 ℃ 24 h～48 h	大肠埃希氏菌 ATCC25922	混浊度 2，且管内有气体
			选择性		粪肠球菌 ATCC 29212	浊度 0(不生长)

表 E.6 悬浮培养基和运输培养基质量控制标准

培养基	状态	功能分类	质控指标	培养条件	质控菌株	定性质控评定标准
磷酸盐缓冲液(PBS)	液体	悬浮培养基	生长率	20 ℃～25 ℃，45 min	大肠埃希氏菌 ATCC 25922	混浊度 2，接种后平板上目标菌生长良好
					金黄色葡萄球菌 ATCC 6538	
3%氯化钠溶液	液体	悬浮培养基	生长率	20 ℃～25 ℃，45 min	副溶血性弧菌 ATCC17802	混浊度 2，接种后平板上目标菌生长良好
0.1%蛋白胨水	液体	悬浮培养基	生长率	20 ℃～25 ℃，45min	产气荚膜梭菌 ATCC 13124	混浊度 2，接种后平板上目标菌生长良好
缓冲甘油-氯化钠溶液	液体	运输培养基	生长率	−60 ℃，24 h	产气荚膜梭菌 ATCC 13124	混浊度 2，接种后平板上目标菌生长良好

附　录　F
螺旋平板法

F.1　一般要求

使用螺旋接种仪将样品接种在平板上。样品接种后，菌落即分布在螺旋轨迹上，随半径的增加分布得越来越稀。采用特殊的计数栅格，自平板外周向中央对平皿上的菌落进行计数，即可得到样品中微生物的数量。

F.2　实验步骤

取制备好的适宜稀释度的样品稀释液，以选定的模式接种于实验所用平板，每个稀释度接种两块平板，接种每一个样品前后均按仪器设定程序对螺旋接种仪进行清洗消毒。

按相同接种模式接种悬浮液作为空白对照。

将平板按标准方法中规定的培养时间和温度进行培养后，计数每个平板菌落数，并记录下来。

F.3　菌落总数的计算和记录

平板上菌落数符合菌落计数仪规定计数范围的为合适范围。如果两个稀释度的四个平板菌落数均在合适范围内，则将四个平板菌落数的平均值作为每克(毫升)样品中的菌落数；如果只有一个稀释度的两个平板菌落数在合适范围内，则将这两个平板菌落数的平均值作为每克(毫升)样品中的菌落数。

当低稀释度的两个平板菌落数都少于合适范围的下限时，计算这一稀释度两个平板菌落数的平均值作为每克(毫升)样品中的菌落数。给这个数注上星号(*)，表明该数是从菌落数在计数范围之外的平板估计所得。当所有平板上的菌落数都超过合适范围的上限时，计算高稀释度两个平板菌落数的平均值作为每克(毫升)样品中的菌落数，给这个数注上星号(*)。如果所有稀释度的平板都没有菌落，则以小于1乘以稀释倍数和接种体积作为每克(毫升)样品中的菌落数，给这个数注上星号(*)。

记录时，只有在换算到每克(毫升)样品中的菌落数时，才能定下两位有效数字，第三位数字采用四舍五入的方法记录。也可将样品的菌落数记录为10的指数形式。

F.4　结果的表述

根据F.3归档计算出每克(毫升)样品的菌落数，固体样品以CFU/g为单位，液体样品以CFU/mL为单位。

附 录 G
用于实验室自制或使用商品化培养基的测试结果记录

表G.1给出用于实验室自制或使用商品化培养基的测试结果记录单样本。

表G.1 培养基测试结果记录单样本

培养基内部质量测试控制卡				
培养基：		制备体积：	倾倒日期：	内部批号：
脱水培养基(批号)：	供应商：	批：	总量：	日期/签名：
添加剂：	供应商：	批：	总量：	日期/签名：
制备详情：				
物理质量控制：				
预期pH：	测定pH：	质量确认： 是□ 否□	缺陷：	日期/签名：
预期质量：	观察：	质量确认： 是□ 否□	缺陷：	日期/签名：
预期颜色：	观察：	质量确认： 是□ 否□	缺陷：	日期/签名：
预期透明度/可见杂质：	观察：	质量确认： 是□ 否□	缺陷：	日期/签名：
预期凝胶稳定性/黏稠度/湿度：	观察：	质量确认： 是□ 否□	缺陷：	日期/签名：
微生物污染				
测试平板或试管编号： 培养：	结果：	质量确认： 是□ 否□	污染平板或试管编号：	日期/签名：
微生物生长——生长率		控制方法：	定量□ 定性□	
菌株： 培养： 参考培养基：	判定标准：	结果：	质量确认： 是□ 否□	日期/签名：
微生物生长——选择性		控制方法：	定量□ 定性□	
菌株： 培养： 参考培养基：	判定标准：	结果：	质量确认： 是□ 否□	日期/签名：
微生物生长——选择性		控制方法：	定量□ 定性□	
菌株： 培养： 参考培养基：	判定标准：	结果：	质量确认： 是□ 否□	日期/签名：
本批发放：				
储存详情：		本批发放：是□ 否□		日期/签名：

中华人民共和国国家标准

GB 4789.31—2013

食品安全国家标准
食品微生物学检验
沙门氏菌、志贺氏菌和致泻大肠埃希氏菌的肠杆菌科噬菌体诊断检验

2013-11-29 发布

2014-06-01 实施

中华人民共和国
国家卫生和计划生育委员会 发布

前 言

本标准代替 GB/T 4789.31—2003《食品卫生微生物学检验　沙门氏菌、志贺氏菌和致泻大肠埃希氏菌的肠杆菌科噬菌体检验方法》。

本标准与 GB/T 4789.31—2003 相比，主要变化如下：

——修改了操作步骤；

——增加了附录 B。

食品安全国家标准

食品微生物学检验
沙门氏菌、志贺氏菌和致泻大肠埃希氏菌的肠杆菌科噬菌体诊断检验

1 范围

本标准规定了应用肠杆菌科噬菌体诊断方法检验食品中沙门氏菌、志贺氏菌和致泻大肠埃希氏菌。

本标准适用于各类食品和食源性疾病事件样品中沙门氏菌、志贺氏菌和致泻大肠埃希氏菌的检验。

本标准适用于食品行业从业人员肠道沙门氏菌和志贺氏菌带菌检验。

2 设备和材料

除微生物实验室常规灭菌、培养的设备外，其他设备和材料如下：

a) 恒温培养箱：36 ℃±1 ℃，42 ℃±1 ℃，50 ℃±1 ℃；

b) 厌氧培养装置：41.5 ℃±0.5 ℃；

c) 显微镜：10 倍～100 倍；

d) 水平仪：噬菌体试验的工作台面应调整至水平位置；

e) 已灭菌 1 mL 一次性注射器（应为塑料材质），针头无编号，使用前测定每滴 5 μL～10 μL（每 mL 有 100 滴～200 滴）可用；

f) 微量移液器及吸头（10 μL 和 5 μL）；

g) 定量移液器及吸头（100 μL 和 50 μL）；

h) 无菌吸管：10 mL、5 mL、1 mL；

i) 无菌毛细管；

j) 无菌培养皿：90 mm；

k) 无菌棉签；

l) 带盖的灭菌小试管：8 mm×50 mm；

m) 载物玻片。

3 培养基和试剂

3.1 亚硒酸盐胱氨酸（SC）增菌液：见附录 A 中 A.1。

3.2 四硫磺酸钠煌绿（TTB）增菌液：见 A.2。

3.3 志贺氏菌（BCT）增菌液：见 A.3。

3.4 营养肉汤（NB）：见 A.4。

3.5 营养琼脂（NA）：见 A.5。

3.6 营养半固体琼脂（NSA）：见 A.6。

3.7 三糖铁琼脂（TSI）：见 A.7。

3.8 葡萄糖铵琼脂：见 A.8。

3.9 肠杆菌科诊断用噬菌体,7种和3种。必要时可再购置大肠埃希氏菌分型噬菌体(6种)一套。安瓿开启后用无菌毛细管吸出移入灭菌小试管内,如果每次使用量很少,可分装于2支~3支试管内,保存于5℃冰箱备用。

3.10 沙门氏菌因子血清,志贺氏菌分型因子血清,致泻大肠埃希氏菌分型因子血清。因子血清的种类视需要而定。

4 检验程序

4.1 沙门氏菌的检验程序

沙门氏菌的检验程序见图1。

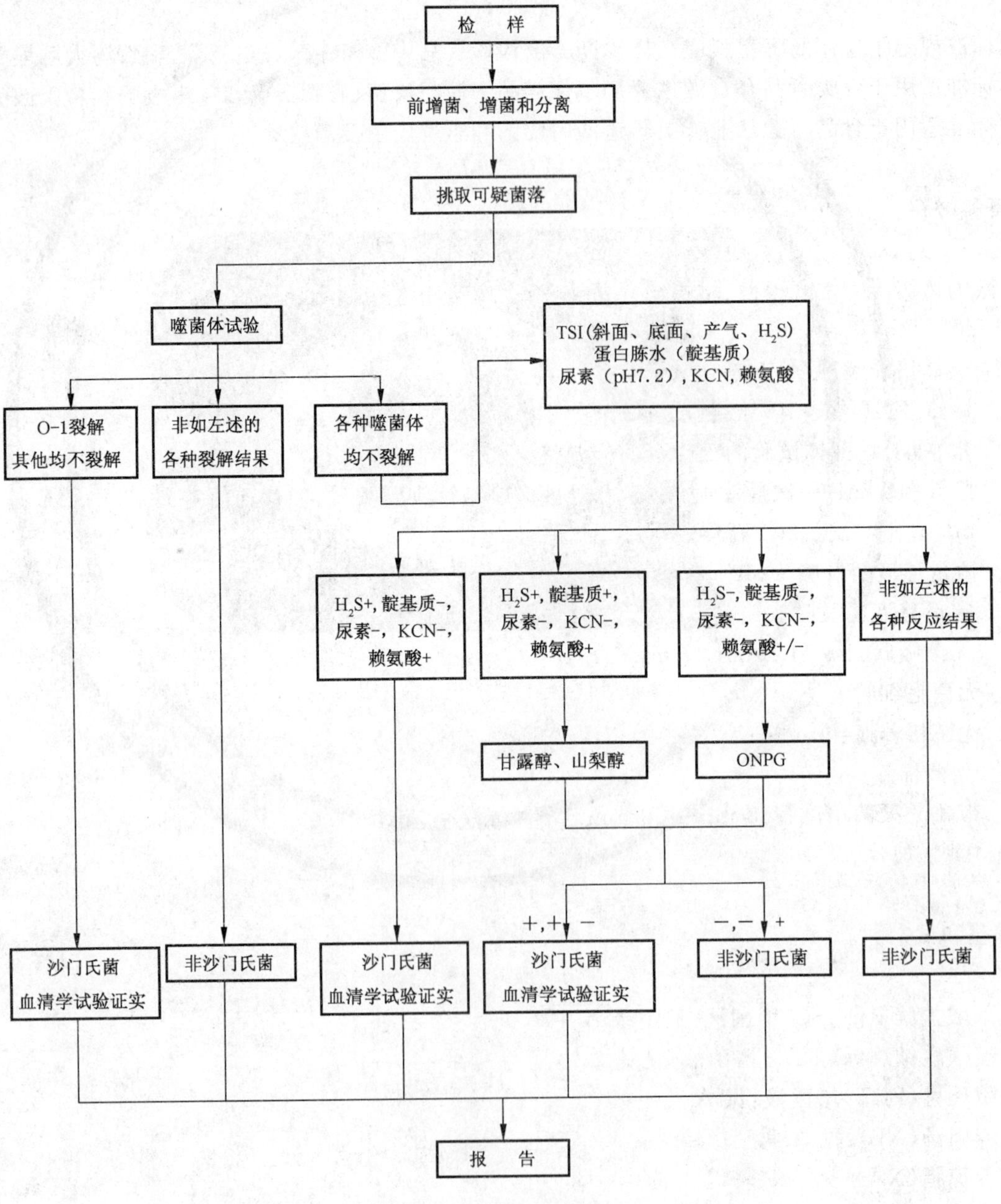

图1 沙门氏菌的检验程序

4.2 志贺氏菌的检验程序

志贺氏菌的检验程序见图 2。

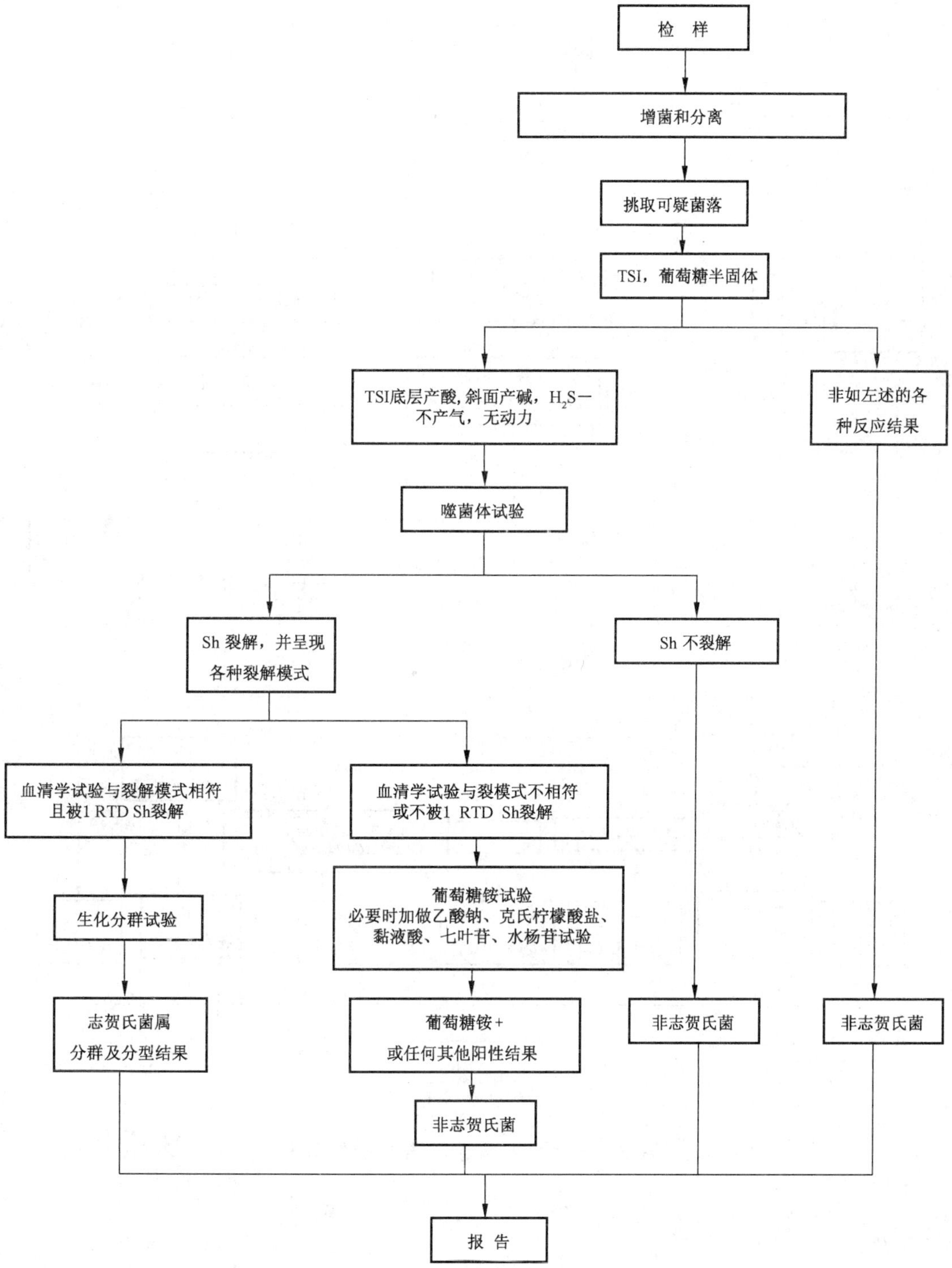

图 2 志贺氏菌的检验程序

4.3 致泻大肠埃希氏菌的检验程序

致泻大肠埃希氏菌的检验程序见图 3。

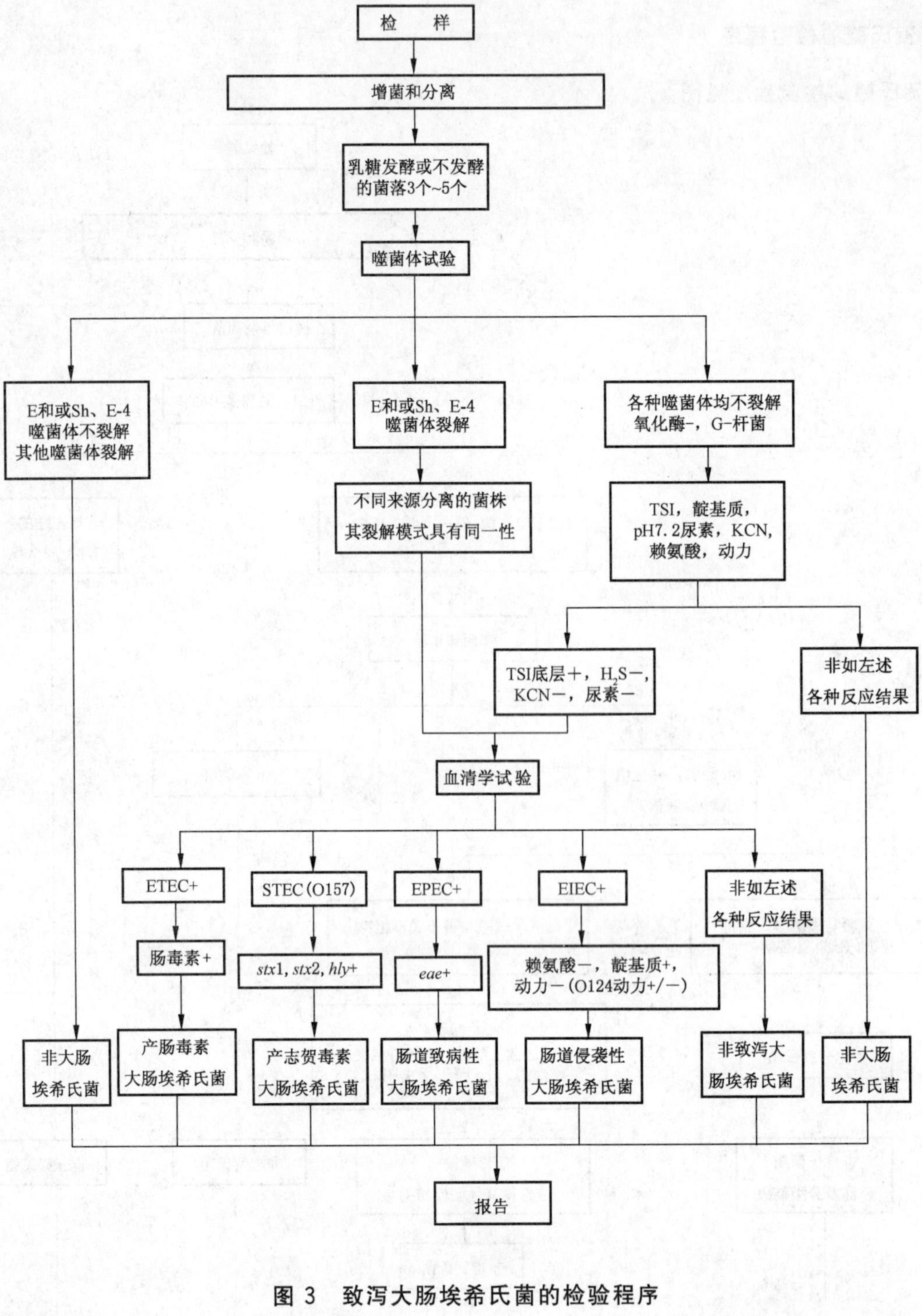

图 3　致泻大肠埃希氏菌的检验程序

5　操作步骤

5.1　前增菌、增菌和分离

5.1.1　沙门氏菌的前增菌、增菌和分离按 GB 4789.4 进行。沙门氏菌增菌液灵敏度的测定见附录 B。在食品行业从业人员的肠道沙门氏菌带菌检验时，采集的标本应增菌，不应前增菌。食物中毒标本不应前增菌，所采集的标本同时做增菌和不增菌步骤。

5.1.2 志贺氏菌的增菌和分离按 GB 4789.5 进行。没有厌氧培养条件的实验室可以采用附录 A 中的 BCT 增菌液。食物中毒患者的粪便标本同时做增菌和不增菌步骤。

5.1.3 致泻大肠埃希氏菌的增菌和分离按 GB 4789.6 和 GB 4789.36 进行。食物中毒标本同时做增菌和不增菌步骤。

5.2 噬菌体试验

5.2.1 培养基的准备

营养琼脂平板(含琼脂 1%～1.5%,为防止变形杆菌的蔓延生长,可按 0.02%量加入十二烷基硫酸钠),营养琼脂加热溶化后,加入每个 9 cm 平皿中约 20 mL～25 mL,放在水平台面上待其凝固。翻转平板,在 36 ℃±1 ℃培养箱内半开皿倒置约 1 h,或 50 ℃±1 ℃培养箱内半开皿倒置约 30 min,以烘干培养基表面水分。

5.2.2 试验菌液的准备

5.2.2.1 自选择性琼脂平板上分别挑取 2 个以上典型或可疑菌落,检验沙门氏菌时,挑取乳糖阴性产 H_2S 或不产 H_2S 的菌落,和乳糖阳性产 H_2S 的菌落。检验大肠埃希氏菌时挑取乳糖阳性或乳糖阴性的菌落。检验志贺氏菌时挑取典型或可疑菌落分别接种 TSI、半固体和营养琼脂斜面各一管,置 36 ℃±1 ℃培养 20 h～24 h 后选取三糖铁底层产酸、斜面产碱,不产 H_2S,不产气无动力的菌落。下述两种方法可供制备试验菌液时选用。

5.2.2.2 **方法一**:将待检菌落接种于营养肉汤管内,于 36 ℃±1 ℃培养 14 h～24 h。挑取此肉汤培养物 1 满环(约 5 μL),稀释于盛有 1 mL～2 mL 的营养肉汤管内,使成为 1∶200～1∶400 稀释菌液,含菌量约为 1×10^6 CFU/mL。

5.2.2.3 **方法二**:用接种针在鉴别平板上挑取可疑菌落,稀释于盛有 1 mL～2 mL 营养肉汤管内,含菌量约为 1×10^6 CFU/mL。

5.2.3 涂抹试验菌液

5.2.3.1 **斑点涂抹法**:将营养琼脂表面自圆心起分为三等分或二等分,每等分可供涂抹 1 株细菌培养物。每挑取试验菌液 1 满环,涂抹直径约 1 cm 的菌斑一个。每株培养物涂抹菌斑 7 个,外圈 5 个,内圈 2 个。

5.2.3.2 **棉签涂抹法**:用无菌棉签蘸取试验菌液并略挤去过多液体,在如上琼脂平板表面三分之一的区域内涂抹。三个涂抹区之间保持适当距离,待菌液干燥。

5.2.4 滴加噬菌体

用定量为 1 mL 的一次性注射器(针头无编号,1 mL 约有 100 滴～200 滴,每滴相当于 5 μL～10 μL),在每一个菌斑上滴加噬菌体。或用定量为 10 μL 或 5 μL 的微量移液器在每一个菌斑上滴加噬菌体一滴,每滴加一种噬菌体应更换一副注射器或一个吸头,但是每副注射器或每一个吸头可以滴完各株细菌的同一种噬菌体。滴加的噬菌体依次为 O-I、C、Sh、E、CE、E-4 和 Ent。滴加噬菌体时应将琼脂平板放在水平台面上,液滴应悬空滴下,不要污染针头或滴头。待 7 种噬菌体均滴加完毕后,略等数分钟待噬菌体液干燥。翻转平板,放在 36 ℃培养 5 h～6 h 和 14 h～24 h 各观察一次结果。

如果仅有少数几株细菌作噬菌体试验,可用直径为 3 mm 的接种环挑取噬菌体,每一满环相当于 5 μL,依次加在菌斑上,尽量减少在室温放置的时间。

5.2.5 试验结果的判定

必要时(如:不能测定到完整的血清型),可吸取少许剩余的蛋白胨水培养物作靛基质试验,大肠埃希氏菌一般为靛基质阳性，沙门氏菌为靛基质阴性。噬菌体试验的结果见表1。

表1 噬菌体试验结果

序号	噬菌体裂解模式							判定结果
	O-I	C	Sh	E	CE	E-4	Ent	
1	CL	—	—	—	—	—	—	沙门氏菌属
2	CL	—	—	—	—	CL	—	沙门氏菌属(靛基质－)，大肠埃希氏菌(靛基质＋)
3	—	CL	—	—	(—)	(—)	—	弗劳地氏柠檬酸杆菌群[a]
4	—	—	CL	v	v	v	—	志贺氏菌属[b]，大肠埃希氏菌
5	CL	—	CL	v	v	v	—	大肠埃希氏菌
6	v	—	—	CL	v	v	—	大肠埃希氏菌
7	—	—	—	—	CL	v	—	弗劳地氏柠檬酸杆菌群[a]，大肠埃希氏菌
8	—	—	—	—	—	CL	—	大肠埃希氏菌
9	—	(—)	v	—	—	—	CL	阴沟肠杆菌
0	—	—	—	—	—	—	—	噬菌体不裂解培养物，用生化试验鉴定

注：CL表示融合性裂解；- 表示不裂解；(—)表示少量菌株裂解；v表示裂解或不裂解。

[a] 含弗劳地氏柠檬酸杆菌、杨氏柠檬酸杆菌、布雷克氏柠檬酸杆菌、沃克曼氏柠檬酸杆菌和吉伦氏柠檬酸杆菌。

[b] 按表3检索并做血清学分型试验。

5.2.6 供快速检验沙门氏菌的噬菌体简化诊断法

采用如下3种噬菌体：沙门氏菌O-I噬菌体；E多价噬菌体，内含E和Sh；C多价噬菌体，内含C、CE和Ent。培养基和试验菌液的准备均同前法。

涂抹试验菌液：斑点涂抹法将琼脂平板表面分为4等分或6等分，每等分可供涂抹一株细菌培养物，每株培养物涂抹3个菌斑，外圈2个，内圈1个。棉签涂抹法可将试验菌液在琼脂平板上涂抹成带状，每个平板约可涂抹5条菌带，置数分钟，待菌斑干燥。

依次滴加上述3种噬菌体。斑点涂抹法，一般可把O-I噬菌体滴加在内圈的菌斑上。带状涂抹法，可将O-I噬菌体滴加在菌带的左边。待噬菌体液滴干燥后，翻转平板，在36 ℃培养5 h～6 h和14 h～24 h各观察一次结果。按表2判定结果。

表2 噬菌体试验简化诊断法

O-I	E多价	C多价	判定结果
CL	—	—	沙门氏菌属
v	CL	v	大肠埃希氏菌
—	—	CL	弗劳地氏柠檬酸杆菌群[a]
—	—	—	噬菌体不裂解培养物

注：CL表示融合性裂解；- 表示不裂解；v表示裂解或不裂解。

[a] 除表1的注中所述外，并含阴沟肠杆菌和少数大肠埃希氏菌。

5.3 噬菌体不裂解培养物的补充生化试验

少数沙门氏菌培养物不被O-I噬菌体裂解,少数大肠埃希氏菌培养物不被相应噬菌体裂解,不被各种噬菌体裂解的培养物接种三糖铁琼脂,按GB 4789.4做5项生化试验,血清学分型鉴定后判定结果。

5.4 血清学分型鉴定及其他补充试验

5.4.1 沙门氏菌分型鉴定

按GB 4789.4进行。如果判定为沙门氏菌时,应得出完整的血清学分型鉴定的结果。

5.4.2 致泻大肠埃希氏菌鉴定

5.4.2.1 按GB 4789.6和GB 4789.36进行。分离的菌株应该同时被同样的几个噬菌体裂解后,用大肠埃希氏菌分型噬菌体试验,这些菌株应该具有相同的裂解模式,同时测定1 RTD噬菌体的裂解情况。

5.4.2.2 产肠毒素大肠埃希氏菌,应有肠毒素试验的证实。

5.4.2.3 侵袭性大肠埃希氏菌,典型的生化特性为:赖氨酸脱羧酶试验阴性、无动力、产气或不产气(O124血清型亦可以为有动力、不产气),靛基质试验阳性。可进一步做豚鼠角膜试验,结果应该为阳性,质粒电泳应证明具有120 Mdal～140 Mdal大质粒,PCR试验证明具有*ipaC*或*ipaH*基因。

5.4.2.4 产志贺毒素大肠埃希氏菌O157:H7,典型的生化特性为:乳糖、蔗糖产酸,葡萄糖产酸并多数产气,硫化氢阴性,靛基质阳性,山梨醇迟缓发酵。PCR试验证明具有产志贺毒素基因*stx*1,*stx*2和溶血毒素基因*hly*。1RTD的E-2噬菌体裂解试验,能被1RTD的E-2噬菌体裂解(裂解程度包括从CL到少数几个噬斑)。对于产志贺毒素和溶血毒素其他血清型的大肠埃希氏菌,按照5.4.2.3的程序进行鉴定。

5.4.2.5 肠道致病性大肠埃希氏菌 具有大肠埃希氏菌的典型生化特性,*eae*基因(黏附屏蔽基因)的PCR试验为阳性。产志贺毒素大肠埃希氏菌*eae*试验也可为阳性。*EAF*(黏附因子质粒基因)或*bfp*(菌毛捆绑形成基因)的PCR试验可进一步证实。

5.4.3 志贺氏菌分型鉴定

5.4.3.1 挑取三糖铁琼脂上的培养物,按噬菌体裂解模式,选用相应的志贺氏菌分型因子血清,做玻片凝集试验。血清学分型鉴定结果见表3。

表3 噬菌体试验的结果和志贺氏菌血清学分型鉴定的结果

序号	噬菌体裂解模式							志贺氏菌血清学分型鉴定的结果
	O-I	C	Sh	E	CE	E-4	Ent	
1	—	—	CL	CL	CL	CL	—	福氏1-5,(鲍氏11)
2	—	—	CL	CL	CL	—	—	福氏1,4,痢疾2,鲍氏5,7,11,16,17,(宋内氏I)
3	—	—	CL	CL	—	—	—	宋内氏I,痢疾2,福氏4,鲍氏5,16
4	—	—	CL	CL	—	CL	—	宋内氏II,福氏3
5	—	—	CL	—	—	—	—	福氏6,鲍氏1～4,偶数型6～18(除16外),痢疾3～12
6	—	—	CL	—	CL	—	—	鲍氏9,15
7	—	—	CL	—	—	CL	—	痢疾1,(宋内氏II)

表 3（续）

序号	噬菌体裂解模式							志贺氏菌血清学分型鉴定的结果
	O-I	C	Sh	E	CE	E-4	Ent	
8	CL	—	CL	—	—	—	—	鲍氏 13[a]

注：CL 表示融合性裂解；—表示不裂解。

[a] 鲍氏 13 型 DNA 同源性测定不符合志贺氏菌。

5.4.3.2 如按噬菌体裂解模式结果为福氏志贺氏菌 1～5 型，先用福氏多价血清做凝集试验。如呈现凝集，再分别用各型和群因子血清检查，以确定所属血清型和亚型(见 GB 4789.5)。

5.4.3.3 如按噬菌体裂解模式结果为福氏 6 型，鲍氏各型或痢疾 3～12 型，先用福氏 6 型血清做凝集试验。福氏 6 型血清不凝集者，用鲍氏多价血清或痢疾 3～12 型多价血清做凝集试验，如果呈现凝集，再分别用各型因子血清检查。

5.4.3.4 如按噬菌体裂解模式结果为宋内氏 II 相菌而不被宋内氏血清凝集时，可直接按噬菌体裂解模式和粗糙型菌落特征判定之。

5.4.3.5 按噬菌体裂解模式结果做血清学试验不凝集者，或虽发现其被某一个分型因子血清凝集而与噬菌体裂解模式不相符者，或虽与噬菌体裂解模式相符但不被 1 RTD 的 Sh 噬菌体裂解者，均应做葡萄糖铵试验以与大肠埃希氏菌相鉴别。葡萄糖铵试验阳性者为大肠埃希氏菌。必要时可做如下生化试验：醋酸盐、克氏柠檬酸盐和粘液酸的利用试验，赖氨酸和鸟氨酸脱羧酶试验，七叶苷分解试验。除宋内氏菌鲍氏 13 型为鸟氨酸脱羧酶阳性，并有少数宋内氏菌菌株可利用黏液酸外，志贺氏菌属的培养物均为阴性结果。上述试验任何阳性结果均提示为大肠埃希氏菌(按 GB 4789.5)。

5.4.3.6 检出的志贺氏菌培养物应符合该群的生化特性。福氏志贺氏菌 6 型符合鲍氏志贺氏菌的特性。靛基质阳性的志贺氏菌血清型有痢疾 2 型、7 型和 8 型，鲍氏 5、7、9、11、13、15、16 和 17 型。福氏志贺氏菌 1～5 型的靛基质反应较弱。靛基质阴性的志贺氏菌血清型为痢疾 1 型、3～6 型、9～12 型、福氏 6 型、鲍氏 1～4、6、8、10、12、14 和 18 型、宋内氏菌。

5.4.3.7 鲍氏志贺氏菌 13 型是唯一可被沙门氏菌 O-I 裂解的菌株，该菌株只被高效价的 Sh 噬菌体裂解。

5.5 结果报告

5.5.1 沙门氏菌检验的结果报告

5.5.1.1 O-I 噬菌体裂解，其他噬菌体均不裂解者，经沙门氏菌血清分型后报告。

5.5.1.2 各种噬菌体不裂解，生化试验结果为沙门氏菌，经沙门氏菌血清分型后报告，不可报告为未定型。

5.5.2 志贺氏菌检验的结果报告

5.5.2.1 Sh 噬菌体裂解，呈现各种裂解模式，血清学试验与裂解模式相符者，可报告志贺氏菌血清型。罕见血清型要求被 1 RTD Sh 噬菌体裂解，并符合志贺氏菌生化分群结果。

5.5.2.2 非如 5.5.2.1 的试验结果均报告非志贺氏菌。

5.5.3 致泻大肠埃希氏菌检验的结果报告

5.5.3.1 E 和(或)Sh、E-4 噬菌体裂解，不同来源菌株的裂解模式具有同一性，或各种噬菌体均不裂解，经血清学分型确定者可分别报告为产肠毒素大肠埃希氏菌(肠毒素试验结果阳性),侵袭性大肠埃希氏菌(赖氨酸阴性、动力阴性,O124 可为动力阳性),产志贺毒素大肠埃希氏菌(O157:H7 和 O157:NM,*stx*1,*stx*2,*hly* 试验阳性)或肠道致病性大肠埃希氏菌(*eae* 试验阳性)。

5.5.3.2 非如 5.5.3.1 的结果均报告为非大肠埃希氏菌或非致泻大肠埃希氏菌。

附　录　A

培养基及试剂

A.1　亚硒酸盐胱氨酸(SC)增菌液

A.1.1　成分

蛋白胨	5.0 g
乳糖	4.0 g
亚硒酸氢钠	4.0 g
1% L-胱氨酸溶液	1.0 mL
磷酸氢二钠(无水)	4.5 g
磷酸二氢钠(无水)	5.5 g
蒸馏水	加至 1 000.0mL

A.1.2　制法

称取 L-胱氨酸 0.1 g(或 DL-胱氨酸 0.2 g),加入 1 mol/L 氢氧化钠溶液 1.5 mL,使胱氨酸溶解,再加入蒸馏水 8.5 mL,即为 1% L-胱氨酸溶液。

将蛋白胨、乳糖、胱氨酸加入于蒸馏水 800 mL 中,为基础液。

将亚硒酸氢钠加入于 100 mL 蒸馏水中,为 A 液。

将磷酸氢二钠和磷酸二氢钠加入于 100 mL 蒸馏水中,为 B 液。

取基础液 4.0 mL,A 液 0.5 mL,B 液 0.5 mL 混合,测定 pH。校正 pH 至 7.0～7.1,将此 3 份溶液分别包装,在 121 ℃高压灭菌 15 min(从高压灭菌器开始加热到取出不超过 1 h),待其冷却至常温后放入 5 ℃冰箱内保存。临用前将 3 份溶液按比例混合,分装试管。3 份溶液混合后,其 pH 值小于 7.0,则应调整磷酸氢二钠、磷酸二氢钠的用量和亚硒酸氢钠的用量。使用前应测定其增菌灵敏度,方法见附录 B。不同亚硒酸盐和磷酸盐的用量见表 A.1。

表 A.1　不同亚硒酸盐和磷酸盐的用量

亚硒酸盐的种类和用量 g		磷酸盐的种类和用量 g	
主要种类	用量	NaH_2PO_4(无水)	Na_2HPO_4(无水)
亚硒酸钠・H_2O(100%)	5.0	8.6	0.8
亚硒酸钠・H_2O (75%)	4.75	7.8	1.25
亚硒酸钠・H_2O (50%)	4.5	7.0	2.65
亚硒酸氢钠(75%)	4.25	6.25	3.58
亚硒酸氢钠(100%)	4.0	5.5	4.5
亚硒酸氢钠(75%)	3.85	4.7	5.4
亚硒酸氢钠(50%)	3.7	3.9	6.35

表 A.1（续）

亚硒酸盐的种类和用量 g		磷酸盐的种类和用量 g	
主要种类	用量	NaH_2PO_4（无水）	Na_2HPO_4（无水）
亚硒酸（75%）	3.55	3.1	7.28
亚硒酸（100%）	3.4	2.3	8.2
注：表中所列均为在 1 000 mL 增菌液中的用量。			

A.2 四硫磺酸钠煌绿（TTB）增菌液

A.2.1 成分

A.2.1.1 基础液

多价胨或初蛋白胨	3.0 g
胆盐	1.0 g
碳酸钙	10.0 g
硫代硫酸钠	30.0 g
0.1%煌绿水溶液	10.0 mL
蒸馏水	加至 1 000.0 mL

A.2.1.2 碘液

碘	6.0 g
碘化钾	5.0 g
蒸馏水	20.0 mL

A.2.2 制法

A.2.2.1 基础液的配制：将基础液的成分依次加到 800 mL 蒸馏水中，成分溶解后加蒸馏水至 1 000 mL，校正 pH 至 7.0±0.1，经高压灭菌 121 ℃，15 min。冷却后保存备用。

A.2.2.2 碘液的配制：先将碘化钾溶解于蒸馏水中，再加入碘片，振摇至碘片完全溶解。贮于棕色瓶内，密塞备用。临用前将基础液与碘液混合，分装试管。使用前应测定其增菌灵敏度，方法见附录 B。

注：为了防止变形杆菌的过度生长，可以在 1 000 mL 中加入磺胺噻唑 1.25 mg。

A.3 志贺氏菌（BCT）增菌液

A.3.1 成分

蛋白胨	20.0 g
复合氨基酸	2.0 g
牛肉膏	5.0 g
三号胆盐	4.5 g
柠檬酸钠	4.5 g

硫代硫酸钠	4.5 g
蒸馏水	加至 1 000.0 mL

A.3.2 制法

将 A.3.1 成分混合加热溶解,冷却至 25 ℃校正 pH 至 7.2±0.1,高压灭菌 121 ℃,15 min,冷却后分装试管备用。

A.4 营养肉汤(NB)

A.4.1 成分

蛋白胨	15.0 g
牛肉膏	3.0 g
氯化钠	5.0 g
蒸馏水	加至 1 000.0 mL

A.4.2 制法

将 A.4.1 成分混合加热溶解,冷却至 25 ℃校正 pH 至 7.2±0.2,高压灭菌 121 ℃,15 min,备用。

A.5 营养琼脂(NA)

成分和制法:在 1 000 mL 营养肉汤(NB)内加入琼脂 15 g(如用作噬菌体试验,只加琼脂 10 g),高压灭菌 120 ℃,15 min,备用。

A.6 营养半固体琼脂(NSA)

成分和制法:在 1 000 mL 营养肉汤(NB)内加入琼脂 3 g,高压灭菌 120 ℃,15 min,备用。

A.7 三糖铁琼脂(TSI)

A.7.1 成分

蛋白胨	20.0 g
牛肉膏	3.0 g
乳 糖	10.0 g
蔗 糖	10.0 g
葡萄糖	1.0 g
硫酸亚铁铵(含 6 个结晶水)	0.5 g
酚红	0.025 g 或 5 g/L 溶液 5 mL
氯化钠	5.0 g
硫代硫酸钠	0.5 g
琼 脂	12.0 g
蒸馏水	加至 1 000.0 mL

A.7.2 制法

除酚红和琼脂外，将其他成分加入 400 mL 蒸馏水中，搅拌均匀，静置约 10 min，加热煮沸至完全溶解，校正 pH 至 7.4±0.1。另将琼脂加入 600 mL 蒸馏水中，搅拌均匀，静置约 10 min，加热煮沸至完全溶解。将上述两溶液混合均匀后，再加入酚红指示剂，混匀，分装试管（12 mm×100 mm），每管约 2 mL～4 mL，高压灭菌 120 ℃ 10 min 或 115 ℃ 15 min，灭菌后置成高层斜面，呈桔红色。

A.8 葡萄糖铵琼脂

A.8.1 成分

氯化钠	5.0 g
$MgSO_4 \cdot 7H_2O$	0.2 g
$NH_4H_2PO_4$	1.0 g
磷酸氢二钾（无水）	1.0 g
葡萄糖	5.0 g
琼脂	20.0 g
0.2%溴麝香草酚蓝	40.0 mL
蒸馏水	加至 1 000.0 mL

A.8.2 制法

将 A.8.1 成分混合加热溶解，冷却至 25 ℃校正 pH 至 6.8±0.1，高压灭菌 121 ℃，15 min，放置成斜面，冷却后备用。

A.8.3 试验方法

用接种针轻轻触及培养物的表面，在盐水管内做成极稀的悬液，肉眼观察不到混浊，以每一接种环内含菌数在 20 CFU～100 CFU 之间为宜。将接种环灭菌后挑取菌液接种，同时再以同法接种普通斜面一支作为对照。于 36 ℃±1 ℃培养 24 h。阳性者葡萄糖铵斜面上有正常大小的菌落生长；阴性者不生长，但在对照培养基上生长良好。如在葡萄糖铵斜面生长极微小的菌落可视为阴性结果。

附　录　B

增菌液灵敏度测定方法

B.1　沙门氏菌增菌液灵敏度测定方法

B.1.1　试验菌株为沙门氏菌鼠伤寒血清型，沙门氏菌肠炎血清型。

B.1.2　干扰菌株为大肠埃希氏菌。

B.1.3　将试验菌株和干扰菌株接种营养肉汤管，在 36 ℃±1 ℃培养 18 h～24 h。菌液浓度约为 10^9 CFU/mL。大肠埃希氏菌菌液浓度不需测定，应测定沙门氏菌鼠伤寒血清型和肠炎血清型的菌液浓度。

B.1.4　每组 8 支 15 mm×150 mm 试管，编号，单号试管内每管加入灭菌生理盐水 4.5 mL，双号试管内每管加入灭菌生理盐水 5.0 mL。

B.1.5　在 1 号管内加入沙门氏菌营养肉汤培养液 0.5 mL，在 2 号管内加入沙门氏菌培养液 0.05 mL。再从 2 号管内吸取沙门氏菌稀释菌液，加入到 3 号管内 0.5 mL，加入到 4 号管内 0.05 mL。按此法继续稀释到 8 号管。每次稀释应更换一支吸管。

B.1.6　吸取 6 号管内的稀释菌液各 0.1 mL，分别点加在 2 个营养琼脂平板上，用弯曲的接种环将菌液均匀涂布，待平板表面的菌液干燥后，于 36 ℃±1 ℃培养 14 h～24 h。计算平板上生长的沙门氏菌菌落数，取其平均数，约为 100 CFU。

B.1.7　接 B.1.5，排好若干组每组 10 支需要测定的增菌液，第 8 管到第 10 管都加入 8 号稀释管的稀释菌液各 0.1 mL；第 7 管到第 1 管逆序加入该稀释度的稀释菌液各 0.1 mL。

B.1.8　逆序向每管内加入未稀释的大肠埃希氏菌菌液 0.1 mL。振摇各管，使加入的菌液混合均匀。在 36 ℃±1 ℃培养 18 h～24 h。

B.1.9　振摇各管，使培养物混合均匀。挑取培养物，划线接种到鉴别培养基上，使能够出现单个菌落。在 36 ℃±1 ℃培养 18 h～24 h。

B.1.10　观察在鉴别培养基上沙门氏菌和大肠埃希氏菌菌落的生长情况。按照表 B.1 记录增菌培养的结果。

表 B.1　增菌培养的结果

增菌培养的结果	记录
沙门氏菌菌落数在 90％以上，大肠埃希氏菌的菌落少见	＋＋＋＋
沙门氏菌菌落数约占 80％	＋＋＋
沙门氏菌和大肠埃希氏菌的菌落数分别占 50％	＋＋
平板上大肠埃希氏菌的菌落为主，可见少数几个沙门氏菌的菌落	＋
平板上生长的是大肠埃希氏菌的菌落，未见沙门氏菌的菌落	－
注：判定增菌液的灵敏度，是以＋＋＋＋和＋＋＋的结果为准。8～10 号管 3 管中有 1 管或 1 管以上达到＋＋＋＋，或＋＋＋的增菌效果，就可以判定已经达到这一管的灵敏度(约 1 CFU)。＋＋和＋的结果可检出，也可能被疏忽。	

B.2 沙门氏菌增菌液灵敏度简易测定方法

B.2.1 用于核对已经过测定的增菌液的灵敏度。

B.2.2 试验菌株、干扰菌株及将菌株接种到营养肉汤和培养的方法均同 B.1.1～B.1.3。

B.2.3 准备 15 mm×150 mm 灭菌试管 2 支，分别加入灭菌生理盐水 5 mL。用直径为 3 mm 的接种环挑取试验菌株的营养肉汤培养物 1 满环（5 μL），稀释到 5 mL 生理盐水中，此时相当于 1∶10^3 稀释。再挑取此稀释液 1 满环，稀释到另一支 5 mL 生理盐水管中，此时相当于 1∶10^6 稀释。吸取此稀释液 0.1 mL，涂布接种于一个营养琼脂平板上，用于菌落计数，菌落数约为 80 CFU ～100 CFU。再将此稀释液做成 1∶10 和 1∶100 稀释。

B.2.4 在 2～4 支增菌液管内，各加入未稀释的大肠埃希氏菌肉汤培养物 0.1 mL，再在其中一管内加入 1∶10 稀释的试验菌液（B.2.3）0.1 mL，另外的 1 支～3 支增菌液管内各加入 1∶100 稀释的试验菌液（B.2.3）0.1 mL，将试管内液体振摇使其均匀。在 36 ℃±1 ℃培养 14 h～24 h。划线接种鉴别培养基，在 36 ℃±1 ℃培养 14 h～24 h 后观察结果。接种 1∶10 稀释的试验菌液（B.2.3）的管相当于 B.1 试验方法中的第 7 管，后面各管相当于第 8 管～第 10 管。

B.3 志贺氏菌增菌液灵敏度测定方法

B.3.1 试验菌株：福氏志贺氏菌 2a 型，鲍氏志贺氏菌 4 型，痢疾志贺氏菌 2 型，宋内氏志贺氏菌各 1 株。

B.3.2 干扰菌株：大肠埃希氏菌 10 株。

B.3.3 对比增菌液，以 GN 肉汤作为对比增菌液，以判定所测定的增菌液是否优于 GN 肉汤。

GB

中华人民共和国国家标准

GB 4789.39—2013

食品安全国家标准

食品微生物学检验　粪大肠菌群计数

2013-11-29 发布

2014-06-01 实施

中华人民共和国
国家卫生和计划生育委员会 发布

前　言

本标准代替 GB/T 4789.39—2008《食品卫生微生物学检验　粪大肠菌群计数》。

本标准与 GB/T 4789.39—2008 相比，主要变化如下：

——修改了标准的中文名称；

——修改了操作步骤；

——增加了附录 B。

食品安全国家标准
食品微生物学检验　粪大肠菌群计数

1　范围

本标准规定了食品中粪大肠菌群计数的方法。

本标准适用于各类食品中粪大肠菌群的计数。

2　术语和定义

2.1　粪大肠菌群

一群在 44.5 ℃培养 24 h～48 h 能发酵乳糖、产酸产气的需氧和兼性厌氧革兰氏阴性无芽胞杆菌。该菌群来自人和温血动物粪便，作为粪便污染指标评价食品的卫生状况，推断食品中肠道致病菌污染的可能性。

3　技术要求设备和材料

除微生物实验室常规灭菌及培养设备外，其他设备和材料如下：

a)　恒温培养箱：36 ℃±1 ℃；

b)　冰箱：2 ℃～5 ℃；

c)　恒温水浴箱：44.5 ℃±0.2 ℃；

d)　天平：感量 0.1 g；

e)　均质器；

f)　振荡器；

g)　无菌吸管：1 mL(具 0.01 mL 刻度)、10 mL(具 0.1 mL 刻度)或微量移液器及吸头；

h)　无菌锥形瓶：容量 500 mL；

i)　无菌培养皿：直径 90 mm；

j)　pH 计或 pH 比色管或精密 pH 试纸。

4　培养基及试剂

4.1　月桂基硫酸盐胰蛋白胨(Lauryl Sulfate Tryptose，LST)肉汤：见附录 A 中 A.1。

4.2　EC 肉汤(*E.coli* Broth)：见 A.2。

4.3　无菌生理盐水：见 A.3。

4.4　1 mol/L NaOH：见 A.4。

4.5　1 mol/L HCl：见 A.5。

5　检验程序

粪大肠菌群检验程序见图 1。

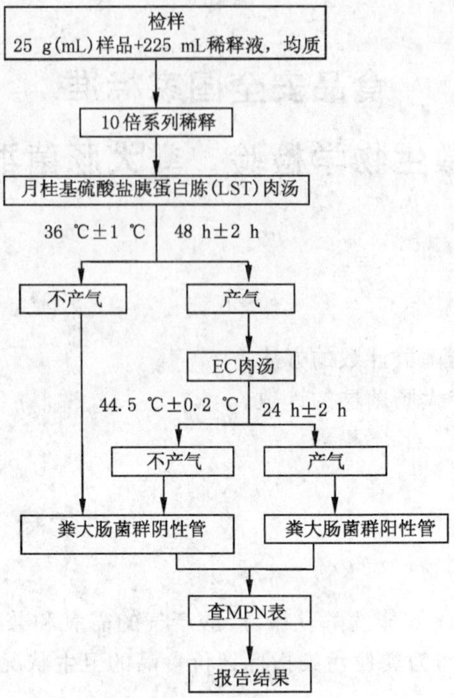

图 1 粪大肠菌群 MPN 计数法检验程序

6 操作步骤

6.1 样品的稀释

6.1.1 固体和半固体样品：称取 25 g 样品，置盛有 225 mL 磷酸盐缓冲液或生理盐水的无菌均质杯内，8 000 r/min～10 000 r/min 均质 1 min～2 min，制成 1∶10 样品匀液，或置 225 mL 稀释液的无菌均质袋中，用拍打式均质器拍打 1 min～2 min，制成 1∶10 的样品匀液。

6.1.2 液体样品：以无菌吸管吸取样品 25 mL 置盛有 225 mL 磷酸盐缓冲液或生理盐水的无菌锥形瓶(瓶内预置适当数量的无菌玻璃珠)中，充分混匀，制成 1∶10 的样品匀液。

6.1.3 样品匀液的 pH 应在 6.5～7.5 之间，必要时分别用 1 mol/L NaOH 或 1 mol/L HCl 调节。

6.1.4 用 1 mL 无菌吸管或微量移液器吸取 1∶10 样品匀液 1 mL，沿管壁缓缓注入盛有 9 mL 磷酸盐缓冲液或生理盐水的无菌试管中(注意吸管或吸头尖端不要触及稀释液面)，振摇试管或换用1 支 1 mL 无菌吸管反复吹打，使其混合均匀，制成 1∶100 的样品匀液。

6.1.5 根据对样品污染状况的估计，依次制成 10 倍递增系列稀释样品匀液。每递增稀释 1 次，换用 1 支1 mL 无菌吸管或吸头。从制备样品匀液至样品接种完毕，全过程不得超过 15 min。

6.2 初发酵试验

每个样品，选择 3 个适宜的连续稀释度的样品匀液(液体样品可以选择原液)，每个稀释度接种 3 管月桂基硫酸盐胰蛋白胨(LST)肉汤，每管接种 1 mL(如接种量需要超过 1 mL，则用双料 LST 肉汤)，36 ℃±1 ℃培养 24 h±2 h，观察倒管内是否有气泡产生，24 h 产气者进行复发酵试验，如未产气则继续培养至 48 h±2 h。记录在 24 h 和 48 h 内产气的 LST 肉汤管数。未产气者为粪大肠菌群阴性，产气者则进行复发酵试验。

如采用多个稀释度，最终确定最适的三个连续稀释度方法参见附录 B。

6.3 复发酵试验

用接种环从产气的 LST 肉汤管中分别取培养物 1 环，移种于预先升温至 44.5 ℃的 EC 肉汤管中。将所有接种的 EC 肉汤管放入带盖的 44.5 ℃±0.2 ℃恒温水浴箱内，培养 24 h±2 h，水浴箱的水面应高于肉汤培养基液面，记录 EC 肉汤管的产气情况。产气管为粪大肠菌群阳性，不产气为粪大肠菌群阴性。

定期以已知为 44.5 ℃产气阳性的大肠杆菌和 44.5 ℃不产气的产气肠杆菌或其他大肠菌群细菌作阳性和阴性对照。

6.4 粪大肠菌群 MPN 计数的报告

根据证实为粪大肠菌群的阳性管数，查粪大肠菌群最可能数(MPN)检索表(见附录 C)，报告每克(毫升) 粪大肠菌群的 MPN 值。

附 录 A

培养基和试剂

A.1 月桂基硫酸盐胰蛋白胨(Lauryl Sulfate Tryptose,LST)肉汤

A.1.1 成分

胰蛋白胨或胰酪胨	20.0 g
氯化钠	5.0 g
乳糖	5.0 g
磷酸氢二钾(K_2HPO_4)	2.75 g
磷酸二氢钾(KH_2PO_4)	2.75 g
月桂基硫酸钠	0.1 g
蒸馏水	1 000.0 mL

A.1.2 制法

将 A.1.1 成分溶解于蒸馏水中,校正 pH 至 6.8±0.2。分装到有玻璃小倒管的试管中,每管10 mL,121 ℃ 高压灭菌 15 min。

A.2 EC 肉汤(*E.coli* Broth)

A.2.1 成分

胰蛋白胨或胰酪胨	20.0 g
3 号胆盐或混合胆盐	1.5 g
乳糖	5.0 g
磷酸氢二钾(K_2HPO_4)	4.0 g
磷酸二氢钾(KH_2PO_4)	1.5 g
氯化钠	5.0 g
蒸馏水	1 000.0 mL

A.2.2 制法

将 A.2.1 成分溶解于蒸馏水中,校正 pH 至 6.9±0.1。分装到有玻璃小倒管的试管中,每管8 mL,121 ℃高压灭菌 15 min。

A.3 无菌生理盐水

A.3.1 成分

氯化钠	8.5 g
蒸馏水	1 000.0 mL

A.3.2 制法

称取 8.5 g 氯化钠溶于 1 000 mL 蒸馏水中，121 ℃高压灭菌 15 min。

A.4 1 mol/L NaOH

A.4.1 成分

NaOH	40.0 g
蒸馏水	1 000.0 mL

A.4.2 制法

称取 40 g 氢氧化钠溶于 1 000 mL 蒸馏水中。

A.5 1 mol/L HCl

A.5.1 成分

盐酸	90.0 mL
蒸馏水	1 000.0 mL

A.5.2 制法

移取盐酸 90 mL，用蒸馏水稀释至 1 000 mL。

附 录 B

确定最适的三个连续稀释度方法

在 10^{-1}～10^{-5} 五个连续稀释度中确定最适的三个连续稀释度方法如下：

a) 有一个以上的稀释度 3 管均为阳性。选择三管都是阳性结果的最高稀释度及其相连的两个更高稀释度(见表 B.1 示例 a、b,表中带下划线的数字对应的接种样品量为最终选取的最适稀释度,下同)；在未选择的较高稀释度中还有阳性结果时,则顺次下移到下一个更高三个连续稀释度(见表 B.1 示例 c)；如果中间有某个稀释度没有阳性结果,但更高稀释度有阳性结果,则将此阳性结果加到前一稀释度,进而确定三个连续稀释度(见表 B.1 示例 d)；如果不能按照这个原则找到三个合适的稀释度,则选择前一个较低的稀释度(见表 B.1 示例 e)。

b) 没有任何一个稀释度 3 管均为阳性。如果没有一个稀释度的 3 管均为阳性,则选择三个最低稀释度(见表 B.1 示例 f)；如果在更高的没有被选择的稀释度还有阳性结果,将此阳性结果加到选择的最高稀释度,进而确定三个连续稀释度(见表 B.1 示例 g)。MPN 计算阳性结果的选择示例见表 B.1。

表 B.1 关于 MPN 计算阳性结果的选择示例

示例编号	接种样品量 mL					选择的三个连续稀释度阳性管数	MPN g(mL)
	0.1 g	0.01 g	0.001 g	0.000 1 g	0.000 01 g		
a	3	<u>3</u>	<u>1</u>	<u>0</u>	0	3-1-0	430
b	2	<u>3</u>	<u>1</u>	<u>0</u>	0	3-1-0	430
c	3	<u>2</u>	<u>2</u>	<u>1</u>	0	2-2-1	280
d	3	<u>2</u>	<u>2</u>	<u>0</u>	1	2-2-1	280
e	3	3	3	<u>3</u>	<u>2</u>	3-3-2	110 000
f	<u>0</u>	<u>0</u>	<u>1</u>	0	0	0-0-1	3
g	<u>2</u>	<u>2</u>	<u>1</u>	1	0	2-2-2	35

注：下划线表示应选择的连续稀释度。

附 录 C

粪大肠菌群最可能数(MPN)表

每克(毫升)检样中粪大肠菌群最可能数(MPN)的检索见表 C.1。

表 C.1 粪大肠菌群最可能数(MPN)检索表

阳性管数			MPN	95%置信区间		阳性管数			MPN	95%置信区间	
0.1	0.01	0.001		下限	上限	0.1	0.01	0.001		下限	上限
0	0	0	<3.0	—	9.5	2	2	0	21	4.5	42
0	0	1	3.0	0.15	9.6	2	2	1	28	8.7	94
0	1	0	3.0	0.15	11	2	2	2	35	8.7	94
0	1	1	6.1	1.2	18	2	3	0	29	8.7	94
0	2	0	6.2	1.2	18	2	3	1	36	8.7	94
0	3	0	9.4	3.6	38	3	0	0	23	4.6	94
1	0	0	3.6	0.17	18	3	0	1	38	8.7	110
1	0	1	7.2	1.3	18	3	0	2	64	17	180
1	0	2	11	3.6	38	3	1	0	43	9	180
1	1	0	7.4	1.3	20	3	1	1	75	17	200
1	1	1	11	3.6	38	3	1	2	120	37	420
1	2	0	11	3.6	42	3	1	3	160	40	420
1	2	1	15	4.5	42	3	2	0	93	18	420
1	3	0	16	4.5	42	3	2	1	150	37	420
2	0	0	9.2	1.4	38	3	2	2	210	40	430
2	0	1	14	3.6	42	3	2	3	290	90	1 000
2	0	2	20	4.5	42	3	3	0	240	42	1 000
2	1	0	15	3.7	42	3	3	1	460	90	2 000
2	1	1	20	4.5	42	3	3	2	1 100	180	4 100
2	1	2	27	8.7	94	3	3	3	>1 100	420	—

注 1: 本表采用 3 个稀释度[0.1 g(mL)、0.01 g(mL)和 0.001 g(mL)]、每个稀释度接种 3 管。

注 2: 表内所列检样量如改用 lg(mL)、0.1 g(mL)和 0.01 g(mL)时,表内数字应相应降低 10 倍;如改用 0.01 g(mL)、0.001 g(mL)、0.000 1 g(mL)时,则表内数字应相应增高 10 倍,其余类推。

ICS 13.100
N 09

中华人民共和国国家标准

GB 4793.9—2013/IEC 61010-2-081:2009

测量、控制和实验室用电气设备的安全要求　第9部分：实验室用分析和其他目的的自动和半自动设备的特殊要求

Safety requirements for electrical equipment for measurement, control and laboratory use—Part 9: Particular requirements for automatic and semi-automatic laboratory equipment for analysis and other purposes

(IEC 61010-2-081:2009,IDT)

2013-12-17 发布　　2014-11-01 实施

中华人民共和国国家质量监督检验检疫总局
中国国家标准化管理委员会　发布

前　言

本部分的全部技术内容为强制性。

GB 4793《测量、控制和实验室用电气设备的安全要求》分为 9 个部分：

——第 1 部分：通用要求；

——第 2 部分：电工测量和试验用手持和手操电流传感器的特殊要求；

——第 3 部分：实验室用混合和搅拌设备的特殊要求；

——第 4 部分：实验室用处理医用材料的蒸压器的特殊要求；

——第 5 部分：电工测量和试验用手持探头组件的特殊要求；

——第 6 部分：实验室用材料加热设备的特殊要求；

——第 7 部分：实验室用离心机的特殊要求；

——第 8 部分：使用有毒气体处理医用材料及供实验室用的压力灭菌器和灭菌器的专用要求；

——第 9 部分：实验室用分析和其他目的自动和半自动设备的特殊要求。

注：上述部分的名称会随 IEC 标准名称的变化而改变。

本部分为 GB 4793 的第 9 部分。

本部分按照 GB/T 1.1—2009 给出的规则起草。

本部分使用翻译法等同采用 IEC 61010-2-081:2009《测量、控制和实验室用电气设备的安全要求　第 2-081 部分：实验室用分析和其他目的的自动和半自动设备的特殊要求》。其技术内容与 IEC 61010-2-081:2009 完全等同。

本部分做了下列编辑性修改：

——略去 IEC 61010-2-081:2009 的前言和“附录 H(资料性附录)定义索引”的内容；

——对于 IEC 61010-2-081:2009 引用的其他国际标准中有被等同或修改采用作为我国标准的，本部分引用我国的这些国家标准或行业标准代替对应的国际标准，其余未有等同或修改采用为我国标准的国际标准，在本部分中均被直接引用；

——标准正文中 1.2.1 增加两个新的条目的序号 a)、b)改为 h)、i)。

与本部分中规范性引用的国际文件有一致性对应关系的我国文件如下：

——GB/T 4025—2003　人　机界面标志标识的基本和安全规则 指示器和操作器的编码规则(IEC 60073:1996，IDT)

——GB 4793.1—2007　测量、控制和实验室用电气设备的安全要求　第 1 部分：通用要求(IEC 61010-1:2001，IDT)

——GB/T 16273.1—1996　设备用图形符号通用符号(ISO 7000:1989，NEQ)

——YY/T 0316—2003　医疗器械　风险管理对医疗器械的应用(ISO 14971:2000，IDT)

——YY 0648—2008　测量、控制和实验室用电气设备的安全要求　第 2-101 部分：体外诊断(IVD)医用设备的专用要求(IEC 61010-2-101:2002，IDT)

本部分应结合 GB 4793.1《测量、控制和实验室用电气设备的安全要求　第 1 部分：通用要求》一起使用。本部分中写明“适用”的部分，表示 GB 4793.1 的相应条款适用于本部分；本部分中写明“删除”“代替”或“修改”的部分，表示以本部分的条款为准；本部分中写明“增加”的部分，表明除要符合 GB 4793.1 的相应条款外，还应符合本部分中增加的条款。

请注意本文件的某些内容可能涉及专利。本文件的发布机构不承担识别这些专利的责任。

本部分由中国机械工业联合会提出。

本部分由全国测量控制和实验室电器设备安全标准化技术委员会(SAC/TC 338)归口。

本部分主要起草单位:北京市医疗器械检验所、机械工业仪器仪表综合技术经济研究所、国家食品药品监督管理局医疗器械技术审评中心、深圳迈瑞生物医疗电子股份有限公司、安图实验仪器(郑州)有限公司、北京普朗新技术有限公司。

本部分主要起草人:曾宁、王玉敏、孙京昇、吴琨、王佩、高艳彩、赵范唐、章兆园、梁振士、廖晓曼。

测量、控制和实验室用电气设备的安全要求 第9部分:实验室用分析和其他目的的自动和半自动设备的特殊要求

1 范围与目的

除下述内容外,GB 4793.1—2007 第1章均适用:

1.1 范围

代替:

本部分适用于实验室用分析和其他目的的自动和半自动设备。

自动和半自动实验室设备由仪器或系统组成,用于测量和改变样品的一种或多种特性或参数,执行的全部过程或部分过程不需要手动介入。构成该系统一部分的设备适用于本部分。

包括在本部分范围内的设备的举例:

——分析设备;

——自动加样器(移液器,分液器);

——样品复制和放大设备。

注1:对于分析设备而言全部工序通常包括下列步骤:

——取一定量的样品;

——通过化学的、热的、机械的或其他方法制备样品;

——测量;

——显示、传输或打印测量的结果。

注2:如果设备的全部或某一部分属于本部分的范围,同时又属于 GB 4793 系列标准中的其他部分的范围,此设备也需满足相应 GB 4793 系列标准的要求。

1.2 目的

1.2.1 包括在本部分范围内的内容

代替:

用下面的内容代替第一句:

本部分的目的是确保设计和使用的构建方法为操作人员和周围环境对一个允许风险提供高级别的防护,特定条款使用风险管理(见 7.2.101 和附录 AA)。

增加:

增加两个新的列项:

h) 生物危害;

i) 危险化学物质。

1.2.2 不包括在本部分范围内的内容

增加:

增加一个新的列项和下面的注:

g) 在设备外对材料进行的处理或操作。

注:覆盖这些内容的要求由制定相应标准的委员会负责。

2 规范性引用文件

下列文件对于本文件的应用是必不可少的。凡是注日期的引用文件，仅注日期的版本适用于本文件。凡是不注日期的引用文件，其最新版本(包括所有的修改单)适用于本文件。

除下述内容外，GB 4793.1—2007 中第 2 章均适用：

增加：

GB/T 2423.55—2006 电工电子产品环境试验 第 2 部分：试验测试 试验 Eh：锤击试验(IEC 60068-2-75：1997，IDT)

IEC 60073：1996 人 机界面标志标识的基本和安全规则 指示器和操作器的编码规则(Basic and safety principles for man-machine interface，marking identification-coding principles for induction devices and actuators)

IEC 61010-1：2001 测量、控制和实验室用电气设备的安全要求 第 1 部分：通用要求(Safety requirements for electrical equipment for measurement，control and laboratory use—Part 1：General requirements)

ISO 7000：1989 设备用图形符号通用符号(Graphical symbols for use on equipment-index and synopsis)

ISO 14971：2000 医疗器械 风险管理对医疗器械的应用(Medical devices-application of risk management to medical devices laboratory biosafety manual，World Health Organization，1984)

IEC 61010-2-101：2002 测量、控制和实验室用电气设备的安全要求 第 2-101 部分：体外诊断[Safety requirements for electrical equipment for measurement，control and laboratory use Part 2-101：particular requirements for in vitro diagnostic (IVD) medical equipment]

3 术语和定义

GB 4793.1 界定的以及下列术语和定义适用于本文件。

3.1 设备和设备的类别

增加的定义：

3.101

损害 harm

对人健康的实际伤害或损坏，或是对财产或环境的损坏。

[ISO/IEC 指南 51：1999，定义 3.3]

3.102

风险 risk

损害的发生概率与该损害的严重程度的结合。

[ISO/IEC 指南 51：1999，定义 3.2]

3.103

允许风险 tolerable risk

基于当前的社会共识的给定内容的可接受风险。

[ISO/IEC 指南 51：1999，定义 3.7]

注：允许风险是理想化的绝对安全、产品、过程或服务所要满足的要求，与诸如对使用者的益处、目的的适宜性、成本效率、风险评价、相关社会习惯及当前技术水平等因素之间平衡的结果。

4 试验

除下述内容外，GB 4793.1—2007 第 4 章均适用：

4.4.2 故障条件的施加

增加：

增加的条：

4.4.2.101 错误的电压选择

能被操作人员设置成不同供电电压的多电压设备，应该被轮流设置成每一种电压，然后轮流连接到所有其他额定供电电压上。

5 标志和文件

除下述内容外，GB 4793.1—2007 第 5 章均适用：

5.1.1 概述

代替：

用下面的内容代替第三段：

量值和单位的文字符号应符合 IEC 60027 的规定。应尽可能使用包括表 1 在内的国际上认可的符号。如果需要使用其他附加的符号，则不应与国际上认可的符号发生混淆。除符号 101（见表 1）外，对符号无颜色要求。图形符号应在文件中给予解释。

表 1 符号

增加：

增加下面的新符号：

序号	符号	标准	说明
101	 背景颜色 ——黄色； 符号和轮廓线 ——黑色	GB/T 16273.1—1996 130	生物危害

5.1.5 端子、连接件和操作装置

增加：

增加下面的新注 3：

注 3：由操作者使用的所有必要的连接器、控制件和指示器宜进行标志。

增加：

增加的条：

5.1.5.101 气体和液体连接件

在设备的连接器附近应进行清楚的标志：

a） 所用气体或液体的识别方法。如果没有国际通用符号规定(包括化学分子式)，设备应用表1的符号14进行标志。

b） 最大允许压力或选择表1的符号14(见5.4.3)。

通过目视检查来检验是否合格。

5.2 警告标志

代替：

用下面五段替换第五段：

由于样本或所用试剂可能具有潜在传染性的设备应明显地标记表1的符号101。

由于使用化学物质可能具有危险性的设备应标记适宜的符号，或表1的符号14(如果没有可采用的符号)。

除7.2.101或7.2.102允许之外保护盖应标记以警告操作者不能打开或移动。

设备中装有生物危害废料的任何部件，如果正常使用时能被取下，应标记表1的符号101。

其他警告标志在5.1.5.1 c)、6.1.2 b)、6.5.1.2 g)、6.6.2、7.2 c)、7.2.101f)、7.2.102 c)、7.3，10.1，13.2.2中规定。

5.3 标志耐久性

代替：

用下面的新段代替第一段：

5.1.2～5.2要求的标志应永久贴附并在正常使用条件下保持清晰可辨，能耐受温度、磨擦及正常使用时可能遇到的溶剂和试剂的影响，包括制造商规定的清洁剂和消毒剂。

增加：

在符合性检验方法的第一段后增加一个新段，内容如下：

如果规定与设备一起使用的溶剂或试剂可能对特定标志的耐久性产生影响，该标志也应使用每一种溶剂或试剂擦拭30s(或用溶剂或试剂类别中可能有类似效果的代表样品)。

5.4.1 概述

删除：

删除第二段的注。

增加：

增加一个新的第三段，内容如下：

应该对通过本部分规定的保护措施不能降低到允许风险水平的任何风险提供信息。如果需要培训或使用附加的保护装置或个人保护设备来将风险降低到允许风险水平，对这些内容应该作出规定。

5.4.3 设备安装

代替：

用下面的内容代替标题和原文：

5.4.3 设备的运输、安装和装配说明

如果适用，责任者的文件应包含下面内容：

a） 在交付给责任者后运输的说明；

b） 地面承载要求；

c） 主要重部件各自的质(重)量；

d) 定位和安放说明，包括通风以及操作人员安全和有效的维护所要求的空间；

e) 装配说明；

f) 保护接地说明；

g) 12.5.1 要求的声音数据；

h) 有关对危险物质的处理、盛装和排放，包括防止回流的要求的说明；

i) 流出生物的、化学的物质和热的液体可能产生危险时，所需要的排水系统；

j) 有关危险辐射保护措施的详细内容(见第 12 章)；

k) 与电源的连接说明；

l) 只适用于永久性连接式设备：

 1) 电网电源要求和连接的详细内容，包括在最高额定环境温度下所要求的电缆的额定温度；

 2) 对任何外部开关、断路器(见 6.11.2.1)或过流保护装置(见 9.5)的要求。如果对安全来说是必要的，建议将这些开关或电路断路器设置在设备的近旁。

m) 特殊维护要求(例如空气，冷却液)，包括压力限制。

通过文件的目视检查来检验是否合格。

5.4.4 设备的操作

代替：

如果适用，使用说明应包括：

a) 在所有操作方式下的任一操作顺序中，操作控制件和他们使用的细节；

注 1：GB/T 4025 对操作控制件的颜色和符号给出指南。

b) 不要将设备放在难以操作断开装置的位置的说明(见 6.11)；

c) 与附件和其他设备互连的说明，包括合适的附件、可拆卸的零部件和任何专用的材料的详细内容；

d) 间歇工作的限值；

e) 设备上使用的符号的解释，以及在涉及危险的地方，在每一种特殊情况下使用符号的原因；

f) 在故障发生时，操作人员采取的任何行动的说明；

g) 使用推荐的材料进行清洗和消毒的说明和建议(见 11.2)；

h) 废弃物处理的说明；

i) 如果正常使用涉及危险物质的处理，正确使用和培训需求或个人防护措施的说明；

j) 处理潜在的传染性物质(如人体样本或试剂)时，如果有可能接触到皮肤，需要使用保护手套；

k) 如果在正常使用中设备可能释放出危险的气溶胶蒸汽，对口、鼻或眼睛进行防护的说明；

l) 如果潜在的危险的可见或不可见辐射可能被释放出来，对保护装置的说明和要求，如保护眼镜；

m) 有关触及运动零部件的说明(见 7.2.101 和 7.2.102)。

注 2：制造商宜了解世界卫生组织发布的国际认可的《实验室生物安全手册》。其提供了有关消毒剂以及使用、稀释物及潜在应用的信息。还有覆盖这些方面的国家指导性文件。

注 3：当设备和它们的附件经过维护、维修或移动，作为一项安全措施，清洗和消毒可能是必需的。制造商宜提供给责任者一个用来确认那些维护、维修或移动后的设备已经进行如此处理的方式。

通过文件的目视检查来检验是否合格。

增加的条：

5.4.101 由于维修或处理而使设备停止使用

应该对责任者提供说明以便消除或降低由于停止使用、运输或处理所带来的危险。若有的话，这些说明应包括使生物危害最小化的要求。

通过文件的目视检查来检验是否合格。

6 防电击

GB 4793.1—2007 第 6 章均适用。

7 防机械危险

除下述内容外,GB 4793.1—2007 的第 7 章均适用:

7.2 运动零部件

删除:

删除第二段和第三段。

增加:

增加的条:

7.2.101 正常使用时可触及性

作为一种例外,如果运动零部件在正常使用中的暴露不可避免,应通过风险管理(见附录 AA)确定运动零部件是否会导致操作者受到伤害。按照下面优先级顺序,通过保护措施的执行尽可能使这些风险减到最小。

a) 保护装置(联锁系统或其他方法,只有使用工具才能移除);

b) 保护罩;

c) 机械挡板;

d) 安全区域和运动零部件间有足够的距离;

e) 警告信号(听觉或视觉);

f) 警告标志(见 5.2)。

b)~d)的措施应结合关于危险区域的警告(见 5.4.1)。

如果运动零部件在正常使用中的暴露不可避免,说明书应说明能导致伤害的程序,只有在操作人员被警告存在潜在的危险,并已经接受过以尽可能最安全的方式操作程序的足够培训后,才能操作此流程。

通过目视检查和采用附录 AA 中规定的方法来检验是否合格。

7.2.102 正常使用之外可触及性

除正常使用外,在进行例行维护时,如果由于技术上无法避免的原因,操作人员不得不去接触可能会引起危险的运动零部件才能完成某种程序,例如调节,如果采取了下列的所有措施,接触运动零部件是允许的:

a) 对 7.2.101a)中装置所保护的运动零部件,不使用工具不可能触及;

b) 责任者的说明要包括一项声明,即操作人员应经过培训才能允许进行危险性的操作;

c) 在接触运动零部件之前应先行拆除的任何盖子或零部件上要有警告标志(见 5.2),标明操作人员未经培训禁止接触。作为一种选择,表 1 的符号 14 应被标注在盖子或零部件上,并在文件中包括警告说明。

通过目视检查和采用附录 AA 中规定的方法来检验是否合格。

8 耐机械冲击和撞击

除下述内容外，GB 4793.1—2007 的第 8 章均适用：

8.2.1 除手持式设备和直插式设备以外的其他设备

代替：

用下面的内容代替原文 c)：

c) 对固定式设备、质量大于 100 kg 的设备、其尺寸和质(重)量使得其不可能无意间移动且正常使用时不移动的设备不需要进行本试验。

9 防止火焰蔓延

GB 4793.1—2007 的第 9 章均适用。

10 设备的温度限值和耐热

GB 4793.1—2007 中的第 10 章均适用。

11 防液体危险

除下述内容外，GB 4793.1—2007 的第 11 章均适用：

11.3 洒落

代替：

在正常使用情况下，液体可能会洒落到设备内，设备应设计成当绝缘或内部未绝缘的危险带电零部件受潮，或潜在的侵蚀性物质(如腐蚀性的，有毒的或可燃的液体)与设备零部件接触后不会产生危险。

通过目视检查来检验是否合格。如有怀疑，用 0.2 L 的水从 0.1 m 的高度上以 15 s 的时间轮流平稳地倒在操作人员应倾倒或处理液体的部位，以及液体有可能接触到电气零部件的每个部位上。

在执行自动加样过程的区域，同样需要使用相当于正常使用时设备自身洒落的最大液体量的 5 倍体积的液体完成上述试验。

在该处理后，设备应能通过立即进行 6.8 的电压试验(不进行潮湿预处理)，而且可触及零部件不应超过 6.3.1 的限值。

在适当的地方，通过检查潜在的侵蚀性物质与所接触的设备部件的相容性也可以来检验是否合格。

12 防辐射(包括激光源)、声压力和超声压力

GB 4793.1—2007 第 12 章均适用。

13 对释放的气体、爆炸和内爆的防护

除下述内容外，GB 4793.1—2007 的第 13 章均适用：

修改：

修改本章的标题如下：

13 对释放的气体和物质、爆炸和内爆的防护

13.1 有毒和有害气体

修改：

修改标题如下：

13.1 有毒有害气体和物质

代替：

用下面两个新段代替第一段：

在正常条件或单一故障条件下，设备不应释放出达到危险剂量的有毒的或有害的气体或物质。

如果设备中潜在的危险物质被释放，操作人员不应被弄湿，也不能吸入可能是危险的剂量。设备包含这类物质的区域应配备保护罩或类似的防护方法。

14 元器件

GB 4793.1—2007 的第 14 章均适用。

15 利用联锁装置的保护

GB 4793.1—2007 的第 15 章均适用。

16 试验和测量设备

GB 4793.1—2007 的第 16 章均适用。

附　录

除下述内容外，GB 4793.1—2007 附录均适用。

增加新的附录 AA：

附　录　AA
（规范性附录）
风 险 管 理

为符合 7.2.101 的要求，通过风险降低措施至少达到允许风险，以获得满意的安全水平。应执行风险管理，并文件化，通过包含下面内容的重复过程至少达到允许风险。

a) 风险分析

风险分析是根据可获得的信息来识别危害和估计风险的过程。

b) 风险评价

每一个风险分析都需要一个方案计算出评价的风险水平的严重性和概率，以及判定得到的风险水平的可接受程度，风险水平的可接受程度按下述方法判定(见图 AA.1)：

1) 广泛可接受区

在某些情况下，风险非常低，以至于在和其他风险比较以及从使用该设备受益的角度来看，是可以忽略不计的。在这种情况下，风险是可以接受的，并且不需要主动采取风险控制。这一水平符合允许风险的要求。

2) 合理可行区(ALARP)

这一水平不是自动达到允许风险的要求。合理可行区作为风险分析的结果总是需要一个风险为何不能用可行的方法进一步降低的理由。

3) 不容许区

这一水平包含了非允许风险。

c) 风险降低

如果最初的风险是不能接受的，防范措施应被明确并实施。然后，风险分析和风险评价的过程应被重复，包括检验防范措施没有引入新的风险。

注 1：对 YY 0648 范围内体外诊断医疗设备，采用该标准中规定的风险管理过程。对其他设备，下列标准给出风险管理指南：GB/T 0316 和 ISO 14121。

注 2：ISO 14121 要求符合 ISO/TR 12100-2 建议的内容，此建议被 GB 4793 的相关要求代替。

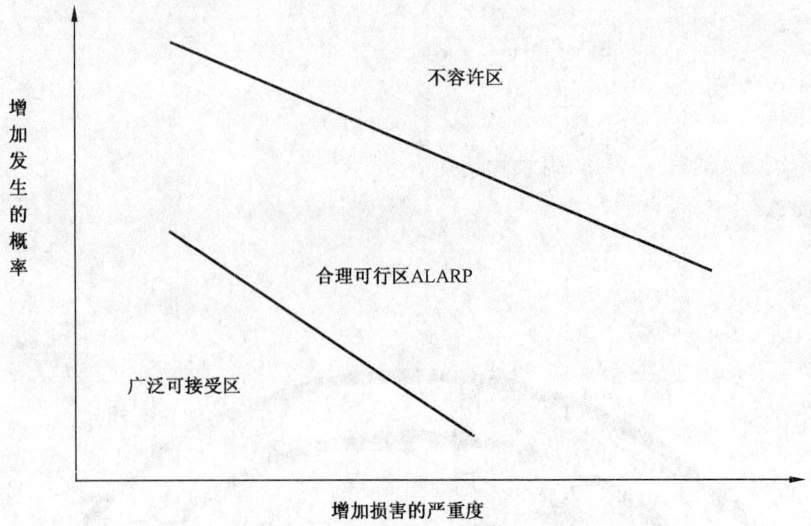

图 AA.1　风险的接受程度

参 考 文 献

增加下列出版物：

[1] GB/T 16273.1—1996 设备用图形符号 通用符号(ISO 7000:1989,IDT).

[2] YY/T 0316—2003 医疗器械 风险管理对医疗器械的应用(ISO 14971:2000，IDT).

[3] GB/T 4025—2003 人机界面标志标识的基本和安全规则 指示器和操作器件的编码规则(IEC 60073:1996，IDT).

[4] ISO/IEC Guide 51:1999，Safety aspects—Guidelines for their inclusions in standards.

[5] ISO/TR 12100-2:1992，Safety of machines—Basic concepts，general principles for design—Part 2:Technical principles and specifications.

[6] ISO 14121:1999，Safety of machinery—Principles of risk assessment.

[7] Laboratory Biosafety Manual，World Health Organization，1984.

ICS 19.020
A 21

中华人民共和国国家标准

GB/T 4797.6—2013
代替 GB/T 4797.6—1995

环境条件分类　自然环境条件　尘、沙、盐雾

Classification of environmental conditions—Environmental conditions appearing in nature—Dust, sand, salt mist

(IEC 60721-2-5:1991, Classification of environmental conditions—Part 2: Environmental conditions appearing in nature—Section 5: Dust, sand, salt mist, MOD)

2013-11-12 发布　　2014-03-07 实施

中华人民共和国国家质量监督检验检疫总局
中国国家标准化管理委员会　发布

前　言

GB/T 4797 标准目前分为以下八个部分：

——GB/T 4797.1　电工电子产品自然环境条件　温度和湿度；

——GB/T 4797.2　电工电子产品自然环境条件　海拔与气压、水深与水压；

——GB/T 4797.3　电工电子产品自然环境条件　生物；

——GB/T 4797.4　电工电子产品自然环境条件　太阳辐射与温度；

——GB/T 4797.5　电工电子产品环境条件分类　自然环境条件　降水和风；

——GB/T 4797.6　环境条件分类　自然环境条件　尘、沙、盐雾；

——GB/T 4797.7　电工电子产品环境条件分类　自然环境条件　地震振动和冲击；

——GB/T 4797.8　电工电子产品环境条件分类　自然环境条件　火灾暴露。

本部分为 GB/T 4797 的第 6 部分。

本部分按照 GB/T 1.1—2009 给出的规则起草。

本部分代替 GB/T 4797.6—1995《电工电子产品自然环境条件 尘、沙、盐雾》，与 GB/T 4797.6—1995 相比，主要变化如下：

——4.3 增加世界主要沙漠的数据表 4；

——增加图 7，并将原表 9 的数据并入作为图的说明。

本部分使用重新起草法修改采用 IEC 60721-2-5：1991《环境条件分类　第 2 部分：自然环境条件　第 5 节：尘、沙、盐雾》。

本部分与 IEC 60721-2-5：1991 的技术性差异及其原因如下：

——根据我国实测的数据，增加了表 5、表 8、图 3、图 5、图.8，其后的序号作相应调整；

——6.1 补充我国的盐雾数据，增加 6.1.3“颗粒大小”的内容；

——增加了第 7 章“盐碱地区的盐尘雾”的内容；

——增加了附录 B“沙尘在气流中的运动”和附录 C“海上盐雾粒子向陆上输送与分布”两个资料性附录。

本部分与 IEC 60721-2-5：1991 相比，主要做了下列编辑性修改：

——删除了 IEC 60068-2-61：1991 的前言和引言，增加了国家标准前言；

——删除原 IEC 的附录 B 参考文献。

本部分由全国电工电子产品环境条件与环境试验标准化技术委员会(SAC/TC 8)提出并归口。

本部分起草单位：中国电器科学研究院有限公司、航天科工防御技术研究试验中心、宁波欧知电器科技有限公司、宁波捷胜海洋开发有限公司、无锡苏南试验设备有限公司、宁波润轴汽配有限公司、宁波思创机电有限公司。

本部分主要起草人：陈心欣、李宏民、柯赐龙、倪一明、贺波。

本部分所代替标准的历次版本发布情况为：

——GB/T 4797.6—1995。

环境条件分类　自然环境条件
尘、沙、盐雾

1　范围

GB/T 4797 的本部分阐明了自然界中出现的尘、沙、盐雾的特性，以及这些环境因素对在贮存、运输和使用期间暴露其中的产品的影响。虽然这些环境因素的影响经常和风有密切的联系，但本部分不涉及风的环境因素，相关内容参见 GB/T 4797.5。

2　规范性引用文件

下列文件对于本文件的应用是必不可少的。凡是注日期的引用文件，仅注日期的版本适用于本文件。凡是不注日期的引用文件，其最新版本(包括所有的修改单)适用于本文件。

GB/T 4797.5　电工电子产品环境条件分类　自然环境条件　降水和风(GB/T 4797.5—2008，IEC 60721-2-2:1988，MOD)

GB/T 10593.2—2012　电工电子产品环境参数测量方法　盐雾

ISO 9225:2012　金属与合金的腐蚀　大气腐蚀性　影响大气腐蚀性的环境参数测定(Corrosion of metals and alloys—Corrosivity of atmospheres—Measurement of environmental parameters affecting corrosivity of atmospheres)

3　尘、沙、盐雾对产品的影响

3.1　尘、沙、盐雾以及相关联的风，能在各个方面对产品产生影响，最主要的是：

a)　尘进入密封容器或密封体中；
b)　使电气性能劣化，例如接触失效、接触电阻改变、电位器的轨道电阻变化；
c)　引起轴承、轴、旋钮和其他运动部件的磨损或故障；
d)　表面剥蚀(侵蚀、腐蚀)；
e)　导致光学表面模糊；
f)　使润滑剂受污染；
g)　热传导率降低；
h)　导致工作的通风孔、轴衬、导管、过滤器、孔等阻塞；
i)　高速运动(如沙暴)时产生静电，影响通讯系统。

3.2　尘、沙与其他环境因素(如水蒸气)的结合出现，会对产品产生严重的影响，例如发生腐蚀和长霉。湿热大气与具有化学腐蚀性的尘结合，会引起腐蚀。在大气中，盐雾也会产生类似的效果。

3.3　考虑离子传导和腐蚀性尘(例如消冰盐等)的影响。

4　自然尘与沙环境

4.1　尘和沙的分类

根据不同的空气动力学特性，尘和沙的区分如下：

——尘:可定义为无规定来源或组成的物质粒子,大小在 1 μm～150 μm 之间,由于自然的空气湍流,直径小于 75 μm 的粒子,可在大气中旋留很长时间。

——沙:是由碎岩屑沉积物的凝离的非压实的堆积物来表示的,其基本构成为圆状的石英颗粒,大小在 150 μm～1 000 μm 之间。在沉积岩石学中应用本术语时,则是针对 100 μm～1 000 μm 之间大小的粒子。除非是在不断地受到强的自然或诱发气流或湍流情况下,直径大于 150 μm 的粒子是不可能停留在空中传播的。

4.2 沙尘的类型与特征

4.2.1 沙尘的类型

自然界中的大多数沙尘,主要成分是石英。在沙漠及类似的多尘地区,沙尘会使产品遭受损伤。石英的主要特点是硬度大,它能对产品,特别是运动部件,导致快速磨损或损伤。但是材料的磨蚀通常是在沙尘与高速气流或沙尘与较长作用时间周期相结合时才会发生。

4.2.2 沙尘的特性

4.2.2.1 自然尘的重要特性,是其非吸收性和化学惰性,但当大气中含有湿气或其他气体时,则可能对金属产生腐蚀作用。

4.2.2.2 细粒尘的最显著特点,通常是其非磨损性和吸湿性。

4.2.3 沙尘特征

4.2.3.1 颗粒大小

尘与沙颗粒大小的近似范围是:

——细粒尘　　75 μm 以下;

——粗粒尘　　75 μm～150 μm;

——沙　　　　150 μm～1 000 μm。

尘和沙大小的近似分布如图 1 所示。

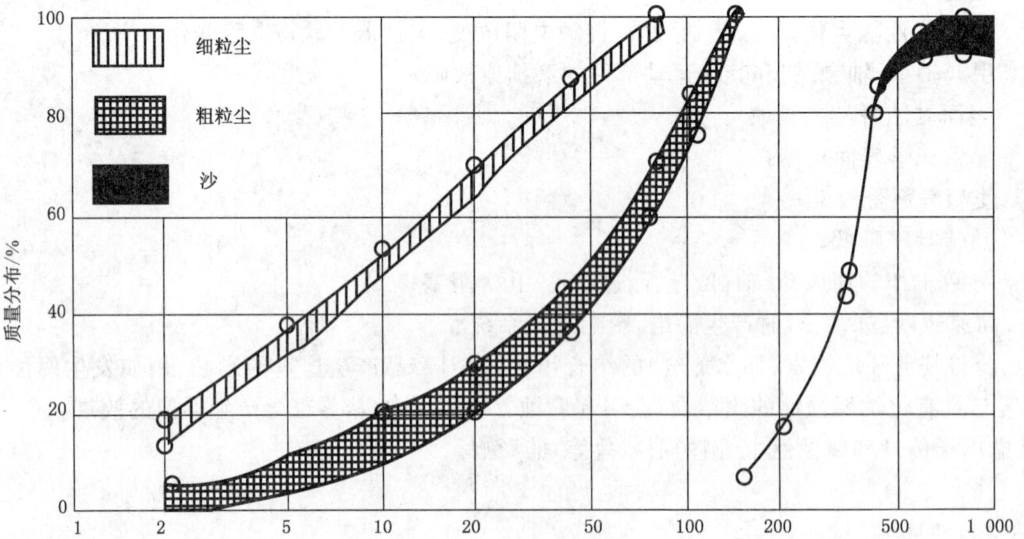

图 1　沙尘颗粒大小的累积分布

4.2.3.2 粒子硬度

单个粒子的硬度，可用来确定他对所接触物体的刮伤能力。由结晶石英微小碎渣或其他矿物质构成的沙，通常比大多数熔融硅石玻璃稍硬些。因此，沙能刮伤多数光学玻璃装置表面，在捕集的沙的粒子上施加压力可使之发生破裂。几种普通物质的硬度等级(莫氏硬度)见表1。具有较高硬度等级的物质能刮伤任何较低硬度等级的物质。

表1 几种普通物质的硬度等级

莫氏硬度等级	代表物质	典型物质
1	滑石	石墨 雪花石膏、硅藻土
2	石膏	高岭石 方铅矿石、云母，(指甲)
3	方解石	花岗石、大理石、蛇纹石 霰石、白云石
4	氟石	萤石
5	磷灰石	石棉、蛋白石 窗玻璃
6	正长石	磁铁矿石、长石 玛瑙、紫磷酸铁锰矿石、(刀具钢)
7	石英	燧石、石英玻璃、橄榄石 红柱石、电石
8	黄晶	金刚砂
9	刚玉	蓝宝石、碳化硅 碳化钨
10	金刚石	钻石

4.2.4 浓度

4.2.4.1 根据质量可测算出浓度，即单位体积空气中粒子的质量。大气中沙尘的浓度，随着地理位置，地区气候类型与条件及人类活动程度而有较大的差异。在某些条件下，大量的沙尘是从表面的浮尘局部地和暂时地发分离出而随风飘逸。

4.2.4.2 在温和地区内，各种区域所遇到沙尘的典型浓度如表2所示。

表2 典型的沙尘浓度

地区	沙尘浓度 mg/m^3
乡村和市郊	0.04～0.11
城市	0.10～0.45
工业区	0.50～2.00

4.2.4.3 较高的沙尘浓度出现在诱发条件下，例如直升机和履带式车辆引起的情况。附录A说明由直

升机和车辆诱发的沙尘浓度的近似值。

4.2.4.4　沙漠上不同高度处的典型沙尘浓度，如表3所示。沙漠中近地层的沙尘在气流中的运动形式见附录B。

表3　沙漠上沙尘浓度随高度增加的变化情况

能见度条件	高度 m	沙尘浓度 mg/m³
晴天，能见度130 km	150	0.21
	300	0.22
	600	0.17
	1 200	0.14
	1 800	0.055
沙尘暴，能见度300 m 风速10 m/s～15 m/s	150	2.00
	300	17.40
	600	7.00
	900	1.80
	1 200	0.64

4.2.4.5　沙尘浓度及大颗粒出现的机率，随风速的增大而增加。图2说明了这种关系的一般情况，但它随诸如温度、湿度、粒子构成等因素而异。大于150 μm的粒子，一般被限制在近地面1 m的空气层内。在这层内约有半数沙粒(以质量计)是在地面上10 mm内运动的，而另一半，大多数是在近地面上100 mm内运动。

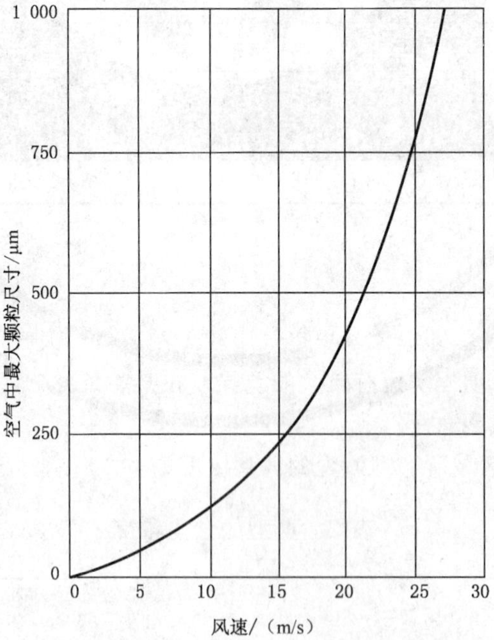

注：本图为对最大粒子尺寸有影响的近地面条件(小于1 m)的曲线。

图2　沙尘最大颗粒尺寸与风速的关系图

我国西北地区空气中沙尘含量(个/cm³)与风速关系的实测结果，见图3。

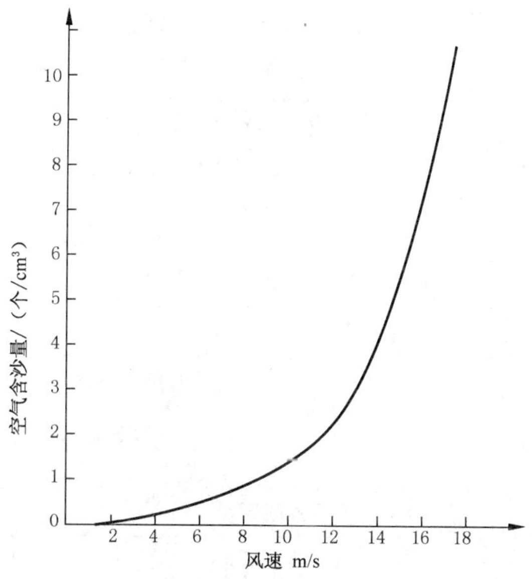

注：本图为新疆火焰山戈壁滩，距地面 1 m 高度，空气中含沙量与风速关系数据。

图 3 户外大气中含沙量与风速的关系

4.3 影响沙尘环境的因素

4.3.1 沙尘环境受诸如地形、风、温度、湿度和降水因素的影响和控制。这些因素中的任一个都不能独立的支配某地区是有尘或无尘问题，通常要有两个或更多个因素的互相结合才起作用。自然界中发生最严酷的情况，如在沙漠地区，通常所有因素对沙尘的高浓度有重要影响。地形的结构特征能够引起高速的强风，引起沙尘暴。例如，当空气强劲地通过山坳类型的地貌结构时，会显著地增大风速。

4.3.2 沙，广泛分布于地球陆地表面。表 4 列出了世界上主要沙漠，是自然界风吹沙尘的主要来源。世界上主要沙漠构成的面积约占陆地总面积的五分之一。所有的大陆都接壤宽度不同的沙滩，在很多内陆地区表面或接近表面有大片沙地，这些地区以前是被水覆盖的。

表 4 世界主要沙漠

沙漠名称	地理位置	面积 $\times 10^6$ km^2
撒哈拉沙漠	北非	7.8
澳大利亚沙漠	澳大利亚	3.4
阿拉伯沙漠	阿拉伯东南岸	2.6
土耳其斯坦沙漠	前苏联西南部	1.9
北美沙漠	美国与墨西哥	1.3
巴塔哥尼亚寒漠	阿根廷	0.7
塔尔沙漠	印度和巴基斯坦	0.6
卡拉哈利沙漠	南非	0.6
伊朗沙漠	伊朗	0.4
阿塔卡马-秘鲁沙漠	智利与秘鲁	0.4
塔克拉玛干沙漠	中国	0.3

我国主要沙漠数据见表5。我国沙漠(包括戈壁及沙漠化土地)总面积有 130.8×10^4 km^2，约占我国土地总面积的13.6%。

表5　我国主要沙漠及其地理位置和面积

沙漠名称	地理位置	海拔 m	面积 $\times10^3$ km^2
塔克拉玛干沙漠	新疆塔里木盆地	840～1 200	337.6
吉尔班通古特沙漠	新疆准噶尔盆地	300～600	48.8
库姆塔格沙漠	新疆东部、甘肃西部；罗布泊低地南部，阿尔金山北部	1 000～1 200	22.8
柴达木盆地沙漠(包括风蚀地)	青海柴达木盆地	2 600～3 400	34.9
巴丹吉林沙漠	内蒙古阿拉善高原西部	1 300～1 800	44.3
腾格里沙漠	内蒙古阿拉善高原东南部	1 400～1 600	42.7
乌兰布和沙漠	内蒙古阿拉善高原东北部，黄河河套平原西南部	1 000	9.9
库布齐沙漠	内蒙古鄂尔多斯高原北部，黄河河套平原西南部	1 000～1 200	16.1
毛乌素沙地	内蒙古鄂尔多斯高原中南部和陕西北部	1 300～1 600	32.1
浑善达克(小腾格里)沙地	内蒙古高原东部的锡林郭勒盟南部和昭乌达盟西北部	1 200	21.4
科尔沁沙地	东北平原西部的西辽河下游	100～300	42.3
呼伦贝尔沙地	内蒙古东北部的呼伦贝尔高平原	600	7.2

4.3.3　与沙相比，尘粒子有极低的沉降速度，能在空气中长久维持悬浮状态，并可停留于任何所处的表面。在干燥条件下，含尘量(以质量计)9%以上的土壤会变成至少中等粉末状，含尘量大于14%以上的土壤可能就是完全灰尘状。除南极外，世界陆地面积的40%为干旱地区，而另有40%是属于季节性干燥地区，因此，一年中大部分时间，世界陆地表面的大部分地区，预期会出现尘。

甚至在有大雨的区域，如果那里的保护覆被被破坏，尘也会产生。许多潮湿地区有很好的排水，以致大部分无保护的土壤在大雨后非常短的时间内会变成尘。

4.3.4　图4描述了在中等强度内陆风地区，风的出现情况。图5描述了我国西北地区起沙风(风速≥5 m/s)的出现次数与风速频率的关系。

4.3.5　图6描述了不同大小粒子的沉降速度。从该图可估计沉降时间。对小粒子应考虑热变化和其他气流对沉降时间的影响。

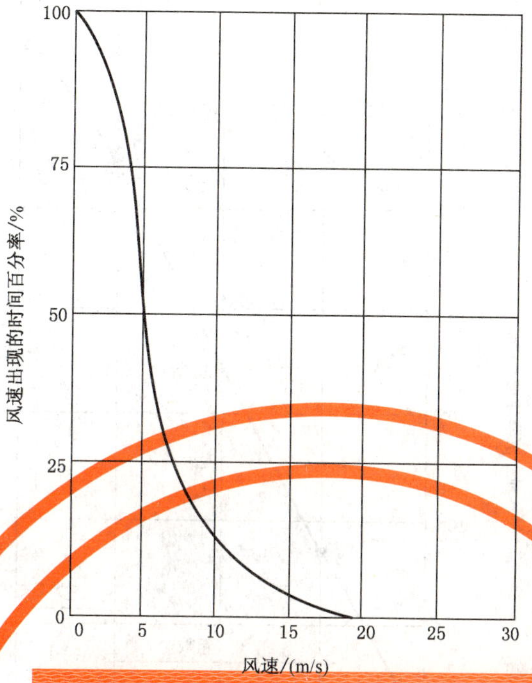

图 4　在中等强度风的内陆地区风的出现情况

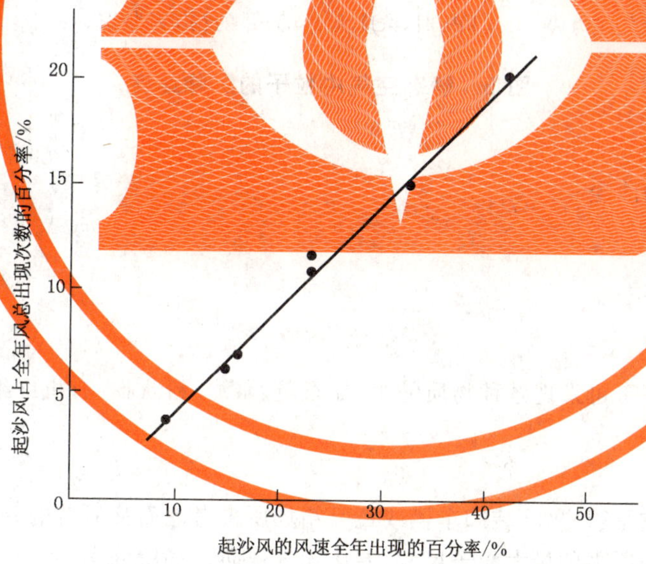

注：本图为新疆塔克拉玛干地区起沙风与风速的关系。

图 5　起沙风的出现次数与风速频度的关系

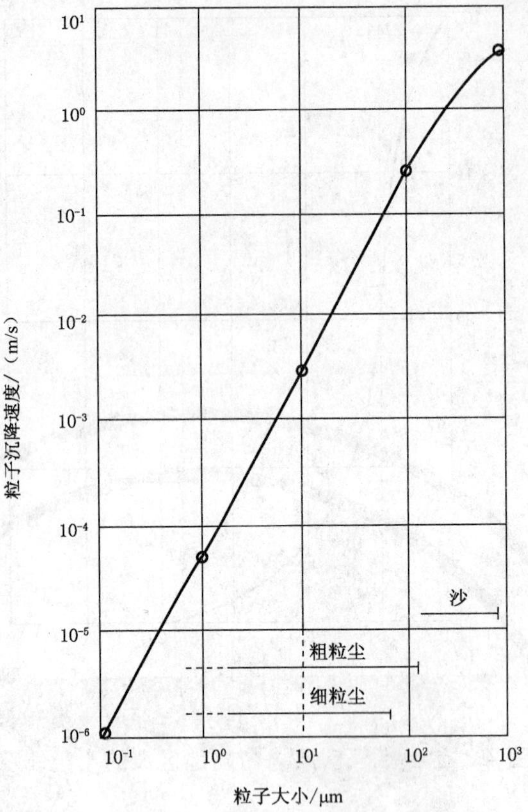

注：曲线为温度 0 ℃，大气压力为 101.3 kPa 时，浓度为 1 g/cm^3 的粒子的情况。

图 6 静态空气中粒子的沉降速度

5 百叶箱和封闭场中的沙尘

5.1 沙尘特征

5.1.1 尘的特征

在百叶箱和封闭场所，可发现各种物质的尘，如石英、水泥、粉状物、有机纤维等。

5.1.2 颗粒大小的分布

颗粒大小的分布，按是否户外、装卸车辆或百叶箱场所来考虑而又显著的差异。由于掩护物的过滤作用，在百叶箱和封闭场所中的最大粒子尺寸，要比无气候防护场所的小些。在百叶箱和封闭场所中最大粒子尺寸约为 100 μm。

5.1.3 尘的沉积密度

在不同地区沙尘沉积密度的典型值见表 6。沙尘沉积量值是从户外大气流入测量器中沙尘的样品，不可拿他们来考虑封闭场所中的局部尘，例如，在矿山、水泥厂、锯木厂和类似场所中，在那里沉积的发生遍及整个产生过程。

表 6　典型的沙尘沉降密度

单位为毫克每平方米小时

地区	沙尘沉积量
乡村和郊区	0.4～15
城市	15～40
工业区	40～80

5.2　影响沙尘环境的因素

5.2.1　地区和场所

5.2.1.1　在百叶箱或封闭场所中，沙尘产生的影响与户外场所，例如在沙漠地区出现的尘暴，尘土路上行驶车辆周围的局部环境等，有显著的差别。

5.2.1.2　在封闭和百叶箱出现的沙尘，是由多种来源引起的，沙尘可能是石英、消冰盐、肥料等，它们可通过通风孔或损坏的窗户侵入这样的场所。

5.2.1.3　尘也可能是天然的小纤维或人造材料组成的，例如，从起居室或办公室日常使用的衣服或地毯产生的。

5.2.1.4　其他的尘源(例如种子)会在仓库里会或面粉作坊等出现。

5.2.1.5　物质颗粒大小的分布，随不同类型的尘而异。唯一共同点是，它们具有的最大粒子尺寸是近似一致的，见 5.1.2。

5.2.2　尘的影响

在百叶箱或封闭场所，也有微小的空气运动，识别这种气流作用的依据是：

a)　沉积：产品上沙尘的沉积，可能由四种不同机理引起：
   1)　在停滞空气中的沉积；
   2)　在被保护表面上的沉积；
   3)　静电力的吸引；
   4)　用狭孔通道捕集，例如在有强迫空气循环的过滤器中。

空气运动有延缓或阻碍沙尘沉积的倾向。

b)　侵入：沙尘侵入产品内的过程可能是这样发生：
   1)　由强迫空气循环带入内部；
   2)　由空气的热运动带入内部；
   3)　由空气的热膨胀和凝缩或大气压力的变化，进入内部。

6　盐雾

6.1　盐雾的特征

6.1.1　组成

6.1.1.1　海洋及沿海地区大气中，含有大量的盐分，包括固体粒子形成的盐或像盐溶液的小滴，也包含各种其他成分。

6.1.1.2　海水的含盐量以 1 kg 海水中含有固体物质的总量(以克表示)来确定。此时，所有的溴和碘用等量的氯代替，所有的碳酸盐均换算成氧化物，各种有机物全部氧化。

表7为海水主要盐类离子的组成。

表7 海水的主要构成

组成	含量 g/kg	含盐分的百分比 %
阳离子		
钠 Na^+	10.47	30.4
镁 Mg^{2+}	1.28	3.7
钙 Ca^{2+}	0.41	1.2
钾 K^+	0.38	1.1
锶 Sr^{2+}	0.013	0.05
阴离子		
氯 Cl^-	18.97	55.2
硫酸根 $SO_4{}^{2-}$	2.65	7.7
碳酸氢根 $HCO_3{}^-$	0.14	0.4
溴 Br^-	0.065	0.2
硼酸根 $BO_3{}^{3-}$	0.027	0.08
注：天然海水常由于诸如船舶和工业制作场排放的各种废弃物导致污染，这些污染物本身又能增长细菌的活力。		

6.1.1.3 含盐大气的组成成分，近似等同于海水的构成成分。天然海水的含盐量可取为3.4%，该值随地理区域和气候因素而上下变化。例如在红海出现的值，约为4%。中国各海域近海表层海水在冬季的含盐量见表8。夏季时，由于大量的江河淡水入海域海水混合，使得各海区的平均含盐量稍有降低，特别是在长江口和珠江口附近，含盐量仅约0.5%左右。

表8 中国近海表层海水的含盐量(冬季)

海域		含盐量/%
渤海	外海	3.4
	沿岸	2.6
黄海	北部	3.1～3.2
	南部	3.15～3.25
东海	远岸	3.3～3.4
	长江口	< 2.0
南海	远岸	3.3～3.4
	沿岸	3.0～3.2

6.1.2 浓度和沉降量

6.1.2.1 对特定悬浮粒子质量的浓度，可通过一直体积空气或水样品中污染物的质量来进行确定。用质量除以样品的体积，即可获得单位体积的质量值，可用每立方米或升的克数、毫克数或微克数来表示。对于仅保持相对短时间的悬浮粒子，其质量可用规定时间内的平均沉降量值来表示。对盐雾来说，用一种标准化的方法(如ISO 9225:2012中的“湿润烛光法”，或GB/T 10593.2—2012中的“湿纱布法”)精确测定沉降量值，来表示空气中的含盐量。

6.1.2.2　空气中含盐量的极大值一般出现海洋上空，特别是有高蒸发率的亚热带地区，可达 5 mg/m^3。地面上空的盐雾浓度，以盐场上空的最高，可比一般沿海陆地上空的浓度高 10 倍。在巴拿马运河流域的谢尔曼港的空气污染数据记录中，最高氯化物含量为 0.15 mg/m^3。我国的海口和湛江等地空气中的氯化钠含量达 0.28 mg/m^3 和 0.36 mg/m^3。

6.1.2.3　盐雾主要沉降于海岸附近的沿海地区，一般在距海岸 300 m～500 m 范围内沉降率最大。像内陆大约在 80 km～1 600 km 内，随离海岸距离的增加而减少，并达到一常数量值，约为 0.35 mg/(m^2·d)。但在内陆盐碱地区，应考虑地面含盐土壤灰尘被风扬起，飘入空气中的污染情况（参见第 7 章）。图 7 给出了世界范围内的大陆块的海盐分布。

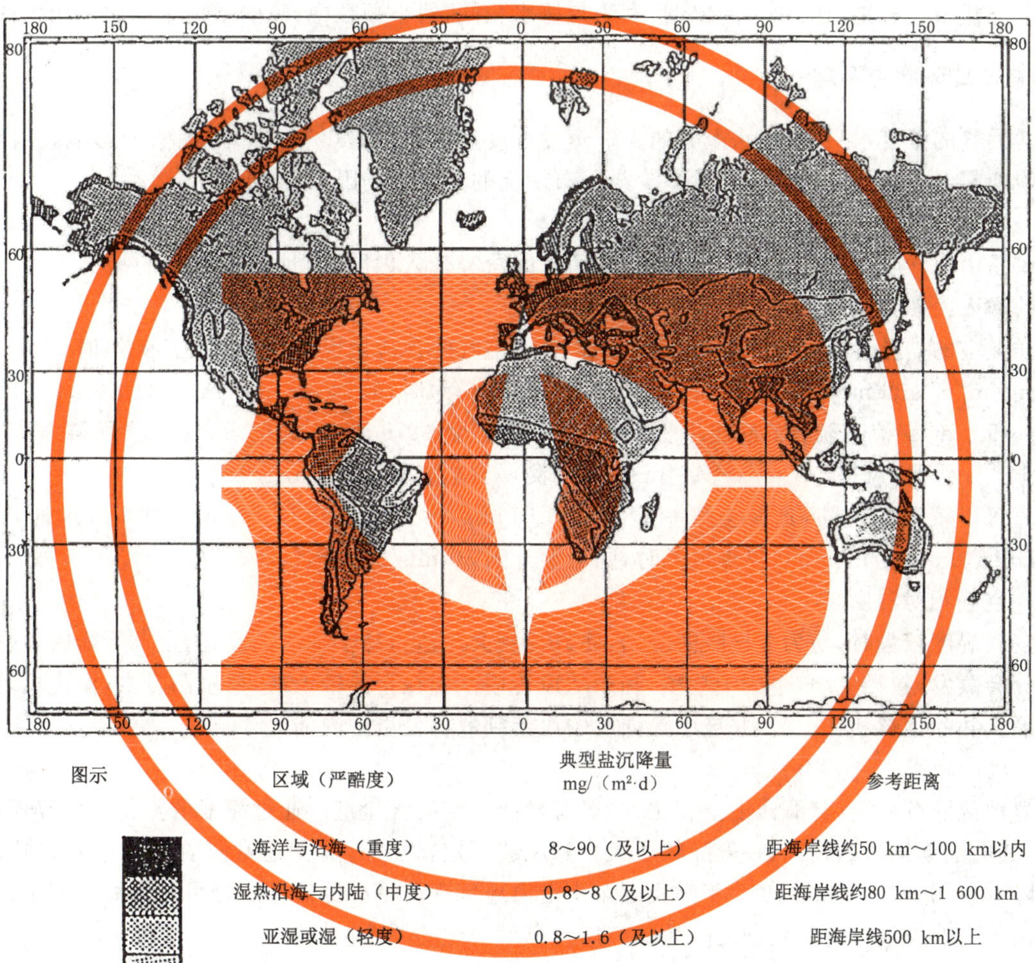

图示	区域（严酷度）	典型盐沉降量 mg/（m²·d）	参考距离
	海洋与沿海（重度）	8～90（及以上）	距海岸线约50 km～100 km以内
	湿热沿海与内陆（中度）	0.8～8（及以上）	距海岸线约80 km～1 600 km
	亚湿或湿（轻度）	0.8～1.6（及以上）	距海岸线500 km以上
	干旱（轻微）	<0.8	不包含盐碱地区

图 7　世界范围内的大陆块的海盐分布（年平均盐沉积量）

盐雾的沉降量与邻近海域海水的含盐量、温度、气团特性与厚度、风向风速，降水，空气湿度，沿海地形，森林覆盖情况等有关，有较大差异。一般海水拍岸浪大、雾重的地区，盐雾沉降量也大。在沿海地区，盐雾沉降量可高达 122.8 mg/(m^2·d)。一般情况下为 12.3 mg/(m^2·d)～60 mg/(m^2·d)。在巴拿马运河流域的谢尔曼港，一年期间的盐沉降均值为 1 400 mg/(m^2·d)，同一站点在 1964 年 3 月记录的沉降量日均值超过了 5 200 mg/m^2。

1962～1965 年间，对我国东部沿海城市盐雾沉降量实测的结果，平均值在 10 mg/(m^2·d)～33 mg/(m^2·d)之间，最大值在 15 mg/(m^2·d)～54 mg/(m^2·d)的范围内；最小值为 5 mg/(m^2·d)

～20 mg/(m^2·d)。在1959～1962年间,英国海滨记录到的盐沉降量最大值为136 mg/(m^2·d)。而同一期间,在印度孟买和科钦,相应数据分别为20mg/(m^2·d)和65 mg/(m^2·d)。1967年7月,在我国汕头、湛江、榆林等码头上测得的平均沉降量为195 mg/(m^2·d)。

6.1.3 颗粒大小

6.1.3.1 盐雾颗粒的直径一般较小,直径大于40 μm的很少,大多数在2 μm以下,有90%以上小于5 μm,海洋上初生态的盐核较大些,最大核径可达300 μm,随着水分的蒸发、浓缩,传播到内陆上空则变小,很少有大与20 μm的。

6.1.3.2 盐雾颗粒的质量在10^{-11} mg～10^{-5} mg之间,其组成,主要是氯化物、钠和硫酸根离子。大颗粒的初生态盐核含有钠与氯离子的比例,大约与海水相同,但小颗粒中,硫酸根离子的比例稍大些。

6.2 影响盐雾环境的因素

含盐大气的浓度水平,受海水上方的大气蒸发程度和扩散因素(例如风)等因素的影响。对陆地地面大气中盐雾含量高低和盐雾沉降量多少与分布情况的环境影响因素,主要有:

a) 风向和风速

当风是由海洋吹向陆地的,则有利于将海面上的盐雾带入内陆,使地面空气中的盐雾含量增加,并随风力的增大而使含量增大。

海洋上空的盐雾量,由于风力增加,浪花增多,使空气中含盐量也增大,如南海,无风时,空气含盐量为1.0 mg/m^3～1.65 mg/m^3,风力1～3级(1 m/s～5 m/s)时,则达6.2 mg/m^3。在南海3级风(风速3.4 m/s～5.4 m/s)浪中航行的舰船甲板上,曾测得含盐量99 mg/m^3的纪录,"极地"号科学考察船在南太平洋上4级风(风速5.5 m/s～7.9 m/s)浪中测得含盐量值达113 mg/m^3。

在离海岸较远的内陆,通常空气中含量在0.01 mg/m^3以下,当有10 m/s的5级风时,可达到0.1 mg/m^3～0.5 mg/m^3;而在热带风暴时,则可上升到30 mg/m^3以上。

b) 空气相对湿度

当空气湿度较大时,易为盐核吸附凝结,使直径变大,变重,易于降落。反之,空气干燥时,盐雾粒子中的水分会蒸发,粒径变小,生成干盐核,利于随风传播。如在干热带地区,那里雨量少,湿度低,细粒盐核可能形成和沙尘掺和在一起,并被中等强度的风带到数百公里的内陆。

c) 离海距离

沿海地区和潮汐港,与海洋上空相比,一般有较低的空气含盐量。通过海浪的雾化和破碎而产生的盐粒子,其向陆地输送的距离,一般随粒子大小和风速而定,大气含盐量通常随着离海岸到内陆的距离而迅速降低。图8是1962～1965年间我国东南沿海地区观测得出的盐雾沉降量与离海岸距离的关系。图9给出了在非洲测得的氯化钠沉降量随离岸距离而变化的关系。

d) 海岸地貌

海岸附近的地形地貌,对盐雾粒子向内陆地区的输送情况有影响。如沿海的山脉、森林、房屋等都能影响或阻挡含盐气流的运动情况,使其后面或屋内大气中的盐雾量发生变化。如根据在海南榆林海滨统一地点与时间的测量,在百叶箱内侧的值仅为箱外的1/2左右,户内不到户外的1/4。

海港或内海,因风浪稍小,故空气盐雾含量较外海要低些。

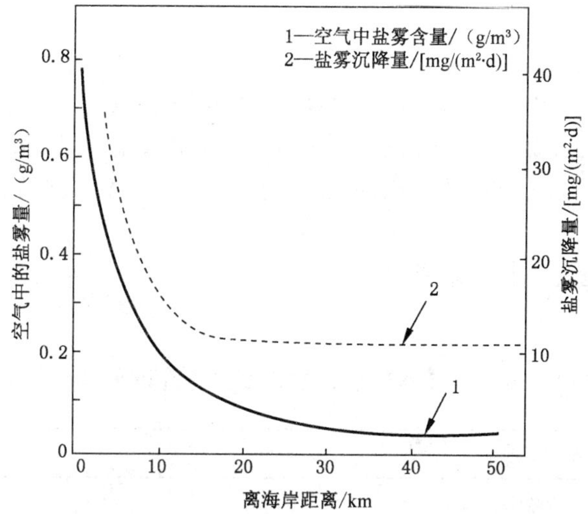

图 8　我国东南沿海空气中盐雾含量/盐雾沉降量与离海岸距离的关系

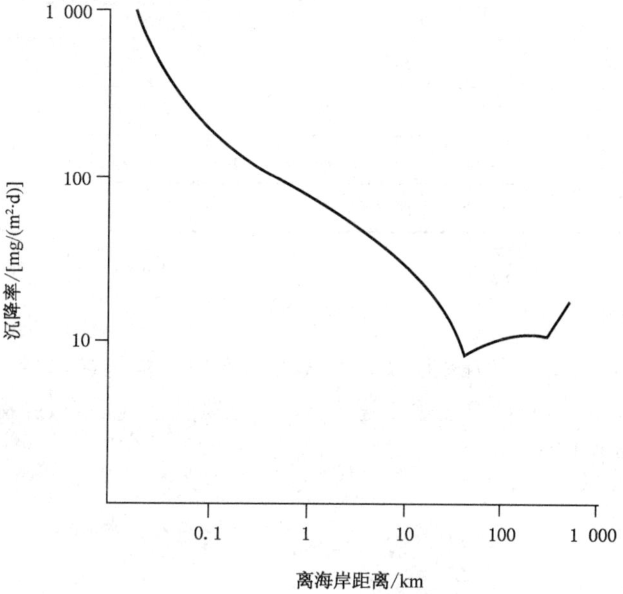

注：本图为在非洲测得的氯化钠沉降量与离岸距离的关系。

图 9　氯化钠沉降量随离海岸距离的变化

e)　潮汐影响

海潮的涨落对空气中盐雾含量也有一定影响。一般涨潮时，拍岸浪溅较大、较多，使空气中盐雾含量增多，如在海南榆林海边的测试比较，涨潮时比退潮时多 3 倍。

7　盐碱地区的盐尘雾

7.1　盐渍土的分布

我国盐渍土的面积，约有 2.7×10^6 km²，主要分布在淮河、秦岭、昆仑山一线以北的广大地区。分布比较集中的有：滨海地区，黄淮海平原，松辽平原，晋陕山间河谷盆地，宁夏、内蒙古河套平原，甘肃河西走廊，新疆准噶尔盆地和塔里木盆地，青海柴达木盆地，以及青藏的羌塘高原等地。

7.2 盐渍土的盐分组成

7.2.1 从盐渍土的盐分化学组成来说，有氯化物盐渍土、硫酸盐-氯化物或氯化物-硫酸盐盐渍土、苏打盐渍土、硫酸盐盐渍土、硝酸盐盐渍土。盐渍土的形成类型有滨海盐渍土、洪积盐渍土、沼泽和草甸盐渍土与普通(典型)盐渍土等。除上述盐化土以外，还包括有碱化土，如草甸碱化土、草原碱化土和漠境碱化土等。

7.2.2 在普通盐碱地区，地表常有盐结壳，其厚度约为 3 cm～7 cm，含盐量达 20%～40%。在典型盐土地区，地表土的盐分组成见表 9。

表 9 典型盐土的盐分组成(新疆焉耆)

离子组成		含量
全盐		48.565%
阴离子(毫克当量/100 g 土)	CO_3^{2-}	0
	HCO_3^-	3.84
	Cl^-	448.09
	SO_4^{2-}	331.75
阳离子(毫克当量/100 g 土)	Ca^{2+}	54.90
	Mg^{2+}	124.96
	$K^+ + Na^+$(差数)	603.82

7.3 盐尘雾的形成与影响

盐碱地区，地面上的含盐尘土在自然风及诱发气流的作用下被扬起，飘浮于大气中，干燥的盐碱土尘与尘的情况一样。但在潮湿地区，含盐尘土进入大气，与潮湿空气混合、吸湿，形成盐尘雾沉降，对设备产生与盐雾类似的影响作用。

附 录 A
(资料性附录)
沙尘浓度随高度变化的例子

本附录为诱发条件(例如直升机和履带式车辆)下发生的沙尘浓度的范围与近似值的资料。沙尘高浓度和极端情况见表A.1。

A.1 高沙尘浓度的例子

诱发类型		近似的沙尘浓度值 g/m³
直升机	起飞和着陆时周围空气中的最高浓度	
	单架直升机	1.5
	直升机联队群	2.5
	在进气口的最高浓度	3.0
	盘旋高度(离地面距离)/m	
	0.3	1.4~0.7
	3	0.6~0.7
	25	0.1~0.3
履带式车辆	驾驶室	
	盖口打开	0.2~0.3
	盖口关闭	0.6
	发动机室	3.0~6.0

附 录 B
（资料性附录）
沙尘在气流中的运动

B.1 风力作用下的沙尘颗粒的三种运动形式

B.1.1 当风速达到沙尘的起动风速时，地表沙尘颗粒开始移动，产生风沙运动。根据风力、颗粒大小与质量的不同，有悬移、跃移和表层蠕移三种基本形式。呈悬移运动的沙尘颗粒，受悬浮气流向上脉动的分速度超过其沉降速率时，才能呈悬疑运动。

B.1.2 最小尘粒（$d<100$ μm）的运动，在大风中可能接近悬移状态，并在空中停留较长时间，移走很远。但只有粒径小于 50 μm 的沙尘，因其体积细小，质量轻微，在空中的自由沉降速率很小，一旦被风扬起，就不易沉落，能被封悬移很长距离，有的甚至可以远移到千里之外。如撒哈拉沙漠的尘，可在相距 3 000 km 以上的德国北部，英国和斯堪的那维亚地区观察到；蒙古、内蒙古的尘粒，可使北京的大气受到污染。沙尘颗粒在风力吹扬下（平均风速 15 m/s）所能达到的距离及高度，如表 B.1 所示。

表 B.1 沙尘在风力吹扬下（平均风速 15 m/s）所能达到的距离及高度

粒径 μm	沉降速率 cm/s	在空中悬浮 的持续时间	飘移距离	悬移高度
1	0.008 3	0.95 a～9.5 a	0.45×10^6 km～4.5×10^6 km	7.75 km～77.5 km
10	0.824	0.83 h～8.3 h	45 km～450 km	78 m～775 m
100	82.4	0.3 s～3 s	4.5 m～45 m	0.78 m～7.75 m

B.1.3 经观察表明，通常粒径为 100 μm～150 μm 的沙尘，最容易以跳跃的形式运动。沙尘在地表层的蠕移运动，是沙尘颗粒沿地表面滚动或滑动随风前进的情况。

B.1.4 各种粒径的沙尘颗粒，在风力推动下的运移方式如图 B.1。

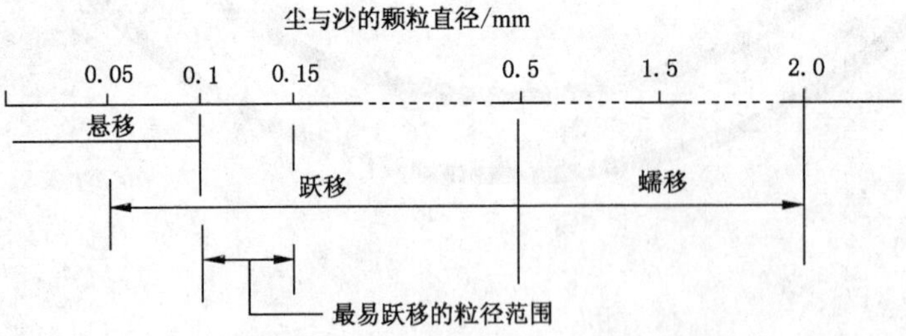

图 B.1 不同粒径沙尘颗粒的运移方式

风沙运动的三种基本形式如图 B.2 所示。

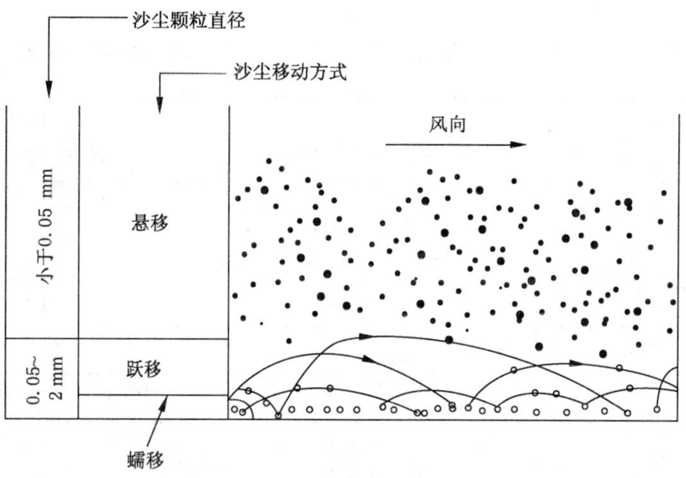

图 B.2 风沙运动的三种基本形式

B.2 沙尘含水率对起动风速的影响

B.2.1 我国沙漠除了戈壁地面是由砾石、碎石组成的平地，或由残丘起伏的石质剥蚀平原，或洪积以及洪积-冲积的山前平原外，沙漠尘土多属粒径 0.1 mm～0.25 mm 的细沙和尘。

B.2.2 根据野外大量观测确定，对于一般干燥裸露的沙质地表，当离地表 2 m 高处风速达到 4 m/s 左右[或相当于气象台站风标(高度一般为 12 m)风速≥5 m/s]时，沙尘被起动，形成风沙流。该值受湿度或沙尘含水率的影响。不同含水率下沙尘颗粒的起动风速见表 B.2。

表 B.2 沙尘含水率对起动风速的影响

沙尘粒径 mm	起动风速 m/s				
	干燥状态	含水率			
		1%	2%	3%	4%
0.25～0.175	9.0	10.8	12.0	—	—
0.25～0.5	6.0	7.0	9.5	12.0	—
0.5～1.0	4.8	5.8	7.5	12.0	—
1.0～2.0	3.8	4.6	6.0	10.5	12.0

B.3 沙尘运动随高度的结构分布

B.3.1 有关研究表明，在沙砾地区，沙子最大跃移高度为 2 m；在沙面上，沙子最大跃移高度为 9 cm。

B.3.2 根据在沙漠的观测资料，气流搬运的沙量，绝大部分(90%以上)是在离沙质地面 30 cm 的高度内通过的。其中有特别集中分布于 0 cm～10 cm 的气流层内(约占 80%)。例如，在 2 m 高度处的风速为 8.7 m/s 时，不同高度气流层内搬运的沙量见表 B.3。

表 B.3　不同高度气流层内搬运的沙量(内蒙古乌兰布和)

高度 cm	搬运的沙量 %
0～10	76.7
10～20	8.1
20～30	4.9
30～40	3.5
40～50	2.7
50～60	2.3
60～70	1.8

附　录　C
（资料性附录）
海上盐雾粒子向陆上输送与分布

C.1　盐雾粒子在海面大气中的分布

海面上因波浪拍击、气泡破裂等原因产生盐雾后，由于大气气流、云、降水等使其分布变动很大，处于一种粒子重力引起的下降同涡动扩散相平衡的状态。根据从海面直至 3 000 m 高度的观测来看，一般可认为是随高度呈指数分布的形式。

C.2　向陆上输送过程

C.2.1　海岸附近的盐雾一般是由海风吹向陆地。较远的内陆，则是通过大气的平流所用向陆地输送的。

C.2.2　在离海岸稍近的内陆，据观测，平均而言，从地面以上数百米到约两千米左右，盐雾个数浓度最大，自二、三百米向下，个数浓度急剧减少，而地面浓度比最大浓度小 1～2 个数量级。同时在一千米到三千米左右高度处，沿垂直方向没有粒子的个数浓度梯度。在此高度上，即使从海岸到内陆的沿途，也未发现有个数浓度减少的现象。但在近地面处，从海面到数百里的内陆之间，个数浓度却大为减少。

C.2.3　地面盐雾的沉降包括两种情况：一是直接从空气中由其自身的重力所引起的沉降；二是通过先落在树木、建筑及其他物体上后在降落造成的沉降。地面的总沉降量应为两者之和。

C.2.4　除了多雨季节，盐雾粒子能够被平流层气流送入内陆上千公里，而数量基本上没有很大的减少。故在远离海洋的内陆地区，在大气中仍然含有相当多的海盐粒子。

C.3　干沉降与降水沉降及其分布

在有降水时，大气中粒子数变的非常稀少。假定盐雾粒子自降雨高度以下完全被雨水洗刷掉，故雨水降下的盐度也从海岸向内陆逐渐减少。因此，干沉降与降水沉降的盐度之比，虽离海洋局里的远近而不同。假定海岸处的值为 1，干降盐量和降水的盐沉降量及两者之比，虽距海岸局里的不同而发生变化，据研究推算结果，如图 C.1，可设想出：干降盐量和降水降盐量的比值在一定限度的内陆（如60 km～300 km）为定值。

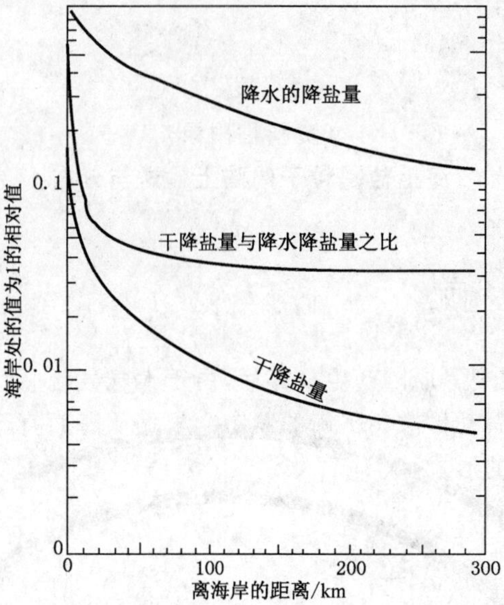

图 C.1 干降盐量与降水降盐量及两者之比随海岸远近变化的推算结果

ICS 79.040
B 68

中华人民共和国国家标准

GB/T 4814—2013
代替 GB 4814—1984

原木材积表

Log volume table

2013-11-12 发布

2014-04-11 实施

中华人民共和国国家质量监督检验检疫总局
中国国家标准化管理委员会 发布

前　言

本标准按照 GB/T 1.1—2009 给出的规则起草。

本标准代替 GB 4814—1984《原木材积表》，与 GB 4814—1984 相比，主要技术变化如下：

——将标准性质由强制性修改为推荐性；

——增加了规范性引用文件；

——将短原木、小径原木、超长原木的材积纳入本标准中，原“原木材积表”不变；

——补充和完善了检尺长 0.5 m～20.0 m、检尺径 4 cm～120 cm 的原木材积值；

——删除了附录 A。

本标准由全国木材标准化技术委员会(SAC/TC 41)提出并归口。

本标准负责起草单位：东北林业大学。

本标准参加起草单位：安徽农业大学、黑龙江省林业科学院、黑龙江省通河县林业局、中华人民共和国黑龙江出入境检验检疫局、南京林业大学、西南林业大学。

本标准主要起草人：刘一星、于海鹏、崔永志、黄庆丰、黄晓山、张善君、刘镇波、王传贵、吴晓斌、潘彪、邱坚、吴文友。

本标准所代替标准的历次版本发布情况为：

——GB 4814—1984。

原 木 材 积 表

1 范围

本标准规定了国产原木材积的计算方法。

本标准适用于所有树种的原木材积的查定。

2 规范性引用文件

下列文件对于本文件的应用是必不可少的。凡是注日期的引用文件，仅注日期的版本适用于本文件。凡是不注日期的引用文件，其最新版本（包括所有的修改单）适用于本文件。

GB/T 144 原木检验

3 原木材积计算公式

3.1 检尺长 0.5 m～1.9 m 原木材积计算公式

检尺径为 8 cm～120 cm、检尺长 0.5 m～1.9 m 的短原木材积由式(1)确定。

$$V = 0.8L(D+0.5L)^2 \div 10\,000 \quad \cdots\cdots(1)$$

式中：

V——原木的材积，单位为立方米（m^3）；

L——原木的检尺长，单位为米（m）；

D——原木的检尺径，单位为厘米（cm）。

3.2 检尺长 2.0 m～10.0 m 原木材积计算公式

3.2.1 检尺径为 4 cm～13 cm、检尺长 2.0 m～10.0 m 的小径原木材积由式(2)确定。

$$V = 0.785\,4L(D+0.45L+0.2)^2 \div 10\,000 \quad \cdots\cdots(2)$$

式中：

V——原木的材积，单位为立方米（m^3）；

L——原木的检尺长，单位为米（m）；

D——原木的检尺径，单位为厘米（cm）。

3.2.2 检尺径 14 cm～120 cm、检尺长 2.0 m～10.0 m 的原木材积由式(3)确定。

$$V = 0.785\,4L[D+0.5L+0.005L^2+0.000\,125L(14-L)^2(D-10)]^2 \div 10\,000 \quad \cdots\cdots(3)$$

式中：

V——原木的材积，单位为立方米（m^3）；

L——原木的检尺长，单位为米（m）；

D——原木的检尺径，单位为厘米（cm）。

3.3 检尺长 10.2 m 以上原木材积计算公式

检尺径 14 cm～120 cm、检尺长自 10.2 m 以上的超长原木材积由式(4)确定。

$$V = 0.8L(D + 0.5L)^2 \div 10\ 000 \qquad (4)$$

式中：

V——原木的材积，单位为立方米(m^3)；

L——原木的检尺长，单位为米(m)；

D——原木的检尺径，单位为厘米(cm)。

3.4 检尺长和检尺径的检量

原木的检尺长、检尺径按GB/T 144的规定检量。

3.5 检尺长和检尺径的进级

检尺径在4 cm～13 cm之间按1 cm进级，检尺径自14 cm以上按2 cm进级。

检尺长在0.5 m～1.9 m之间按0.1 m进级，检尺长自2.0 m以上按0.2 m进级。

3.6 材积数字保留位数

检尺径4 cm～7 cm的原木材积数字保留4位小数，检尺径自8 cm以上的原木材积数字保留3位小数。

4 原木材积表

检尺径4 cm～120 cm、检尺长0.5 m～20.0 m的原木材积见表1。

表 1

检尺径/cm	检尺长/m				
	0.5	0.6	0.7	0.8	0.9
	材　积/m³				
8	0.003	0.003	0.004	0.005	0.005
9	0.003	0.004	0.005	0.006	0.006
10	0.004	0.005	0.006	0.007	0.008
11	0.005	0.006	0.007	0.008	0.009
12	0.006	0.007	0.009	0.010	0.011
13	0.007	0.008	0.010	0.011	0.013
14	0.008	0.010	0.012	0.013	0.015
16	0.011	0.013	0.015	0.017	0.019
18	0.013	0.016	0.019	0.022	0.025
20	0.016	0.020	0.023	0.027	0.030
22	0.020	0.024	0.028	0.032	0.036
24	0.024	0.028	0.033	0.038	0.043
26	0.028	0.033	0.039	0.045	0.050
28	0.032	0.038	0.045	0.052	0.058
30	0.037	0.044	0.052	0.059	0.067
32	0.042	0.050	0.059	0.067	0.076
34	0.047	0.056	0.066	0.076	0.085
36	0.053	0.063	0.074	0.085	0.096
38	0.059	0.070	0.082	0.094	0.106
40	0.065	0.078	0.091	0.104	0.118
42	0.071	0.086	0.100	0.115	0.130
44	0.078	0.094	0.110	0.126	0.142
46	0.086	0.103	0.120	0.138	0.155
48	0.093	0.112	0.131	0.150	0.169
50	0.101	0.121	0.142	0.163	0.183
52	0.109	0.131	0.153	0.176	0.198
54	0.118	0.142	0.165	0.189	0.213
56	0.127	0.152	0.178	0.204	0.229
58	0.136	0.163	0.191	0.218	0.246
60	0.145	0.175	0.204	0.233	0.263

表 1（续）

检尺径/cm	检尺长/m				
	0.5	0.6	0.7	0.8	0.9
	材　积/m^3				
62	0.155	0.186	0.218	0.249	0.281
64	0.165	0.198	0.232	0.265	0.299
66	0.176	0.211	0.247	0.282	0.318
68	0.186	0.224	0.262	0.299	0.337
70	0.197	0.237	0.277	0.317	0.357
72	0.209	0.251	0.293	0.335	0.378
74	0.221	0.265	0.310	0.354	0.399
76	0.233	0.279	0.326	0.374	0.421
78	0.245	0.294	0.344	0.393	0.443
80	0.258	0.310	0.362	0.414	0.466
82	0.271	0.325	0.380	0.435	0.489
84	0.284	0.341	0.398	0.456	0.513
86	0.298	0.357	0.418	0.478	0.538
88	0.312	0.374	0.437	0.500	0.563
90	0.326	0.391	0.457	0.523	0.589
92	0.340	0.409	0.478	0.546	0.615
94	0.355	0.427	0.499	0.570	0.642
96	0.371	0.445	0.520	0.595	0.670
98	0.386	0.464	0.542	0.620	0.698
100	0.402	0.483	0.564	0.645	0.726
102	0.418	0.502	0.587	0.671	0.756
104	0.435	0.522	0.610	0.698	0.786
106	0.452	0.542	0.633	0.725	0.816
108	0.469	0.563	0.657	0.752	0.847
110	0.486	0.584	0.682	0.780	0.878
112	0.504	0.605	0.707	0.809	0.910
114	0.522	0.627	0.732	0.838	0.943
116	0.541	0.649	0.758	0.867	0.976
118	0.559	0.672	0.784	0.897	1.010
120	0.578	0.695	0.811	0.928	1.045

表 1（续）

检尺径/cm	检尺长/m				
	1.0	1.1	1.2	1.3	1.4
	材　积/m^3				
8	0.006	0.006	0.007	0.008	0.008
9	0.007	0.008	0.009	0.010	0.011
10	0.009	0.010	0.011	0.012	0.013
11	0.011	0.012	0.013	0.014	0.015
12	0.013	0.014	0.015	0.017	0.018
13	0.015	0.016	0.018	0.019	0.021
14	0.017	0.019	0.020	0.022	0.024
16	0.022	0.024	0.026	0.029	0.031
18	0.027	0.030	0.033	0.036	0.039
20	0.034	0.037	0.041	0.044	0.048
22	0.041	0.045	0.049	0.053	0.058
24	0.048	0.053	0.058	0.063	0.068
26	0.056	0.062	0.068	0.074	0.080
28	0.065	0.072	0.079	0.085	0.092
30	0.074	0.082	0.090	0.098	0.106
32	0.085	0.093	0.102	0.111	0.120
34	0.095	0.105	0.115	0.125	0.135
36	0.107	0.118	0.129	0.140	0.151
38	0.119	0.131	0.143	0.155	0.168
40	0.131	0.145	0.158	0.172	0.186
42	0.145	0.159	0.174	0.189	0.204
44	0.158	0.175	0.191	0.207	0.224
46	0.173	0.191	0.208	0.226	0.244
48	0.188	0.207	0.227	0.246	0.266
50	0.204	0.225	0.246	0.267	0.288
52	0.221	0.243	0.266	0.288	0.311
54	0.238	0.262	0.286	0.311	0.335
56	0.255	0.281	0.308	0.334	0.360
58	0.274	0.302	0.330	0.358	0.386
60	0.293	0.323	0.353	0.383	0.413

表 1（续）

检尺径/cm	检尺长/m				
	1.0	1.1	1.2	1.3	1.4
	材　积/m^3				
62	0.313	0.344	0.376	0.408	0.440
64	0.333	0.367	0.401	0.435	0.469
66	0.354	0.390	0.426	0.462	0.498
68	0.375	0.414	0.452	0.490	0.529
70	0.398	0.438	0.478	0.519	0.560
72	0.421	0.463	0.506	0.549	0.592
74	0.444	0.489	0.534	0.580	0.625
76	0.468	0.516	0.563	0.611	0.659
78	0.493	0.543	0.593	0.643	0.694
80	0.518	0.571	0.624	0.676	0.729
82	0.545	0.600	0.655	0.710	0.766
84	0.571	0.629	0.687	0.745	0.803
86	0.599	0.659	0.720	0.781	0.842
88	0.627	0.690	0.754	0.817	0.881
90	0.655	0.722	0.788	0.855	0.921
92	0.685	0.754	0.823	0.893	0.962
94	0.714	0.787	0.859	0.932	1.004
96	0.745	0.820	0.896	0.971	1.047
98	0.776	0.855	0.933	1.012	1.091
100	0.808	0.890	0.972	1.054	1.136
102	0.841	0.925	1.011	1.096	1.181
104	0.874	0.962	1.050	1.139	1.228
106	0.907	0.999	1.091	1.183	1.275
108	0.942	1.037	1.132	1.228	1.323
110	0.977	1.075	1.174	1.273	1.373
112	1.013	1.115	1.217	1.320	1.423
114	1.049	1.155	1.261	1.367	1.473
116	1.086	1.195	1.305	1.415	1.525
118	1.123	1.237	1.350	1.464	1.578
120	1.162	1.279	1.396	1.514	1.632

表 1（续）

检尺径/cm	检尺长/m				
	1.5	1.6	1.7	1.8	1.9
	材　积/m³				
8	0.009	0.010	0.011	0.011	0.012
9	0.011	0.012	0.013	0.014	0.015
10	0.014	0.015	0.016	0.017	0.018
11	0.017	0.018	0.019	0.020	0.022
12	0.020	0.021	0.022	0.024	0.025
13	0.023	0.024	0.026	0.028	0.030
14	0.026	0.028	0.030	0.032	0.034
16	0.034	0.036	0.039	0.041	0.044
18	0.042	0.045	0.048	0.051	0.055
20	0.052	0.055	0.059	0.063	0.067
22	0.062	0.067	0.071	0.076	0.080
24	0.074	0.079	0.084	0.089	0.095
26	0.086	0.092	0.098	0.104	0.110
28	0.099	0.106	0.113	0.120	0.127
30	0.113	0.121	0.129	0.137	0.146
32	0.129	0.138	0.147	0.156	0.165
34	0.145	0.155	0.165	0.175	0.186
36	0.162	0.173	0.185	0.196	0.208
38	0.180	0.193	0.205	0.218	0.231
40	0.199	0.213	0.227	0.241	0.255
42	0.219	0.234	0.250	0.265	0.280
44	0.240	0.257	0.274	0.290	0.307
46	0.262	0.280	0.299	0.317	0.335
48	0.285	0.305	0.325	0.344	0.364
50	0.309	0.330	0.352	0.373	0.395
52	0.334	0.357	0.380	0.403	0.426
54	0.360	0.384	0.409	0.434	0.459
56	0.386	0.413	0.440	0.466	0.493
58	0.414	0.443	0.471	0.500	0.528
60	0.443	0.473	0.504	0.534	0.565

表 1（续）

检尺径/cm	检尺长/m				
	1.5	1.6	1.7	1.8	1.9
	材　积/m³				
62	0.473	0.505	0.537	0.570	0.602
64	0.503	0.537	0.572	0.607	0.641
66	0.535	0.571	0.608	0.644	0.681
68	0.567	0.606	0.645	0.684	0.723
70	0.601	0.642	0.683	0.724	0.765
72	0.635	0.678	0.722	0.765	0.809
74	0.671	0.716	0.762	0.808	0.854
76	0.707	0.755	0.803	0.852	0.900
78	0.744	0.795	0.846	0.896	0.947
80	0.782	0.836	0.889	0.942	0.996
82	0.822	0.878	0.934	0.990	1.046
84	0.862	0.920	0.979	1.038	1.097
86	0.903	0.964	1.026	1.087	1.149
88	0.945	1.009	1.074	1.138	1.203
90	0.988	1.055	1.123	1.190	1.257
92	1.032	1.102	1.172	1.243	1.313
94	1.077	1.150	1.224	1.297	1.370
96	1.123	1.199	1.276	1.352	1.429
98	1.170	1.249	1.329	1.408	1.488
100	1.218	1.301	1.383	1.466	1.549
102	1.267	1.353	1.439	1.525	1.611
104	1.317	1.406	1.495	1.585	1.674
106	1.367	1.460	1.553	1.646	1.739
108	1.419	1.515	1.611	1.708	1.804
110	1.472	1.571	1.671	1.771	1.871
112	1.526	1.629	1.732	1.835	1.939
114	1.580	1.687	1.794	1.901	2.008
116	1.636	1.746	1.857	1.968	2.079
118	1.692	1.807	1.921	2.036	2.151
120	1.750	1.868	1.986	2.105	2.224

表 1（续）

检尺径/cm	检尺长/m					
	2.0	2.2	2.4	2.5	2.6	2.8
	材　积/m^3					
4	0.004 1	0.004 7	0.005 3	0.005 6	0.005 9	0.006 6
5	0.005 8	0.006 6	0.007 4	0.007 9	0.008 3	0.009 2
6	0.007 9	0.008 9	0.010 0	0.010 5	0.011 1	0.012 2
7	0.010 3	0.011 6	0.012 9	0.013 6	0.014 3	0.015 7
8	0.013	0.015	0.016	0.017	0.018	0.020
9	0.016	0.018	0.020	0.021	0.022	0.024
10	0.019	0.022	0.024	0.025	0.026	0.029
11	0.023	0.026	0.028	0.030	0.031	0.034
12	0.027	0.030	0.033	0.035	0.037	0.040
13	0.031	0.035	0.038	0.040	0.042	0.046
14	0.036	0.040	0.045	0.047	0.049	0.054
16	0.047	0.052	0.058	0.060	0.063	0.069
18	0.059	0.065	0.072	0.076	0.079	0.086
20	0.072	0.080	0.088	0.092	0.097	0.105
22	0.086	0.096	0.106	0.111	0.116	0.126
24	0.102	0.114	0.125	0.131	0.137	0.149
26	0.120	0.133	0.146	0.153	0.160	0.174
28	0.138	0.154	0.169	0.177	0.185	0.201
30	0.158	0.176	0.193	0.202	0.211	0.230
32	0.180	0.199	0.219	0.230	0.240	0.260
34	0.202	0.224	0.247	0.258	0.270	0.293
36	0.226	0.251	0.276	0.289	0.302	0.327
38	0.252	0.279	0.307	0.321	0.335	0.364
40	0.278	0.309	0.340	0.355	0.371	0.402
42	0.306	0.340	0.374	0.391	0.408	0.442
44	0.336	0.372	0.409	0.428	0.447	0.484
46	0.367	0.406	0.447	0.467	0.487	0.528
48	0.399	0.442	0.486	0.508	0.530	0.574
50	0.432	0.479	0.526	0.550	0.574	0.622
52	0.467	0.518	0.569	0.594	0.620	0.672
54	0.503	0.558	0.613	0.640	0.668	0.724
56	0.541	0.599	0.658	0.688	0.718	0.777

表 1（续）

检尺径/cm	检尺长/m					
	2.0	2.2	2.4	2.5	2.6	2.8
	材　积/m³					
58	0.580	0.642	0.705	0.737	0.769	0.833
60	0.620	0.687	0.754	0.788	0.822	0.890
62	0.661	0.733	0.804	0.841	0.877	0.950
64	0.704	0.780	0.857	0.895	0.934	1.011
66	0.749	0.829	0.910	0.951	0.992	1.074
68	0.794	0.880	0.966	1.009	1.052	1.140
70	0.841	0.931	1.022	1.068	1.114	1.207
72	0.890	0.985	1.081	1.129	1.178	1.276
74	0.939	1.040	1.141	1.192	1.244	1.347
76	0.990	1.096	1.203	1.257	1.311	1.419
78	1.043	1.154	1.267	1.323	1.380	1.494
80	1.096	1.214	1.329	1.386	1.443	1.558
82	1.151	1.274	1.399	1.461	1.523	1.649
84	1.208	1.337	1.467	1.532	1.598	1.730
86	1.265	1.401	1.537	1.605	1.674	1.812
88	1.325	1.466	1.609	1.680	1.752	1.896
90	1.385	1.533	1.682	1.757	1.832	1.983
92	1.447	1.601	1.757	1.835	1.913	2.071
94	1.510	1.671	1.833	1.915	1.997	2.161
96	1.574	1.742	1.911	1.996	2.082	2.253
98	1.640	1.815	1.991	2.080	2.169	2.347
100	1.707	1.889	2.073	2.165	2.257	2.443
102	1.776	1.965	2.156	2.252	2.348	2.540
104	1.846	2.042	2.240	2.340	2.440	2.640
106	1.917	2.121	2.327	2.430	2.534	2.742
108	1.990	2.202	2.415	2.522	2.629	2.845
110	2.064	2.283	2.504	2.615	2.727	2.950
112	2.139	2.367	2.596	2.711	2.826	3.058
114	2.216	2.451	2.688	2.808	2.927	3.167
116	2.294	2.537	2.783	2.906	3.030	3.278
118	2.373	2.625	2.879	3.007	3.135	3.391
120	2.454	2.714	2.977	3.109	3.241	3.506

表 1(续)

检尺径/cm	检尺长/m				
	3.0	3.2	3.4	3.6	3.8
	材　积/m³				
4	0.007 3	0.008 0	0.008 8	0.009 6	0.010 4
5	0.010 1	0.011 1	0.012 1	0.013 2	0.014 3
6	0.013 4	0.014 7	0.016 0	0.017 3	0.018 7
7	0.017 2	0.018 8	0.020 4	0.022 0	0.023 7
8	0.021	0.023	0.025	0.027	0.029
9	0.026	0.028	0.031	0.033	0.036
10	0.031	0.034	0.037	0.040	0.042
11	0.037	0.040	0.043	0.046	0.050
12	0.043	0.047	0.050	0.054	0.058
13	0.050	0.054	0.058	0.062	0.066
14	0.058	0.063	0.068	0.073	0.078
16	0.075	0.081	0.087	0.093	0.100
18	0.093	0.101	0.108	0.116	0.124
20	0.114	0.123	0.132	0.141	0.151
22	0.137	0.147	0.158	0.169	0.180
24	0.161	0.174	0.186	0.199	0.212
26	0.188	0.203	0.217	0.232	0.247
28	0.217	0.234	0.250	0.267	0.284
30	0.248	0.267	0.286	0.305	0.324
32	0.281	0.302	0.324	0.345	0.367
34	0.316	0.340	0.364	0.388	0.412
36	0.353	0.380	0.406	0.433	0.460
38	0.393	0.422	0.451	0.481	0.510
40	0.434	0.466	0.498	0.531	0.564
42	0.477	0.512	0.548	0.583	0.619
44	0.522	0.561	0.599	0.638	0.678
46	0.570	0.612	0.654	0.696	0.739
48	0.619	0.665	0.710	0.756	0.802
50	0.671	0.720	0.769	0.819	0.869
52	0.724	0.777	0.830	0.884	0.938
54	0.780	0.837	0.894	0.951	1.009
56	0.838	0.899	0.960	1.021	1.083

表 1（续）

检尺径/cm	检尺长/m				
	3.0	3.2	3.4	3.6	3.8
	材 积/m³				
58	0.898	0.963	1.028	1.094	1.160
60	0.959	1.029	1.099	1.169	1.239
62	1.023	1.097	1.172	1.246	1.321
64	1.089	1.168	1.247	1.326	1.406
66	1.157	1.241	1.325	1.409	1.493
68	1.227	1.316	1.405	1.494	1.583
70	1.300	1.393	1.487	1.581	1.676
72	1.374	1.473	1.572	1.671	1.771
74	1.450	1.554	1.659	1.764	1.869
76	1.528	1.638	1.748	1.859	1.969
78	1.609	1.724	1.840	1.956	2.073
80	1.691	1.812	1.934	2.056	2.178
82	1.776	1.903	2.030	2.158	2.287
84	1.862	1.995	2.129	2.263	2.398
86	1.951	2.090	2.230	2.371	2.511
88	2.042	2.187	2.334	2.480	2.627
90	2.134	2.287	2.439	2.593	2.746
92	2.229	2.388	2.548	2.707	2.868
94	2.326	2.492	2.658	2.825	2.992
96	2.425	2.598	2.771	2.945	3.119
98	2.526	2.706	2.886	3.067	3.248
100	2.629	2.816	3.004	3.192	3.380
102	2.734	2.928	3.123	3.319	3.515
104	2.841	3.043	3.246	3.449	3.652
106	2.950	3.160	3.370	3.581	3.792
108	3.062	3.279	3.497	3.716	3.934
110	3.175	3.400	3.626	3.853	4.080
112	3.290	3.524	3.758	3.992	4.227
114	3.408	3.650	3.892	4.135	4.378
116	3.527	3.777	4.028	4.279	4.531
118	3.649	3.908	4.167	4.426	4.686
120	3.773	4.040	4.308	4.576	4.845

表 1（续）

检尺径/cm	检尺长/m				
	4.0	4.2	4.4	4.6	4.8
	材　积/m³				
4	0.011 3	0.012 2	0.013 2	0.014 2	0.015 2
5	0.015 4	0.016 6	0.017 8	0.019 1	0.020 4
6	0.020 1	0.021 6	0.023 1	0.024 7	0.026 3
7	0.025 4	0.027 3	0.029 1	0.031 0	0.033 0
8	0.031	0.034	0.036	0.038	0.040
9	0.038	0.041	0.043	0.046	0.049
10	0.045	0.048	0.051	0.054	0.058
11	0.053	0.057	0.060	0.064	0.067
12	0.062	0.065	0.069	0.074	0.078
13	0.071	0.075	0.080	0.084	0.089
14	0.083	0.089	0.094	0.100	0.105
16	0.106	0.113	0.120	0.126	0.134
18	0.132	0.140	0.148	0.156	0.165
20	0.160	0.170	0.180	0.190	0.200
22	0.191	0.203	0.214	0.226	0.238
24	0.225	0.239	0.252	0.266	0.279
26	0.262	0.277	0.293	0.308	0.324
28	0.302	0.319	0.337	0.354	0.372
30	0.344	0.364	0.383	0.404	0.424
32	0.389	0.411	0.433	0.456	0.479
34	0.437	0.461	0.486	0.511	0.537
36	0.487	0.515	0.542	0.570	0.598
38	0.541	0.571	0.601	0.632	0.663
40	0.597	0.630	0.663	0.697	0.731
42	0.656	0.692	0.729	0.766	0.803
44	0.717	0.757	0.797	0.837	0.877
46	0.782	0.825	0.868	0.912	0.955
48	0.849	0.896	0.942	0.990	1.037
50	0.919	0.969	1.020	1.071	1.122
52	0.992	1.046	1.100	1.155	1.210
54	1.067	1.125	1.184	1.242	1.301
56	1.145	1.208	1.270	1.333	1.396

表 1（续）

检尺径/cm	检尺长/m				
	4.0	4.2	4.4	4.6	4.8
	材　积/m³				
58	1.226	1.293	1.360	1.427	1.494
60	1.310	1.381	1.452	1.524	1.595
62	1.397	1.472	1.548	1.624	1.700
64	1.486	1.566	1.647	1.728	1.808
66	1.578	1.663	1.749	1.834	1.920
68	1.673	1.763	1.854	1.944	2.034
70	1.771	1.866	1.961	2.057	2.152
72	1.871	1.972	2.072	2.173	2.274
74	1.975	2.080	2.186	2.292	2.399
76	2.081	2.192	2.303	2.415	2.527
78	2.189	2.306	2.424	2.541	2.658
80	2.301	2.424	2.547	2.670	2.793
82	2.415	2.544	2.673	2.802	2.931
84	2.532	2.667	2.802	2.937	3.072
86	2.652	2.793	2.934	3.076	3.217
88	2.775	2.922	3.070	3.217	3.365
90	2.900	3.054	3.208	3.362	3.516
92	3.028	3.189	3.350	3.510	3.671
94	3.159	3.327	3.494	3.662	3.829
96	3.293	3.467	3.642	3.816	3.990
98	3.429	3.611	3.792	3.974	4.155
100	3.569	3.757	3.946	4.135	4.323
102	3.711	3.907	4.103	4.299	4.494
104	3.855	4.059	4.263	4.466	4.669
106	4.003	4.214	4.425	4.636	4.847
108	4.153	4.372	4.591	4.810	5.028
110	4.306	4.533	4.760	4.987	5.213
112	4.462	4.697	4.932	5.167	5.401
114	4.621	4.864	5.107	5.350	5.592
116	4.782	5.034	5.285	5.536	5.787
118	4.947	5.207	5.466	5.726	5.985
120	5.113	5.382	5.651	5.919	6.186

表 1（续）

检尺径/cm	检尺长/m				
	5.0	5.2	5.4	5.6	5.8
	材　积/m³				
4	0.016 3	0.017 5	0.018 6	0.019 9	0.021 1
5	0.021 8	0.023 2	0.024 7	0.026 2	0.027 8
6	0.028 0	0.029 8	0.031 6	0.033 4	0.035 4
7	0.035 1	0.037 2	0.039 3	0.041 6	0.043 8
8	0.043	0.045	0.048	0.051	0.053
9	0.051	0.054	0.057	0.060	0.064
10	0.061	0.064	0.068	0.071	0.075
11	0.071	0.075	0.079	0.083	0.087
12	0.082	0.086	0.091	0.095	0.100
13	0.094	0.099	0.104	0.109	0.114
14	0.111	0.117	0.123	0.129	0.136
16	0.141	0.148	0.155	0.163	0.171
18	0.174	0.182	0.191	0.201	0.210
20	0.210	0.221	0.231	0.242	0.253
22	0.250	0.262	0.275	0.287	0.300
24	0.293	0.308	0.322	0.336	0.351
26	0.340	0.356	0.373	0.389	0.406
28	0.391	0.409	0.427	0.446	0.465
30	0.444	0.465	0.486	0.507	0.528
32	0.502	0.525	0.548	0.571	0.595
34	0.562	0.588	0.614	0.640	0.666
36	0.626	0.655	0.683	0.712	0.741
38	0.694	0.725	0.757	0.788	0.820
40	0.765	0.800	0.834	0.869	0.903
42	0.840	0.877	0.915	0.953	0.990
44	0.918	0.959	0.999	1.040	1.082
46	0.999	1.043	1.088	1.132	1.177
48	1.084	1.132	1.180	1.228	1.276
50	1.173	1.224	1.276	1.327	1.379
52	1.265	1.320	1.375	1.431	1.486
54	1.360	1.419	1.478	1.538	1.597
56	1.459	1.522	1.586	1.649	1.712

表 1（续）

检尺径/cm	检尺长/m				
	5.0	5.2	5.4	5.6	5.8
	材　积/m³				
58	1.561	1.629	1.696	1.764	1.832
60	1.667	1.739	1.811	1.883	1.955
62	1.776	1.853	1.929	2.005	2.082
64	1.889	1.970	2.051	2.132	2.213
66	2.005	2.091	2.177	2.263	2.348
68	2.125	2.216	2.306	2.397	2.487
70	2.248	2.344	2.439	2.535	2.631
72	2.375	2.476	2.576	2.677	2.778
74	2.505	2.611	2.717	2.823	2.929
76	2.638	2.750	2.862	2.973	3.084
78	2.775	2.893	3.010	3.127	3.244
80	2.916	3.039	3.162	3.284	3.407
82	3.060	3.189	3.317	3.446	3.574
84	3.207	3.342	3.477	3.611	3.745
86	3.358	3.499	3.640	3.780	3.921
88	3.512	3.660	3.807	3.953	4.100
90	3.670	3.824	3.977	4.130	4.283
92	3.831	3.992	4.152	4.311	4.471
94	3.996	4.163	4.330	4.496	4.662
96	4.164	4.338	4.512	4.685	4.857
98	4.336	4.517	4.697	4.877	5.057
100	4.511	4.699	4.887	5.073	5.260
102	4.690	4.885	5.080	5.274	5.467
104	4.872	5.074	5.276	5.478	5.679
106	5.058	5.267	5.477	5.686	5.894
108	5.247	5.464	5.681	5.898	6.113
110	5.439	5.664	5.889	6.113	6.337
112	5.635	5.868	6.101	6.333	6.564
114	5.834	6.076	6.316	6.556	6.795
116	6.037	6.287	6.536	6.784	7.031
118	6.244	6.502	6.759	7.015	7.270
120	6.453	6.720	6.985	7.250	7.514

表 1（续）

检尺径/cm	检尺长/m				
	6.0	6.2	6.4	6.6	6.8
	材　积/m³				
4	0.022 4	0.023 8	0.025 2	0.026 6	0.028 1
5	0.029 4	0.031 1	0.032 8	0.034 6	0.036 4
6	0.037 3	0.039 4	0.041 4	0.043 6	0.045 8
7	0.046 2	0.048 6	0.051 1	0.053 6	0.056 2
8	0.056	0.059	0.062	0.065	0.068
9	0.067	0.070	0.073	0.077	0.080
10	0.078	0.082	0.086	0.090	0.094
11	0.091	0.095	0.100	0.104	0.109
12	0.105	0.109	0.114	0.119	0.124
13	0.119	0.125	0.130	0.136	0.141
14	0.142	0.149	0.156	0.162	0.169
16	0.179	0.187	0.195	0.203	0.211
18	0.219	0.229	0.238	0.248	0.258
20	0.264	0.275	0.286	0.298	0.309
22	0.313	0.326	0.339	0.352	0.365
24	0.366	0.380	0.396	0.411	0.426
26	0.423	0.440	0.457	0.474	0.491
28	0.484	0.503	0.522	0.542	0.561
30	0.549	0.571	0.592	0.614	0.636
32	0.619	0.643	0.667	0.691	0.715
34	0.692	0.719	0.746	0.772	0.799
36	0.770	0.799	0.829	0.858	0.888
38	0.852	0.884	0.916	0.949	0.981
40	0.938	0.973	1.008	1.044	1.079
42	1.028	1.067	1.105	1.143	1.182
44	1.123	1.164	1.206	1.247	1.289
46	1.221	1.266	1.311	1.356	1.401
48	1.324	1.372	1.421	1.469	1.518
50	1.431	1.483	1.535	1.587	1.639
52	1.542	1.597	1.653	1.709	1.765
54	1.657	1.716	1.776	1.835	1.895
56	1.776	1.839	1.903	1.967	2.030

表 1（续）

检尺径/cm	检尺长/m				
	6.0	6.2	6.4	6.6	6.8
	材　积/m^3				
58	1.899	1.967	2.035	2.102	2.170
60	2.027	2.099	2.171	2.243	2.315
62	2.158	2.235	2.311	2.388	2.464
64	2.294	2.375	2.456	2.537	2.618
66	2.434	2.520	2.605	2.691	2.776
68	2.578	2.668	2.759	2.849	2.939
70	2.726	2.822	2.917	3.012	3.107
72	2.879	2.979	3.079	3.180	3.280
74	3.035	3.141	3.246	3.352	3.457
76	3.196	3.307	3.417	3.528	3.639
78	3.360	3.477	3.593	3.709	3.825
80	3.529	3.651	3.773	3.895	4.016
82	3.702	3.830	3.958	4.085	4.212
84	3.879	4.013	4.146	4.279	4.412
86	4.061	4.200	4.340	4.479	4.617
88	4.246	4.392	4.537	4.682	4.827
90	4.436	4.588	4.739	4.891	5.041
92	4.629	4.788	4.946	5.103	5.260
94	4.827	4.992	5.157	5.321	5.484
96	5.029	5.201	5.372	5.542	5.712
98	5.235	5.414	5.592	5.769	5.945
100	5.446	5.631	5.816	6.000	6.183
102	5.660	5.853	6.044	6.235	6.425
104	5.879	6.078	6.277	6.475	6.672
106	6.101	6.308	6.514	6.720	6.924
108	6.328	6.543	6.756	6.969	7.180
110	6.559	6.781	7.002	7.222	7.441
112	6.794	7.024	7.252	7.480	7.707
114	7.034	7.271	7.507	7.743	7.977
116	7.277	7.522	7.767	8.010	8.252
118	7.525	7.778	8.030	8.281	8.532
120	7.776	8.038	8.298	8.558	8.816

表 1（续）

检尺径/cm	检尺长/m				
	7.0	7.2	7.4	7.6	7.8
	材　积/m^3				
4	0.029 7	0.031 3	0.033 0	0.034 7	0.036 4
5	0.038 3	0.040 3	0.042 3	0.044 4	0.046 5
6	0.048 1	0.050 4	0.052 8	0.055 2	0.057 8
7	0.058 9	0.061 6	0.064 4	0.067 3	0.070 3
8	0.071	0.074	0.077	0.081	0.084
9	0.084	0.088	0.091	0.095	0.099
10	0.098	0.102	0.106	0.111	0.115
11	0.113	0.118	0.123	0.128	0.133
12	0.130	0.135	0.140	0.146	0.151
13	0.147	0.153	0.159	0.165	0.171
14	0.176	0.184	0.191	0.199	0.206
16	0.220	0.229	0.238	0.247	0.256
18	0.268	0.278	0.289	0.300	0.310
20	0.321	0.333	0.345	0.358	0.370
22	0.379	0.393	0.407	0.421	0.435
24	0.442	0.457	0.473	0.489	0.506
26	0.509	0.527	0.545	0.563	0.581
28	0.581	0.601	0.621	0.642	0.662
30	0.658	0.681	0.703	0.726	0.748
32	0.740	0.765	0.790	0.815	0.840
34	0.827	0.854	0.881	0.909	0.937
36	0.918	0.948	0.978	1.008	1.039
38	1.014	1.047	1.080	1.113	1.146
40	1.115	1.151	1.186	1.223	1.259
42	1.221	1.259	1.298	1.337	1.377
44	1.331	1.373	1.415	1.457	1.500
46	1.446	1.492	1.537	1.583	1.628
48	1.566	1.615	1.664	1.713	1.762
50	1.691	1.743	1.796	1.848	1.901
52	1.821	1.877	1.933	1.989	2.045
54	1.955	2.015	2.075	2.135	2.195
56	2.094	2.158	2.222	2.286	2.349

表 1（续）

检尺径/cm	检尺长/m				
	7.0	7.2	7.4	7.6	7.8
	材　积/m^3				
58	2.238	2.306	2.374	2.442	2.510
60	2.387	2.459	2.531	2.603	2.675
62	2.540	2.617	2.693	2.769	2.845
64	2.699	2.779	2.860	2.941	3.021
66	2.862	2.947	3.032	3.117	3.203
68	3.029	3.119	3.209	3.299	3.389
70	3.202	3.297	3.392	3.486	3.581
72	3.380	3.479	3.579	3.678	3.778
74	3.562	3.667	3.771	3.876	3.980
76	3.749	3.859	3.969	4.078	4.188
78	3.940	4.056	4.171	4.286	4.400
80	4.137	4.258	4.378	4.499	4.619
82	4.338	4.465	4.591	4.716	4.842
84	4.545	4.677	4.808	4.940	5.071
86	4.755	4.893	5.031	5.168	5.304
88	4.971	5.115	5.258	5.401	5.544
90	5.192	5.341	5.491	5.640	5.788
92	5.417	5.573	5.728	5.883	6.038
94	5.647	5.809	5.971	6.132	6.293
96	5.882	6.050	6.219	6.386	6.553
98	6.121	6.297	6.471	6.645	6.819
100	6.366	6.548	6.729	6.910	7.090
102	6.615	6.804	6.992	7.179	7.366
104	6.869	7.065	7.259	7.454	7.647
106	7.128	7.330	7.532	7.733	7.934
108	7.391	7.601	7.810	8.018	8.226
110	7.659	7.877	8.093	8.308	8.523
112	7.932	8.157	8.381	8.604	8.826
114	8.210	8.443	8.674	8.904	9.133
116	8.493	8.733	8.972	9.210	9.446
118	8.780	9.028	9.275	9.520	9.765
120	9.073	9.328	9.583	9.836	10.088

表 1（续）

检尺径/cm	检尺长/m				
	8.0	8.2	8.4	8.6	8.8
	材　积/m³				
4	0.038 2	0.040 1	0.042 0	0.044 0	0.046 0
5	0.048 7	0.050 9	0.053 2	0.055 6	0.058 0
6	0.060 3	0.063 0	0.065 7	0.068 5	0.071 3
7	0.073 3	0.076 4	0.079 5	0.082 8	0.086 1
8	0.087	0.091	0.095	0.098	0.102
9	0.103	0.107	0.111	0.115	0.120
10	0.120	0.124	0.129	0.134	0.139
11	0.138	0.143	0.148	0.153	0.159
12	0.157	0.163	0.168	0.174	0.180
13	0.177	0.184	0.190	0.197	0.204
14	0.214	0.222	0.230	0.239	0.247
16	0.265	0.274	0.284	0.294	0.304
18	0.321	0.332	0.343	0.355	0.366
20	0.383	0.395	0.408	0.422	0.435
22	0.450	0.464	0.479	0.494	0.509
24	0.522	0.539	0.555	0.572	0.589
26	0.600	0.618	0.637	0.656	0.676
28	0.683	0.704	0.725	0.746	0.767
30	0.771	0.795	0.818	0.842	0.865
32	0.865	0.891	0.917	0.943	0.969
34	0.965	0.993	1.021	1.050	1.078
36	1.069	1.100	1.131	1.162	1.194
38	1.180	1.213	1.247	1.281	1.315
40	1.295	1.332	1.368	1.405	1.442
42	1.416	1.456	1.495	1.535	1.575
44	1.542	1.585	1.628	1.671	1.714
46	1.674	1.720	1.766	1.812	1.859
48	1.811	1.860	1.910	1.959	2.009
50	1.954	2.006	2.059	2.112	2.166
52	2.101	2.158	2.214	2.271	2.328
54	2.255	2.315	2.375	2.436	2.496
56	2.413	2.477	2.542	2.606	2.670

表 1(续)

检尺径/cm	检尺长/m				
	8.0	8.2	8.4	8.6	8.8
	材 积/m^3				
58	2.577	2.645	2.714	2.782	2.850
60	2.747	2.819	2.891	2.963	3.036
62	2.922	2.998	3.074	3.151	3.227
64	3.102	3.183	3.263	3.344	3.425
66	3.288	3.373	3.458	3.543	3.628
68	3.479	3.568	3.658	3.748	3.837
70	3.675	3.770	3.864	3.958	4.052
72	3.877	3.976	4.075	4.174	4.273
74	4.084	4.188	4.292	4.396	4.500
76	4.297	4.406	4.515	4.624	4.733
78	4.515	4.629	4.743	4.857	4.971
80	4.738	4.858	4.977	5.096	5.216
82	4.967	5.092	5.217	5.341	5.466
84	5.201	5.332	5.462	5.592	5.722
86	5.441	5.577	5.713	5.848	5.984
88	5.686	5.828	5.969	6.111	6.252
90	5.936	6.084	6.231	6.379	6.525
92	6.192	6.346	6.499	6.652	6.805
94	6.453	6.613	6.773	6.932	7.090
96	6.720	6.886	7.052	7.217	7.382
98	6.992	7.164	7.336	7.508	7.679
100	7.269	7.448	7.626	7.804	7.982
102	7.552	7.737	7.922	8.107	8.291
104	7.840	8.032	8.224	8.415	8.605
106	8.134	8.333	8.531	8.729	8.926
108	8.433	8.638	8.844	9.048	9.252
110	8.737	8.950	9.162	9.374	9.585
112	9.047	9.267	9.486	9.705	9.923
114	9.362	9.589	9.816	10.042	10.267
116	9.682	9.917	10.151	10.384	10.617
118	10.008	10.251	10.492	10.733	10.973
120	10.339	10.590	10.839	11.087	11.334

表 1（续）

检尺径/cm	检尺长/m				
	9.0	9.2	9.4	9.6	9.8
	材 积/m³				
4	0.048 1	0.050 3	0.052 5	0.054 7	0.057 1
5	0.060 5	0.063 0	0.065 7	0.068 3	0.071 1
6	0.074 3	0.077 3	0.080 3	0.083 4	0.086 6
7	0.089 5	0.092 9	0.096 5	0.100 1	0.103 7
8	0.106	0.110	0.114	0.118	0.122
9	0.124	0.129	0.133	0.138	0.143
10	0.144	0.149	0.154	0.159	0.164
11	0.164	0.170	0.176	0.182	0.188
12	0.187	0.193	0.199	0.206	0.212
13	0.210	0.217	0.224	0.231	0.239
14	0.256	0.264	0.273	0.282	0.292
16	0.314	0.324	0.335	0.345	0.356
18	0.378	0.390	0.402	0.414	0.427
20	0.448	0.462	0.476	0.490	0.504
22	0.525	0.540	0.556	0.572	0.588
24	0.607	0.624	0.642	0.660	0.678
26	0.695	0.715	0.734	0.754	0.775
28	0.789	0.811	0.833	0.855	0.878
30	0.889	0.913	0.938	0.962	0.987
32	0.995	1.022	1.049	1.076	1.103
34	1.107	1.136	1.166	1.195	1.225
36	1.225	1.257	1.289	1.321	1.354
38	1.349	1.384	1.419	1.454	1.489
40	1.479	1.517	1.555	1.593	1.631
42	1.615	1.656	1.697	1.737	1.779
44	1.757	1.801	1.845	1.889	1.933
46	1.905	1.952	1.999	2.046	2.094
48	2.059	2.109	2.160	2.210	2.261
50	2.219	2.273	2.327	2.381	2.435
52	2.385	2.442	2.500	2.557	2.615
54	2.557	2.618	2.679	2.740	2.802
56	2.735	2.799	2.864	2.929	2.995

表 1（续）

检尺径/cm	检尺长/m				
	9.0	9.2	9.4	9.6	9.8
	材 积/m³				
58	2.918	2.987	3.056	3.125	3.194
60	3.108	3.181	3.254	3.327	3.400
62	3.304	3.381	3.458	3.535	3.612
64	3.506	3.587	3.668	3.749	3.831
66	3.713	3.799	3.884	3.970	4.056
68	3.927	4.017	4.107	4.197	4.287
70	4.147	4.241	4.336	4.430	4.525
72	4.372	4.471	4.571	4.670	4.770
74	4.604	4.708	4.812	4.916	5.020
76	4.842	4.950	5.059	5.168	5.278
78	5.085	5.199	5.313	5.427	5.541
80	5.335	5.454	5.573	5.692	5.811
82	5.590	5.715	5.839	5.963	6.088
84	5.852	5.981	6.111	6.241	6.371
86	6.119	6.254	6.390	6.525	6.660
88	6.393	6.534	6.674	6.815	6.956
90	6.672	6.819	6.965	7.112	7.258
92	6.958	7.110	7.262	7.415	7.567
94	7.249	7.407	7.566	7.724	7.882
96	7.546	7.711	7.875	8.039	8.204
98	7.850	8.020	8.191	8.361	8.531
100	8.159	8.336	8.513	8.689	8.866
102	8.474	8.658	8.841	9.024	9.207
104	8.796	8.985	9.175	9.364	9.554
106	9.123	9.319	9.515	9.711	9.907
108	9.456	9.659	9.862	10.065	10.268
110	9.795	10.005	10.215	10.425	10.634
112	10.140	10.357	10.574	10.791	11.007
114	10.492	10.716	10.939	11.163	11.386
116	10.849	11.080	11.311	11.542	11.772
118	11.212	11.451	11.689	11.927	12.164
120	11.581	11.827	12.073	12.318	12.563

表 1（续）

检尺径/cm	检尺长/m				
	10.0	10.2	10.4	10.6	10.8
	材　积/m³				
14	0.301	0.304	0.307	0.316	0.325
16	0.367	0.371	0.374	0.385	0.396
18	0.440	0.444	0.448	0.460	0.473
20	0.519	0.524	0.528	0.543	0.557
22	0.604	0.610	0.616	0.632	0.649
24	0.697	0.703	0.709	0.728	0.747
26	0.795	0.803	0.810	0.831	0.852
28	0.900	0.909	0.917	0.940	0.964
30	1.012	1.022	1.031	1.057	1.083
32	1.131	1.141	1.151	1.180	1.209
34	1.255	1.267	1.278	1.310	1.341
36	1.387	1.400	1.412	1.446	1.481
38	1.525	1.539	1.553	1.590	1.627
40	1.669	1.684	1.700	1.740	1.781
42	1.820	1.837	1.854	1.897	1.941
44	1.978	1.996	2.014	2.061	2.108
46	2.142	2.161	2.181	2.232	2.283
48	2.312	2.334	2.355	2.409	2.464
50	2.489	2.512	2.535	2.593	2.652
52	2.673	2.698	2.722	2.784	2.847
54	2.863	2.890	2.916	2.982	3.049
56	3.060	3.088	3.116	3.187	3.257
58	3.263	3.293	3.323	3.398	3.473
60	3.473	3.505	3.537	3.616	3.695
62	3.690	3.723	3.757	3.841	3.925
64	3.912	3.948	3.984	4.073	4.161
66	4.142	4.180	4.218	4.311	4.405
68	4.378	4.418	4.458	4.556	4.655

表 1（续）

检尺径/cm	检尺长/m				
	10.0	10.2	10.4	10.6	10.8
	材　积/m³				
70	4.620	4.663	4.705	4.808	4.912
72	4.869	4.914	4.959	5.067	5.176
74	5.125	5.172	5.219	5.333	5.447
76	5.387	5.436	5.486	5.605	5.725
78	5.656	5.708	5.759	5.884	6.010
80	5.931	5.985	6.040	6.170	6.301
82	6.213	6.270	6.326	6.463	6.600
84	6.501	6.560	6.620	6.762	6.905
86	6.796	6.858	6.920	7.069	7.218
88	7.097	7.162	7.227	7.382	7.537
90	7.405	7.473	7.540	7.702	7.863
92	7.719	7.790	7.861	8.028	8.197
94	8.040	8.114	8.187	8.362	8.537
96	8.368	8.444	8.521	8.702	8.884
98	8.702	8.781	8.861	9.049	9.238
100	9.043	9.125	9.208	9.403	9.598
102	9.390	9.475	9.561	9.763	9.966
104	9.743	9.832	9.921	10.131	10.341
106	10.103	10.196	10.288	10.505	10.722
108	10.470	10.566	10.661	10.886	11.111
110	10.843	10.942	11.042	11.273	11.506
112	11.223	11.326	11.428	11.668	11.908
114	11.610	11.716	11.822	12.069	12.317
116	12.002	12.112	12.222	12.477	12.734
118	12.402	12.515	12.628	12.892	13.157
120	12.808	12.925	13.042	13.314	13.587

表 1（续）

检尺径/cm	检尺长/m				
	11.0	11.2	11.4	11.6	11.8
	材　积/m^3				
14	0.335	0.344	0.354	0.364	0.374
16	0.407	0.418	0.429	0.441	0.453
18	0.486	0.499	0.512	0.526	0.539
20	0.572	0.587	0.602	0.618	0.633
22	0.666	0.683	0.700	0.717	0.735
24	0.766	0.785	0.804	0.824	0.844
26	0.873	0.895	0.916	0.938	0.961
28	0.988	1.012	1.036	1.060	1.085
30	1.109	1.136	1.162	1.189	1.217
32	1.238	1.267	1.296	1.326	1.356
34	1.373	1.405	1.437	1.470	1.503
36	1.516	1.551	1.586	1.621	1.657
38	1.665	1.703	1.742	1.780	1.819
40	1.822	1.863	1.905	1.947	1.989
42	1.986	2.030	2.075	2.120	2.166
44	2.156	2.204	2.253	2.301	2.351
46	2.334	2.386	2.438	2.490	2.543
48	2.519	2.574	2.630	2.686	2.743
50	2.711	2.770	2.829	2.889	2.950
52	2.910	2.973	3.036	3.100	3.165
54	3.115	3.183	3.250	3.319	3.387
56	3.328	3.400	3.472	3.544	3.617
58	3.548	3.624	3.701	3.777	3.855
60	3.775	3.856	3.937	4.018	4.100
62	4.010	4.095	4.180	4.266	4.352
64	4.251	4.340	4.431	4.521	4.612
66	4.499	4.593	4.688	4.784	4.880
68	4.754	4.854	4.954	5.054	5.155

表 1（续）

检尺径/cm	检尺长/m				
	11.0	11.2	11.4	11.6	11.8
	材　积/m³				
70	5.016	5.121	5.226	5.332	5.438
72	5.286	5.395	5.506	5.617	5.729
74	5.562	5.677	5.793	5.910	6.027
76	5.845	5.966	6.087	6.209	6.332
78	6.136	6.262	6.389	6.517	6.645
80	6.433	6.565	6.698	6.832	6.966
82	6.738	6.876	7.014	7.154	7.294
84	7.049	7.193	7.338	7.483	7.629
86	7.368	7.518	7.669	7.820	7.973
88	7.693	7.850	8.007	8.165	8.323
90	8.026	8.189	8.353	8.517	8.682
92	8.366	8.535	8.705	8.876	9.048
94	8.712	8.888	9.065	9.243	9.421
96	9.066	9.249	9.433	9.617	9.802
98	9.427	9.617	9.807	9.999	10.191
100	9.795	9.992	10.189	10.388	10.587
102	10.170	10.374	10.579	10.784	10.990
104	10.551	10.763	10.975	11.188	11.402
106	10.940	11.159	11.379	11.599	11.820
108	11.336	11.563	11.790	12.018	12.247
110	11.739	11.974	12.208	12.444	12.681
112	12.150	12.391	12.634	12.878	13.122
114	12.567	12.817	13.067	13.319	13.571
116	12.991	13.249	13.508	13.767	14.027
118	13.422	13.688	13.955	14.223	14.492
120	13.860	14.135	14.410	14.686	14.963

表 1（续）

检尺径/cm	检尺长/m				
	12.0	12.2	12.4	12.6	12.8
	材　积/m³				
14	0.384	0.394	0.405	0.415	0.426
16	0.465	0.477	0.489	0.501	0.514
18	0.553	0.567	0.581	0.595	0.610
20	0.649	0.665	0.681	0.697	0.714
22	0.753	0.771	0.789	0.807	0.826
24	0.864	0.884	0.905	0.925	0.946
26	0.983	1.006	1.029	1.052	1.075
28	1.110	1.135	1.160	1.186	1.212
30	1.244	1.272	1.300	1.328	1.357
32	1.386	1.417	1.448	1.479	1.510
34	1.536	1.569	1.603	1.637	1.671
36	1.693	1.730	1.767	1.804	1.841
38	1.859	1.898	1.938	1.978	2.019
40	2.031	2.074	2.117	2.161	2.205
42	2.212	2.258	2.305	2.352	2.399
44	2.400	2.450	2.500	2.550	2.601
46	2.596	2.649	2.703	2.757	2.812
48	2.799	2.857	2.914	2.972	3.030
50	3.011	3.072	3.133	3.195	3.257
52	3.229	3.295	3.360	3.426	3.492
54	3.456	3.525	3.595	3.665	3.736
56	3.690	3.764	3.838	3.912	3.987
58	3.932	4.010	4.089	4.168	4.247
60	4.182	4.264	4.347	4.431	4.515
62	4.439	4.526	4.614	4.702	4.791
64	4.704	4.796	4.889	4.982	5.075
66	4.977	5.074	5.171	5.269	5.368
68	5.257	5.359	5.462	5.565	5.668

表 1（续）

检尺径/cm	检尺长/m				
	12.0	12.2	12.4	12.6	12.8
	材　积/m³				
70	5.545	5.652	5.760	5.868	5.977
72	5.841	5.953	6.066	6.180	6.294
74	6.144	6.262	6.381	6.500	6.619
76	6.455	6.579	6.703	6.827	6.953
78	6.774	6.903	7.033	7.163	7.294
80	7.100	7.235	7.371	7.507	7.644
82	7.434	7.575	7.717	7.859	8.002
84	7.776	7.923	8.071	8.219	8.368
86	8.125	8.279	8.433	8.587	8.743
88	8.483	8.642	8.803	8.964	9.125
90	8.847	9.014	9.180	9.348	9.516
92	9.220	9.393	9.566	9.740	9.915
94	9.600	9.780	9.960	10.141	10.322
96	9.988	10.174	10.361	10.549	10.737
98	10.383	10.577	10.771	10.966	11.161
100	10.787	10.987	11.188	11.390	11.593
102	11.197	11.405	11.614	11.823	12.033
104	11.616	11.831	12.047	12.263	12.481
106	12.042	12.265	12.488	12.712	12.937
108	12.476	12.706	12.937	13.169	13.401
110	12.918	13.156	13.394	13.634	13.874
112	13.367	13.613	13.859	14.107	14.355
114	13.824	14.078	14.332	14.588	14.844
116	14.289	14.551	14.813	15.077	15.341
118	14.761	15.031	15.302	15.574	15.847
120	15.241	15.520	15.799	16.079	16.360

表 1（续）

检尺径/cm	检尺长/m				
	13.0	13.2	13.4	13.6	13.8
	材　积/m³				
14	0.437	0.448	0.459	0.471	0.482
16	0.527	0.539	0.552	0.566	0.579
18	0.624	0.639	0.654	0.669	0.684
20	0.730	0.747	0.764	0.781	0.799
22	0.845	0.864	0.883	0.902	0.922
24	0.967	0.989	1.010	1.032	1.054
26	1.099	1.122	1.146	1.171	1.195
28	1.238	1.264	1.291	1.318	1.345
30	1.386	1.415	1.444	1.473	1.503
32	1.542	1.573	1.606	1.638	1.671
34	1.706	1.741	1.776	1.811	1.847
36	1.879	1.916	1.955	1.993	2.032
38	2.059	2.101	2.142	2.184	2.226
40	2.249	2.293	2.338	2.383	2.428
42	2.446	2.494	2.542	2.591	2.640
44	2.652	2.704	2.756	2.808	2.860
46	2.867	2.922	2.977	3.033	3.089
48	3.089	3.148	3.208	3.267	3.327
50	3.320	3.383	3.446	3.510	3.574
52	3.559	3.626	3.694	3.762	3.830
54	3.807	3.878	3.950	4.022	4.095
56	4.063	4.138	4.214	4.291	4.368
58	4.327	4.407	4.487	4.569	4.650
60	4.599	4.684	4.769	4.855	4.941
62	4.880	4.969	5.060	5.150	5.241
64	5.169	5.263	5.358	5.454	5.550
66	5.467	5.566	5.666	5.766	5.867
68	5.772	5.877	5.982	6.087	6.193

表 1（续）

检尺径/cm	检尺长/m				
	13.0	13.2	13.4	13.6	13.8
	材　积/m³				
70	6.086	6.196	6.306	6.417	6.529
72	6.409	6.524	6.640	6.756	6.873
74	6.739	6.860	6.981	7.103	7.225
76	7.079	7.205	7.332	7.459	7.587
78	7.426	7.558	7.691	7.824	7.958
80	7.782	7.920	8.058	8.197	8.337
82	8.146	8.290	8.434	8.579	8.725
84	8.518	8.668	8.819	8.970	9.122
86	8.899	9.055	9.212	9.370	9.528
88	9.287	9.450	9.614	9.778	9.943
90	9.685	9.854	10.024	10.195	10.366
92	10.090	10.266	10.443	10.620	10.798
94	10.504	10.687	10.871	11.055	11.240
96	10.927	11.116	11.307	11.498	11.690
98	11.357	11.554	11.751	11.950	12.148
100	11.796	12.000	12.205	12.410	12.616
102	12.243	12.454	12.666	12.879	13.093
104	12.699	12.917	13.137	13.357	13.578
106	13.163	13.389	13.616	13.844	14.072
108	13.635	13.869	14.103	14.339	14.575
110	14.115	14.357	14.599	14.843	15.087
112	14.604	14.854	15.104	15.355	15.607
114	15.101	15.359	15.617	15.877	16.137
116	15.607	15.872	16.139	16.407	16.675
118	16.120	16.395	16.670	16.946	17.222
120	16.642	16.925	17.209	17.493	17.778

表 1（续）

检尺径/cm	检尺长/m				
	14.0	14.2	14.4	14.6	14.8
	材 积/m³				
14	0.494	0.506	0.518	0.530	0.542
16	0.592	0.606	0.620	0.634	0.648
18	0.700	0.716	0.732	0.748	0.764
20	0.816	0.834	0.852	0.870	0.889
22	0.942	0.962	0.982	1.003	1.023
24	1.076	1.099	1.121	1.144	1.167
26	1.220	1.245	1.270	1.295	1.321
28	1.372	1.400	1.427	1.455	1.484
30	1.533	1.564	1.594	1.625	1.656
32	1.704	1.737	1.770	1.804	1.838
34	1.883	1.919	1.955	1.992	2.029
36	2.071	2.110	2.150	2.190	2.230
38	2.268	2.311	2.354	2.397	2.440
40	2.474	2.520	2.566	2.613	2.660
42	2.689	2.739	2.789	2.839	2.889
44	2.913	2.966	3.020	3.074	3.128
46	3.146	3.203	3.260	3.318	3.376
48	3.388	3.449	3.510	3.572	3.634
50	3.639	3.704	3.769	3.835	3.901
52	3.899	3.968	4.037	4.107	4.178
54	4.168	4.241	4.315	4.389	4.464
56	4.445	4.523	4.601	4.680	4.759
58	4.732	4.814	4.897	4.980	5.064
60	5.028	5.115	5.202	5.290	5.379
62	5.332	5.424	5.517	5.609	5.703
64	5.646	5.743	5.840	5.938	6.036
66	5.968	6.070	6.173	6.276	6.379
68	6.300	6.407	6.515	6.623	6.731

表 1（续）

检尺径/cm	检尺长/m				
	14.0	14.2	14.4	14.6	14.8
	材　积/m³				
70	6.640	6.753	6.866	6.979	7.093
72	6.990	7.108	7.226	7.345	7.464
74	7.348	7.472	7.596	7.720	7.845
76	7.716	7.845	7.974	8.105	8.235
78	8.092	8.227	8.362	8.498	8.635
80	8.477	8.618	8.760	8.902	9.044
82	8.872	9.018	9.166	9.314	9.463
84	9.275	9.428	9.582	9.736	9.891
86	9.687	9.846	10.007	10.167	10.329
88	10.108	10.274	10.441	10.608	10.776
90	10.538	10.711	10.884	11.058	11.232
92	10.977	11.156	11.336	11.517	11.698
94	11.425	11.611	11.798	11.986	12.174
96	11.882	12.075	12.269	12.464	12.659
98	12.348	12.548	12.749	12.951	13.153
100	12.823	13.030	13.239	13.448	13.657
102	13.307	13.522	13.737	13.954	14.171
104	13.800	14.022	14.245	14.469	14.693
106	14.301	14.531	14.762	14.993	15.226
108	14.812	15.050	15.288	15.527	15.768
110	15.332	15.577	15.824	16.071	16.319
112	15.860	16.114	16.368	16.624	16.880
114	16.398	16.660	16.922	17.186	17.450
116	16.944	17.215	17.485	17.757	18.029
118	17.500	17.778	18.058	18.338	18.619
120	18.064	18.351	18.639	18.928	19.217

表 1（续）

检尺径/cm	检尺长/m				
	15.0	15.2	15.4	15.6	15.8
	材　积/m³				
14	0.555	0.567	0.580	0.593	0.606
16	0.663	0.677	0.692	0.707	0.722
18	0.780	0.797	0.814	0.831	0.848
20	0.908	0.926	0.945	0.965	0.984
22	1.044	1.065	1.087	1.108	1.130
24	1.191	1.214	1.238	1.262	1.286
26	1.347	1.373	1.399	1.426	1.453
28	1.512	1.541	1.570	1.599	1.629
30	1.688	1.719	1.751	1.783	1.816
32	1.872	1.907	1.942	1.977	2.012
34	2.067	2.104	2.142	2.181	2.219
36	2.271	2.312	2.353	2.394	2.436
38	2.484	2.529	2.573	2.618	2.663
40	2.708	2.755	2.803	2.851	2.900
42	2.940	2.992	3.043	3.095	3.147
44	3.183	3.238	3.293	3.349	3.405
46	3.435	3.494	3.553	3.612	3.672
48	3.696	3.759	3.822	3.886	3.950
50	3.968	4.034	4.102	4.169	4.237
52	4.248	4.319	4.391	4.463	4.535
54	4.539	4.614	4.690	4.766	4.843
56	4.839	4.919	4.999	5.080	5.161
58	5.148	5.233	5.318	5.403	5.489
60	5.468	5.557	5.647	5.737	5.828
62	5.796	5.890	5.985	6.080	6.176
64	6.135	6.234	6.334	6.434	6.534
66	6.483	6.587	6.692	6.797	6.903
68	6.840	6.950	7.060	7.171	7.282

表 1（续）

检尺径/cm	检尺长/m				
	15.0	15.2	15.4	15.6	15.8
	材　积/m³				
70	7.208	7.322	7.438	7.554	7.670
72	7.584	7.705	7.826	7.947	8.069
74	7.971	8.097	8.223	8.351	8.478
76	8.367	8.499	8.631	8.764	8.898
78	8.772	8.910	9.048	9.187	9.327
80	9.188	9.331	9.476	9.621	9.766
82	9.612	9.762	9.913	10.064	10.216
84	10.047	10.203	10.360	10.517	10.675
86	10.491	10.653	10.817	10.980	11.145
88	10.944	11.113	11.283	11.454	11.625
90	11.408	11.583	11.760	11.937	12.115
92	11.880	12.063	12.246	12.430	12.615
94	12.363	12.552	12.742	12.933	13.125
96	12.855	13.051	13.249	13.447	13.645
98	13.356	13.560	13.765	13.970	14.176
100	13.868	14.079	14.290	14.503	14.716
102	14.388	14.607	14.826	15.046	15.267
104	14.919	15.145	15.372	15.599	15.827
106	15.459	15.692	15.927	16.162	16.398
108	16.008	16.250	16.492	16.735	16.979
110	16.568	16.817	17.067	17.318	17.570
112	17.136	17.394	17.652	17.911	18.171
114	17.715	17.980	18.247	18.514	18.783
116	18.303	18.577	18.852	19.127	19.404
118	18.900	19.183	19.466	19.750	20.035
120	19.508	19.799	20.091	20.383	20.677

表 1（续）

检尺径/cm	检尺长/m				
	16.0	16.2	16.4	16.6	16.8
	材　积/m³				
14	0.620	0.633	0.647	0.660	0.674
16	0.737	0.753	0.768	0.784	0.800
18	0.865	0.883	0.901	0.919	0.937
20	1.004	1.023	1.043	1.064	1.084
22	1.152	1.174	1.197	1.219	1.242
24	1.311	1.335	1.360	1.385	1.411
26	1.480	1.507	1.535	1.562	1.590
28	1.659	1.689	1.719	1.750	1.781
30	1.848	1.881	1.915	1.948	1.982
32	2.048	2.084	2.120	2.157	2.194
34	2.258	2.297	2.336	2.376	2.416
36	2.478	2.520	2.563	2.606	2.650
38	2.708	2.754	2.800	2.847	2.894
40	2.949	2.998	3.048	3.098	3.148
42	3.200	3.253	3.306	3.360	3.414
44	3.461	3.518	3.575	3.632	3.690
46	3.732	3.793	3.854	3.916	3.977
48	4.014	4.079	4.144	4.209	4.275
50	4.306	4.375	4.444	4.514	4.584
52	4.608	4.681	4.755	4.829	4.903
54	4.920	4.998	5.076	5.154	5.233
56	5.243	5.325	5.408	5.491	5.574
58	5.576	5.662	5.750	5.837	5.926
60	5.919	6.010	6.102	6.195	6.288
62	6.272	6.369	6.466	6.563	6.661
64	6.636	6.737	6.839	6.942	7.045
66	7.009	7.116	7.223	7.331	7.440
68	7.393	7.505	7.618	7.731	7.845

表 1（续）

检尺径/cm	检尺长/m				
	16.0	16.2	16.4	16.6	16.8
	材 积/m³				
70	7.788	7.905	8.023	8.142	8.261
72	8.192	8.315	8.439	8.563	8.688
74	8.607	8.736	8.865	8.995	9.125
76	9.032	9.166	9.302	9.437	9.574
78	9.467	9.608	9.749	9.891	10.033
80	9.912	10.059	10.206	10.354	10.503
82	10.368	10.521	10.674	10.829	10.983
84	10.834	10.993	11.153	11.314	11.475
86	11.310	11.476	11.642	11.809	11.977
88	11.796	11.969	12.142	12.315	12.490
90	12.293	12.472	12.652	12.832	13.013
92	12.800	12.986	13.173	13.360	13.548
94	13.317	13.510	13.704	13.898	14.093
96	13.844	14.045	14.245	14.447	14.649
98	14.382	14.589	14.797	15.006	15.215
100	14.930	15.145	15.360	15.576	15.793
102	15.488	15.710	15.933	16.157	16.381
104	16.056	16.286	16.517	16.748	16.980
106	16.635	16.872	17.111	17.350	17.589
108	17.224	17.469	17.715	17.962	18.210
110	17.823	18.076	18.330	18.585	18.841
112	18.432	18.694	18.956	19.219	19.483
114	19.052	19.321	19.592	19.863	20.135
116	19.681	19.959	20.238	20.518	20.799
118	20.321	20.608	20.895	21.184	21.473
120	20.972	21.267	21.563	21.860	22.158

表 1（续）

检尺径/cm	检尺长/m				
	17.0	17.2	17.4	17.6	17.8
	材　积/m^3				
14	0.689	0.703	0.717	0.732	0.747
16	0.816	0.833	0.849	0.866	0.883
18	0.955	0.974	0.992	1.011	1.030
20	1.105	1.126	1.147	1.168	1.189
22	1.265	1.288	1.312	1.336	1.360
24	1.437	1.462	1.488	1.515	1.541
26	1.619	1.647	1.676	1.705	1.734
28	1.812	1.843	1.875	1.907	1.939
30	2.016	2.050	2.085	2.120	2.155
32	2.231	2.268	2.306	2.344	2.382
34	2.457	2.497	2.538	2.579	2.621
36	2.693	2.737	2.781	2.826	2.871
38	2.941	2.988	3.036	3.084	3.132
40	3.199	3.250	3.301	3.353	3.405
42	3.468	3.523	3.578	3.634	3.689
44	3.749	3.807	3.866	3.925	3.985
46	4.040	4.102	4.165	4.228	4.292
48	4.341	4.408	4.475	4.543	4.610
50	4.654	4.725	4.796	4.868	4.940
52	4.978	5.053	5.129	5.205	5.281
54	5.313	5.392	5.472	5.553	5.634
56	5.658	5.742	5.827	5.912	5.998
58	6.014	6.103	6.193	6.283	6.373
60	6.381	6.475	6.570	6.665	6.760
62	6.760	6.858	6.958	7.058	7.158
64	7.149	7.253	7.357	7.462	7.568
66	7.548	7.658	7.767	7.878	7.989
68	7.959	8.074	8.189	8.305	8.421

表 1（续）

检尺径/cm	检尺长/m				
	17.0	17.2	17.4	17.6	17.8
	材　积/m³				
70	8.381	8.501	8.622	8.743	8.865
72	8.813	8.939	9.065	9.192	9.320
74	9.257	9.388	9.520	9.653	9.786
76	9.711	9.848	9.986	10.125	10.264
78	10.176	10.319	10.464	10.608	10.753
80	10.652	10.802	10.952	11.103	11.254
82	11.139	11.295	11.451	11.608	11.766
84	11.637	11.799	11.962	12.125	12.290
86	12.145	12.314	12.484	12.654	12.825
88	12.665	12.840	13.016	13.193	13.371
90	13.195	13.377	13.560	13.744	13.928
92	13.736	13.926	14.116	14.306	14.497
94	14.289	14.485	14.682	14.880	15.078
96	14.852	15.055	15.259	15.464	15.670
98	15.425	15.636	15.848	16.060	16.273
100	16.010	16.228	16.447	16.667	16.888
102	16.606	16.832	17.058	17.286	17.514
104	17.213	17.446	17.680	17.915	18.151
106	17.830	18.071	18.313	18.556	18.800
108	18.458	18.707	18.957	19.208	19.460
110	19.097	19.355	19.613	19.872	20.131
112	19.748	20.013	20.279	20.546	20.814
114	20.409	20.682	20.957	21.232	21.509
116	21.080	21.363	21.646	21.930	22.214
118	21.763	22.054	22.346	22.638	22.932
120	22.457	22.756	23.057	23.358	23.660

表 1（续）

检尺径/cm	检尺长/m				
	18.0	18.2	18.4	18.6	18.8
	材　积/m³				
14	0.762	0.777	0.792	0.808	0.824
16	0.900	0.917	0.935	0.952	0.970
18	1.050	1.069	1.089	1.109	1.129
20	1.211	1.233	1.255	1.277	1.300
22	1.384	1.408	1.433	1.458	1.483
24	1.568	1.595	1.622	1.650	1.678
26	1.764	1.794	1.824	1.854	1.885
28	1.971	2.004	2.037	2.070	2.104
30	2.190	2.226	2.262	2.298	2.335
32	2.421	2.459	2.499	2.538	2.578
34	2.663	2.705	2.747	2.790	2.833
36	2.916	2.962	3.007	3.054	3.100
38	3.181	3.230	3.279	3.329	3.379
40	3.457	3.510	3.563	3.617	3.670
42	3.745	3.802	3.859	3.916	3.974
44	4.045	4.105	4.166	4.227	4.289
46	4.356	4.420	4.485	4.550	4.616
48	4.679	4.747	4.816	4.886	4.955
50	5.013	5.086	5.159	5.233	5.307
52	5.358	5.436	5.513	5.591	5.670
54	5.715	5.797	5.880	5.962	6.045
56	6.084	6.171	6.258	6.345	6.433
58	6.464	6.556	6.647	6.740	6.832
60	6.856	6.952	7.049	7.146	7.244
62	7.259	7.360	7.462	7.565	7.667
64	7.674	7.780	7.887	7.995	8.103
66	8.100	8.212	8.324	8.437	8.550
68	8.538	8.655	8.773	8.891	9.010

表 1（续）

检尺径/cm	检尺长/m				
	18.0	18.2	18.4	18.6	18.8
	材 积/m^3				
70	8.987	9.110	9.233	9.357	9.482
72	9.448	9.576	9.706	9.835	9.965
74	9.920	10.055	10.190	10.325	10.461
76	10.404	10.544	10.685	10.827	10.969
78	10.899	11.046	11.193	11.340	11.489
80	11.406	11.559	11.712	11.866	12.021
82	11.925	12.084	12.243	12.404	12.564
84	12.455	12.620	12.786	12.953	13.120
86	12.996	13.168	13.341	13.514	13.688
88	13.549	13.728	13.907	14.087	14.268
90	14.113	14.299	14.485	14.672	14.860
92	14.689	14.882	15.075	15.269	15.464
94	15.277	15.477	15.677	15.878	16.080
96	15.876	16.083	16.291	16.499	16.708
98	16.487	16.701	16.916	17.132	17.348
100	17.109	17.330	17.553	17.776	18.000
102	17.742	17.972	18.202	18.433	18.665
104	18.387	18.625	18.863	19.101	19.341
106	19.044	19.289	19.535	19.782	20.029
108	19.712	19.965	20.219	20.474	20.729
110	20.392	20.653	20.915	21.178	21.442
112	21.083	21.353	21.623	21.894	22.166
114	21.786	22.064	22.342	22.622	22.902
116	22.500	22.786	23.074	23.362	23.651
118	23.226	23.521	23.817	24.113	24.411
120	23.963	24.267	24.572	24.877	25.184

表 1（续）

检尺径/cm	检尺长/m					
	19.0	19.2	19.4	19.6	19.8	20.0
	材　积/m^3					
14	0.839	0.855	0.872	0.888	0.905	0.922
16	0.988	1.007	1.025	1.044	1.063	1.082
18	1.150	1.170	1.191	1.212	1.233	1.254
20	1.323	1.346	1.369	1.392	1.416	1.440
22	1.508	1.534	1.560	1.586	1.612	1.638
24	1.706	1.734	1.763	1.791	1.820	1.850
26	1.916	1.947	1.978	2.010	2.041	2.074
28	2.138	2.172	2.206	2.240	2.275	2.310
30	2.372	2.409	2.446	2.484	2.522	2.560
32	2.618	2.658	2.699	2.740	2.781	2.822
34	2.876	2.920	2.964	3.008	3.053	3.098
36	3.147	3.194	3.241	3.289	3.337	3.386
38	3.430	3.480	3.531	3.583	3.634	3.686
40	3.724	3.779	3.834	3.889	3.944	4.000
42	4.031	4.090	4.148	4.207	4.267	4.326
44	4.351	4.413	4.475	4.538	4.602	4.666
46	4.682	4.748	4.815	4.882	4.950	5.018
48	5.026	5.096	5.167	5.238	5.310	5.382
50	5.381	5.456	5.531	5.607	5.683	5.760
52	5.749	5.828	5.908	5.989	6.069	6.150
54	6.129	6.213	6.298	6.382	6.468	6.554
56	6.521	6.610	6.699	6.789	6.879	6.970
58	6.926	7.019	7.113	7.208	7.303	7.398
60	7.342	7.441	7.540	7.639	7.739	7.840
62	7.771	7.874	7.979	8.083	8.189	8.294
64	8.211	8.320	8.430	8.540	8.651	8.762
66	8.664	8.779	8.894	9.009	9.125	9.242
68	9.130	9.249	9.370	9.491	9.612	9.734

表 1（续）

检尺径/cm	检尺长/m					
	19.0	19.2	19.4	19.6	19.8	20.0
	材　积/m³					
70	9.607	9.732	9.858	9.985	10.112	10.240
72	10.096	10.228	10.359	10.492	10.625	10.758
74	10.598	10.735	10.873	11.011	11.150	11.290
76	11.112	11.255	11.399	11.543	11.688	11.834
78	11.638	11.787	11.937	12.087	12.239	12.390
80	12.176	12.331	12.488	12.644	12.802	12.960
82	12.726	12.888	13.051	13.214	13.378	13.542
84	13.288	13.457	13.626	13.796	13.966	14.138
86	13.863	14.038	14.214	14.391	14.568	14.746
88	14.450	14.632	14.814	14.998	15.182	15.366
90	15.048	15.237	15.427	15.617	15.808	16.000
92	15.659	15.855	16.052	16.250	16.448	16.646
94	16.283	16.486	16.690	16.894	17.100	17.306
96	16.918	17.128	17.340	17.552	17.764	17.978
98	17.566	17.783	18.002	18.221	18.442	18.662
100	18.225	18.451	18.677	18.904	19.132	19.360
102	18.897	19.130	19.364	19.599	19.834	20.070
104	19.581	19.822	20.064	20.306	20.550	20.794
106	20.277	20.526	20.776	21.026	21.278	21.530
108	20.986	21.243	21.500	21.759	22.018	22.278
110	21.706	21.971	22.237	22.504	22.772	23.040
112	22.439	22.712	22.987	23.262	23.538	23.814
114	23.183	23.465	23.748	24.032	24.316	24.602
116	23.940	24.231	24.522	24.815	25.108	25.402
118	24.710	25.009	25.309	25.610	25.912	26.214
120	25.491	25.799	26.108	26.418	26.728	27.040